普通高等教育“十三五”规划教材
普通高等院校少数民族预科教材

高等数学基础教程

主　编　王立冬　齐淑华
副主编　奉黎静　林屏峰　刘延涛
主　审　刘　满

科学出版社
北　京

内 容 简 介

为落实《国家中长期教育改革和发展规划纲要》中提出“要进一步办好高校民族预科班”精神，规范少数民族预科教育教学，进一步提高少数民族预科数学教学质量，本教材以新修订的民族预科数学教学大纲为依据，针对民族预科特点，由具有多年预科教学实践经验的老师编写而成.

本书着眼素质教育，注重培养学生数学思维能力. 在教材内容选取和讲述上，本着从简单到复杂、从特殊到一般的原则，力求深入浅出，“预、补结合”，难易结合，易教易学，主要内容包括：函数、极限、连续函数、导数与微分、微分中值定理与导数的应用、不定积分以及定积分. 为了增加可读性和趣味性，同时还增加了一些数学家简介，兼顾各层次民族预科学生学习状况，还分层次提供多种程度的习题，结合教育部会考题，供学生练习.

本书主要供普通高校民族预科班的学生学习使用，也可以供相关学生自学使用,也可以供教师教学参考使用.

图书在版编目（CIP）数据

高等数学基础教程 / 王立冬，齐淑华主编. —北京：科学出版社，2016.9

普通高等教育“十三五”规划教材 · 普通高等院校少数民族预科教材

ISBN 978-7-03-049619-5

Ⅰ. ①高… Ⅱ. ①王… ②齐… Ⅲ. ①高等数学-高等学校-教材 Ⅳ. ①O13

中国版本图书馆 CIP 数据核字（2016）第 200167 号

责任编辑：张中兴　胡海霞 / 责任校对：彭　涛

责任印制：张　伟 / 封面设计：迷底书装

科 学 出 版 社 出版

北京东黄城根北街 16 号

邮政编码：100717

http://www.sciencep.com

北京虎彩文化传播有限公司 印刷

科学出版社发行　各地新华书店经销

*

2016 年 9 月第 一 版　开本：787 × 1092　1/16

2021 年 9 月第七次印刷　印张：19 1/2

字数：462 000

定价：59.00元

（如有印装质量问题，我社负责调换）

前　言

少数民族预科教育是大学教育的特殊层次，预科教材应体现这种特殊性. 为落实《国家中长期教育改革和发展规划纲要》中提出“要进一步办好高校民族预科班”精神，规范少数民族预科教育教学，进一步提高少数民族预科数学教学质量，教育部民族教育司民教司和教育部少数民族预科教育教学管理指导委员会于 2015 年和 2016 年两次组织有关预科数学教育教学专家，对一年制本科预科数学教学大纲进行了修订. 本书是以新修订的教学大纲为依据，针对民族预科特点，由具有多年预科教学实践经验的老师编写而成. 在编写的过程中，针对民族预科学生，力求突出以下特色：

1. 明确指明本课程研究的主要对象，研究问题使用的主要工具和主要方法.

2. 通过研究数学问题的规律性，在概念、性质、运算的学习中注重数学思想的熏陶，培养学生数学思维能力，即抓住主要特征，抽象数学概念，建立数学模型；利用联想、判断、类比、归纳、推理作出猜测，然后通过分析、证明、计算来揭示事物内在规律；找到简单与复杂之间的过渡媒介和桥梁；达到用数学思维独特的眼光观察带有数学印记的奇妙规律，领悟数学科学思想的目的.

3. 着眼素质教育，用微积分的主导思想——函数思想方法和微积分中所体现的哲学思想贯穿全书，同时介绍有关数学家的数学贡献、事迹等，弘扬数学文化，让学生学习和吸取先辈大师创建数学这个“人造宇宙”的精神食粮；用数学运算法则培养学生遵纪守法、按章办事的素养.

4. 在内容安排与表述上，本着从简单到复杂、从特殊到一般的原则，力求深入浅出，注重讲清数学的基本概念、基本性质，兼顾预科学生多层次的特点，“预、补结合”，难易结合，易教易学，有较强的可读性.

5. 在方法上，体现具体到抽象再由抽象解决更复杂的具体问题，把复杂问题拆成简单问题的方法.

6. 在习题的安排、选择上，兼顾各层次民族预科学生学习状况，提供多种程度的习题供不同层次学生选择练习；同时结合教育部会考题型，增加机考模拟测试题.

参加本书编写的有大连民族大学王立冬老师、刘满老师、齐淑华老师、刘延涛老师、周晓阳老师；中南民族大学奉黎静老师、肖明蔚老师；西南民族大学林屏峰老师. 本书出版得到了大连民族大学、中南民族大学、西南民族大学的大力支持，一并致谢!

由于时间仓促以及民族预科教育的特殊性，编写中难免有疏漏和不妥，恳请读者指正.

凡有生命力的教材，总是需要不断地听取读者的意见、建议进行改进和完善，以适应教学、学习的要求，本书也不例外，所以我们诚挚地希望读者提出宝贵意见和建议.

编　者

目 录

第1章

函　数

Functions

微积分研究的主要对象是函数，使用的主要工具是极限，研究问题所使用的主要方法是分类、类比，具体的内容就是通过极限这个工具把函数进行分类(无穷小类、无穷大类、连续类、可导类、可积类等). 它与初等数学所研究函数的重要区别是：初等数学研究的大多都是具体函数的具体性质，如研究函数的单调性、奇偶性、周期性等，而微积分所研究的大多都是抽象函数的抽象性质，如连续性、可导性、可积性等.

古典数学与现代数学讨论问题的重要区别之一是，古典数学主要是在数集上讨论问题，而现代数学主要是在一般的集合上讨论问题，所以为了便于把古典数学的思想方法推广到现代数学上去，并且准确而深刻地理解函数概念，集合知识是不可缺少的. 本章将简要地介绍集合的一些基本概念，在此基础上重点介绍函数的概念.

1.1　集合——微积分的基础，数学大厦的基石

1.1.1　集合

1. 集合的概念

集合在数学领域具有无可比拟的特殊重要性. 集合论的基础是由德国数学家康托尔(Cantor，1845—1918)在 19 世纪 70 年代奠定的，经过一大批卓越的数学家半个世纪的努力，到 20 世纪 20 年代已确立了其在现代数学理论体系中的基础地位. 可以说，当今数学各个分支的几乎所有结果都构筑在严格的集合论理论上. 所以，学习高等数学，应首先从集合入手.

所谓**集合(set)**(简称**集**)是指具有某种确定性质的对象的全体. 组成集合的各个对象称为该集合的**元素(element)**.

习惯上，用大写字母 A，B，C，…表示集合，用小写字母 a，b，c，…表示集合的元素. 用 $a\in A$ 表示 a 是集合 A 中的元素，读作“a 属于 A”；用 $a\notin A$ (或 $a\overline{\in} A$)表示 a 不是集合 A 中的元素，读作“a 不属于 A”.

例 1.1.1　某学校全体男同学组成一个集合 A，而该学校的每个男同学是集合 A 的元素.

例 1.1.2　方程 $x^2-2x-3=0$ 的所有实根构成一个集合 B，而方程的每个实根是集合 B 的元素.

例 1.1.3　全体偶数组成一个集合 E，而每个偶数是集合 E 的元素.

例 1.1.4　圆周 $x^2+y^2=9$ 上所有的点构成一个集合 C，而圆周上的点是集合 C 的元素.

含有有限多个元素的集合称为**有限集(finite set)**，如上述例题中的集合 A，B；含有无限

多个元素的集合称为**无限集(infinite set)**，如上述例题中的集合 C，E. 不含有任何元素的集合称为**空集(empty set)**，记作 $\varnothing$.

2. 集合的表示方法

表示集合的方法通常有两种. 一种是列举法，即将集合的元素一一列举出来，写在一个花括号内. 例如，所有正整数组成的集合可以表示为 **N**，则 **N** 可以表示为

$$\mathbf{N}=\{1,2,\cdots,n,\cdots\}.$$

另一种是描述法,这种方法是用集合元素所具有的共同性质来刻画这个集合,即将具有性质 P 的元素 x 所组成的集合 A 表示为

$$A=\{x\,|\,x\text{具有性质}P\}.$$

例如，正整数集 **N** 也可表示成

$$\mathbf{N}=\{n\,|\,n\text{是正整数}\};$$

所有实数组成的集合可表示成

$$\mathbf{R}=\{x\,|\,x\text{为实数}\}.$$

又如例 1.1.4 中集合 C 可以表示为

$$C=\{(x,y)\,|\,x^2+y^2=9\text{，}x\text{，}y\text{为实数}\}.$$

1.1.2 集合的运算

1. 集合的运算

(1) 对于集合 A 和 B,若集合 A 中的每一个元素都是集合 B 中的元素,即若 $a\in A$,则 $a\in B$,这时就称 A 是 B 的一个**子集(subset)**,记作 $A\subseteq B$,读作"A 含于 B"(或"B 包含 A"). 若 $A\subseteq B$，且存在[①] $b\in B$，使得 $b\notin A$，则称 A 是 B 的一个**真子集(proper subset)**，记作 $A\subset B$(图 1-1).

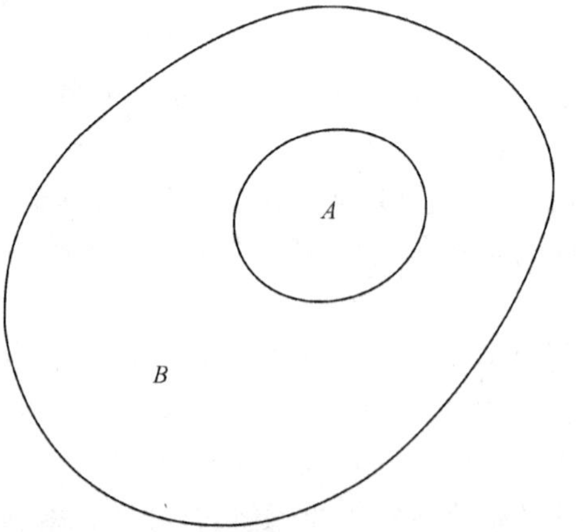

图 1-1

规定：$\varnothing$ 是任何集合 A 的子集，即 $\varnothing\subseteq A$.

全体自然数的集合、全体整数的集合、全体有理数的集合、全体实数的集合和全体复数的集合都是最常遇到的集合，我们约定分别用粗体字母 **N**，**Z**，**Q**，**R** 和 **C** 来表示这些集合，即

N 表示全体自然数的集合；

Z 表示全体整数的集合；

Q 表示全体有理数的集合；

R 表示全体实数的集合；

C 表示全体复数的集合.

我们还把正整数、正有理数和正实数的集合分别记为 $\mathbf{Z}_+$，$\mathbf{Q}_+$和 $\mathbf{R}_+$，显然有

$$\mathbf{N}\subset\mathbf{Z}\subset\mathbf{Q}\subset\mathbf{R}\subset\mathbf{C}$$

① 本书用符号 $\forall$ 表示 "任意的"，符号 $\exists$ 表示 "存在". 例如，集合 A 中任意的元素 a，可以表示为 $\forall a\in A$；集合 B 中存在一个元素 b，可以表示为 $\exists b\in B$.

和

$$\mathbf{N} \subset \mathbf{Z}_{+} \subset \mathbf{Q}_{+} \subset \mathbf{R}_{+}.$$

若 $A \subseteq B$ 且 $B \subseteq A$，则称集合 A，B **相等(equality of sets)**，记作 $A = B$. 此时 A 中的元素都是 B 中的元素，反过来，B 中的元素也都是 A 中的元素，即 A，B 中的元素完全一样.

(2) 设 A，B 是两个集合，称 $\{x \mid x \in A$ 或 $x \in B\}$ 为 A 与 B 的**并集(union set)**，记作 $A \cup B$，即

$$A \cup B = \{x \mid x \in A \text{ 或 } x \in B\}.$$

它是将 A 和 B 的全部元素合起来构成的一个集合(图 1-2).

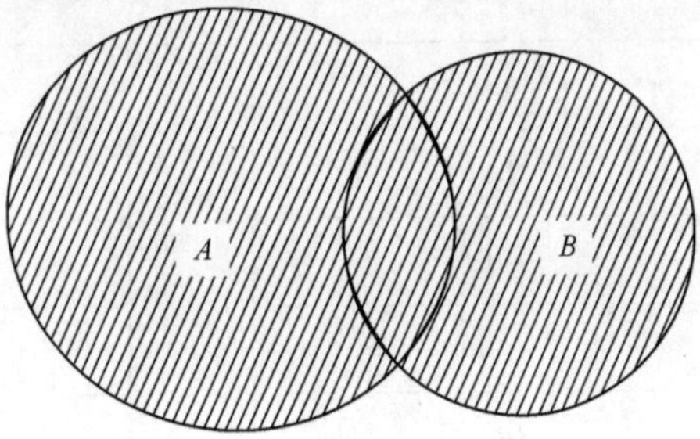

图 1-2

(3) 称 $\{x \mid x \in A$ 且 $x \in B\}$ 为 A 与 B 的**交集(intersection set)**，记作 $A \cap B$，即

$$A \cap B = \{x \mid x \in A \text{ 且 } x \in B\}.$$

它是由 A 与 B 的公共元素构成的一个集合(图 1-3).

(4) 称 $\{x \mid x \in A$ 且 $x \notin B\}$ 为 A 与 B 的**差集(difference set)**，记作 $A - B$，即

$$A - B = \{x \mid x \in A \text{ 且 } x \notin B\}.$$

它是由 A 中那些属于 A 但不属于 B 的元素构成的一个集合(图 1-4).

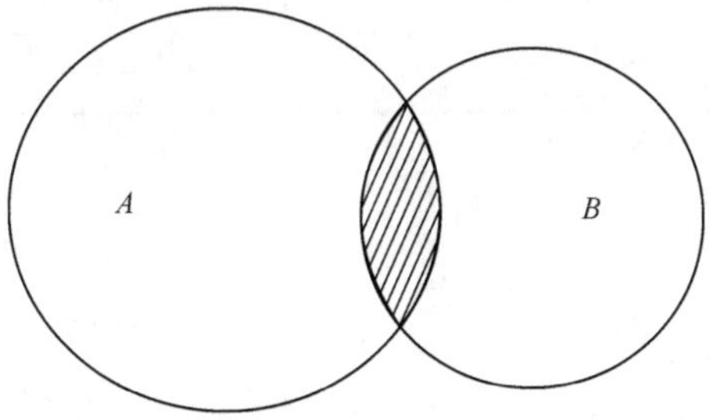

图 1-3

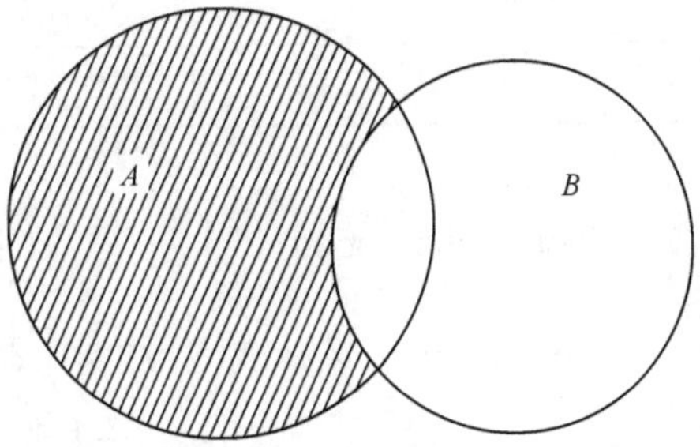

图 1-4

例 1.1.5　设 $A = \{x \mid -1 < x < 2\}$，$B = \{x \mid 1 < x < 3\}$，求 $A \cup B$，$A \cap B$，$A - B$.

解　$A \cup B = \{x \mid -1 < x < 3\}$，$A \cap B = \{x \mid 1 < x < 2\}$，$A - B = \{x \mid -1 < x \leqslant 1\}$.

2. 集合运算的性质

(1) **交换律**　$A \cup B = B \cup A$，$A \cap B = B \cap A$.

(2) **结合律**　$A \cup (B \cup C) = (A \cup B) \cup C$，$A \cap (B \cap C) = (A \cap B) \cap C$.

(3) **分配律**　$A \cap (B \cup C) = (A \cap B) \cup (A \cap C)$，$A \cup (B \cap C) = (A \cup B) \cap (A \cup C)$.

(4) **幂等律**　$A \cup A = A$，$A \cap A = A$.

(5) **吸收律**　$A \cup \varnothing = A$，$A \cap \varnothing = \varnothing$.

若 $A \subseteq B$，则 $A \cup B = B$，$A \cap B = A$.

特别地，由于 $A \cap B \subseteq A \subseteq A \cup B$，所以有

$$A \cup (A \cap B) = A，\quad A \cap (A \cup B) = A.$$

1.1.3 区间与邻域

1. 区间(interval)

在本教程中经常遇到以下形式实数集的子集——区间. 为了书写简练，将各种区间的符号、名称、定义列表如下：($a,b\in\mathbf{R}$ 且 $a<b$)

符号	名称		定义
(a,b)	有限区间	开区间	$\{x\|a<x<b\}$
$[a,b]$		闭区间	$\{x\|a\leqslant x\leqslant b\}$
$(a,b]$		半开半闭区间	$\{x\|a<x\leqslant b\}$
$[a,b)$		半闭半开区间	$\{x\|a\leqslant x<b\}$
$(a,+\infty)$	无限区间	开区间	$\{x\|a<x\}$
$[a,+\infty)$		闭区间	$\{x\|a\leqslant x\}$
$(-\infty,a)$		开区间	$\{x\|x<a\}$
$(-\infty,a]$		闭区间	$\{x\|x\leqslant a\}$
$(-\infty,+\infty)$		实数集	$\mathbf{R}$

2. 邻域(neighborhood)

设 $a\in\mathbf{R}$，$\delta>0$. 数集 $\{x\,\|\,|x-a|<\delta\}$ 表为 $U(a,\delta)$，即

$$U(a,\delta)=\{x\,|\,|x-a|<\delta\}=(a-\delta,a+\delta),$$

称为 a **的** δ **邻域**，a 称为邻域的中心，δ 称为邻域的半径. 当不需要注明邻域的半径 δ 时，常把它表为 $U(a)$，简称 a 的**邻域**.

数集 $\{x\,|\,0<|x-a|<\delta\}$ 表为 $\mathring{U}(a,\delta)$，即

$$\mathring{U}(a,\delta)=\{x\,|\,0<|x-a|<\delta\}=(a-\delta,a+\delta)-\{a\},$$

也就是在 a 的 δ 邻域 $U(a,\delta)$ 中去掉中心 a，称为 a **的** δ **去心邻域**. 当不需要注明邻域半径 δ 时，常将它表为 $\mathring{U}(a)$，简称 a **的去心邻域**. $\mathring{U}(a)$ 的子集开区间 $(a,a+\delta)$ 称为 a **的右半邻域**，开区间 $(a-\delta,a)$ 称为 a **的左半邻域**.

习题 1-1

1. 下列集合是空集的是(　　).

(A) $\{x\,|\,x+5=0\}$；　　(B) $\{x\,|\,x\in\mathbf{R},\text{且 }x^2+5=0\}$；

(C) $\{x\,|\,x>0\text{ 且 }x<1\}$；　　(D) $\{x\,|\,x^2+y^2=0,\text{且 }x,y\in\mathbf{R}\}$.

2. 设集合 $A=\{a,b,c\}$，下列式子中正确的是(　　).

(A) $\varnothing \in A$;　(B) $A\subseteq A$;　(C) $b\subset A$;　(D) $\{a\}<A$.

3. 设集合 $M=\{x\mid x^2>4\}$，$N=\{x\mid x<3\}$，下列式子中正确的是(　　).

(A) $M\cup N=N$;　(B) $M-N=\varnothing$;

(C) $M\cap N=\{x\mid 2<x<3\}$;　(D) $N-M=\{x\mid -2\leqslant x\leqslant 2\}$.

4. 数集 $\left\{x\left|\frac{1}{2}<x<\frac{3}{2},x\neq 1\right.\right\}$ 还可以表示为(　　).

(A) 去心邻域 $\mathring{U}\left(1,\frac{1}{2}\right)$;　(B) 邻域 $U\left(1,\frac{1}{2}\right)$;

(C) 开区间 $\left(-\frac{1}{2},\frac{1}{2}\right)$;　(D) 开区间 $\left(\frac{1}{2},\frac{3}{2}\right)$.

5. 用区间表示下列不等式的解：

(1) $x^2\leqslant 9$;　(2) $|x-1|>1$;　(3) $(x-1)(x+2)<0$;　(4) $0<|x+1|<0.01$.

1.2　函数——微积分的研究对象，变量依赖关系的数学模型

在一个自然现象或技术过程中，常常有几个量同时变化，它们的变化并非彼此无关，而是互相联系着，这是物质世界的一个普遍规律. 17世纪初，数学首先从对运动(如天文、航海问题等)的研究中引出了函数这个基本概念. 在那以后的二百多年里，这个概念在几乎所有的科学研究工作中占据了中心位置.

1.2.1　函数的概念

1. 函数定义

定义 1.2.1　设非空数集 $D\subseteq \mathbf{R}$，若对任意的 $x\in D$，按照某种确定的法则 f，有唯一确定的 $y\in\mathbf{R}$ 与之对应，则称 f 为定义在 D 上的**函数(function)**，记作

$$f:D\to\mathbf{R},\quad 或\quad f:x\mapsto y=f(x),\quad x\in D.$$

其中 x 称为**自变量(independent variable)**，y 称为**因变量(dependent variable)**，D 称为函数 f 的**定义域(domain of definition)**，函数 f 的定义域常记作 D_f (或 $D(f)$). 对于任意的 $x\in D_f$，称其对应值 y 为函数 f 在点 x 处的**函数值(functional value)**，记作 $f(x)$，即 $y=f(x)$. 全体函数值构成的集合称为函数 f 的**值域(domain of value)**，常记作 $f(D)$ (或 $\mathbf{R}_f$)，即

$$\mathbf{R}_f=\{f(x)\mid x\in D_f\}.$$

关于函数概念的几点说明：

(1) 用符号“$f:D\to\mathbf{R}$”表示 f 是定义在数集 D 上的函数，十分清楚、明确. 在本书中，为方便起见，我们约定，将“f 是定义在数集 D 上的函数”用符号“$y=f(x)$，$x\in D_f$”表示. 当不需要指明函数 f 的定义域时，又可简写为“$y=f(x)$”，有时甚至笼统地说“$f(x)$ 是 x 的函数(值)”.

(2) 根据函数定义，虽然函数都存在定义域，但常常并不明确指出函数 $y=f(x)$ 的定义域，这时认为函数的定义域是自明的，即定义域是使函数 $y=f(x)$ 有意义的实数 x 的集合

$D=\{x|f(x)\in\mathbf{R}\}$. 例如函数 $f(x)=\sqrt{1-x^2}$，没有指出它的定义域，那么它的定义域就是使函数 $f(x)=\sqrt{1-x^2}$ 有意义的实数 x 的集合，即闭区间

$$[-1,1]=\{x\,|\,\sqrt{1-x^2}\in\mathbf{R}\}.$$

具有具体实际意义的函数，它的定义域要受实际意义的约束.

(3) 函数定义指出：$\forall x\in D$，按照对应法则 f，对应唯一一个 $y\in\mathbf{R}$，这样的对应就是所谓的单值对应. 反过来，一个 $y\in\mathbf{R}_f$ 就不一定只有一个 $x\in D$，使 $y=f(x)$. 例如函数 $y=\sin x$. $\forall x\in\mathbf{R}$，对应唯一一个 $y=\sin x\in\mathbf{R}$，反之，对 $y=1$，有无限多个 $x=2k\pi+\dfrac{\pi}{2}\in\mathbf{R}$，$k\in\mathbf{Z}$，按照对应关系 $y=\sin x$ 都对应 1. 即

$$\sin\left(2k\pi+\frac{\pi}{2}\right)=1,\quad k\in\mathbf{Z}.$$

(4) 在函数 $y=f(x)$ 的定义中，要求与 x 值对应的 y 值是唯一确定的，这种函数也称为**单值函数(single valued function)**. 如果取消唯一这个要求，即对应于 x 值，可以有两个以上确定的 y 值与之对应，那么函数 $y=f(x)$ 称为**多值函数(multiple valued function)**. 例如函数 $y=\pm\sqrt{r^2-x^2}$ 是多(双)值函数.

为了讨论的方便起见，我们总设法避免函数的多值性. 在一定条件下，多值函数可以分裂为若干单值分支. 例如，双值函数 $y=\pm\sqrt{r^2-x^2}$ 就可以分成两个单值支：一支是不小于零的 $y=+\sqrt{r^2-x^2}$，另一支是不大于零的 $y=-\sqrt{r^2-x^2}$. 我们知道方程 $x^2+y^2=r^2$ 的图形是中心在原点、半径为 r 的圆周，这同时也就是双值函数 $y=\pm\sqrt{r^2-x^2}$ 的图形. 两个单值支就相当于把整个圆周分为上、下两个半圆周. 所以只要把各个分支弄清楚，由各个分支合起来的多值函数也就了如指掌了. 本书若无特别声明，所讨论的函数都限于单值函数.

必须注意，定义域和对应法则是确定函数的两大要素. 在数学中，两个函数相同是指它们的定义域和对应法则都分别相同，至于自变量和因变量用什么字母来表示，则是无关紧要的. 例如，函数 $f(x)=\ln x^2$ 与 $g(x)=2\ln x$ 不是同一函数，这是因为，$f(x)=\ln x^2$ 的定义域为 $(-\infty,0)\cup(0,+\infty)$，$g(x)=2\ln x$ 的定义域为 $(0,+\infty)$，它们定义域不同. 而函数 $y=2x$ 与 $s=2t$ 表示同一函数，因为这两个函数的定义域和对应法则都相同.

从函数的定义我们可以看出函数概念最重要的要素是对应法则，这种对应法则包含着建立已知与未知的对应关系、简单与复杂的对应关系. 所以说函数概念本身也蕴含解决问题的思想方法.

2. 函数的表示法

函数的表示法一般有三种：表格法、图像法和解析法. 这三种方法各有特点，表格法一目了然；图像法形象直观；解析法便于计算和推导. 在实际中可结合使用这三种方法.

例 1.2.1　绝对值函数

$$y=|x|=\begin{cases}x, & x\geqslant 0,\\ -x, & x<0.\end{cases}$$

这是一个分段函数，其定义域是区间 $(-\infty,+\infty)$，函数值域是区间 $[0,+\infty)$(图 1-5).

例 1.2.2　符号函数

$$y=\operatorname{sgn}x=\begin{cases}1, & x>0,\\ 0, & x=0,\\ -1, & x<0.\end{cases}$$

这是一个分段函数，其定义域是区间 $(-\infty,+\infty)$，函数值域为集合 $\{-1,0,1\}$ (图 1-6). 对于任何实数 x，下列关系成立：$x=\operatorname{sgn}x\cdot|x|$.

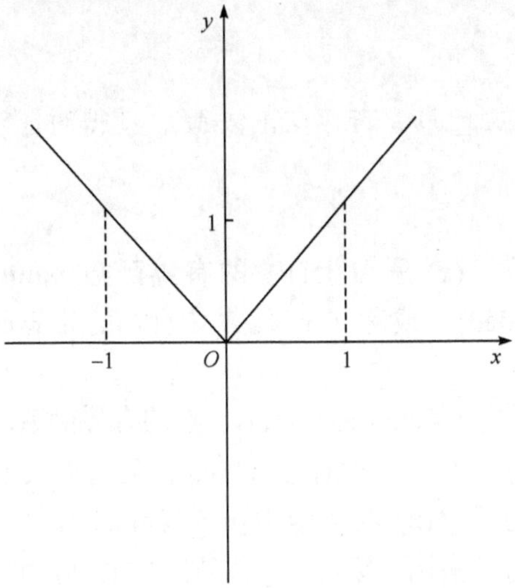

图 1-5

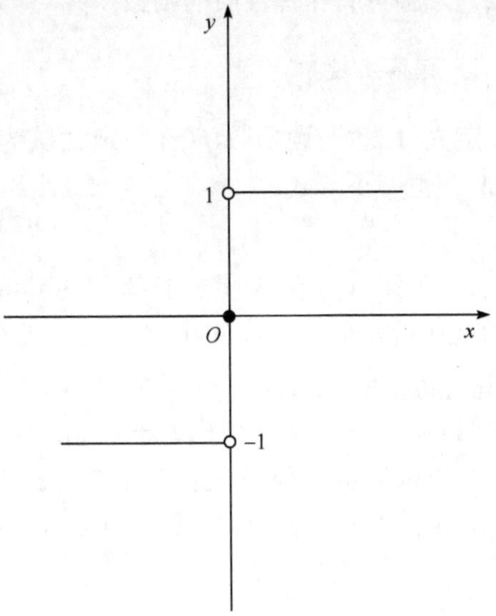

图 1-6

例 1.2.3　取整函数 $y=[x]$

在数学上常用 $[x]$ 表示不超过实数 x 的最大整数. 例如 $[2.5]=2$，$[3]=3$，$[0.1]=0$，$[-\pi]=-4$ 等. 函数

$$y=[x]$$

的定义域为 $(-\infty,+\infty)$，函数值域为整数集 $\mathbf{Z}$ (图 1-7).

例 1.2.4　狄利克雷(Dirichlet)函数

$$y=D(x)=\begin{cases}1, & \text{当}x\text{为有理数},\\ 0, & \text{当}x\text{为无理数}.\end{cases}$$

其定义域是 $(-\infty,+\infty)$，函数值域为集合 $\{0,1\}$. 由于任何两个有理数之间都有无理数，并且任何两个无理数之间也都有有理数，因此我们无法作出它的图形.

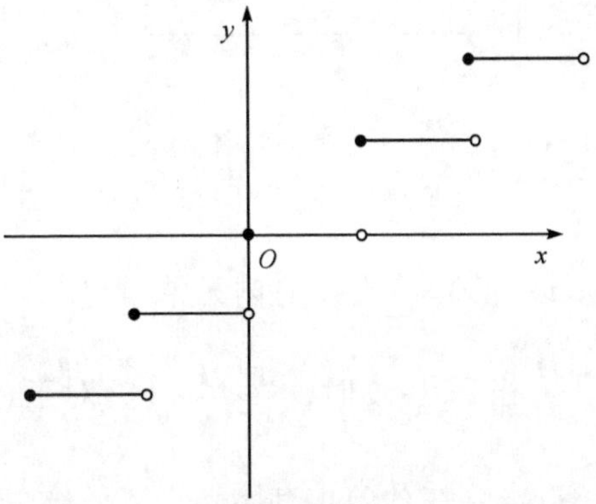

图 1-7

例 1.2.5　设

$$f(x)=\begin{cases}(x-1)^2, & 0\leqslant x\leqslant 1,\\ 2x, & 1<x\leqslant 2,\end{cases}$$

求 $f(x+1)$ 的表达式.

解　f 是对应法则，$f(x+1)$ 表示对 $x+1$ 施行如同 $f(x)$ 中对 x 施行的同样的运算，因此

$$f(x+1)=\begin{cases}[(x+1)-1]^2, & 0\leqslant x+1\leqslant 1,\\ 2(x+1), & 1<x+1\leqslant 2.\end{cases}$$

则

$$f(x+1)=\begin{cases}x^2, & -1\leqslant x\leqslant 0,\\ 2x+2, & 0<x\leqslant 1.\end{cases}$$

1.2.2　几种具有特殊性质的函数

1. 有界函数

定义 1.2.2　设函数 $f(x)$ 的定义域为 D，数集 $X\subseteq D$，若存在正数 M，使得对任意的 $x\in X$，恒有不等式

$$|f(x)|\leqslant M$$

成立，则称 $f(x)$ 在 X 上(内)**有界(bounded)**，或称 $f(x)$ 是 X 上(内)的**有界函数(bounded function)**. 否则，称 $f(x)$ 在 X 上(内)**无界(unbounded)**，或称 $f(x)$ 是 X 上(内)的**无界函数(unbounded function)**.

例如，对于 $(-\infty,+\infty)$ 内的一切 x，$|\sin x|\leqslant 1$，所以 $y=\sin x$ 是 $(-\infty,+\infty)$ 内的有界函数.

有界函数的几何意义：设 $y=f(x)$ 在区间 (a,b) 内有界，即存在 $M>0$，使得对任意的 $x\in(a,b)$，有 $|f(x)|\leqslant M$，即 $-M\leqslant f(x)\leqslant M$. 注意到 $f(x)$ 表示函数 $y=f(x)$ 的图形上点 $(x,f(x))$ 的纵坐标，因此，$y=f(x)$ 在 (a,b) 内有界在几何上表示 $y=f(x)$ 在区间 (a,b) 内的函数图形必夹在两平行于 x 轴的直线 $y=-M$ 与 $y=M$ 之间. 反之亦然(图 1-8).

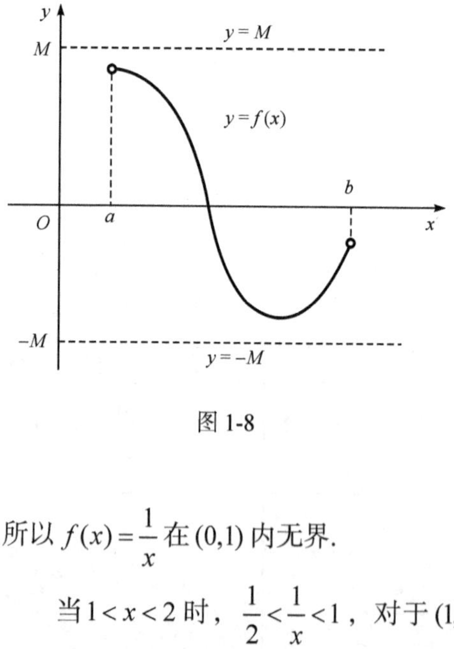

图 1-8

例 1.2.6　求证：函数 $f(x)=\dfrac{1}{x}$ 在 $(0,1)$ 内无界；在 $(1,2)$ 内有界.

证明　不论正数 M 多么大$\left(\text{不妨设} M>\dfrac{1}{2}\right)$，总存在点 $x_0=\dfrac{1}{2M}\in(0,1)$，但是

$$|f(x_0)|=\left|\frac{1}{x_0}\right|=2M>M.$$

所以 $f(x)=\dfrac{1}{x}$ 在 $(0,1)$ 内无界.

当 $1<x<2$ 时，$\dfrac{1}{2}<\dfrac{1}{x}<1$，对于 $(1,2)$ 内任意点 x 有不等式 $|f(x)|=\left|\dfrac{1}{x}\right|=\dfrac{1}{x}<1$ 成立，所以 $f(x)=\dfrac{1}{x}$ 在 $(1,2)$ 内有界.

从这一例题可以看出，函数是否有界，与其所在区间有关. 函数 $f(x)$ 若在定义域上有界，则它在定义域内的任一部分区间上有界.

定义 1.2.3　设函数 $f(x)$ 的定义域为 D，数集 $X\subseteq D$，若存在数 A，使得对任意的 $x\in X$，

都有

$$f(x) \leqslant A \quad (\text{或 } f(x) \geqslant A)$$

成立，则称 $f(x)$ 在 X 上(内)**有上界**(或**有下界**)，也称 $f(x)$ 是 X 上(内)**有上界**(或**有下界**)的函数. A 称为 $f(x)$ 在 X 上(内)的一个**上界(upper bound)**(或**下界(lower bound)**).

显然，有界函数必有上界和下界；反之，既有上界又有下界的函数必是有界函数. 即函数在 X 上(内)有界的充要条件是该函数在 X 上(内)既有上界又有下界.

若 $f(x)$ 在 X 上(内)有一个上界(或下界) A，则对任何 $C>0$，$A+C$ (或 $A-C$)都是 $f(x)$ 在 X 上(内)的上界(或下界)，可见，$f(x)$ 在 X 上(内)的上界(或下界)有无穷多个.

例如，由于 $|\sin x| \leqslant 1$，故 $f(x)=\sin x$ 在 $(-\infty,+\infty)$ 内有界. 而 $f(x)=\dfrac{1}{x}$ 在 $(0,+\infty)$ 内无界，这是因为虽然 $f(x)=\dfrac{1}{x}$ 在 $(0,+\infty)$ 内有一个下界 0，但在 $(0,+\infty)$ 内无上界，所以 $f(x)=\dfrac{1}{x}$ 在 $(0,+\infty)$ 内无界. 从几何上来看，因为 $f(x)=\dfrac{1}{x}$ 在 $(0,+\infty)$ 内的函数图形不能夹在任何两条平行于 x 轴的直线之间，所以，$f(x)=\dfrac{1}{x}$ 在 $(0,+\infty)$ 内无界.

2. 单调函数

定义 1.2.4　设函数 $f(x)$ 的定义域为 D，区间 $I \subseteq D$，若对于区间 I 上的任意两点 x_1，x_2，当 $x_1<x_2$ 时，恒有

$$f(x_1)<f(x_2) \quad (\text{或 } f(x_1)>f(x_2)),$$

则称函数 $f(x)$ 在区间 I 上**严格单调增加(strictly monotone increasing)**(或**严格单调减少(strictly monotone decreasing)**)，称区间 I 为函数 $f(x)$ 的**单调增加区间**(或**单调减少区间**). 若把上述不等式改为

$$f(x_1) \leqslant f(x_2) \quad (\text{或 } f(x_1) \geqslant f(x_2)),$$

则称函数 $f(x)$ 在 I 上**单调增加(monotone increasing)**(或**单调减少(monotone decreasing)**).

当函数 $f(x)$ 在区间 I 上单调增加(或减少)时，又称 $f(x)$ 是区间 I 上的**单调增加函数(monotone increasing function)**(或**单调减少函数(monotone decreasing function)**). 单调增加函数和单调减少函数统称为单调函数，区间 I 称为函数 $f(x)$ 的单调增区间(或单调减区间).

单调增加函数的图形是随着自变量 x 的增加而上升的曲线(图 1-9)；单调减少函数的图形是随着自变量 x 的增加而下降的曲线(图 1-10).

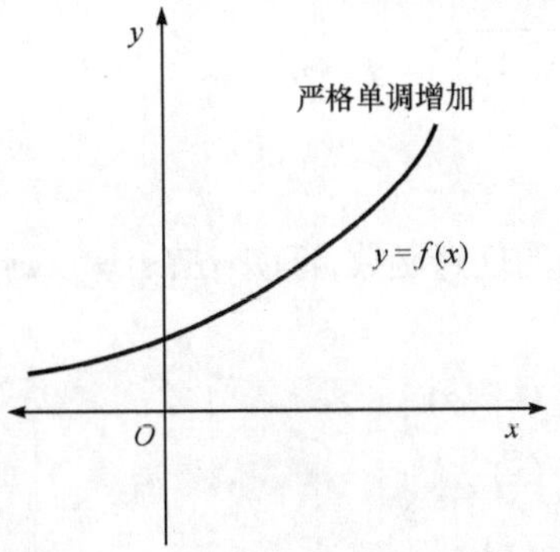

图 1-9

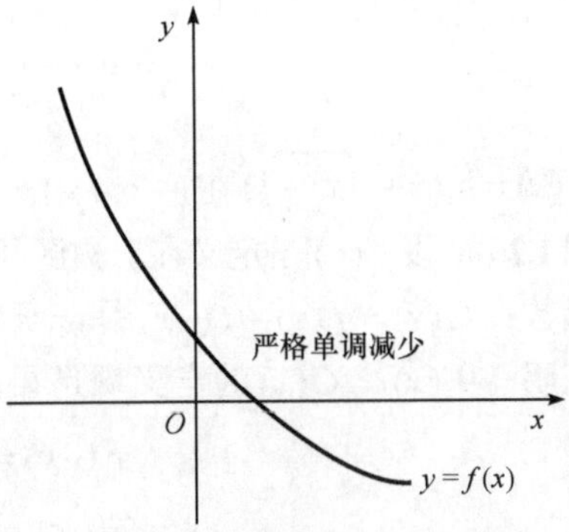

图 1-10

例如，函数 $y=x^3$ 在其定义域 $(-\infty,+\infty)$ 内是单调增加的.

又如，$y=x^2$ 在其定义域内不是单调函数，但在区间 $(-\infty,0)$ 内单调减少，在 $(0,+\infty)$ 内单调增加.

再如，余弦函数 $y=\cos x$ 在区间 $(0,\pi)$ 内单调减少，而在区间 $(\pi,2\pi)$ 内单调增加.

3. 奇、偶函数

定义 1.2.5 设函数 $f(x)$ 的定义域 D 关于原点 O 对称，如果对于 D 内任意一点 x，恒有

$$f(-x)=f(x) \quad (\text{或 } f(-x)=-f(x)),$$

则称函数 $f(x)$ 在 D 内为**偶函数(even function)**(或**奇函数(odd function)**).

如果点 (x_0,y_0) 在奇函数 $y=f(x)$ 的图像(图 1-11(a))上，即 $y_0=f(x_0)$，则

$$f(-x_0)=-f(x_0)=-y_0,$$

即 $(-x_0,-y_0)$ 也在奇函数 $y=f(x)$ 的图像上. 于是奇函数的图像关于原点对称.

同理可知，偶函数的图像关于 y 轴对称(图 1-11(b)).

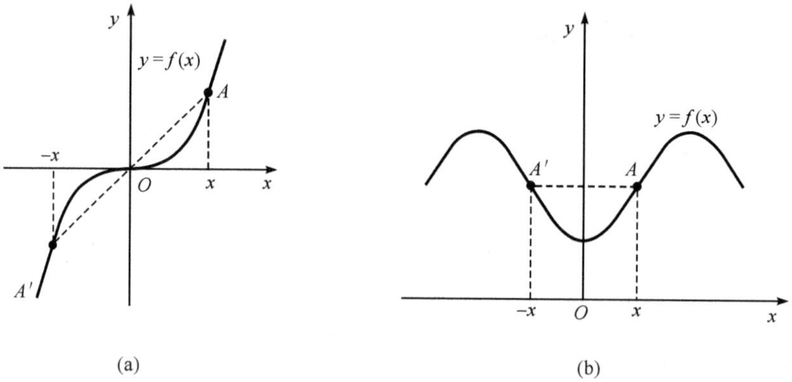

(a) (b)

图 1-11

例如，函数 $y=x^2$，$y=\cos x$ 等在 $(-\infty,+\infty)$ 上是偶函数；而函数 $y=x^3$，$y=\sin x$ 等在 $(-\infty,+\infty)$ 上是奇函数. 注意 $y=0$ 既是奇函数也是偶函数.

例 1.2.7 证明 $f(x)=\ln(x+\sqrt{x^2+1})$ 是奇函数.

证明 $f(x)$ 的定义域为 $(-\infty,+\infty)$，对任意 $x\in(-\infty,+\infty)$，有

$$f(-x)=\ln[-x+\sqrt{(-x)^2+1}]=\ln(-x+\sqrt{x^2+1})$$
$$=\ln\frac{1}{x+\sqrt{x^2+1}}=-\ln(x+\sqrt{x^2+1})=-f(x),$$

所以 $f(x)=\ln(x+\sqrt{x^2+1})$ 在 $(-\infty,+\infty)$ 上是奇函数.

例 1.2.8 设 $f(x)$ 是定义在对称区间 $(-a,a)$ ($a>0$)内的任意函数，证明：$F(x)=f(x)+f(-x)$ 是偶函数；$G(x)=f(x)-f(-x)$ 是奇函数.

证明 $F(x)$，$G(x)$ 的定义域是 $(-a,a)$，对任意 $x\in(-a,a)$，有

$$F(-x)=f(-x)+f(x)=F(x),$$
$$G(-x)=f(-x)-f(x)=-G(x),$$

所以 $F(x)=f(x)+f(-x)$ 在 $(-a,a)$ 内是偶函数；$G(x)=f(x)-f(-x)$ 在 $(-a,a)$ 内是奇函数.

通过这个例题易知：若函数 $f(x)$ 的定义域是关于原点对称的区域，则 $f(x)$ 可以表示为一个奇函数与一个偶函数的和，即 $f(x)=\dfrac{f(x)-f(-x)}{2}+\dfrac{f(x)+f(-x)}{2}$.

4. 周期函数

定义 1.2.6 设函数 $f(x)$ 的定义域为 D，若存在非零常数 T，使得对于任意 $x\in D$，都有 $(x+T)\in D$，并且等式

$$f(x+T)=f(x)$$

恒成立，则称 $f(x)$ 为**周期函数(periodic function)**，T 称为 $f(x)$ 的一个**周期(period)**.

任何一个周期函数都有无穷多个周期，事实上，若 T 是 $f(x)$ 的周期，则 kT（$k\in\mathbf{Z}$，并且 $k\neq 0$）也是 $f(x)$ 的周期. 若在周期函数的无穷多个正周期中存在一个最小数，则称该数为这个周期函数的最小正周期(或基本周期)，通常我们说周期函数的周期是指最小正周期.

例如，$y=\sin x$，$y=\cos x$ 的周期为 2π；函数 $y=\tan x$，$y=\cos^2 x$ 的周期为 π.

并非任何周期函数都有最小正周期. 例如，函数 $y=C$（C 为常数)是周期函数，任意一个正实数都是它的周期，但没有最小正周期，这是因为正实数集没有最小数.

根据周期函数的定义可知，若函数 $f(x)$ 是以 T 为周期的周期函数，把定义域依次分成长度为 T 的区间，则在每个长度为 T 的区间上，函数 $f(x)$ 的图形有相同的形状.

习题 1-2

1. 下列函数 $f(x)$ 与 $g(x)$ 是否为同一个函数？为什么？

(1) $f(x)=\sqrt{x}$，$g(x)=\sqrt[4]{x^2}$；(2) $f(x)=(\sqrt{x})^2$，$g(x)=x$；

(3) $f(x)=\sqrt{\dfrac{x-2}{x+1}}$，$g(x)=\dfrac{\sqrt{x-2}}{\sqrt{x+1}}$；(4) $f(x)=\dfrac{x^2-1}{x-1}$，$g(x)=x+1$；

(5) $f(x)=\ln x^2$，$g(x)=2\ln x$；(6) $f(x)=\sqrt{1-\sin^2 x}$，$g(x)=\cos x$.

2. 求下列函数的定义域：

(1) $y=\ln\dfrac{1}{1-x}+\sqrt{x+2}$；(2) $y=\sqrt{1-|x|}$；

(3) $f(x)=\begin{cases}\dfrac{1}{x}, & x<0,\\ 2x, & 0\leqslant x\leqslant 1,\\ 1, & 1<x\leqslant 2.\end{cases}$

3. 求下列函数的值域：

(1) $f(x)=\lg x$，$x\in[10,+\infty)$；(2) $f(x)=\sqrt{x-x^2}$，$x\in[0,1]$；

(3) $f(x)=\dfrac{1}{1+\sin^2 x}$，$x\in(-\infty,+\infty)$；(4) $f(x)=\dfrac{1}{1-x}$，$x\in(0,1)$.

4. 证明下列函数在指定区间内的单调性：

(1) $y=x^2$，$(-1,0)$；(2) $y=\sin x$，$\left(-\dfrac{\pi}{2},\dfrac{\pi}{2}\right)$；(3) $y=\dfrac{x}{1+x}$，$(-1,+\infty)$.

5. 判定下列函数的奇偶性：

(1) $f(x)=\dfrac{1-x^2}{\cos x}$；　(2) $f(x)=(x^2+x)\sin x$；

(3) $f(x)=\begin{cases}1-e^{-x}, & x\leqslant 0,\\ e^x-1, & x>0;\end{cases}$　(4) $f(x)=\ln(\sqrt{1+x^2}-x)$.

6. 求函数 $f(x)=|\sin x|+|\cos x|$ 的最小正周期.

7. 证明函数 $y=\dfrac{x}{x^2+1}$ 在 $(-\infty,+\infty)$ 内是有界的.

8. 证明：若 $f(x)$ 为奇函数，且在 $x=0$ 有定义，则 $f(0)=0$.

1.3　初 等 函 数

1.3.1　反函数

在研究两个变量的函数关系时，可以根据问题的需要，选定其中一个为自变量，那么另一个就是因变量. 例如，在圆的面积公式 $S=\pi r^2$ 中，圆面积 S 是随半径 r 的变化而变化的，即任给一个 $r>0$，就有唯一确定的 S 与之对应，因此 S 是 r 的一个函数，r 是自变量，S 是因变量. 但如果用圆面积 S 的值来确定半径 r，则可从 $S=\pi r^2$ 中解出 r，得 $r=\sqrt{\dfrac{S}{\pi}}$. 可见 r 是随 S 的变化而变化的，即任给一个 $S>0$，就有唯一确定的 r 与之对应，按函数定义，r 就是 S 的函数，此时自变量是 S，因变量是 r，称 $r=\sqrt{\dfrac{S}{\pi}}$ 为 $S=\pi r^2$ 的反函数.

定义 1.3.1　一般地，设函数 $y=f(x)$ 的定义域为 X，值域为 $Y=\mathbf{R}_f$. 根据这个函数中 x,y 的关系，用 y 表示 x，得到 $x=\varphi(y)$. 如果对 Y 中任意一个 y，通过 $x=\varphi(y)$，存在唯一的 $x\in X$ 与之对应，那么 $x=\varphi(y)$ 就是表示 x 是自变量 y 的函数. 这个函数 $x=\varphi(y)$ 称为 $y=f(x)$ 的**反函数(inverse function)**，记作 $x=f^{-1}(y)$.

在函数 $x=f^{-1}(y)$ 中，自变量是 y，因变量是 x，定义域是 Y，值域是 X.

若函数 $y=f(x)$，$x\in X$ 存在反函数 $x=f^{-1}(y)$，$y\in Y$，则

(1) 对于 X 上任意不同的两点 x_1，x_2，必有 $f(x_1)\neq f(x_2)$；

(2) $y=f(x)$ 与 $x=f^{-1}(y)$ 互为反函数，且 $y=f(x)$ 的定义域、$x=f^{-1}(y)$ 的值域都是 X，$y=f(x)$ 的值域、$x=f^{-1}(y)$ 的定义域都是 Y；

(3) 必有恒等式①

$$f^{-1}(f(x))=x,\quad x\in X,$$
$$f(f^{-1}(y))=y,\quad y\in Y.$$

习惯上用 x 表示自变量，y 表示因变量. 为此我们常常对调函数 $x=f^{-1}(y)$ 中的变量 x 和 y，把它改写为 $y=f^{-1}(x)$. 例如，函数 $y=2x+1$，$x\in(-\infty,+\infty)$ 的反函数是 $y=\dfrac{1}{2}(x-1)$，

---

① $f^{-1}(f(x))$，$f(f^{-1}(y))$ 为由 $y=f(x)$ 和 $x=f^{-1}(y)$ 构成的复合函数，复合函数将在 1.3.3 节定义.

$x\in(-\infty,+\infty)$；函数 $y=\sqrt[3]{x}$，$x\in(-\infty,+\infty)$ 的反函数是 $y=x^3$，$x\in(-\infty,+\infty)$.

例 1.3.1　讨论函数 $y=x^2$ 的反函数.

解　函数 $y=x^2$ 的定义域为 $(-\infty,+\infty)$，值域为 $[0,+\infty)$. 由于对同一个值 $y>0$，有两个自变量值 $x=\sqrt{y}$，$x=-\sqrt{y}$ 都满足关系式 $y=x^2$，故函数 $y=x^2$ 在区间 $(-\infty,+\infty)$ 内不存在反函数. 但若将自变量 x 值分段考虑，可知 $y=x^2$ 在 $[0,+\infty)$ 上的反函数是 $y=\sqrt{x}$，$x\in[0,+\infty)$；而在 $(-\infty,0]$ 上的反函数是 $y=-\sqrt{x}$，$x\in(-\infty,0]$.

从这个例子可以看出，并非每个函数都存在反函数，不过，若 $y=f(x)$ 是单调函数，则 $y=f(x)$ 一定存在反函数，见下述定理.

定理 1.3.1　设函数 $y=f(x)$ 的定义域为 D，区间 $I\subseteq D$，$J=\{y\,|\,y=f(x),x\in I\}$. 若 $y=f(x)$ 在区间 I 上严格单调增加(减少)的，则 $y=f(x)$ 在区间 I 上必存在反函数

$$y=f^{-1}(x),\quad x\in J,$$

且反函数 $y=f^{-1}(x)$ 在 J 上也是严格单调增加(减少)的.

在同一直角坐标系上，函数 $y=f(x)$ 的图形与它的反函数 $y=f^{-1}(x)$ 的图形关于直线 $y=x$ 对称(图 1-12). 因为若点 $P(a,b)$ 是 $y=f(x)$ 的函数图形上的任意一点，即 $b=f(a)$. 由反函数的定义知，$a=f^{-1}(b)$，因此点 $P'(b,a)$ 是 $y=f^{-1}(x)$ 的函数图形上的点；反之，若点 $P'(b,a)$ 是 $y=f^{-1}(x)$ 的函数图形上的任意一点，则点 $P(a,b)$ 是 $y=f(x)$ 的函数图形上的点. 因点 $P(a,b)$ 与点 $P'(b,a)$ 关于直线 $y=x$ 对称，故 $y=f(x)$ 的图形与 $y=f^{-1}(x)$ 的图形关于直线 $y=x$ 对称.

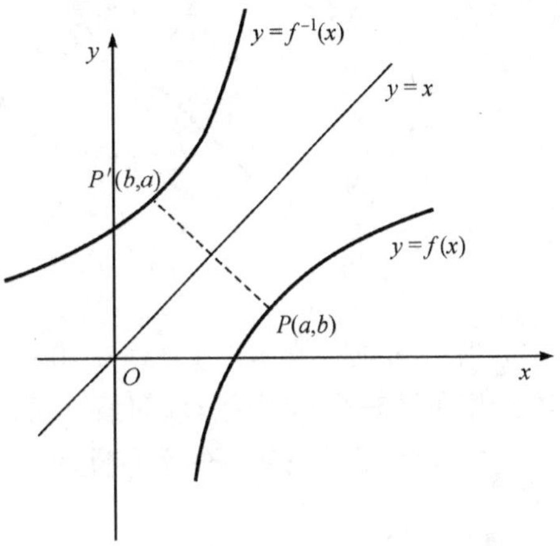

图 1-12

1.3.2　基本初等函数

常数函数、幂函数、指数函数、对数函数、三角函数、反三角函数这六类函数统称为基本初等函数.

1. 常数函数(constant function)

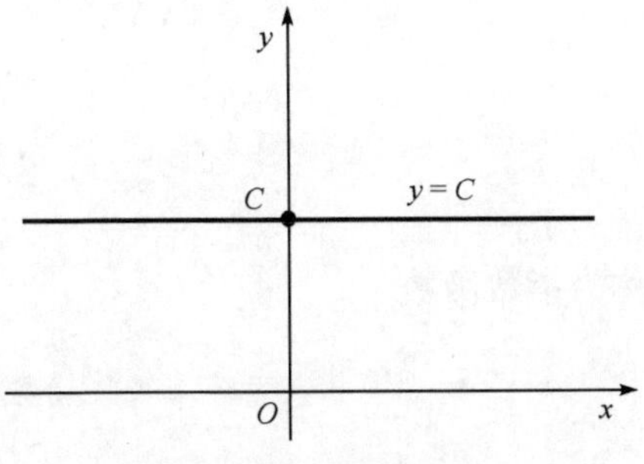

图 1-13

常数函数 $y=C$，其中 C 为常数. 其定义域为 $(-\infty,+\infty)$，对应法则是对于任何 $x\in(-\infty,+\infty)$，x 所对应的函数值 y 恒等于常数 C. 其函数图形为平行于 x 轴的直线(图 1-13).

2. 幂函数(power function)

定义 1.3.2　形如 $y=x^a$ (a 为任意非零常数)的函数称为**幂函数**.

(Ⅰ) 幂函数的定义域、值域

幂函数的定义域和值域因常数 a 的不同而不同，但在 $(0,+\infty)$ 内都有定义.

当 a 为正整数时，定义域为 $(-\infty,+\infty)$；当 a 为负整数时，定义域为 $(-\infty,0)\cup(0,+\infty)$．当 $a=\dfrac{1}{2k+1}$（$k\in\mathbf{Z}_+$）时，定义域为 $(-\infty,+\infty)$；当 $a=\dfrac{1}{2k}$（$k\in\mathbf{Z}_+$）时，定义域为 $[0,+\infty)$．当 a 为无理数时，定义域为 $(0,+\infty)$ ①.

(Ⅱ) 幂函数的图形及性质

图 1-14 给出了常见的几个幂函数的图形.

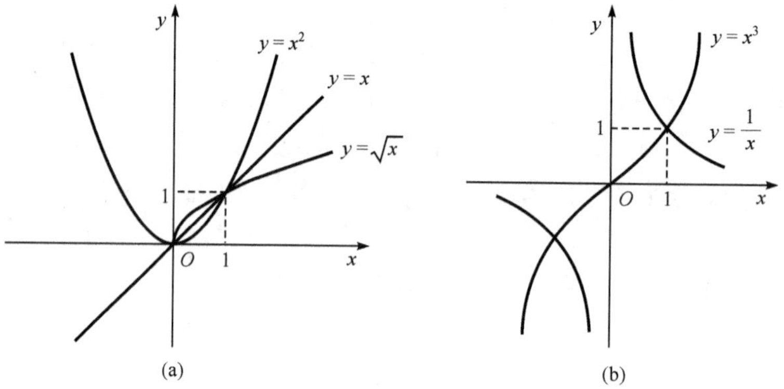

图 1-14

当 $a>0$ 时，幂函数 $y=x^a$ 在 $(0,+\infty)$ 内严格单调增加；当 $a<0$ 时，幂函数 $y=x^a$ 在 $(0,+\infty)$ 内严格单调减少；无论 a 取何值，幂函数 $y=x^a$ 图形都经过点 $(1,1)$.

(Ⅲ) 关于同底数幂的运算性质

(1) $x^m x^n = x^{m+n}$；　　(2) $\dfrac{x^m}{x^n}=x^{m-n}\ (x\neq 0)$；

(3) $(x^m)^n = x^{mn}$；　　(4) $(xy)^m = x^m y^m$；

(5) $x^{-n}=\dfrac{1}{x^n}\ (x\neq 0)$；　　(6) $x^{\frac{1}{n}}=\sqrt[n]{x}\ (x>0)$；

(7) $x^{\frac{m}{n}}=\left(\sqrt[n]{x}\right)^m=\sqrt[n]{x^m}\ (x>0)$；　　(8) $x^{-\frac{m}{n}}=\dfrac{1}{x^{\frac{m}{n}}}\ (x>0)$.

有关分数指数幂和负指数幂以后会经常用到，希望大家熟练掌握，例如 $\dfrac{1}{\sqrt[3]{x}}=x^{-\frac{1}{3}}$，$x^2\cdot\sqrt{x^5}=x^{\frac{9}{2}}$.

3. 指数函数(exponential function)

定义 1.3.3　形如 $y=a^x$（a 为正常数，且 $a\neq 1$）的函数称为**指数函数**.

(Ⅰ) 指数函数的定义域、值域

指数函数 $y=a^x$ 的定义域为 $(-\infty,+\infty)$，值域为 $(0,+\infty)$.

① 根据本节后面内容可得公式 $x^a=e^{a\ln x}$，以 $x^a=e^{a\ln x}$ 作为 x^a 的定义，所以此时定义域为 $(0,+\infty)$.

(Ⅱ) 指数函数的图形及性质

当 $a>1$ 时，$y=a^x$ 严格单调增加；当 $0<a<1$ 时，$y=a^x$ 严格单调减少. 无论 a 取何值，图形都经过点 $(0,1)$. 指数函数的图形均在 x 轴上方，如图 1-15 所示.

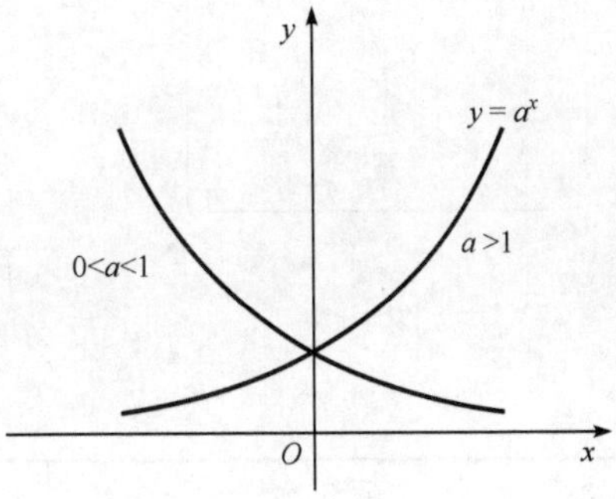

图 1-15

有关指数的运算性质与幂的运算性质类似. 设 a 和 b 是正数，x 和 y 是实数，则

$$a^{x+y}=a^x\cdot a^y,\quad a^{x-y}=\frac{a^x}{a^y},$$

$$(a^x)^y=a^{xy},\quad (ab)^x=a^xb^x.$$

4. 对数函数(logarithmic function)

(Ⅰ) 对数的定义、性质

定义 1.3.4　若 $a\,(a>0,a\neq1)$ 的 b 次幂等于 M，即 $a^b=M$，那么 b 就称为以 a 为底 M 的**对数(logarithm)**，记作 $\log_a M=b$，其中 a 称为对数的底数，M 称为真数.

根据定义易知，负数和零没有对数，即 $M>0$.

设 $a>0$，$a\neq1$，$M>0$，$N>0$，$n\in\mathbf{R}$，$b>0$，$b\neq1$. 对数有如下运算性质：

(1) $\log_a 1=0$；　(2) $\log_a a=1$；

(3) $\log_a(MN)=\log_a M+\log_a N$；　(4) $\log_a\dfrac{M}{N}=\log_a M-\log_a N$；

(5) $\log_a M^n=n\log_a M$；　(6) $\log_a M=\dfrac{\log_b M}{\log_b a}$.

(Ⅱ) 对数函数的定义、性质

定义 1.3.5　形如 $y=\log_a x\,(a>0$，且 $a\neq1)$ 的函数称为**对数函数**.

对数函数 $y=\log_a x(a>0,a\neq1)$ 是指数函数 $y=a^x$ 的反函数，定义域为 $(0,+\infty)$，值域为 $(-\infty,+\infty)$. 当 $a>1$ 时，$y=\log_a x$ 严格单调增加；当 $0<a<1$ 时，$y=\log_a x$ 严格单调减少. 无论 a 取何值，图形始终在 y 轴的右侧，且均经过点 $(1,0)$，如图 1-16 所示.

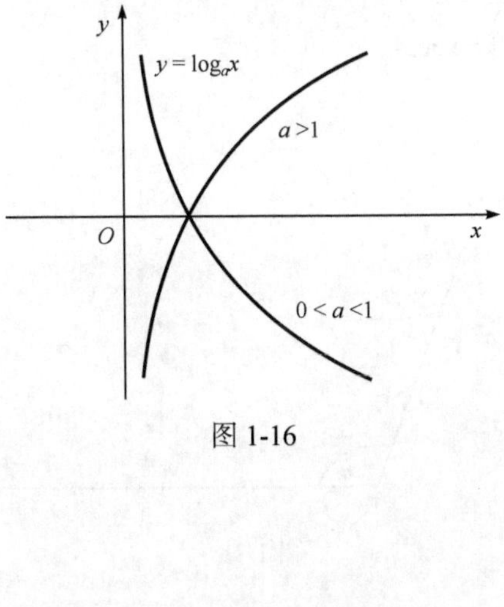

图 1-16

(Ⅲ) 常用的对数函数

当 $a=10$ 时，$y=\log_{10}x$，简记为 $y=\lg x$，称为**常用对数(common logarithm)**，如 $\lg100=2$.

当 $a=\mathrm{e}$ 时，$y=\log_{\mathrm{e}}x$，简记为 $y=\ln x$，称为**自然对数(natural logarithm)**. 其中 $\mathrm{e}=2.71828\cdots$，为无理数. 显然，$\mathrm{e}^{\ln x}=x$，$\ln\mathrm{e}^x=x$，$\ln\mathrm{e}=1$，$\ln1=0$.

应用对数的运算性质，我们常把乘、除、乘方、开方等运算化简，如

$$\ln\frac{x^2\cdot\sqrt{y}}{\sqrt[3]{z}}=2\ln x+\frac{1}{2}\ln y-\frac{1}{3}\ln z.$$

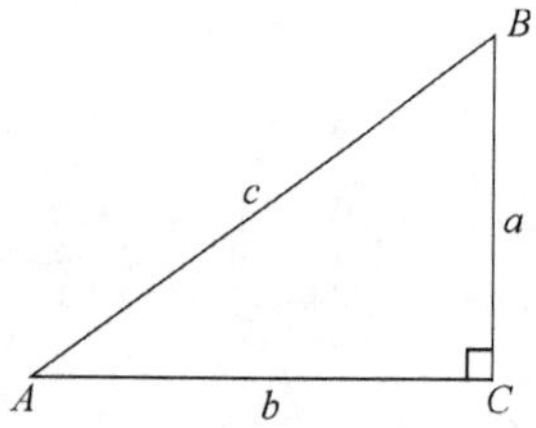

图 1-17

5. 三角函数(trigonometric function)

1) 锐角三角函数

(Ⅰ) 锐角三角函数的定义

在直角三角形 ABC 中(如图 1-17)任意取两边可以组成 6 个不同的比值，这些比值是依 A 角的大小来确定的，所以它们是 A 角的函数，其定义如表 1-1 所示.

表 1-1　锐角三角函数的定义

函数名称	记号	定义
A 角的正弦	$\sin A$	$\sin A=\dfrac{a}{c}$
A 角的余弦	$\cos A$	$\cos A=\dfrac{b}{c}$
A 角的正切	$\tan A$	$\tan A=\dfrac{a}{b}$
A 角的余切	$\cot A$	$\cot A=\dfrac{b}{a}$
A 角的正割	$\sec A$	$\sec A=\dfrac{c}{b}$
A 角的余割	$\csc A$	$\csc A=\dfrac{c}{a}$

(Ⅱ) 余角三角函数

直角三角形 ABC 中两个锐角 A 与 B 互为余角. 由锐角三角函数的定义，有

$$\sin\left(\frac{\pi}{2}-A\right)=\cos A,\quad \cos\left(\frac{\pi}{2}-A\right)=\sin A,$$

$$\tan\left(\frac{\pi}{2}-A\right)=\cot A,\quad \cot\left(\frac{\pi}{2}-A\right)=\tan A,$$

$$\sec\left(\frac{\pi}{2}-A\right)=\csc A,\quad \csc\left(\frac{\pi}{2}-A\right)=\sec A.$$

2) 任意角的三角函数

(Ⅰ) 角的概念的推广

角可视为一条射线由原来位置 OA(始边)，绕着它的端点 O 旋转到另一位置 OB (终边)，所形成的角 α，O 是角 α 的顶点(图 1-18). 规定：按逆时针方向旋转所成的角是正角，反之为负角，当一条射线没有作任何旋转时，这个角称为零角.

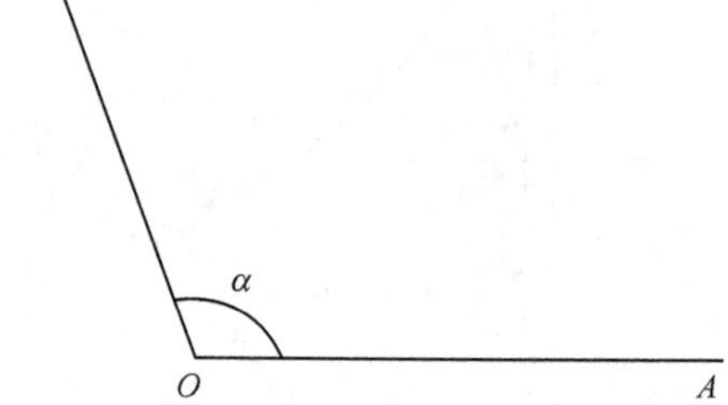

图 1-18

如果角的顶点与直角坐标系的原点重合，角的始边与 x 轴的正半轴重合，那么角的终边落在第几象限，就称为第几象限角. 设 $k\in\mathbf{Z}$，

若 α 的终边与 x 轴的正半轴重合，则 $\alpha=2k\pi$；

若 α 是第一象限角，则 $2k\pi<\alpha<2k\pi+\dfrac{\pi}{2}$；

若 α 的终边与 y 轴的正半轴重合，则 $\alpha=2k\pi+\dfrac{\pi}{2}$；

若 α 是第二象限角，则 $2k\pi+\dfrac{\pi}{2}<\alpha<2k\pi+\pi$；

若 α 的终边与 x 轴的负半轴重合，则 $\alpha=2k\pi+\pi$；

若 α 是第三象限角，则 $2k\pi+\pi<\alpha<2k\pi+\dfrac{3\pi}{2}$；

若 α 的终边与 y 轴的负半轴重合，则 $\alpha=2k\pi+\dfrac{3\pi}{2}$；

若 α 是第四象限角，则 $2k\pi+\dfrac{3\pi}{2}<\alpha<2k\pi+2\pi$.

(Ⅱ) 任意角的三角函数的定义

设任意角 α 的终边上任意一点 P 的坐标是 (x,y)，如图 1-19 所示，它与原点的距离是 r $(r>0)$，则角 α 的三角函数定义为

$$\sin\alpha=\frac{y}{r},\quad \cos\alpha=\frac{x}{r},$$

$$\tan\alpha=\frac{y}{x},\quad \cot\alpha=\frac{x}{y},$$

$$\sec\alpha=\frac{r}{x},\quad \csc\alpha=\frac{r}{y}.$$

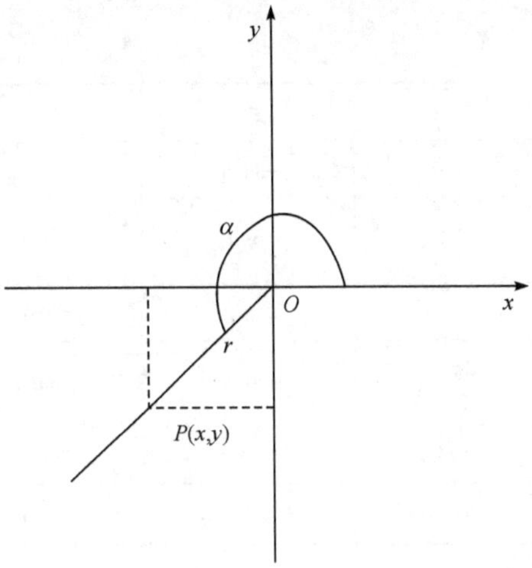

图 1-19

根据任意角的三角函数的定义，易知三角函数有意义的角 α 的范围，如表 1-2 所示.

表 1-2　三角函数有意义的角 α 范围

三角函数	角 α 范围
$\sin\alpha$	$\mathbf{R}$
$\cos\alpha$	$\mathbf{R}$
$\tan\alpha$	$\left\{\alpha\mid\alpha\in\mathbf{R},\alpha\neq k\pi+\dfrac{\pi}{2},k\in\mathbf{Z}\right\}$
$\cot\alpha$	$\{\alpha\mid\alpha\in\mathbf{R},\alpha\neq k\pi,k\in\mathbf{Z}\}$
$\sec\alpha$	$\left\{\alpha\mid\alpha\in\mathbf{R},\alpha\neq k\pi+\dfrac{\pi}{2},k\in\mathbf{Z}\right\}$
$\csc\alpha$	$\{\alpha\mid\alpha\in\mathbf{R},\alpha\neq k\pi,k\in\mathbf{Z}\}$

也很容易知道三角函数在每个象限的符号，如图 1-20 所示.

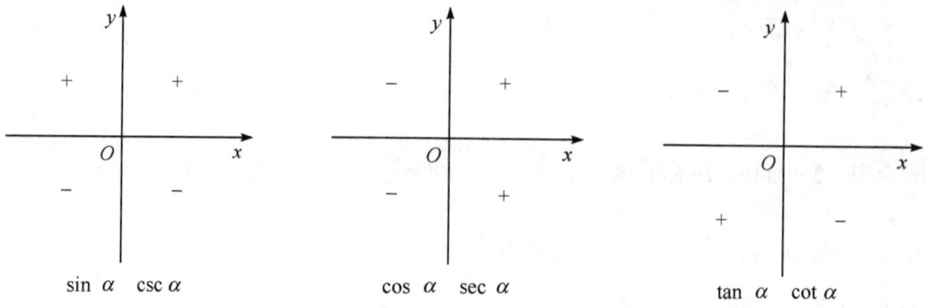

图 1-20

(Ⅲ) 三角函数的诱导公式

设α是任意角，n是整数，三角函数的诱导公式如表 1-3 所示. 诱导公式可以统一为一句口诀：奇变偶不变，符号看象限.

表 1-3　诱导公式

角	sin	cos	tan	cot	sec	csc
$-\alpha$	$-\sin\alpha$	$\cos\alpha$	$-\tan\alpha$	$-\cot\alpha$	$\sec\alpha$	$-\csc\alpha$
$\frac{\pi}{2}\pm\alpha$	$\cos\alpha$	$\mp\sin\alpha$	$\mp\cot\alpha$	$\mp\tan\alpha$	$\mp\csc\alpha$	$\sec\alpha$
$\pi\pm\alpha$	$\mp\sin\alpha$	$-\cos\alpha$	$\pm\tan\alpha$	$\pm\cot\alpha$	$-\sec\alpha$	$\mp\csc\alpha$
$\frac{3\pi}{2}\pm\alpha$	$-\cos\alpha$	$\pm\sin\alpha$	$\mp\cot\alpha$	$\mp\tan\alpha$	$\pm\csc\alpha$	$-\sec\alpha$
$2\pi\pm\alpha$	$\pm\sin\alpha$	$\cos\alpha$	$\pm\tan\alpha$	$\pm\cot\alpha$	$\sec\alpha$	$\pm\csc\alpha$
$n\pi\pm\alpha$	$\pm(-1)^n\sin\alpha$	$(-1)^n\cos\alpha$	$\pm\tan\alpha$	$\pm\cot\alpha$	$(-1)^n\sec\alpha$	$\pm(-1)^n\csc\alpha$

3) 三角函数

正弦函数(sine function) $y=\sin x$，**余弦函数(cosine function)** $y=\cos x$，**正切函数(tangent function)** $y=\tan x$，**余切函数(cotangent function)** $y=\cot x$，**正割函数(secant function)** $y=\sec x$，**余割函数(cosecant function)** $y=\csc x$ 统称为**三角函数(trigonometric function)**.

(Ⅰ) 正弦函数、余弦函数的图形与性质

正弦函数、余弦函数的图形如图 1-21 所示.

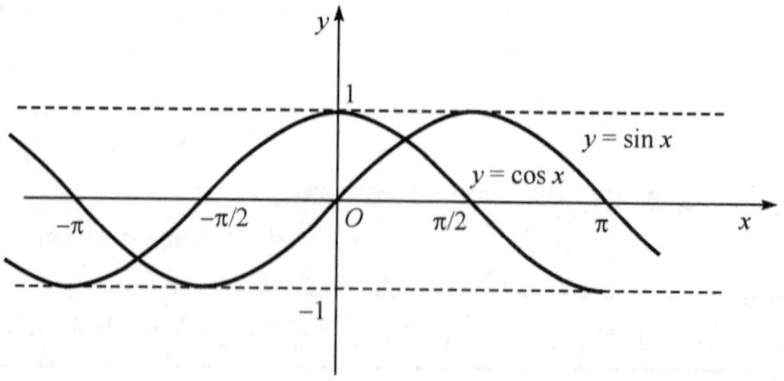

图 1-21

正弦函数、余弦函数的定义域、值域和一些重要性质如表 1-4 所示.

表 1-4　正弦函数、余弦函数的性质

性质	$y=\sin x$	$y=\cos x$
定义域	$\mathbf{R}$	$\mathbf{R}$
值域	$[-1,1]$	$[-1,1]$
周期性	2π	2π
奇偶性	奇函数	偶函数
有界性	有界	有界
单调性	增区间 $\left[2k\pi-\frac{\pi}{2},2k\pi+\frac{\pi}{2}\right]$， 减区间 $\left[2k\pi+\frac{\pi}{2},2k\pi+\frac{3\pi}{2}\right]$	增区间 $[2k\pi+\pi,2k\pi+2\pi]$， 减区间 $[2k\pi,2k\pi+\pi]$
最值	最小值 $\sin\left(2k\pi-\frac{\pi}{2}\right)=-1$， 最大值 $\sin\left(2k\pi+\frac{\pi}{2}\right)=1$	最小值 $\cos(2k\pi+\pi)=-1$， 最大值 $\cos(2k\pi)=1$

(Ⅱ) 正切函数、余切函数的图形与性质

正切函数、余切函数的图形如图 1-22 所示.

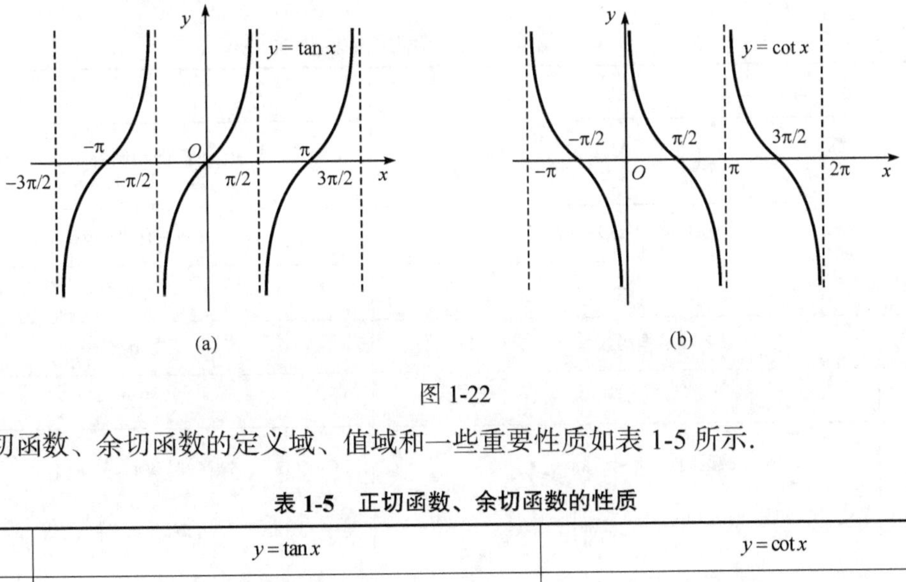

图 1-22

正切函数、余切函数的定义域、值域和一些重要性质如表 1-5 所示.

表 1-5　正切函数、余切函数的性质

性质	$y=\tan x$	$y=\cot x$
定义域	$\bigcup_{n\in\mathbf{Z}}\left(n\pi-\frac{\pi}{2},n\pi+\frac{\pi}{2}\right)$	$\bigcup_{n\in\mathbf{Z}}(n\pi,n\pi+\pi)$
值域	$\mathbf{R}$	$\mathbf{R}$
周期性	π	π
奇偶性	奇函数	奇函数
有界性	无界	无界
单调性	增区间 $\left(n\pi-\frac{\pi}{2},n\pi+\frac{\pi}{2}\right)$	减区间 $(n\pi,n\pi+\pi)$

(Ⅲ) 正割函数、余割函数的图形与性质

正割函数、余割函数的图形如图 1-23 所示.

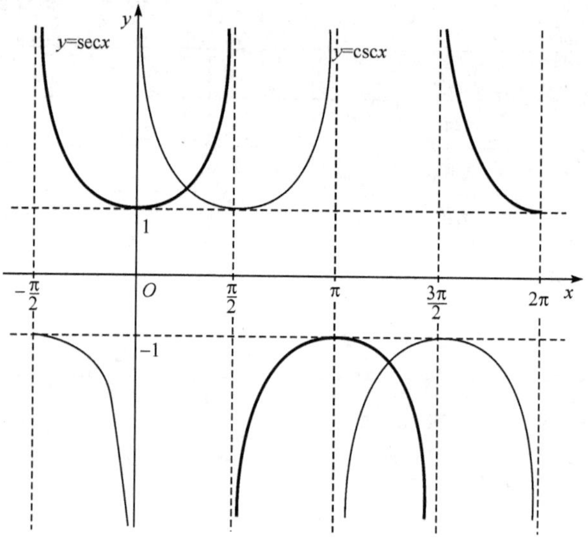

图 1-23

正割函数、余割函数的定义域、值域和一些重要性质如表 1-6 所示.

表 1-6 正割函数、余割函数的性质

性质	$y=\sec x$	$y=\csc x$
定义域	$\bigcup\limits_{n\in\mathbf{Z}}\left(n\pi-\frac{\pi}{2},n\pi+\frac{\pi}{2}\right)$	$\bigcup\limits_{n\in\mathbf{Z}}(n\pi,n\pi+\pi)$
值域	$(-\infty,-1]\cup[1,+\infty)$	$(-\infty,-1]\cup[1,+\infty)$
周期性	2π	2π
奇偶性	偶函数	奇函数
有界性	无界	无界
单调性	减区间 $\left(2k\pi-\pi,2k\pi-\frac{\pi}{2}\right)$, $\left(2k\pi-\frac{\pi}{2},2k\pi\right)$; 增区间 $\left(2k\pi,2k\pi+\frac{\pi}{2}\right)$, $\left(2k\pi-\frac{\pi}{2},2k\pi+\pi\right)$	减区间 $\left(2k\pi-\frac{\pi}{2},2k\pi\right)$, $\left(2k\pi,2k\pi+\frac{\pi}{2}\right)$; 增区间 $\left(2k\pi+\frac{\pi}{2},2k\pi+\pi\right)$, $\left(2k\pi+\pi,2k\pi+\frac{3\pi}{2}\right)$
极值	极小值 $\sec(2k\pi)=1$, 极大值 $\sec(2k\pi+\pi)=-1$	极小值 $\csc\left(2k\pi+\frac{\pi}{2}\right)=1$, 极大值 $\csc\left(2k\pi-\frac{\pi}{2}\right)=-1$

4) 三角函数的关系

(Ⅰ) 同角三角函数的基本关系

(1) 倒数关系

$$\sin x\cdot\csc x=1,\quad \cos x\cdot\sec x=1,\quad \tan x\cdot\cot x=1.$$

(2) 商数关系

$$\tan x=\frac{\sin x}{\cos x},\quad \cot x=\frac{\cos x}{\sin x}.$$

(3) 平方关系

$$\sin^2 x+\cos^2 x=1,\quad \tan^2 x+1=\sec^2 x,\quad \cot^2 x+1=\csc^2 x.$$

这些关系式可以使用六边形记忆法加强形象记忆(图 1-24): 图形结构"上弦中切下割, 左正右余中间 1", 记忆方法: "主对角线上两个函数乘积为 1; 任意一个顶点的三角函数值等于相邻两个顶点的三角函数值的乘积; 阴影三角形上边两个顶点的三角函数值的平方和等于下边顶点的三角函数值的平方."

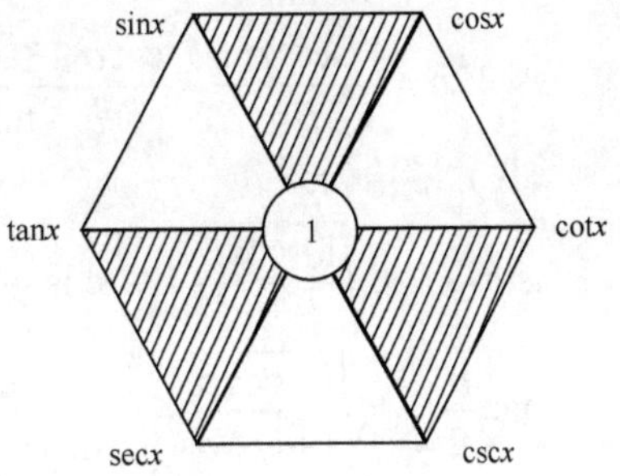

图 1-24

(4) 三角函数值的相互关系

三角函数值的相互关系如表 1-7 所示.

表 1-7　三角函数值的相互关系

	$\sin x=a$	$\cos x=a$	$\tan x=a$	$\cot x=a$	$\sec x=a$	$\csc x=a$
$\sin x=$	a	$\pm\sqrt{1-a^2}$	$\pm\frac{a}{\sqrt{1+a^2}}$	$\pm\frac{1}{\sqrt{1+a^2}}$	$\pm\frac{\sqrt{a^2-1}}{a}$	$\frac{1}{a}$
$\cos x=$	$\pm\sqrt{1-a^2}$	a	$\pm\frac{1}{\sqrt{1+a^2}}$	$\pm\frac{a}{\sqrt{1+a^2}}$	$\frac{1}{a}$	$\pm\frac{\sqrt{a^2-1}}{a}$
$\tan x=$	$\pm\frac{a}{\sqrt{1-a^2}}$	$\pm\frac{\sqrt{1-a^2}}{a}$	a	$\frac{1}{a}$	$\pm\sqrt{a^2-1}$	$\pm\frac{1}{\sqrt{a^2-1}}$
$\cot x=$	$\pm\frac{\sqrt{1-a^2}}{a}$	$\pm\frac{a}{\sqrt{1-a^2}}$	$\frac{1}{a}$	a	$\pm\frac{1}{\sqrt{a^2-1}}$	$\pm\sqrt{a^2-1}$
$\sec x=$	$\pm\frac{1}{\sqrt{1-a^2}}$	$\frac{1}{a}$	$\pm\sqrt{1+a^2}$	$\pm\frac{\sqrt{1+a^2}}{a}$	a	$\pm\frac{a}{\sqrt{a^2-1}}$
$\csc x=$	$\frac{1}{a}$	$\pm\frac{1}{\sqrt{1-a^2}}$	$\pm\frac{\sqrt{1+a^2}}{a}$	$\pm\sqrt{1+a^2}$	$\pm\frac{a}{\sqrt{a^2-1}}$	a

例如, 若 $\sec x=a$, 则 $\cos x=\frac{1}{a}$, $\sin x=\pm\frac{\sqrt{a^2-1}}{a}$, $\tan x=\pm\sqrt{a^2-1}$.

利用这些关系式可以进行恒等变形, 也可以根据角 x 的某一个三角函数值, 求出角 x 的其他三角函数值. 但当未指定角 x 终边所在象限时, 要根据角 x 终边可能在的两个象限分别求其他三角函数值.

(Ⅱ) 两角和与差的三角函数

$$\sin(\alpha\pm\beta)=\sin\alpha\cos\beta\pm\cos\alpha\sin\beta,\quad \cos(\alpha\pm\beta)=\cos\alpha\cos\beta\mp\sin\alpha\sin\beta,$$

$$\tan(\alpha\pm\beta)=\frac{\tan\alpha\pm\tan\beta}{1\mp\tan\alpha\tan\beta},\quad \cot(\alpha\pm\beta)=\frac{\cot\alpha\cot\beta\mp1}{\cot\alpha\pm\cot\beta}.$$

(Ⅲ) 倍角公式

$$\sin2\alpha=2\sin\alpha\cos\alpha=\frac{2\tan\alpha}{1+\tan^2\alpha},$$

$$\cos2\alpha=\cos^2\alpha-\sin^2\alpha=2\cos^2\alpha-1=1-2\sin^2\alpha=\frac{1-\tan^2\alpha}{1+\tan^2\alpha},$$

$$\tan2\alpha=\frac{2\tan\alpha}{1-\tan^2\alpha},\quad \cot2\alpha=\frac{\cot^2\alpha-1}{2\cot\alpha},$$

$$\sec2\alpha=\frac{\sec^2\alpha}{1-\tan^2\alpha}=\frac{\cot\alpha+\tan\alpha}{\cot\alpha-\tan\alpha},\quad \csc2\alpha=\frac{1}{2}\sec\alpha\csc\alpha=\frac{\tan\alpha+\cot\alpha}{2}.$$

(Ⅳ) 半角公式

$$\sin\frac{\alpha}{2}=\pm\sqrt{\frac{1-\cos\alpha}{2}},\quad \cos\frac{\alpha}{2}=\pm\sqrt{\frac{1+\cos\alpha}{2}},$$

$$\tan\frac{\alpha}{2}=\pm\sqrt{\frac{1-\cos\alpha}{1+\cos\alpha}}=\frac{1-\cos\alpha}{\sin\alpha}=\frac{\sin\alpha}{1+\cos\alpha},$$

$$\cot\frac{\alpha}{2}=\pm\sqrt{\frac{1+\cos\alpha}{1-\cos\alpha}}=\frac{1+\cos\alpha}{\sin\alpha}=\frac{\sin\alpha}{1-\cos\alpha},$$

$$\sec\frac{\alpha}{2}=\pm\sqrt{\frac{2\sec\alpha}{\sec\alpha+1}},\quad \sec\frac{\alpha}{2}=\pm\sqrt{\frac{2\sec\alpha}{\sec\alpha-1}}.$$

公式中根号所取符号与等式左边的符号一致.

(Ⅴ) 万能公式

$$\sin\alpha=\frac{2\tan\frac{\alpha}{2}}{1+\tan^2\frac{\alpha}{2}},\quad \cos\alpha=\frac{1-\tan^2\frac{\alpha}{2}}{1+\tan^2\frac{\alpha}{2}},\quad \tan\alpha=\frac{2\tan\frac{\alpha}{2}}{1-\tan^2\frac{\alpha}{2}}.$$

(Ⅵ) 降幂公式

$$\sin^2\alpha=\frac{1-\cos2\alpha}{2},\quad \cos^2\alpha=\frac{1+\cos2\alpha}{2}.$$

(Ⅶ) 积化和差公式

$$\sin\alpha\cos\beta=\frac{1}{2}[\sin(\alpha+\beta)+\sin(\alpha-\beta)],$$

$$\cos\alpha\sin\beta=\frac{1}{2}[\sin(\alpha+\beta)-\sin(\alpha-\beta)],$$

$$\cos\alpha\cos\beta=\frac{1}{2}[\cos(\alpha+\beta)+\cos(\alpha-\beta)],$$

$$\sin\alpha\sin\beta=-\frac{1}{2}[\cos(\alpha+\beta)-\cos(\alpha-\beta)].$$

(Ⅷ) 和差化积公式

$$\sin\alpha+\sin\beta=2\sin\frac{\alpha+\beta}{2}\cos\frac{\alpha-\beta}{2},\quad \sin\alpha-\sin\beta=2\cos\frac{\alpha+\beta}{2}\sin\frac{\alpha-\beta}{2},$$

$$\cos\alpha+\cos\beta=2\cos\frac{\alpha+\beta}{2}\cos\frac{\alpha-\beta}{2},\quad \cos\alpha-\cos\beta=-2\sin\frac{\alpha+\beta}{2}\sin\frac{\alpha-\beta}{2}.$$

6. 反三角函数(inverse trigonometric function)

反三角函数是各三角函数在其特定的单调区间上的反函数.

1) 反正弦函数、反余弦函数

定义 1.3.6　正弦函数 $y=\sin x$ 在单调增加区间 $\left[-\frac{\pi}{2},\frac{\pi}{2}\right]$ 上的反函数称为**反正弦函数(arcsine function)**，记作 $y=\arcsin x$．反正弦值 $y=\arcsin x$ 表示属于 $\left[-\frac{\pi}{2},\frac{\pi}{2}\right]$ 且正弦值等于 x 的角.

定义 1.3.7　余弦函数 $y=\cos x$ 在单调减少区间 $[0,\pi]$ 上的反函数称为**反余弦函数(arccosine function)**，记作 $y=\arcsin x$．反余弦值 $y=\arccos x$ 表示属于 $[0,\pi]$ 且余弦值等于 x 的角.

反正弦函数、反余弦函数的图形如图 1-25 所示.

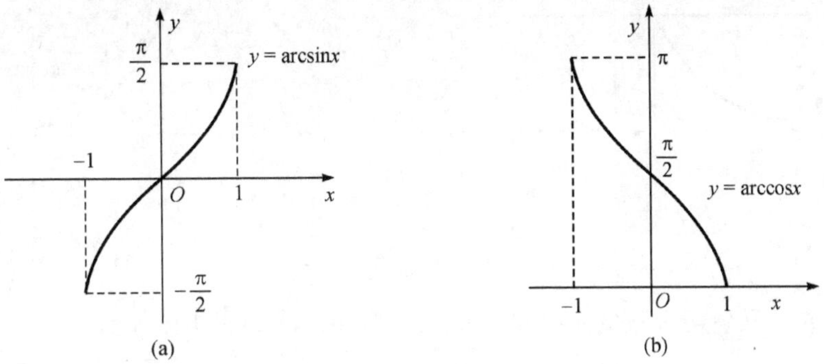

图 1-25

反正弦函数、反余弦函数的定义域、值域及重要性质如表 1-8 所示.

表 1-8　反正弦函数、反余弦函数的性质

性质	$y=\arcsin x$	$y=\arccos x$
定义域	$[-1,1]$	$[-1,1]$
值域	$\left[-\frac{\pi}{2},\frac{\pi}{2}\right]$	$[0,\pi]$
单调性	增函数	减函数
奇偶性	因 $\arcsin(-x)=-\arcsin x$， 故为奇函数	因 $\arccos(-x)=\pi-\arccos x$， 故为非奇非偶函数
恒等式	$x\in[-1,1]$，$\sin(\arcsin x)=x$， $\cos(\arcsin x)=\sqrt{1-x^2}$； $x\in\left[-\frac{\pi}{2},\frac{\pi}{2}\right]$，$\arcsin(\sin x)=x$； $x\in[0,\pi]$，$\arcsin(\cos x)=\frac{\pi}{2}-x$	$x\in[-1,1]$，$\cos(\arccos x)=x$， $\sin(\arccos x)=\sqrt{1-x^2}$； $x\in[0,\pi]$，$\arccos(\cos x)=x$； $x\in\left[-\frac{\pi}{2},\frac{\pi}{2}\right]$，$\arccos(\sin x)=\frac{\pi}{2}-x$
互余式	$x\in[-1,1]$，$\arcsin x+\arccos x=\frac{\pi}{2}$	

2) 反正切函数、反余切函数

定义 1.3.8　正切函数 $y=\tan x$ 在单调增加区间 $\left(-\frac{\pi}{2},\frac{\pi}{2}\right)$ 上的反函数称为**反正切函数**

(arc-tangent function)，记作 $y=\arctan x$．反正切值 $y=\arctan x$ 表示属于 $\left(-\dfrac{\pi}{2},\dfrac{\pi}{2}\right)$ 且正切值等于 x 的角．

定义 1.3.9 余切函数 $y=\cot x$ 在单调减少区间 $(0,\pi)$ 上的反函数称为**反余切函数 (arc-cotangent function)**，记作 $y=\operatorname{arccot} x$．反余切值 $y=\operatorname{arccot} x$ 表示属于 $(0,\pi)$ 且余切值等于 x 的角．

反正切函数、反余切函数的图形如图 1-26 所示．

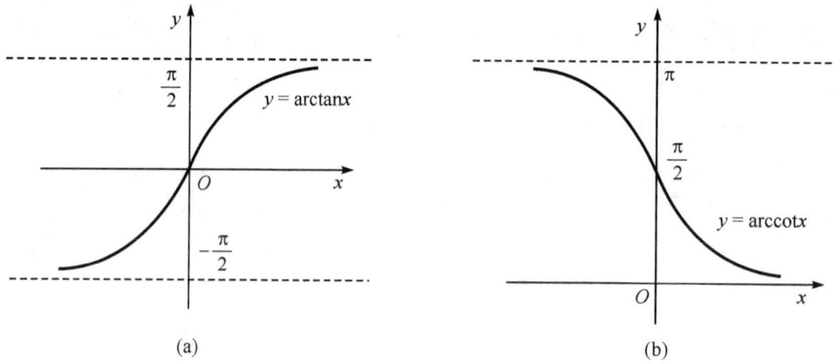

图 1-26

反正切函数、反余切函数的定义域、值域及重要性质如表 1-9 所示．

表 1-9 反正切函数、反余切函数的性质

性质	$y=\arctan x$	$y=\operatorname{arccot} x$
定义域	$(-\infty,+\infty)$	$(-\infty,+\infty)$
值域	$\left(-\dfrac{\pi}{2},\dfrac{\pi}{2}\right)$	$(0,\pi)$
单调性	增函数	减函数
奇偶性	因 $\arctan(-x)=-\arctan x$，故为奇函数	非奇非偶函数
恒等式	$x\in(-\infty,+\infty)$，$\tan(\arctan x)=x$； $x\in\left(-\dfrac{\pi}{2},\dfrac{\pi}{2}\right)$，$\arctan(\tan x)=x$	$x\in(-\infty,+\infty)$，$\cot(\operatorname{arccot} x)=x$； $x\in(0,\pi)$，$\operatorname{arccot}(\cot x)=x$
互余式	$x\in(-\infty,+\infty)$，$\arctan x+\operatorname{arccot} x=\dfrac{\pi}{2}$	

根据几个反三角函数的定义，容易知道反三角函数都不是周期函数．

1.3.3 复合函数

在有些实际问题中，函数的自变量与因变量是通过另外一些变量才建立起它们之间的对应关系的．例如，设有一个质量为 m 的沿直线运动的物体，速度是 v，那么它的动能为

$$E=\frac{1}{2}mv^2.$$

如果这个物体是自由落体，其速度为 $v=gt$，其中 g 是重力加速度. 于是它的动能是

$$E=\frac{1}{2}m(gt)^2=\frac{1}{2}mg^2t^2.$$

现抽去其中具体意义，便得到这样的两个函数：$E=\frac{1}{2}mv^2$，$v=gt$. 将 $v=gt$ 代到 $E=\frac{1}{2}mv^2$ 中去，就得知 E 通过中间变量 v 而转化为 t 的函数. 这种形式的函数称为复合函数. 又例如设 $y=\lg u$，$u=1-x^2$，可以得到一个复合函数 $y=\lg(1-x^2)$. 虽然 $u=1-x^2$ 的定义域是 $(-\infty,+\infty)$，但作为复合函数，$\lg(1-x^2)$ 的定义域只能是 $(-1,1)$. 因为只有在这种情形下才有 $u=1-x^2>0$，这时 $y=\lg u$ 才有意义，即就是说只有限制函数 $1-x^2$ 的定义域使其值域包含在 $y=\lg u$ 的定义域内时，$y=\lg(1-x^2)$ 才有意义. 否则，如考虑 $[0,+\infty)$ 内的 $y=\lg(1-x^2)$ 就没有意义了.

1. 复合函数的定义

定义 1.3.10　设函数 $y=f(u)$ 的定义域是 D，$u=g(x)$ 的定义域是 E. 若

$$E^*=\{x\mid g(x)\in D, x\in E\}\neq\varnothing \text{①},$$

则对任意的 $x\in E^*$，可通过函数 g 对应 D 中唯一一个值 u，而 u 又通过 f 对应唯一一个值 y. 这样就确定了一个定义在 E^* 上，以 x 为自变量，y 为因变量的函数，称为由函数 f 和 g 经过复合运算得到的**复合函数(composite function)**，记作 $y=f(g(x))$，$x\in E^*$. 其中 f 称为**外函数(outer function)**，g 称为**内函数(interior function)**，u 称为**中间变量(intermediate variable)**.

可以用示意图(图 1-27)把复合函数 $y=f(g(x))$ 的对应法则形象地表示出来.

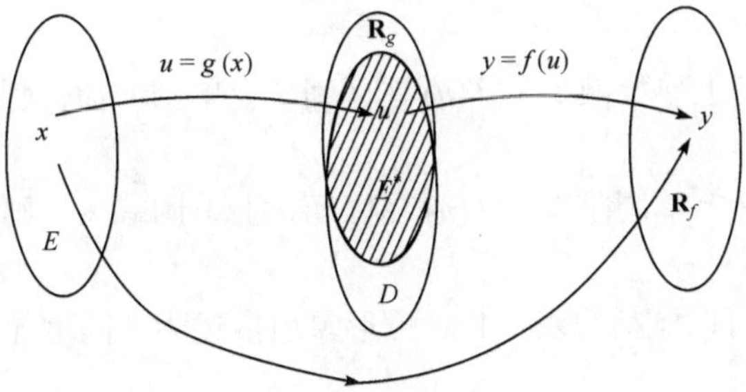

图 1-27

例 1.3.2　函数 $y=f(u)=\sqrt{u}$，$u\in D=[0,+\infty)$ 和 $u=g(x)=1-x^2$，$x\in E=\mathbf{R}$ 的复合函数是 $y=f(g(x))=\sqrt{1-x^2}$，其定义域是 $E^*=[-1,1]$，值域是 $[0,1]$.

复合函数也可以由多个函数复合而成. 例如，由以下三个函数

$$y=\ln u,\ u\in(0,+\infty);\quad u=\sqrt{z},\ z\in[0,+\infty);\quad z=1-x^2,\ x\in(-\infty,+\infty)$$

① 事实上，$E^*\neq\varnothing$ 当且仅当 $\mathbf{R}_g\cap D\neq\varnothing$.

相继复合可得复合函数

$$y=\ln\sqrt{1-x^2}\ ,\quad x\in(-1,1)\ .$$

注　仅当 $E^*\neq\varnothing$ 时，两个函数才能进行复合. 例如，以 $y=f(u)=\arcsin u$ ，$u\in D=[-1,1]$ 为外函数，以 $u=g(x)=x^2+2$ ，$x\in E=(-\infty,+\infty)$ 为内函数，就不能进行复合，因为外函数的定义域 $D=[-1,1]$ 与内函数的值域 $R_g=[2,+\infty)$ 不相交，即 $E^*=\varnothing$.

例 1.3.3　下列函数是由哪些基本初等函数复合而成的?

(1) $y=\cos^2 x$ ；　(2) $y=\mathrm{e}^{\frac{1}{x}}$ ；　(3) $y=\sqrt{\ln\arctan x^2}$.

解　(1) 令 $u=\cos x$ ，则 $y=\cos^2 x$ 是由基本初等函数 $y=u^2$ ，$u=\cos x$ 复合而成的.

(2) 令 $u=\dfrac{1}{x}$ ，则 $y=\mathrm{e}^{\frac{1}{x}}$ 是由基本初等函数 $y=\mathrm{e}^u$ ，$u=\dfrac{1}{x}$ 复合而成的.

(3) 令 $u=\ln\arctan x^2$ ，则 $y=\sqrt{u}$ ，而 $u=\ln\arctan x^2$ ，由于 u 还不是基本初等函数，还要继续分解. 又令 $v=\arctan x^2$ ，则 $u=\ln v$ ，而 $v=\arctan x^2$. 再令 $w=x^2$ ，则 $v=\arctan w$. 因此，$y=\sqrt{\ln\arctan x^2}$ 是由基本初等函数 $y=\sqrt{u}$ ，$u=\ln v$ ，$v=\arctan w$ ，$w=x^2$ 复合而成的.

2. 复合函数的性质

定理 1.3.2(复合函数的单调性)　设复合函数 $y=f(g(x))$ 的定义域是 E^* ，区间 $I\subseteq E^*$ ，$g(x)$ 在 I 上的值域是区间 J .

(1) 若 $g(x)$ 在区间 I 上单调增加，$f(u)$ 在区间 J 上单调增加，则 $y=f(g(x))$ 在区间 I 上单调增加；

(2) 若 $g(x)$ 在区间 I 上单调增加，$f(u)$ 在区间 J 上单调减少，则 $y=f(g(x))$ 在区间 I 上单调减少；

(3) 若 $g(x)$ 在区间 I 上单调减少，$f(u)$ 在区间 J 上单调增加，则 $y=f(g(x))$ 在区间 I 上单调减少；

(4) 若 $g(x)$ 在区间 I 上单调减少，$f(u)$ 在区间 J 上单调减少，则 $y=f(g(x))$ 在区间 I 上单调增加.

复合函数的单调性可以概括为表 1-10，可形象地描述为“同增异减”这四个字.

表 1-10　复合函数的单调性

函数	单调性			
内函数 $u=g(x)$	增	增	减	减
外函数 $y=f(u)$	增	减	增	减
复合函数 $y=f(g(x))$	增	减	减	增

定理 1.3.3(复合函数的奇偶性)　设复合函数 $y=f(g(x))$ 的定义域 E^* 是关于原点对称的区域，$g(x)$ 在 E^* 上的值域也是关于原点对称的区域 $g(E^*)$.

(1) 若 $g(x)$ 在 E^* 上是奇函数，$f(u)$ 在 $g(E^*)$ 上是奇函数，则 $y=f(g(x))$ 在 E^* 上是奇函数；

(2) 若$g(x)$在E^*上是奇函数，$f(u)$在$g(E^*)$上是偶函数，则$y=f(g(x))$在E^*上是偶函数；

(3) 若$g(x)$在E^*上是偶函数，$f(u)$在$g(E^*)$上是奇函数，则$y=f(g(x))$在E^*上是偶函数；

(4) 若$g(x)$在E^*上是偶函数，$f(u)$在$g(E^*)$上是偶函数，则$y=f(g(x))$在E^*上是偶函数.

复合函数的奇偶性可以概括为表1-11，可形象地描述为"有偶必偶"这四个字.

事实上，若复合函数$y=f(g(x))$的定义域E^*是关于原点对称的区域，$g(x)$在E^*上是偶函数，则一定有$y=f(g(x))$在E^*上也是偶函数.

表1-11　复合函数的奇偶性

函数	奇偶性			
内函数 $u=g(x)$	奇	奇	偶	偶
外函数 $y=f(u)$	奇	偶	奇	偶
复合函数 $y=f(g(x))$	奇	偶	偶	偶

1.3.4　初等函数

定义 1.3.11　设函数$f(x)$，$g(x)$的定义域分别是D_1，D_2，$D=D_1\bigcap D_2\neq\varnothing$，则可以定义函数的下列运算：

和(差)$f\pm g$：$(f\pm g)(x)=f(x)\pm g(x)$，$x\in D$；

积$f\cdot g$：$(f\cdot g)(x)=f(x)\cdot g(x)$，$x\in D$；

商$\dfrac{f}{g}$：$\left(\dfrac{f}{g}\right)(x)=\dfrac{f(x)}{g(x)}$，$x\in D-\{x\mid g(x)=0\}$.

定义 1.3.12　由基本初等函数经过有限次四则运算或复合运算得到并且能用一个式子表示的函数，统称为**初等函数(elementary functions)**.

例如，**多项式函数**

$$P_n(x)=a_nx^n+a_{n-1}x^{n-1}+\cdots+a_1x+a_0,\quad x\in(-\infty,+\infty),$$

它是由常值函数与正整数幂函数经过若干次乘法与加法运算而得到.

有理(分式)函数　$f(x)=\dfrac{P_n(x)}{Q_m(x)}$，这里$P_n(x)$，$Q_m(x)$是多项式函数，其定义域是$\mathbf{R}$中去除使$Q_m(x)=0$的根后的数集.

凡不是初等函数的函数，都称为**非初等函数.**

分段函数是按照定义域的不同子集用不同表达式来表示对应关系的. 分段函数常常不是初等函数，比如1.2节提到的符号函数、取整函数、狄利克雷函数. 但有些分段函数却是初等函数. 例如，绝对值函数$y=|x|=\begin{cases}x, & x\geqslant 0,\\ -x, & x<0\end{cases}$是一个分段函数，由于$y=|x|=\sqrt{x^2}$，因此，$y=|x|$是初等函数. 同理，$y=|\sin x|$，$y=\ln|x-1|$等既是分段函数，也是初等函数.

由于初等函数是本教程研究的主要对象. 为此，读者除对基本初等函数的图形与性质应熟练掌握外，还要善于确定初等函数的定义域.

习题 1-3

1. 求下列函数的反函数：

(1) $y=\sqrt[3]{x+1}$；　(2) $y=3^{2x+5}$；

(3) $y=1+\ln(x+2)$；　(4) $y=\ln(x+\sqrt{1+x^2})$；

(5) $y=\begin{cases}2x-1, & 0\leqslant x\leqslant 1,\\ 2-(x-2)^2, & 1<x\leqslant 2.\end{cases}$

2. 若 a,b 满足 $0<a<b<1$，试比较 a^a，a^b，b^a 的大小.

3. 试比较 $m_1=\log_2 5$，$m_2=2^{0.5}$，$m_3=\log_4 15$ 的大小.

4. 若 $0<a<1$，试比较 $\ln a$, $\ln(a+1)$, $[\ln(a+1)]^2$ 的大小.

5. 已知 $\sin(\alpha+\beta)=1$，$\sin\beta=\dfrac{1}{5}$，求 $\sin(2\alpha+\beta)$.

6. 设 $x\neq(2k-1)\pi$ 且 $x\neq k\pi+\dfrac{\pi}{2}$，$k\in\mathbf{Z}$，证明：$\dfrac{1+\tan\dfrac{x}{2}}{1-\tan\dfrac{x}{2}}=\sec x+\tan x$.

7. 设 $x\neq k\pi$，$k\in\mathbf{Z}$，证明：$\tan\dfrac{x}{2}=\csc x-\cot x$.

8. 求下列各式的值：

(1) $\cos\left[\arccos\dfrac{4}{5}+\arccos\left(-\dfrac{5}{13}\right)\right]$；　(2) $\sin(\arctan 2\sqrt{2})$.

9. 在下列各题中，求由所给函数复合而成的函数，并求出这函数分别对应于所给自变量值的函数值：

(1) $y=u^2$，$u=\sec x$，$x_1=\dfrac{\pi}{6}$，$x_3=\dfrac{\pi}{3}$；

(2) $y=\ln u$，$u=1+x^2$，$x_1=0$，$x_2=2$；

(3) $y=\mathrm{e}^u$，$u=v^2$，$v=\cot x$，$x_1=\dfrac{\pi}{4}$，$x_2=\dfrac{\pi}{2}$；

(4) $y=u^2$，$u=\mathrm{e}^v$，$v=\cot x$，$x_1=\dfrac{\pi}{4}$，$x_2=\dfrac{\pi}{2}$.

10. 求下列函数的定义域，并且指出由哪些函数复合而成：

(1) $y=(2x+1)^{10}$；　(2) $y=(\arcsin\sqrt{1-x^2})^2$；

(3) $y=\ln(\csc\mathrm{e}^{x+1})$；　(4) $y=2^{\sin^2 x}$；

(5) $y=\sin^3(\ln x)$；　(6) $y=\arccos\sqrt[3]{\dfrac{x-1}{2}}$.

11. 设 $f(x)$ 的定义域是 $[0,1]$，求下列函数的定义域：

(1) $f(\ln x)$；　(2) $f(\cos x)$；　(3) $f(\arctan x)$.

12. 求下列函数的表达式：

(1) 设 $\varphi(\sin x)=\cos^2 x+\sin x+5$，求 $\varphi(x)$；

(2) 设 $g(x-1)=x^2+x+1$，求 $g(x)$；

(3) 设 $f\left(x+\dfrac{1}{x}\right)=x^2+\dfrac{1}{x^2}$，求 $f(x)$.

13. 设 $f(x)=x+\dfrac{1}{x}$，$g(x)=x^2$，求 $g(f(x))-f(g(x))$.

14. 设 $f(x)=\begin{cases}x, & x<0,\\ x^2, & x\geqslant 0,\end{cases}$ 求 $f(f(x))$.

1.4*① 常用经济函数

1.4.1 需求函数

在经济学中，购买者(消费者)对商品的需求这一概念的涵义是购买者既有购买商品的愿望，又有购买商品的能力. 也就是说，只有购买者同时具备了购买商品的欲望和支付能力两个条件，才称得上需求. 影响需求的因素很多，如人口、收入、财产、该商品的价格，其他相关的价格、以及消费者的偏好等. 在所考虑的时间范围内，如果把除该商品价格以外的上述因素都看作是不变的因素，则可把该商品价格 P 看作是自变量，需求量看作是因变量，即需求量 D 可视为该商品价格 P 的函数，称为需求函数，记作

$$D = f(P).$$

需求函数的图形称为需求曲线. 需求函数一般是价格的递减函数. 需求曲线通常是一条从左向右下方倾斜的曲线. 即价格上涨，需求量则逐步减少；价格下降，需求量则逐步增大. 引起商品价格和需求量反方向变化的原因在于：一是收入效应，亦即当价格上升或下降时，都会影响到个人的实际收入，从而影响购买力. 例如：价格下降时，意味着购买者的实际收入增加，从而增加对该种商品的购买量；一些在原价格上无力购买的人，此时成为新的购买者，也使购买量增加. 二是替代效应，一些商品之间在使用上存在着彼此可以替代的关系. 当某种商品价格变化高于其他商品价格变化时，购买者就可能改变购买计划，以价格变得相对低的商品去替代价格变得较高的商品. 例如：由于肉价格上涨幅度大了，人们就可能多购买些涨价幅度较小的鱼来代替部分肉的消费. 但是，也有例外情况，需求曲线出现从左向右上升. 例如：名画、文玩等珍品价格越高，越被人们认为珍贵，对它们的需求量就越大.

最常用的需求函数类型为线性函数：$D = \dfrac{a-P}{b} \quad (a>0, b>0)$.

线性函数的斜率为 $-\dfrac{1}{b}<0$. 当 $P=0$ 时，$D=\dfrac{a}{b}$，表示当价格为零时，购买者对该商品的需求量为 $\dfrac{a}{b}$，$\dfrac{a}{b}$ 也称为市场对该商品的饱和需求量. 当 $P=a$ 时，$D=0$，表示当价格上涨到 a 时，已没有人购买该商品(图 1-28).

若需求函数为 $D=\dfrac{a}{P+c}-b(a>0,b>0,c>0)$，此时，若 $P=0$，则 $D=\dfrac{a}{c}-b$，表示该商品的饱和需求量为 $\dfrac{a}{c}-b$，当价格上升到 $P=\dfrac{a}{b}-c$ 时，商品的需求量下降为 0. 但若免费赠送，并且给购买者以一定的如运输费用等方面的补贴(表现为负价格)，鼓励购买，则当 P 下降接近于 $-c$ 时，由需求曲线可见，该商品的需求量将无限增大(图 1-29).

习惯上，不少经济分析的著作喜欢把需求函数写成反函数形式 $P=\varphi^{-1}(D)$，但从经济意义上分析时，仍应将 P 作为自变量，把 D 作为因变量. 例如前面介绍的两个需求函数的反函数分别为

① 本书标注星号*的章节为选修内容.

$$P = a - bD,\quad P = \frac{a}{D+b} - c.$$

常见的需求函数还有如下形式.

(1) $D = \dfrac{a - P^2}{b}(a > 0, b > 0)$. 需求曲线如图 1-30 所示，其反函数为 $P = \sqrt{a - bD}$.

(2) $D = \dfrac{a - \sqrt{P}}{b}(a > 0, b > 0)$. 需求曲线如图 1-31 所示，其反函数为 $P = (a - bD)^2$.

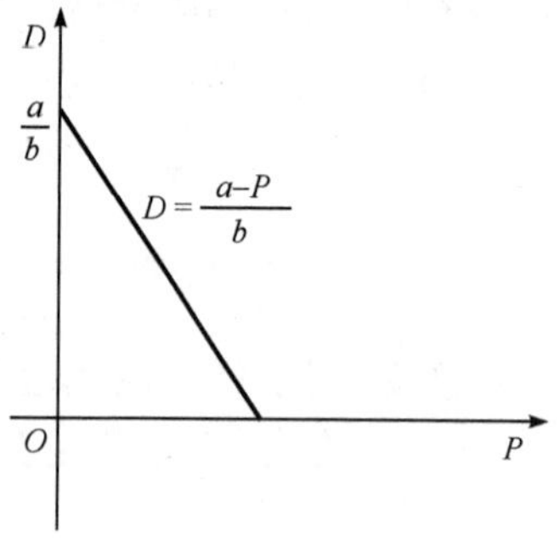

图 1-28

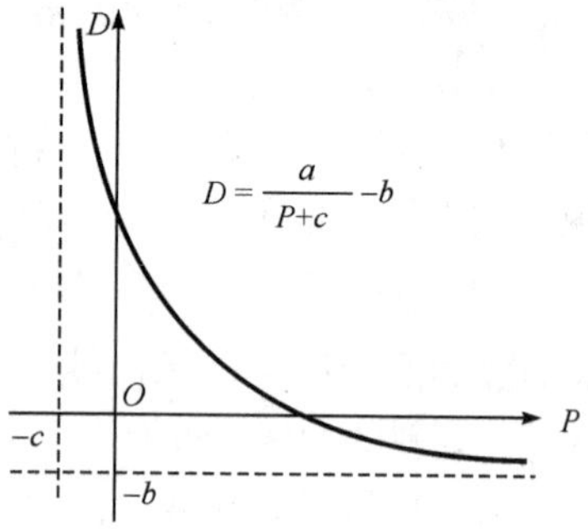

图 1-29

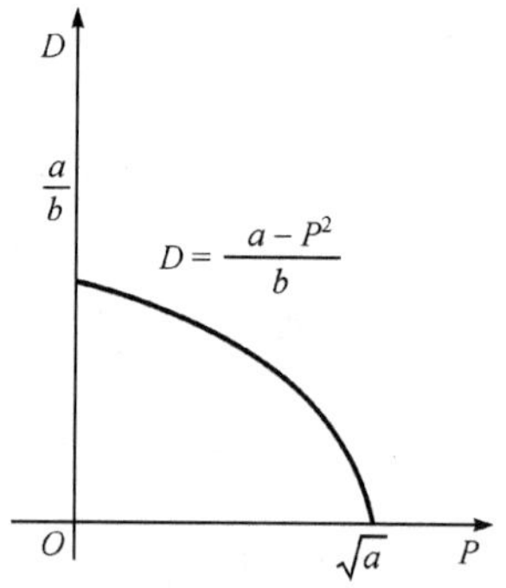

图 1-30

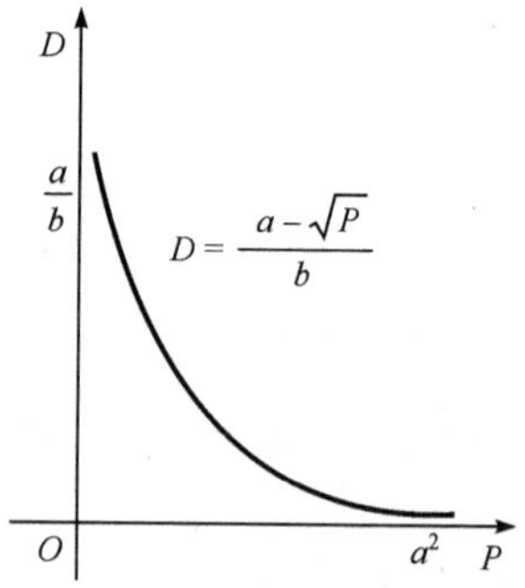

图 1-31

(3) $D = \sqrt{\dfrac{a - P}{b}}$. 需求曲线如图 1-32 所示，其反函数为 $P = a - bD^2$.

(4) $D = a\mathrm{e}^{-bP}(a > 0, b > 0)$. 需求曲线如图 1-33 所示，其反函数为 $P = \dfrac{2.303}{b}\lg\dfrac{a}{D}$.

对于具体问题，可根据实际资料确定需求函数类型及其中的参数.

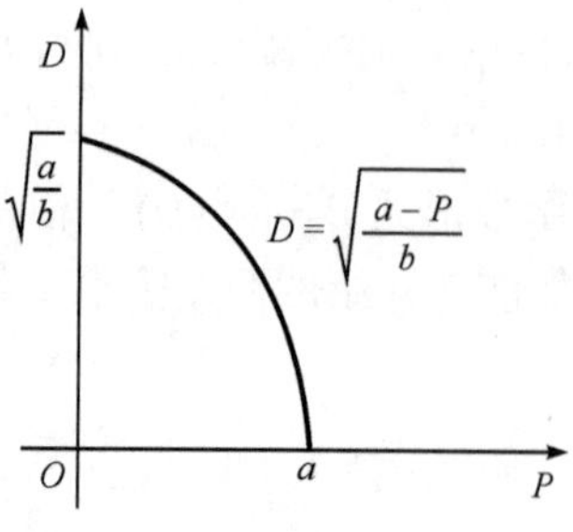

图 1-32

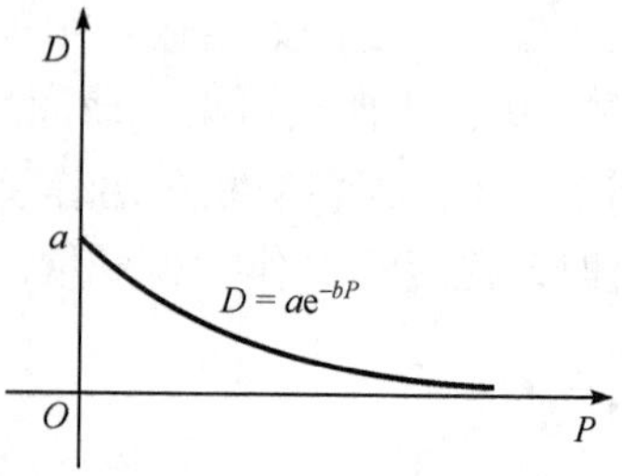

图 1-33

1.4.2 供给函数

供给是与需求相对的概念，需求是就购买而言，供给是就生产而言. 供给是指生产者在某一时刻内，在各种可能的价格水平上，对某种商品愿意并能够出售的数量. 这就是说作为供给必须具备两个条件：一是有出售商品的愿望；二是有供应商品的能力，二者缺一便不能构成供给，供给不仅与生产中投入的成本及技术状况有关，而且与生产者对其他商品和劳务价格的预测等因素有关. 供给函数是讨论在其他因素不变的条件下供应商品的价格与相应供给量的关系，即把供应商品的价格 P 作为自变量，而把相应的供给量 Q 作为因变量. 供给函数一般表示为 $Q=q(P)$ ，即价格为 P 时，生产者愿意提供的商品量.

供给函数的图形称为供给曲线，它与需求曲线相反，一般是一条从左向右上方倾斜的曲线，即当商品价格上升时，供给量就会上升. 当价格下降时，供给量随之下降. 就是说，供给量随价格变动而发生同方向变动. 但也有例外情况，例如：珍贵文玩价格上升后，人们就会把存货拿出来出售，从而供给量增加，而当价格上升到一定限度后，人们会以为它们可能是更贵重，就会不再提供到市场出售，因而价格上升，供给量反而减少. 此时供给曲线可能呈现不是从左向右上方倾斜的形状.

常用的供给函数有如下几种类型.

(1) 线性供给函数：$Q=-d+cP\ \ (c>0,d>0)$ 供给曲线如图 1-34. 其反函数为 $P=\dfrac{1}{c}Q+\dfrac{d}{c}$ $(c>0,d>0)$. 由上式可见，$\dfrac{d}{c}$ 为价格的最低限，只有当价格大于 $\dfrac{d}{c}$ 时，生产者才会供应商品.

(2) $Q=\dfrac{aP-b}{cP+d}(a>0,b>0,c>0,d>0)$. 供给曲线如图 1-35. 由此式可知，该商品的最低价格为 $P=\dfrac{b}{a}$，而当价格上涨时，该商品有一饱和供给量 $\dfrac{a}{c}$.

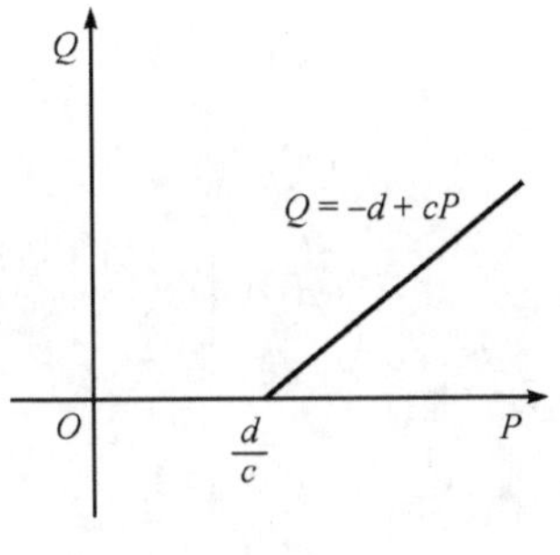

图 1-34

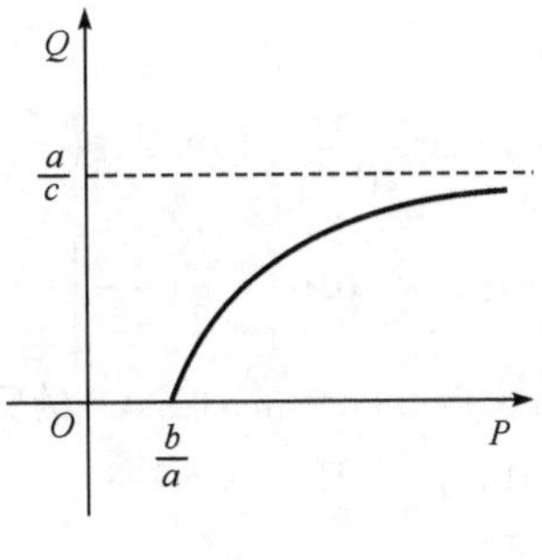

图 1-35

供给函数形式很多，它与市场组织、市场状况及成本函数有密切关系，这里不一一列举.

1.4.3 总收益函数

设某种产品的价格为 P ，相应的需求量为 D ，则销售该产品的总收益 R 为 DP. 又若需求函数为 $D=f(P)$ ，其反函数为 $P=g(D)$ ，则

$$R=DP=Dg(D).$$

如果取 $P=a-bD$ ，则可得总收益函数为

$$R=(a-bD)D=aD-bD^2=\frac{a^2}{4b}-\left(\sqrt{b}D-\frac{a}{2\sqrt{b}}\right)^2.$$

由上式可知，当 $D=\frac{a}{2b}$ 时，所得总收益最大，其最大收益为 $R_{\max}=\frac{a^2}{4b}$.

复 习 题 1

一、选择题

1. 设 $[x]$ 是取整函数，则 $y=x-[x]$ 是(　　).

(A) 无界函数；　(B) 单调函数；　(C) 偶函数；　(D) 周期函数.

2. 若 $F(x)$ 为奇函数，则函数 $y=F(x)\left(\frac{1}{a^x-1}+\frac{1}{2}\right)$(其中 $a>0,a\neq 1$)为(　　).

(A) 偶函数；　(B) 奇函数；　(C) 既是奇函数又是偶函数；　(D) 非奇非偶函数.

3. 当(　　)时，函数 $f(x)=b^{-cx}$ 在 $(-\infty,+\infty)$ 内单调增加.

(A) $b>1,c>0$；　(B) $b>1,c<0$；　(C) $0<b<1,c\geqslant 0$；　(D) $0<b<1,c<0$.

4. 函数 $f(x)$ 为奇函数，则(　　)仍为奇函数.

(A) $f(x+a)-f(x-a)$；　(B) $f(x+a)+f(x-a)$；

(C) $f(a-x)\cdot f(a+x)$；　(D) $f(a+x)+f(a-x)$.

5. 设 $M>0$，函数 $y=\lg(x+1)$ 在区间(　　)内有界.

(A) $(-1,0)$；　(B) $(0,+\infty)$；　(C) $(-1,M)$；　(D) $(0,M)$.

6. 下面函数中，不是初等函数的是(　　).

(A) $y=\begin{cases}x, & 0\leqslant x\leqslant 1,\\ 2-x, & 1<x\leqslant 2;\end{cases}$　(B) $y=\begin{cases}x, & x\geqslant 0,\\ -x, & x<0;\end{cases}$

(C) $y=\operatorname{sgn}x$；　(D) $y=\sin x$.

7. 函数 $y=\sin\frac{\pi x}{2(1+x^2)}$ 的值域是(　　).

(A) $[-1,1]$；　(B) $\left[-\frac{\sqrt{2}}{2},\frac{\sqrt{2}}{2}\right]$；　(C) $[0,1]$；　(D) $\left[-\frac{1}{2},\frac{1}{2}\right]$.

8. 若函数 $y=3+a^{x-1}$ $(a>0,a\neq 1)$ 的反函数图形恒过定点 P，则点 P 是(　　).

(A) $(3,1)$；　(B) $(3+a,2)$；　(C) $(4,2)$；　(D) $(4,1)$.

二、填空题

1. 设 $f(x)=\ln\frac{3+x}{3-x}+1$, 则 $f(x)+f\left(\frac{3}{x}\right)$ 的定义域为__________.

2. 函数 $f(x)=\frac{1}{\ln(2-x)}+\sqrt{100-x^2}$ 的定义域是__________.

3. 设 $f(x)=\begin{cases}2^x, & -1\leqslant x<0,\\ 2, & 0\leqslant x<1,\\ x-1, & 1\leqslant x\leqslant 3,\end{cases}$ 则 $f(x)$ 的定义域为__________，$f(0)=$__________，$f(1)=$__________.

4. 若 $f(x)=\frac{1}{1-x}$，则 $f[f(x)]=$__________，$f\{f[f(x)]\}=$__________.

5. 设 $f(x)=\begin{cases}0, & x\leqslant 0,\\ x, & x>0,\end{cases}$ 则 $f[f(x)]=$___________.

6. 已知函数 $y=10^{x-1}-2$，则它的反函数是___________.

7. 已知 $y=\dfrac{2x}{1+x^2}$，则它的值域为___________.

8. 函数 $y=5\sin(\pi x)$ 的最小正周期 $T=$___________.

9. 设 $f\left(\dfrac{1}{x}\right)=x+\sqrt{1+x^2}$，则 $f(x)=$___________.

10. 若 $f\left(x+\dfrac{1}{x}\right)=x^2+\dfrac{1}{x^2}+3$，则 $f(x)=$___________.

三、解答题

1. 求下列函数的定义域：

(1) $y=\ln(x-3)+\sqrt{x^2-3x-4}$；　　(2) $y=\dfrac{1}{(x-4)\ln|x-2|}$；

(3) $y=\arccos\ln\dfrac{x}{10}$；　　(4) $y=\sqrt{x^2-x+1}-\arcsin\dfrac{2x-1}{7}$.

2. 设 $f(x)$ 的定义域是 $[0,1]$，确定下列函数的定义域：

(1) $f(x^2)$；　　(2) $f(\arccos x)$；　　(3) $f(x+a)+f(x-a)$.

3. 设 $f(x)$ 是 x 的二次函数，且 $f(x+1)-f(x)=8x+3$，求 $f(x)$.

4. 指出下列函数是怎样复合而成的：

(1) $y=(\arcsin x^2)^{10}$；　　(2) $y=2^{\sec(x^2+1)}$；　　(3) $y=\ln[\ln^2(\ln^3 x)]$.

5. 设 $f(x)=\begin{cases}2-x, & x\leqslant 0,\\ x+2, & x>0,\end{cases}$ $g(x)=\begin{cases}x^2, & x\leqslant 0,\\ -x, & x>0,\end{cases}$ 求 $f[g(x)]$.

6. 设下面所考虑的函数都是定义在对称区间 $(-L,L)$ 内的，证明：

(1) 两个偶函数的和是偶函数，两个奇函数的和是奇函数；

(2) 两个偶函数的乘积是偶函数，两个奇函数的乘积是偶函数，偶函数与奇函数的乘积是奇函数.

7. 定义在 $\mathbf{R}$ 上的函数 $y=f(x)$ 满足 $f(0)\neq 0$，当 $x>0$ 时，$f(x)>1$，且对任意 $a,b\in\mathbf{R}$，

$$f(a+b)=f(a)f(b).$$

(1) 求 $f(0)$；

(2) 求证：对任意 $x\in\mathbf{R}$,有$f(x)>0$；

(3) 求证：$f(x)$ 在 $\mathbf{R}$ 上是增函数.

8. 判断函数 $f(x)=x\sin x$ 在 $\mathbf{R}$ 上是否有界？说明理由.

自 测 题 1

一、单选题

1. 下列各对函数中，$f(x)$ 与 $g(x)$ 相同的是(　　).

(A) $f(x)=\lg x^2, g(x)=2\lg x$；　　(B) $f(x)=x, g(x)=\sqrt{x^2}$；

(C) $f(x)=\sqrt[3]{x^4-x^3}, g(x)=x^3\sqrt{x-1}$　　(D) $f(x)=\sqrt{\dfrac{x-1}{2-x}}, g(x)=\dfrac{\sqrt{x-1}}{\sqrt{2-x}}$.

2. 设 $f(x)$ 与 $g(x)$ 分别为定义在 $(-\infty,+\infty)$ 上的偶函数与奇函数，则 $f[g(x)]$ 与 $g[f(x)]$ 分别(　　).

(A) 都是奇函数；　　(B) 都是偶函数；

(C) 是奇函数和偶函数；　　(D) 是偶函数与奇函数.

3. 设函数 $f(x)$ 严格单调增加，$\varphi(x)$ 严格单调减少，并且可以构成下面所见的复合函数，则(　　).

(A) $f[\varphi(x)]$ 必严格单调增加；　　(B) $\varphi[f(x)]$ 必严格单调减少；

(C) $f(x)\varphi(x)$ 必严格单调增加；　　(D) $f(x)\varphi(x)$ 必严格单调减少.

4. 设 $[x]$ 表示不超过 x 的最大整数，则 $y=x-[x]$ 是(　　).

(A) 无界函数；　　(B) 周期为 1 的周期函数函数；

(C) 单调函数；　　(D) 偶函数.

5. 下列函数是奇函数的是(　　).

(A) $f(x)=\dfrac{1}{2}(e^x+e^{-x})$；　　(B) $\varphi(x)=\dfrac{x}{a^x-1}$；

(C) $g(x)=10^x$；　　(D) $h(x)=\lg\dfrac{1+x}{1-x}$.

二、多选题

1. 可以作某个函数 $y=f(x)$ 的图像的是(　　).

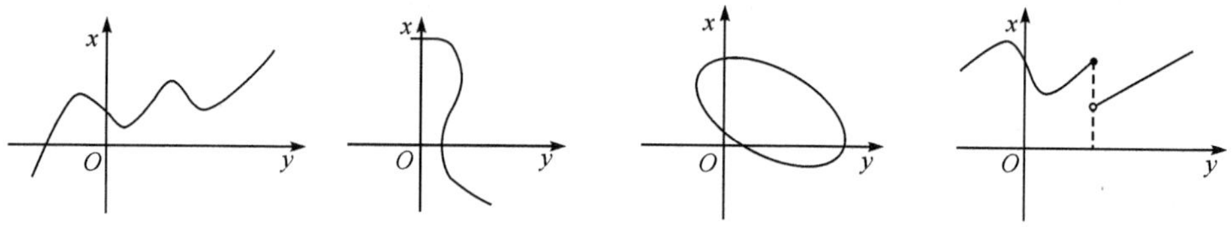

(A)　　(B)　　(C)　　(D)

2. 若 $f(x)$ 是 $(-\infty,+\infty)$ 上的奇函数，$f(1)=a$，且对任何实数 x 均有 $f(x+2)-f(x)=f(2)$，则(　　).

(A) $f(0)=0$；　　(B) $f(2)=2a$；

(C) $f(3)=3a$；　　(D) $f(x)=\dfrac{f(x+2)-f(x-2)}{2}$.

三、判断题

1. 复合函数 $f[g(x)]$ 的定义域是 $g(x)$ 的定义域.　　(　　)

2. 任意两函数 $y=f(u)$ 及 $u=\varphi(x)$ 必定可以复合成 y 为 x 的函数.　　(　　)

3. 设 $y=f(x)$ 在 (a,b) 内处处有定义，则在 (a,b) 内一定有界.　　(　　)

4. 分段函数不是初等函数.　　(　　)

5. 由基本初等函数经过无限次四则运算而成的函数不是初等函数.　　(　　)

6. 不单调的函数一定没有反函数.　　(　　)

7. 设有 $f(x)$ 和 $g(x)$，其中 $f(x)$ 是单调增加函数，且对任意的 x，$g(x)\geqslant f(x)$，则 $f[f(x)]\leqslant f[g(x)]$.　　(　　)

四、计算题

设 $f(x)=\begin{cases}x, & x<0,\\ x^2, & x\geqslant 0,\end{cases}$ 求 $f[f(x)]$.

五、证明题

1. 设 $f(x)=\dfrac{e^x+e^{-x}}{2}$，$g(x)=\dfrac{e^x-e^{-x}}{2}$，证明 $f(x)$ 是偶函数，$g(x)$ 是奇函数；

2. 设 $F(x)$ 是 $(-a,+a)$ $(a>0)$ 内的任意函数，证明 $F(x)$ 总可以表示为一个奇函数与一个偶函数的和.

六、应用题

表 1-12 是 A 市某快递公司快递包裹的资费标准. B 市距离 A 市 2700 公里. 试写出通过该快递公司从 A 市快递一个包裹到 B 市的快递费 E 与包裹重量 m 之间的函数关系.

表 1-12　某快递公司快递包裹的资费标准

运距	首重 1kg	5kg 及以内 续重每 0.5kg	5kg 以上 续重每 0.5kg
500km 及 500km 以内	5.00	2.00	1.00
500km 以上至 1000km	6.00	2.50	1.30
1000km 以上至 1500km	7.00	3.00	1.60
1500km 以上至 2000km	8.00	3.50	1.90
2000km 以上至 2500km	9.00	4.00	2.20
2500km 以上至 3000km	10.00	4.50	2.50
3000km 以上至 4000km	12.00	5.50	3.10
4000km 以上至 5000km	14.00	6.50	3.70
5000km 以上至 6000km	16.00	7.50	4.30
6000km 以上	20.00	9.00	6.00

第 1 章　部分习题参考答案

一些常用初等代数公式及结论

一、多项式展开与因式分解

1. 乘法公式

完全平方公式

$(a \pm b)^2 = a^2 \pm 2ab + b^2$，

$(a+b+c)^2 = a^2 + b^2 + c^2 + 2ab + 2bc + 2ac$；

完全立方公式

$(a \pm b)^3 = a^3 \pm 3a^2b + 3ab^2 \pm b^3$；

二项式公式

$(a+b)^n = \mathrm{C}_n^0 a^n + \mathrm{C}_n^1 a^{n-1} b + \cdots + \mathrm{C}_n^k a^{n-k} b^k + \cdots + \mathrm{C}_n^{n-1} ab^{n-1} + \mathrm{C}_n^n b^n$，

其中 $\mathrm{C}_n^k = \dfrac{n(n-1)(n-2)\cdots(n-k+1)}{n!}$， $k = 0,1,2,\cdots,n$，规定 $0! = 1$；

一次多项式乘积公式

$(x+a)(x+b) = x^2 + (a+b)x + ab$，

$(x+a)(x+b)(x+c) = x^3 + (a+b+c)x^2 + (ab+bc+ca)x + abc$；

***n* 次方差公式**

平方差　$(a+b)(a-b) = a^2 - b^2$，

立方差(和)　$(a\pm b)(a^2\mp ab+b^2)=a^3\pm b^3$，

n次方差　$(a-b)(a^{n-1}+a^{n-2}b+\cdots+ab^{n-2}+b^{n-1})=a^n-b^n$.

2. 因式分解常用公式

除上述乘法公式可以逆用以外，还有下列公式：

$a^4+a^2b^2+b^4=(a^2+ab+b^2)(a^2-ab+b^2)$，

$a^4+b^4=(a^2+\sqrt{2}ab+b^2)(a^2-\sqrt{2}ab+b^2)$.

二、常用不等式

1. 设$a>0$，$0<b<1$，则有$ab<a$.

2. 绝对值不等式

三角不等式　$||a|-|b||\leqslant|a\pm b|\leqslant|a|+|b|$；

绝对值不等式　$|a_1+a_2+\cdots+a_n|\leqslant|a_1|+|a_2|+\cdots+|a_n|$，

$$\sqrt{a_1^{\ 2}+a_2^{\ 2}+\cdots+a_n^{\ 2}}\leqslant|a_1|+|a_2|+\cdots+|a_n|.$$

3. 均值不等式

$$a^2+b^2\geqslant 2ab(a,b\in\mathbf{R}),$$

$$a+b\geqslant 2\sqrt{ab}\quad(a,b\in\mathbf{R}_+),$$

$$\sqrt{\frac{a^2+b^2}{2}}\geqslant\frac{a+b}{2}\geqslant\sqrt{ab}\geqslant\frac{2}{\frac{1}{a}+\frac{1}{b}}\quad(a,b\in\mathbf{R}_+);$$

$$\frac{a+b+c}{3}\geqslant\sqrt[3]{abc}\quad(a,b,c\in\mathbf{R}_+);$$

$$\frac{a_1+a_2+\cdots+a_n}{n}\geqslant\sqrt[n]{a_1\cdot a_2\cdot\cdots\cdot a_n}\quad(a_1,a_2,\cdots,a_n\in\mathbf{R}_+),$$

上述各不等式中“=”成立当且仅当各项(数)相等.

4. 柯西不等式

$(a_1b_1+a_2b_2)^2\leqslant(a_1^2+a_2^2)(b_1^2+b_2^2)$当且仅当$\dfrac{a_1}{b_1}=\dfrac{a_2}{b_2}$取等号；

$$|a_1b_1+a_2b_2+\cdots+a_nb_n|\leqslant\sqrt{a_1^{\ 2}+\cdots+a_n^{\ 2}}\sqrt{b_1^{\ 2}+\cdots+b_n^{\ 2}}$$

当且仅当$\dfrac{a_1}{b_1}=\dfrac{a_2}{b_2}=\cdots=\dfrac{a_n}{b_n}$取等号.

5. 伯努利不等式

$$(1+x)^n>1+nx\ (x>-1,x\neq 0,n\in\mathbf{N}).$$

三、常用数列公式

1. 等差数列公式

设 $a_1,a_2,\cdots,a_n$ 是等差数列，公差为 d．

通项公式　$a_n=a_1+(n-1)d$;

前 n 项和公式　$S_n=\dfrac{n(a_1+a_n)}{2}=na_1+\dfrac{n(n-1)}{2}d$．

2. 等比数列公式

设 $a_1,a_2,\cdots,a_n$ 是等比数列，公比为 q．

通项公式　$a_n=a_1q^{n-1}$;

前 n 项和公式　$S_n=\begin{cases}\dfrac{a_1(1-q^n)}{1-q}, & q\neq 1,\\ nq, & q=1.\end{cases}$

3. 某些数列的前 n 项和

$1+2+\cdots+n=\dfrac{n(n+1)}{2}$；

$1^2+2^2+\cdots+n^2=\dfrac{1}{6}n(n+1)(2n+1)$；

$1^3+2^3+\cdots+n^3=\dfrac{1}{4}n^2(n+1)^2$；

$2+4+\cdots+2n=n(n+1)$；

$1+3+\cdots+(2n-1)=n^2$；

$1\cdot 2+2\cdot 3+3\cdot 4+n(n+1)=\dfrac{1}{3}n(n+1)(2n+1)$；

$\dfrac{1}{1\cdot 2}+\dfrac{1}{2\cdot 3}+\cdots+\dfrac{1}{n(n+1)}=1-\dfrac{1}{n+1}$．

课外阅读　数学家简介

康托尔(Cantor，1845—1918)，德国人，数学大师，是19世纪数学最伟大成就之一——集合论的创始人，是数学史上最富想象力、最有争议的人物之一，他所创立的集合论被誉为20世纪最伟大的数学创造. 集合论是现代数学的重要基础理论，它的概念和方法已经渗透到数学的各个分支以及其他自然科学中，为这些学科提供了奠基的方法，并改变了这些学科的面貌. 集合论的创立不仅对数学基础的研究有重要意义，而且对现代数学的发展也有深远的影响.

康托尔29岁时在《数学杂志》上发表了关于集合论的第一篇论文，提出了“无穷集合”这个数学概念，引起了数学界的极大关注，他引进了无穷点集的一些概念，试图把不同的无穷离散点集和无穷连续点集按某种方式加以区分，他还构造了实变函数论中著名的“康托尔集”. 1877 年，他证明了一条线段上的点能够和正方形上的点建立一一对应，从而证明了直线上、平面上、三维空间乃至高维空间的所有点的集合，都有相同的势.

康托尔的工作给数学发展带来了一场革命. 由于他的理论超越直观，所以曾受到当时一些大数学家的反对，就连被誉为“最后的通才”的大数学家庞加莱(Poincaré，1854—1912)也把集合论比作有趣的“病理情形”，甚至他的老师克罗内克(Kronecker，1823—1891)还击康托尔是“神经质”. 对于这些指责，康托尔仍充满信心，他说：“我的理论犹如磐石一般坚固，任何反对它的人都将搬起石头砸自己的脚. ”他还指出：“数学的本质在于它的自由性，不必受传统观念束缚.”当然，在康托尔的工作受到反对和排斥的同时，也得到许多大数学家的支持，除了戴德金(Dedekind，1831—1916)以外，瑞典的数学家米塔·列夫勒(Mittag-Leffler，1846—1927)在自己创办的国际性数学杂志上，把康托尔集合论的论文用法文转载，从而大大促进了集合论在国际上的传播. 1897 年，在第一次国际数学家大会上，霍尔维茨(Hurwitz)在对解析函数的最新进展进行概括时，就对康托尔的集合论的贡献进行了阐述. 三年后的第二次国际数学家大会上，为了捍卫集合论而勇敢战斗的希尔伯特(Hilbert，1862—1943)，又进一步强调了康托尔工作的重要性，他把连续统假设列为 20 世纪初有待解决的 23 个主要问题之首，希尔伯特宣称：“没有人能把我们从康托尔为我们创造的乐园中驱逐出去.” 特别是，自 1901 年，勒贝格积分产生以及勒贝格(Lebesgue，1875—1941)的测度理论充实了集合论之后，集合论得到了公认，康托尔的工作获得了崇高的评价. 当第三次国际数学家大会于 1904 年召开时，“现代数学不能没有集合论”已成为公认的看法.

1899 年，家庭中不幸的消息不断传来，康托尔的母亲、弟弟及 13 岁的小儿子相继去世，使他的精神受到强烈的刺激，他陷入了失望和痛苦的深渊. 来自事业和家庭两方面的打击，使他旧病复发. 1904 年，他出席了第三次国际数学家大会，精神受到强烈刺激，又被立即送往医院. 在他生命的最后十年里，大都处于严重抑郁状态中，他在哈雷大学的精神诊所度过了漫长的时期. 1917 年 5 月，他最后一次住进这所医院，直到 1918 年去世.

今天集合论已成为整个数学大厦的基础. 罗素(Russell，1872—1970)把康托尔的工作描述为“可能是这个时代所能夸耀的最伟大的工作”. 苏联伟大的数学家科尔莫戈洛夫(Kolmogorov，1903—1987)对康托尔所创立的集合论给予公正评价：“康托尔的不朽功绩，在他敢于向无穷大冒险迈进，他对似是而非之论、流行的成见、哲学的教条做了长期不懈的斗争，由此使他成为一门新学科的创造者，这门学科今天已经成为整个数学的基础.”

狄利克雷(Dirichlet, 1805—1859)，德国数学家. 他对数论、数学分析和数学物理有突出贡献，是解析数论的创始人之一. 1805 年 2 月 13 日生于迪伦，1859 年 5 月 5 日卒于哥廷根. 中学时曾受教于物理学家欧姆；1822—1826 年在巴黎求学，深受傅里叶的影响. 回国后先后在布雷斯劳大学、柏林军事学院和柏林大学任教 27 年，对德国数学发展产生巨大影响. 1839 年任柏林大学教授，1855 年接任高斯在哥廷根大学的教授职位.

在分析学方面，他是最早倡导严格化方法的数学家之一. 1837 年，他提出函数是 x 与 y 之间的一种对应关系的现代观点. 在数论方面，他是高斯思想的传播者和拓广者. 1863 年狄利克雷撰写了《数论讲义》, 对高斯划时代的著作《算术研究》作了明晰的解释并有创见, 使高斯的思想得以广泛传播. 1837 年, 他构造了狄利克雷级数. 1838—1839 年, 他得到确定二次型类数的公式. 1846 年, 狄利克雷使用“抽屉原理”阐明代数数域中单位数的阿贝尔群的结构. 在数学物理方面, 他对椭球体产生的引力、球在不可压缩流体中的运动、由太阳系稳定性导出的一般稳定性等课题都有重要论著. 1850 年, 他发表了有关位势理论的文章, 论及著名的第一边界值问题, 现称狄利克雷问题.

第 2 章

极　限

Limit

极限的概念起源于古希腊的穷竭法，而英国数学家约翰·瓦利斯(Vallis John，1616—1703)最早引入变量极限的概念，他说变量的极限是变量所能如此逼近一个常数，使得它们的差能够小于任何给定的量，该定义为极限向实用方向的发展做了重要的奠基工作. 此后虽有众多数学家如牛顿、莱布尼茨、达朗贝尔等不断的研究，但基本上进展不大. 直到 1821 年法国数学家柯西(Cauchy，1789—1857)在他的《分析教程》中给出了极限概念的定性描述. 但数学家魏尔斯特拉斯(Weierstrass，1851—1897)认为柯西完全用直观运用方法来叙述极限概念不真正严格，于是在 1856 年在柏林大学的一次讲演时给出了定量语言的极限定义“ε-δ”语言，使得极限的概念得以完善，并成为微积分学的理论基础，也是微积分学研究问题的主要工具之一. 也作为从有限到无限过渡的分析工具，从瓦利斯给出极限的描述性定义到魏尔斯特拉斯用量化观点完善极限定义，经历了两个世纪之久. 在微积分发展的历史长河中，极限始终扮演着十分重要的角色. 本章我们本着学习从简单到复杂的原则，先从较简单的一类函数——数列开始，介绍数列与函数极限的概念、性质与运算无穷小与无穷大问题.

2.1　数列极限的定义和性质

2.1.1　数列极限的定义

1. 数列及其性质

定义 2.1.1　按一定次序排列的一列数

$$x_1,\ x_2,\ \cdots,\ x_n,\ \cdots$$

称为**数列(sequence of number),**　记作 $\{x_n\}$ 或数列 x_n. 数列中的每一个数称为数列的**项**，第 n 项 x_n 称为数列的**一般项或通项(general term)**.

根据函数定义，数列 x_n 可以看作定义在正整数集上的函数 $x_n = f(n)$，当自变量 n 依次取 1，2，3……一切正整数时，对应的函数值就排列成数列 x_n. 几何上，数列 x_n 可以用数轴上的一系列随 n 逐步变大而变动的点来表示.

例如，(1) 数列 $\dfrac{n+1}{n}$：

$$2,\ \frac{3}{2},\ \frac{4}{3},\ \cdots,\ \frac{n+1}{n},\ \cdots$$

的图形如图 2-1 所示.

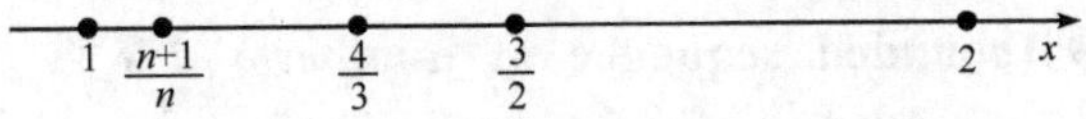

图 2-1

(2) 数列 n^2：

$$1,\ 4,\ 9,\ \cdots,\ n^2,\ \cdots$$

的图形如图 2-2 所示.

图 2-2

(3) 数列 $\frac{1}{2^n}$：

$$\frac{1}{2},\ \frac{1}{4},\ \frac{1}{8},\ \cdots,\ \frac{1}{2^n},\ \cdots$$

的图形如图 2-3 所示.

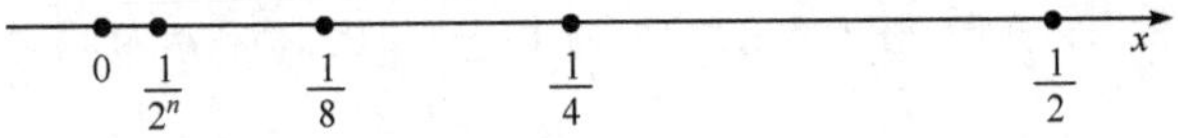

图 2-3

(4) 数列 $(-1)^{n-1}\frac{1}{n}$：

$$1,\ -\frac{1}{2},\ \frac{1}{3},\ -\frac{1}{4},\ \cdots,\ (-1)^{n-1}\frac{1}{n},\ \cdots$$

的图形如图 2-4 所示.

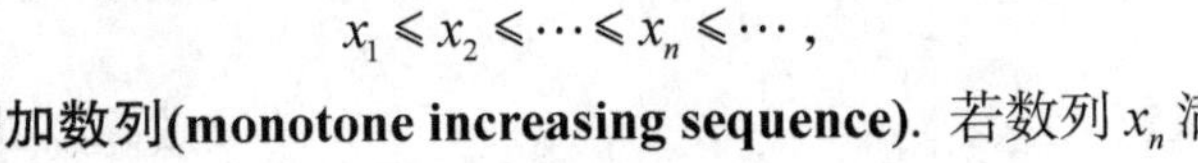

图 2-4

数列既然是正整数集的函数，则数列的单调性、有界性可以类似定义.

定义 2.1.2　若数列 x_n 满足条件

$$x_1 \leqslant x_2 \leqslant \cdots \leqslant x_n \leqslant \cdots,$$

则称数列 x_n 是**单调增加数列(monotone increasing sequence)**. 若数列 x_n 满足条件

$$x_1 \geqslant x_2 \geqslant \cdots \geqslant x_n \geqslant \cdots,$$

则称数列 x_n 是**单调减少数列(monotone decreasing sequence).**

单调增加数列与单调减少数列统称为**单调数列(monotone sequence of numbers).**

例如，数列 n^2 是单调增加数列；数列 $\frac{n+1}{n}$ 和数列 $\frac{1}{2^n}$ 是单调减少数列. 但是数列 $(-1)^{n-1}\frac{1}{n}$ 不是单调数列.

定义 2.1.3　设 $\{x_n\}$ 是数列，若存在正数 M，使得对任意的正整数 n，恒有

$$|x_n| \leqslant M,$$

则称数列 x_n 是**有界数列(bounded sequence of numbers)**；否则，称数列 x_n 是**无界数列(unbounded sequence of numbers)**.

例如，数列 $\frac{n+1}{n}$ 是有界数列，因为存在 $M=2$，对一切正整数 n，都有 $\left|\frac{n+1}{n}\right| \leqslant M$. 同理，数列 $\frac{1}{2^n}$ 和数列 $(-1)^{n-1}\frac{1}{n}$ 也都是有界数列. 但数列 n^2 是无界数列，因为对任意的正数 M，都存在 $n_0=[\sqrt{M}]+1$，使得 $n_0^{\ 2}>M$.

2. 数列极限定义

先举一个中国古代有关数列的例子.

例 2.1.1　战国时代哲学家庄周所著的《庄子 · 天下篇》引用过一句话："一尺之棰，日取其半，万世不竭." 也就是说一根长为一尺的木棒，每天截去一半，这样的过程可以无限制地进行下去.

把每天截后剩下部分的长度记录如下(单位为尺)：

第一天剩下 $\frac{1}{2}$；第二天剩下 $\frac{1}{2^2}$；第三天剩下 $\frac{1}{2^3}$；…；第 n 天剩下 $\frac{1}{2^n}$；…. 这样就得到一个数列 $\frac{1}{2^n}$：

$$\frac{1}{2},\ \frac{1}{2^2},\ \frac{1}{2^3},\ \cdots,\ \frac{1}{2^n},\ \cdots.$$

不难看出，数列 $\frac{1}{2^n}$ 的项随着 n 的无限增大而无限地接近于 0 (图 2-3). 这个例子反映了一类数列的某种特性.

一般地说，对于数列 x_n，若存在某个常数 a，当 n 无限增大时，x_n 无限地接近这个常数 a，则称这个数列 x_n 为**收敛数列(convergent sequence of numbers)**，常数 a 称为它的**极限(limit)**. 有的数列则不具备这种特性，就不是收敛数列，称之为**发散数列(divergent sequence of numbers)**.

再考察一些数列的例子，例如：

数列 $\frac{n+1}{n}$，即 $2,\ \frac{3}{2},\ \frac{4}{3},\ \cdots,\ \frac{n+1}{n},\ \cdots$ 收敛并以 1 为极限(图 2-1)；

数列 $(-1)^{n-1}\frac{1}{n}$，即 $1,\ -\frac{1}{2},\ \frac{1}{3},\ -\frac{1}{4},\ \cdots,\ (-1)^{n-1}\frac{1}{n},\ \cdots$ 收敛并以 0 为极限；

数列 n^2，即 $1,\ 4,\ 9,\ \cdots,\ n^2,\ \cdots$ 发散；

数列 $(-1)^n$，即 $-1,\ 1,\ -1,\ 1,\ \cdots$ 发散.

其中数列 n^2 是由于它的通项 n^2 随着 n 无限增大时也无限制地增大，从而不能无限地接近任何一个确定的数. 至于数列 $(-1)^n$ 则由于它的各项的值随着 n 的改变而在 -1 和 1 这两个数值上跳来跳去，也不能无限地接近于某个确定的数. 所以数列 n^2 和数列 $(-1)^n$ 都发散.

为了从数量关系上对极限概念作定量刻画，下面进一步分析数列 $\frac{n+1}{n}$ 以 1 为极限，即当

n 无限增大时，$x_n=\dfrac{n+1}{n}$ 无限接近于常数 1.

我们知道，两个实数 a 和 b 之间的接近程度可以用点 a 和点 b 之间的距离 $|a-b|$ 来度量，$|a-b|$ 越小，a 和 b 越接近. 因此，“当 n 无限增大时，$x_n=\dfrac{n+1}{n}$ 无限接近于常数 1” 就是指 “随着 n 越来越大，无限变大，点 $x_n=\dfrac{n+1}{n}$ 与点 1 的距离 $\left|\dfrac{n+1}{n}-1\right|=\dfrac{1}{n}$ 越来越小，要有多小就能有多小”.

例如，要使得 $\left|\dfrac{n+1}{n}-1\right|=\dfrac{1}{n}<\dfrac{1}{100}$，只要 $n>100$. 即当 $n=101$，102，103，…时，恒满足不等式

$$\left|\frac{n+1}{n}-1\right|=\frac{1}{n}<\frac{1}{100};$$

要使得 $\left|\dfrac{n+1}{n}-1\right|=\dfrac{1}{n}<\dfrac{1}{10000}$，只要 $n>10000$. 即当 $n=10001$，10002，10003，…时，恒满足不等式

$$\left|\frac{n+1}{n}-1\right|=\frac{1}{n}<\frac{1}{10000};$$

一般地，对于任意给定的正数 ε (不论 ε 多么小，不妨设 $0<\varepsilon<1$)，要使得 $\left|\dfrac{n+1}{n}-1\right|=\dfrac{1}{n}<\varepsilon$，只要 $n>\dfrac{1}{\varepsilon}$. 若记 $N=\left[\dfrac{1}{\varepsilon}\right]$，则当 $n=N+1$，$N+2$，$N+3$，…时，恒有不等式

$$\left|\frac{n+1}{n}-1\right|<\varepsilon$$

成立.

综上所述，当 n 无限增大时，数列 $\dfrac{n+1}{n}$ 无限接近于常数 1，是指无论给定的正数 ε 怎样小，恒存在一个正整数 $N=\left[\dfrac{1}{\varepsilon}\right]$，当 $n>N=\left[\dfrac{1}{\varepsilon}\right]$ 时，不等式

$$\left|\frac{n+1}{n}-1\right|=\frac{1}{n}<\varepsilon$$

成立. 下面我们给出数列极限的定义.

定义 2.1.4 设 $\{x_n\}$ 是数列，若存在常数 a，对于任意给定的正数 ε，总存在正整数 N，使得当 $n>N$ 时，恒有不等式

$$|x_n-a|<\varepsilon$$

成立，则称常数 a 为数列 x_n 当 n 趋于无穷时的**极限**，也称数列 x_n 收敛于 a，记作

$$\lim_{n\to\infty}x_n=a \quad 或 \quad x_n\to a\,(n\to\infty),$$

读作 “当 n 趋于无穷大时，x_n 的极限等于 a” 或 “当 n 趋于无穷大时，x_n 趋于 a”.

若数列 x_n 没有极限，则称这个数列不收敛，或称它为**发散数列**.

该定义可简述为：设有数列 x_n 及常数 a，若 $\forall\varepsilon>0$，$\exists N>0$，使得当 $n>N$ 时，恒有 $|x_n-a|<\varepsilon$，则称常数 a 为数列 x_n 当 n 趋于无穷时的**极限**.

定义 2.1.4 简称为**数列极限的 ε-N 定义**，对于数列极限定义，我们应注意下面几点.

(1) ε 的任意性. ε 的作用在于衡量 x_n 和 a 的接近程度，ε 越小，表示接近得越好，它除限于正数外，不受任何限制，这正说明 x_n 和 a 能够接近到任何程度. 然而，尽管 ε 有它的任意性，但当它一经给出，就应暂时看作是固定不变的，以便根据它求 N. 另外，ε 既然是任何正数，那么 2ε，$\sqrt{\varepsilon}$ 或 ε^3 等同样也是任何正数，因此定义中不等式右边的 ε 也可以用 2ε，$\sqrt{\varepsilon}$ 或 ε^3 来代替.

(2) N 的相应性. 一般来说，N 是随着 ε 变小而变大，所以也可将 N 写成 $N(\varepsilon)$，来强调 N 是依赖于 ε 的，但是这种写法并不意味着 N 是由 ε 所唯一确定的. 因为对已给定的 ε，若 $N=100$ 能够满足要求，则 $N=101,102,\cdots,10000,\cdots$ 等自然更能满足要求. 其实在许多场合下，最重要的是 N 的存在性，而不在于它的值有多大.

(3) 数列极限的几何意义. 定义中"使得当 $n>N$，恒有 $|x_n-a|<\varepsilon$"这一句话是指，凡是下标大于 N 的所有的 x_n，都满足不等式 $|x_n-a|<\varepsilon$. 从几何意义上讲，就是所有下标大于 N 的 x_n，即 x_{N+1}，x_{N+2}，x_{N+3}，…都落在 a 的 ε 邻域内(图 2-5)，而在这个

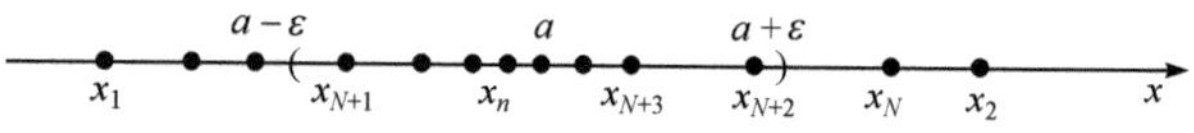

图 2-5

邻域之外，至多有 N (有限)个项. 或者说收敛数于 a 的数列 x_n，在 a 的任何邻域内含有数列 x_n 几乎全体项. 数列 n^2 和数列 $(-1)^n$ 发散，也正是由于它们不是几乎全体的点都聚集在某一点的任意小邻域内. 从收敛数列的这一特性还看到，改变数列的有限项，不会改变数列的收敛性与其极限.

下面举例说明怎样根据 ε-N 定义来验证数列极限.

例 2.1.2　证明 $\lim\limits_{n\to\infty}\dfrac{n}{n+1}=1$.

证明　任意给定 $\varepsilon>0$，要使

$$\left|\frac{n}{n+1}-1\right|=\frac{1}{n+1}<\varepsilon,$$

只要

$$n>\frac{1}{\varepsilon}-1.$$

取 $N=\left[\dfrac{1}{\varepsilon}-1\right]$，则当 $n>N$ 时，必有

$$\left|\frac{n}{n+1}-1\right|<\varepsilon,$$

即

$$\lim_{n\to\infty}\frac{n}{n+1}=1.$$

例 2.1.3　用数列极限的“ε-N”定义来证明：当$|q|<1$时，有

$$\lim_{n\to\infty} q^n = 0.$$

证明　当$q=0$时，$\lim\limits_{n\to\infty} q^n = 0$.

当$q\neq 0$时，对任意$\varepsilon>0$，要使$|q^n|=|q|^n<\varepsilon$成立，只需

$$n\ln|q|<\ln\varepsilon,$$

由于$0<|q|<1$，故$\ln|q|<0$，以负数$\ln|q|$除上面不等式的两边，有

$$n>\frac{\ln\varepsilon}{\ln|q|}.$$

就是说，要使$|q^n|<\varepsilon$，n必须大于$\dfrac{\ln\varepsilon}{\ln|q|}$，根据以上分析，取$N=\left[\dfrac{\ln\varepsilon}{\ln|q|}\right]+1$，则当$n>N$时，必有

$$|q^n|<\varepsilon,$$

即

$$\lim_{n\to\infty} q^n = 0 \quad (|q|<1).$$

例 2.1.4　证明$\lim\limits_{n\to\infty}\dfrac{3n^2}{n^2-4}=3$.

证明　任意给定$\varepsilon>0$，要使

$$\left|\frac{3n^2}{n^2-4}-3\right|<\varepsilon,$$

由于当$n>2$时，

$$\left|\frac{3n^2}{n^2-4}-3\right|=\frac{12}{n^2-4}=\frac{12}{(n-2)(n+2)}\leqslant\frac{12}{n+2}<\frac{12}{n},$$

所以只要$\dfrac{12}{n}<\varepsilon$，即$n>\dfrac{12}{\varepsilon}$. 取$N=\max\left\{\left[\dfrac{12}{\varepsilon}\right],2\right\}$[①]，则当$n>N$时，必有

$$\left|\frac{3n^2}{n^2-4}-3\right|<\varepsilon.$$

即

$$\lim_{n\to\infty}\frac{3n^2}{n^2-4}=3.$$

注　本题在求N时，采取了适当放大的方法，这样求N就比较方便. 但应注意放大必须“适当”，才能根据给定的ε确定N.

用“ε-N”定义证明数列极限$\lim\limits_{n\to\infty}x_n=a$的步骤：

(1) 化简放大：将$|x_n-a|$化简或适当放大为$|x_n-a|<f(n)$；

① 记实数a，b的最大值为$\max\{a,b\}$，最小值为$\min\{a,b\}$，该记法可以推广到若干个实数的最大值和最小值.

(2) 分析求 N：$\forall\varepsilon>0$，要使 $|x_n-a|<\varepsilon$，只需 $f(n)<\varepsilon$，从而较方便地由 ε 确定出所需要的 N；

(3) 总结得证：对 $\forall\varepsilon>0$，存在并找到 $N>0$，当 $n>N$ 时，恒有 $|x_n-a|<\varepsilon$，故 $\lim\limits_{n\to\infty}x_n=a$.

例 2.1.5　证明 $\lim\limits_{n\to\infty}\sqrt[n]{a}=1$，其中 $a>1$.

证明　因为 $a>1$，所以 $\sqrt[n]{a}>1$.

任意给定 $\varepsilon>0$，要使

$$\left|\sqrt[n]{a}-1\right|<\varepsilon,$$

由于，

$$\left|\sqrt[n]{a}-1\right|=\sqrt[n]{a}-1=\frac{(\sqrt[n]{a}-1)[(\sqrt[n]{a})^{n-1}+(\sqrt[n]{a})^{n-2}+\cdots+\sqrt[n]{a}+1]}{(\sqrt[n]{a})^{n-1}+(\sqrt[n]{a})^{n-2}+\cdots+\sqrt[n]{a}+1}$$
$$=\frac{a-1}{(\sqrt[n]{a})^{n-1}+(\sqrt[n]{a})^{n-2}+\cdots+\sqrt[n]{a}+1}\leqslant\frac{a}{n},$$

所以只要 $\dfrac{a}{n}<\varepsilon$，即 $n>\dfrac{a}{\varepsilon}$. 取 $N=\left[\dfrac{a}{\varepsilon}\right]$，则当 $n>N$ 时，必有

$$\left|\sqrt[n]{a}-1\right|<\varepsilon.$$

即

$$\lim_{n\to\infty}\sqrt[n]{a}=1\quad(a>1).$$

3. 无穷小数列和无穷大数列

在收敛数列中，有一类重要的数列，称为无穷小数列，其定义如下：

定义 2.1.5　若数列 x_n 是收敛数列，且以 0 为极限，则称数列 x_n 为**无穷小数列**.

数列 $\dfrac{1}{2^n}$，数列 $(-1)^{n-1}\dfrac{1}{n}$ 都是无穷小数列. 根据无穷小数列的定义，不难证明下列性质.

定理 2.1.1　数列 x_n 收敛于 a 的充要条件是：数列 x_n-a 是无穷小数列.

因此，对数列收敛性的研究，常常可以归结为对相应无穷小数列的讨论. 如例 2.1.5，也可说正是由于 $\sqrt[n]{a}-1$ 是无穷小数列，所以数列 $\sqrt[n]{a}$ 收敛于 1.

在发散数列中，也有一类特殊的数列，称为无穷大数列，其定义如下：

定义 2.1.6　若数列 x_n 随着 n 无限增大，$|x_n|$ 也无限增大，则称数列 x_n 为**无穷大数列**. 即若对任意 $E>0$，存在 $N>0$，当 $n>N$ 时，恒有 $|x_n|>E$，则称数列 x_n 为**无穷大数列**，记为

$$\lim_{n\to\infty}x_n=\infty.$$

发散数列 n^2 就是无穷大数列，但发散数列 $(-1)^n$ 就不是无穷大数列.

2.1.2　数列极限的性质

性质(properties)一词的英文还有“财产”的意思，数学上讨论某概念下的性质，就是挖掘该概念所隐含财产、好的东西以备之需，进而加深对该概念的理解. 这就如同我们要深入了解一个人一样，不但要知道他叫什么名，相貌如何，还要知道他性格如何，做人怎样，有什

么爱好，有何特长，等等. 一旦我们能只要说这个人性格、特长、爱好、做人等特征而不用说名，你就知道这个人是谁了，这样你就对这个人达到了深入了解，学习数学概念也是如此.

定理 2.1.2 (唯一性) 若数列 x_n 收敛，则数列 x_n 极限唯一.

证明(反证法) 设 $\lim\limits_{n\to\infty}x_n=a$ 且 $\lim\limits_{n\to\infty}x_n=b$，且 $a<b$. 根据极限的定义，对于给定的 $\varepsilon=\dfrac{b-a}{2}$，由 $\lim\limits_{n\to\infty}x_n=a$，$\exists N_1>0$，当 $n>N_1$ 时，恒有

$$|x_n-a|<\frac{b-a}{2}.$$

同理，由 $\lim\limits_{n\to\infty}x_n=b$，$\exists N_2>0$，当 $n>N_2$ 时，恒有

$$|x_n-b|<\frac{b-a}{2}.$$

取 $N=\max\{N_1,N_2\}$，则当 $n>N$ 时，恒有

$$b-a=|b-a|=|(x_n-b)-(x_n-a)|\leqslant|x_n-b|+|x_n-a|<\frac{b-a}{2}+\frac{b-a}{2}=b-a,$$

矛盾. 因此定理结论成立.

定理 2.1.3 (有界性) 若数列 x_n 收敛，则数列 x_n 有界.

证明 设 $\lim\limits_{n\to\infty}x_n=a$，则对于给定的 $\varepsilon=1$，$\exists N>0$，当 $n>N$ 时，恒有

$$|x_n-a|<1.$$

进而有

$$|x_n|=|x_n-a+a|\leqslant|x_n-a|+|a|<1+|a|.$$

取 $M=\max\{1+|a|,|x_1|,|x_2|,\cdots,|x_N|\}$，对任意的正整数 n，都有 $|x_n|\leqslant M$. 因此数列 x_n 有界.

定理 2.1.3 的逆否命题是:

推论 2.1.1 若数列 x_n 无界，则数列 x_n 发散.

注 有界数列未必收敛. 例如数列 $(-1)^n$ 是有界数列，但它没有极限. 因此，数列有界只是数列收敛的必要条件，而非充分条件.

定理 2.1.4 (保号性) 设 $\lim\limits_{n\to\infty}x_n=a$. 若 $a>0$ (或 $a<0$)，则 $\exists N>0$，当 $n>N$ 时，$x_n>0$ (或 $x_n<0$).

证明 设 $a>0$，取 $\varepsilon=\dfrac{a}{2}$，根据极限的定义，$\exists N>0$，当 $n>N$ 时，恒有

$$|x_n-a|<\frac{a}{2},$$

即 $\dfrac{a}{2}<x_n<\dfrac{3}{2}a$，故当 $n>N$ 时，$x_n>\dfrac{a}{2}>0$.

类似可证 $a<0$ 的情形.

定理 2.1.4 的逆命题是:

推论 2.1.2 设 $\lim\limits_{n\to\infty}x_n=a$. 若 $\exists\ N>0$，当 $n>N$ 时，$x_n\geqslant0$ (或 $x_n\leqslant0$)，则必有 $a\geqslant0$ (或 $a\leqslant0$).

在推论 2.1.2 中，我们只能推出 $a\geqslant0$ (或 $a\leqslant0$)，而不能由 $x_n>0$ (或 $x_n<0$) 推出 $a>0$ (或

$a<0$). 例如 $x_n=\dfrac{1}{n}>0$，但 $\lim\limits_{n\to\infty}x_n=\lim\limits_{n\to\infty}\dfrac{1}{n}=0$.

推论 2.1.3 (保序性)① 设 $\lim\limits_{n\to\infty}x_n=a$，$\lim\limits_{n\to\infty}y_n=b$.

(1) 若 $a>b$ (或 $a<b$)，则 $\exists N>0$，当 $n>N$ 时，$x_n>y_n$ (或 $x_n<y_n$)；

(2) 若 $\exists N>0$，当 $n>N$ 时，$x_n\geqslant y_n$ (或 $x_n\leqslant y_n$)，则 $a\geqslant b$ (或 $a\leqslant b$).

下面我们给出数列的子列的概念.

定义 2.1.7 在数列 x_n 中保持原有的次序自左向右任意选取无穷多个项构成一个新的数列，称它为 x_n 的一个**子列**.

例如，在数列 $\dfrac{1}{n}$ 中，取奇数项得到的子列是

$$1,\ \frac{1}{3},\ \frac{1}{5},\ \cdots,\ \frac{1}{2k-1},\ \cdots;$$

取偶数项得到的子列是

$$\frac{1}{2},\ \frac{1}{4},\ \frac{1}{6},\ \cdots,\ \frac{1}{2k},\ \cdots.$$

在选出的子列中，记第一项为 x_{n_1}，第二项为 x_{n_2}，…，第 k 项为 x_{n_k}，…，则数列 x_n 的子列可记为 x_{n_k}. k 表示 x_{n_k} 在子列 x_{n_k} 中是第 k 项，n_k 表示 x_{n_k} 在原数列 x_n 中是第 n_k 项. 显然，对每一个 k，有 $n_k\geqslant k$. 对任意正整数 h，k，若 $h\geqslant k$，则 $n_h\geqslant n_k$；若 $n_h\geqslant n_k$，则 $h\geqslant k$.

由于在子列 x_{n_k} 中的下标是 k 而不是 n_k，因此 x_{n_k} 收敛于 a 的定义是：$\forall\varepsilon>0$，$\exists K>0$，当 $k>K$ 时，有 $\left|x_{n_k}-a\right|<\varepsilon$. 这时，记为 $\lim\limits_{k\to\infty}x_{n_k}=a$.

定理 2.1.5 (收敛数列与子列的关系) 数列 x_n 收敛于 a 的充要条件是：数列 x_n 的任何子列 x_{n_k} 都收敛于 a.

证明 先证充分性. 由于数列 x_n 也可看成是它自己的一个子列，故由条件得证.

下面证明必要性. 由于 $\lim\limits_{n\to\infty}x_n=a$，则对任意的 $\varepsilon>0$，存在 $N>0$，当 $n>N$ 时，有

$$\left|x_n-a\right|<\varepsilon.$$

今取 $K=N$，则当 $k>K$ 时，有 $n_k>n_K=n_N\geqslant N$，于是

$$\left|x_{n_k}-a\right|<\varepsilon.$$

故有

$$\lim_{k\to\infty}x_{n_k}=a.$$

定理 2.1.5 的逆否命题是：

推论 2.1.4 若数列 x_n 存在一个子列发散，或者存在两个子列不收敛于同一个值，则数列 x_n 发散.

推论 2.1.4 用来判别数列发散有时是很方便的. 例如，判别数列 $x_n=(-1)^n$ 的收敛性. 数列 $x_n=(-1)^n$ 中的奇数项构成的子列 x_{2k-1} 收敛于 -1，偶数项构成的子列 x_{2k} 收敛于 1，因此数列 $x_n=(-1)^n$ 是发散的. 同时这个例子也说明，一个发散的数列也可能有收敛的子数列.

① 利用数列极限保号性，结合数列极限的四则运算容易证明该性质.

习题 2-1

1. 下列各数列是否收敛，若收敛，试指出其收敛于何值：

(1) $x_n = 2^n$；　(2) $x_n = \frac{1}{n}$；　(3) $x_n = (-1)^{n+1}$；　(4) $x_n = \frac{n-1}{n}$；

(5) $x_n = \frac{1}{3^n}$；　(6) $x_n = 2 + \frac{1}{n^2}$；　(7) $x_n = (-1)^n n$；　(8) $x_n = \frac{1+(-1)^n}{1000}$.

2. 根据数列极限的"ε-N"定义，证明下列各题：

(1) $\lim\limits_{n\to\infty}\frac{1}{\sqrt{n}} = 0$；　(2) $\lim\limits_{n\to\infty}\frac{\sqrt{n^2+a^2}}{n} = 1$；　(3) $\lim\limits_{n\to\infty}\frac{9-n^2}{2+4n^2} = -\frac{1}{4}$.

3. 证明：若 $\lim\limits_{n\to\infty} x_n = a$，则对任何自然数 k，有 $\lim\limits_{n\to\infty} x_{n+k} = a$.

4. 证明：若 $\lim\limits_{n\to\infty} x_n = a$，则 $\lim\limits_{n\to\infty} |x_n| = |a|$. 考察数列 $x_n = (-1)^n$，说明上述结论反之不成立.

5. 若数列 x_n 有界，又 $\lim\limits_{n\to\infty} y_n = 0$，证明 $\lim\limits_{n\to\infty} x_n \cdot y_n = 0$.

6. 判别数列 $\left\{x_n = \sin\frac{n\pi}{8}, n \in \mathbf{N}\right\}$ 的收敛性.

2.2　数列极限运算法则 数列极限存在准则

2.2.1　数列极限运算法则

我们都知道数学研究问题有一个规律性，即每当给出一个新的概念，接着就讨论该概念下的性质，然后讨论它的运算. 关于性质我们已经知道是讨论概念中所包含的有用的资产，而运算则是发展壮大资产的手段和方法. 从数学特有的角度讲就是把简单推向复杂，把复杂拆成简单，把未知转化成已知的方法和手段. 所以掌握数学的运算法则是十分重要的.

定理 2.2.1 (数列极限四则运算法则)　设 $\lim\limits_{n\to\infty} x_n = a$，$\lim\limits_{n\to\infty} y_n = b$. 则

(1) 数列 $x_n \pm y_n$ 收敛，且

$$\lim_{n\to\infty}(x_n \pm y_n) = \lim_{n\to\infty} x_n \pm \lim_{n\to\infty} y_n = a \pm b;$$

(2) 数列 $x_n \cdot y_n$ 收敛，且

$$\lim_{n\to\infty}(x_n \cdot y_n) = \lim_{n\to\infty} x_n \cdot \lim_{n\to\infty} y_n = a \cdot b,$$

特别地，$\lim\limits_{n\to\infty}(k \cdot x_n) = k\lim\limits_{n\to\infty} x_n = ka$（$k$ 为常数）;

(3) 如果 $y_n \neq 0$，且 $b \neq 0$，那么数列 $\frac{x_n}{y_n}$ 收敛，且

$$\lim_{n\to\infty}\frac{x_n}{y_n} = \frac{\lim\limits_{n\to\infty} x_n}{\lim\limits_{n\to\infty} y_n} = \frac{a}{b}.$$

证明　(1) 由 $\lim\limits_{n\to\infty} x_n = a$，$\lim\limits_{n\to\infty} y_n = b$，对于任意给定的 $\varepsilon > 0$，分别存在 $N_1 > 0$，$N_2 > 0$，使得当 $n > N_1$ 时，有

$$|x_n - a| < \frac{\varepsilon}{2};$$

当 $n > N_2$ 时，有

$$|y_n - b| < \frac{\varepsilon}{2}.$$

取 $N = \max\{N_1, N_2\}$，则当 $n > N$ 时，上述两个不等式同时成立，于是

$$|(x_n \pm y_n) - (a \pm b)| = |(x_n - a) \pm (y_n - b)| \leqslant |x_n - a| + |y_n - b| < \varepsilon,$$

所以 $\lim\limits_{n\to\infty}(x_n \pm y_n) = a \pm b$.

(2)

$$\begin{aligned}|x_n \cdot y_n - ab| &= |x_n \cdot y_n - ay_n + ay_n - ab| = |(x_n - a)y_n + a(y_n - b)| \\ &\leqslant |x_n - a| \cdot |y_n| + |a| \cdot |y_n - b|.\end{aligned}$$

因为 $\lim\limits_{n\to\infty} y_n = b$，所以存在 $M > 0$，对任意的正整数 n，有 $|y_n| \leqslant M$. 进而有

$$|x_n \cdot y_n - ab| \leqslant |x_n - a| \cdot |y_n| + |a| \cdot |y_n - b| \leqslant M \cdot |x_n - a| + |a| \cdot |y_n - b|.$$

由 $\lim\limits_{n\to\infty} x_n = a$，$\lim\limits_{n\to\infty} y_n = b$，对于任意给定的 $\varepsilon > 0$，分别存在 $N_1 > 0$，$N_2 > 0$，使得当 $n > N_1$ 时，有

$$|x_n - a| < \frac{\varepsilon}{2M};$$

当 $n > N_2$ 时，有

$$|y_n - b| < \frac{\varepsilon}{2(|a| + 1)}.$$

取 $N = \max\{N_1, N_2\}$，则当 $n > N$ 时，上述两个不等式同时成立，于是

$$|x_n \cdot y_n - ab| \leqslant M \cdot |x_n - a| + |a| \cdot |y_n - b| < M \cdot \frac{\varepsilon}{2M} + |a| \cdot \frac{\varepsilon}{2(|a| + 1)} < \varepsilon,$$

所以 $\lim\limits_{n\to\infty}(x_n \cdot y_n) = a \cdot b$.

(3)

$$\begin{aligned}\left|\frac{x_n}{y_n} - \frac{a}{b}\right| &= \left|\frac{bx_n - ay_n}{by_n}\right| = \frac{|bx_n - ay_n|}{|by_n|} = \frac{|b(x_n - a) - a(y_n - b)|}{|b| \cdot |y_n|} \\ &\leqslant \frac{|b| \cdot |x_n - a| + |a| \cdot |y_n - b|}{|b| \cdot |y_n|} = \frac{|x_n - a|}{|y_n|} + \frac{|a| \cdot |y_n - b|}{|b| \cdot |y_n|}.\end{aligned}$$

因为 $\lim\limits_{n\to\infty} y_n = b \neq 0$，对于 $\varepsilon = \dfrac{|b|}{2} > 0$，存在 $N_0 > 0$，当 $n > N_0$ 时，

$$|y_n - b| < \frac{|b|}{2},$$

则有

$$||y_n| - |b|| \leqslant |y_n - b| < \frac{|b|}{2}.$$

于是当 $n > N_0$ 时，$|y_n| > \dfrac{|b|}{2} > 0$. 进而有

$$\left|\frac{x_n}{y_n}-\frac{a}{b}\right| \leqslant \frac{|x_n-a|}{|y_n|}+\frac{|a|\cdot|y_n-b|}{|b|\cdot|y_n|}<\frac{2}{|b|}\cdot|x_n-a|+\frac{2|a|}{|b|^2}\cdot|y_n-b|.$$

由 $\lim\limits_{n\to\infty} x_n=a$, $\lim\limits_{n\to\infty} y_n=b$, 对于任意给定的 $\varepsilon>0$, 分别存在 $N_1>0,\ N_2>0$ ，使得当 $n>N_1$ 时，有

$$|x_n-a|<\frac{|b|\cdot\varepsilon}{4};$$

当 $n>N_2$ 时，有

$$|y_n-b|<\frac{b^2\cdot\varepsilon}{4(|a|+1)}.$$

取 $N=\max\{N_0,N_1,N_2\}$ ，则当 $n>N$ 时，上述不等式同时成立，于是

$$\left|\frac{x_n}{y_n}-\frac{a}{b}\right|<\frac{2}{|b|}\cdot|x_n-a|+\frac{2|a|}{|b|^2}\cdot|y_n-b|<\frac{2}{|b|}\cdot\frac{|b|\cdot\varepsilon}{4}+\frac{2|a|}{|b|^2}\cdot\frac{b^2\cdot\varepsilon}{4(|a|+1)}<\varepsilon,$$

所以 $\lim\limits_{n\to\infty}\dfrac{x_n}{y_n}=\dfrac{a}{b}$.

推论 2.2.1　有限个具有极限的数列的代数和①的极限仍然存在，且等于每一数列极限的代数和；有限个具有极限的数列的乘积的极限也存在，且等于每个数列的极限的乘积.

例如，设 $\lim\limits_{n\to\infty} x_n=a$ ， $\lim\limits_{n\to\infty} y_n=b$ ， $\lim\limits_{n\to\infty} z_n=c$ ，则

$$\lim_{n\to\infty}(rx_n+sy_n+tz_n)=r\cdot\lim_{n\to\infty}x_n+s\cdot\lim_{n\to\infty}y_n+t\cdot\lim_{n\to\infty}z_n=ra+sb+tc,$$

$$\lim_{n\to\infty}(x_n\cdot y_n\cdot z_n)=\lim_{n\to\infty}x_n\cdot\lim_{n\to\infty}y_n\cdot\lim_{n\to\infty}z_n=abc,$$

其中 r ， s ， t 是常数.

下面利用数列极限四则运算法则计算一些数列极限.

例 2.2.1　求极限 $\lim\limits_{n\to\infty}\left(1+\dfrac{1}{\sqrt{n}}-\dfrac{4}{n^3}\right)$.

解　$\lim\limits_{n\to\infty}\left(1+\dfrac{1}{\sqrt{n}}-\dfrac{4}{n^3}\right)=\lim\limits_{n\to\infty}1+\lim\limits_{n\to\infty}\dfrac{1}{\sqrt{n}}-4\lim\limits_{n\to\infty}\dfrac{1}{n^3}=1$.

例 2.2.2　求极限 $\lim\limits_{n\to\infty}\left(\dfrac{3n+1}{n}\cdot\dfrac{n+1}{n}\right)$.

解　$\lim\limits_{n\to\infty}\left(\dfrac{3n+1}{n}\cdot\dfrac{n+1}{n}\right)=\lim\limits_{n\to\infty}\dfrac{3n+1}{n}\cdot\lim\limits_{n\to\infty}\dfrac{n+1}{n}=\lim\limits_{n\to\infty}\left(3+\dfrac{1}{n}\right)\cdot\lim\limits_{n\to\infty}\left(1+\dfrac{1}{n}\right)=3\cdot1=3$.

例 2.2.3　求极限 $\lim\limits_{n\to\infty}\dfrac{3n^2-2n+1}{2n^2-n+5}$.

解　分子、分母同时除以 n^2 得

$$\lim_{n\to\infty}\frac{3n^2-2n+1}{2n^2-n+5}=\lim_{n\to\infty}\frac{3-\dfrac{2}{n}+\dfrac{1}{n^2}}{2-\dfrac{1}{n}+\dfrac{5}{n^2}}=\frac{3}{2}.$$

① 数列 x_n ， y_n ， z_n 的代数和为 $\alpha x_n+\beta y_n+\gamma z_n$ ，其中 α ， β ， γ 为常数. 量 u_1 ， u_2 ， $\cdots$ ， u_n 的代数和为 $r_1u_1+r_2u_2+\cdots+r_nu_n$ ，其中 r_1 ， r_2 ， $\cdots$ ， r_n 是常数.

例 2.2.4 求极限 $\lim\limits_{n\to\infty}(\sqrt{n^2+1}-n)$.

解 有理化分子得

$$\lim_{n\to\infty}(\sqrt{n^2+1}-n)=\lim_{n\to\infty}\frac{1}{\sqrt{n^2+1}+n}=\lim_{n\to\infty}\frac{1}{n}\cdot\frac{1}{\sqrt{1+\dfrac{1}{n^2}}+1}=0\cdot\frac{1}{2}=0.$$

例 2.2.5 求极限 $\lim\limits_{n\to\infty}n(\sqrt{n^2+1}-n)$.

解 有理化分子得

$$\lim_{n\to\infty}n(\sqrt{n^2+1}-n)=\lim_{n\to\infty}\frac{n}{\sqrt{n^2+1}+n}=\lim_{n\to\infty}\frac{1}{\sqrt{1+\dfrac{1}{n^2}}+1}=\frac{1}{2}.$$

例 2.2.6 求极限 $\lim\limits_{n\to\infty}\left[\frac{1}{1\cdot 2}+\frac{1}{2\cdot 3}+\frac{1}{3\cdot 4}+\cdots+\frac{1}{n(n+1)}\right]$.

解 由于

$$\begin{aligned}&\frac{1}{1\cdot 2}+\frac{1}{2\cdot 3}+\frac{1}{3\cdot 4}+\cdots+\frac{1}{n(n+1)}\\&=\left(1-\frac{1}{2}\right)+\left(\frac{1}{2}-\frac{1}{3}\right)+\left(\frac{1}{3}-\frac{1}{4}\right)+\cdots+\left(\frac{1}{n}-\frac{1}{n+1}\right)\\&=1-\frac{1}{n+1},\end{aligned}$$

所以

$$\lim_{n\to\infty}\left[\frac{1}{1\cdot 2}+\frac{1}{2\cdot 3}+\frac{1}{3\cdot 4}+\cdots+\frac{1}{n(n+1)}\right]=\lim_{n\to\infty}\left(1-\frac{1}{n+1}\right)=1.$$

2.2.2 数列极限存在准则

上面我们讨论的极限运算法则都是假设数列极限存在的情况下成立的，否则是不能随便应用运算法则的，所以判断数列极限的存在性是一件重要而又有意义的工作，这也是我们本节所要讨论的主题.

1. 夹逼准则

定理 2.2.2 (夹逼准则) 设数列 x_n，y_n，z_n 满足

(1) 存在 $N_0>0$，当 $n>N_0$ 时，$x_n\leqslant y_n\leqslant z_n$；

(2) $\lim\limits_{n\to\infty}x_n=\lim\limits_{n\to\infty}z_n=a$.

则数列 y_n 收敛，并且 $\lim\limits_{n\to\infty}y_n=a$.

证明 因为 $\lim\limits_{n\to\infty}x_n=\lim\limits_{n\to\infty}z_n=a$，所以根据数列极限的定义，对任意给定的 $\varepsilon>0$，分别存在 $N_1>0$，$N_2>0$，使得当 $n>N_1$ 时，

$$|x_n-a|<\varepsilon;$$

当 $n>N_2$ 时，

$$|z_n - a| < \varepsilon .$$

现在取 $N = \max\{N_0, N_1, N_2\}$，则当 $n > N$ 时，上述两个不等式同时成立，以及 $x_n \leqslant y_n \leqslant z_n$，即有

$$a-\varepsilon < x_n < a+\varepsilon, \quad a-\varepsilon < z_n < a+\varepsilon,$$

所以当 $n > N$ 时，有 $a-\varepsilon < x_n \leqslant y_n \leqslant z_n < a+\varepsilon$，即 $|y_n - a| < \varepsilon$. 故

$$\lim_{n\to\infty} y_n = a.$$

夹逼定理不仅提供了一个判断数列极限存在的方法，也提供了一个求极限的方法，常能为我们解决一些较为困难的求极限的问题.

例 2.2.7　求极限 $\lim\limits_{n\to\infty}\dfrac{n!}{n^n}$.

解　用夹逼定理求解. 由于

$$0 < \frac{n!}{n^n} = \frac{1}{n}\cdot\frac{2}{n}\cdot\cdots\cdot\frac{n-1}{n}\cdot\frac{n}{n} \leqslant \frac{1}{n},$$

并且 $\lim\limits_{n\to\infty} 0 = 0$，$\lim\limits_{n\to\infty}\dfrac{1}{n} = 0$，因此

$$\lim_{n\to\infty}\frac{n!}{n^n} = 0.$$

例 2.2.8　求极限 $\lim\limits_{n\to\infty}\left(\dfrac{1}{\sqrt{n^2+1}} + \dfrac{1}{\sqrt{n^2+2}} + \cdots + \dfrac{1}{\sqrt{n^2+n}}\right)$.

解　由于 $\dfrac{1}{\sqrt{n^2+n}} \leqslant \dfrac{1}{\sqrt{n^2+k}} \leqslant \dfrac{1}{\sqrt{n^2+1}}$　$(k=1, 2, \cdots, n)$，所以

$$\frac{n}{\sqrt{n^2+n}} \leqslant \frac{1}{\sqrt{n^2+1}} + \frac{1}{\sqrt{n^2+2}} + \cdots + \frac{1}{\sqrt{n^2+n}} \leqslant \frac{n}{\sqrt{n^2+1}}.$$

又 $\lim\limits_{n\to\infty}\dfrac{n}{\sqrt{n^2+n}} = \lim\limits_{n\to\infty}\dfrac{1}{\sqrt{1+\dfrac{1}{n}}} = 1$，$\lim\limits_{n\to\infty}\dfrac{n}{\sqrt{n^2+1}} = \lim\limits_{n\to\infty}\dfrac{1}{\sqrt{1+\dfrac{1}{n^2}}} = 1$，因此

$$\lim_{n\to\infty}\left(\frac{1}{\sqrt{n^2+1}} + \frac{1}{\sqrt{n^2+2}} + \cdots + \frac{1}{\sqrt{n^2+n}}\right) = 1.$$

例 2.2.9　求极限 $\lim\limits_{n\to\infty}\sqrt[n]{n}$.

解　由于

$$1 \leqslant \sqrt[n]{n} = \sqrt[n]{\sqrt{n}\cdot\sqrt{n}\cdot\underbrace{1\cdot\cdots\cdot1}_{n-2\text{个}}} \leqslant \frac{2\sqrt{n}+n-2}{n} = 1 + \frac{2}{\sqrt{n}} - \frac{2}{n},$$

并且 $\lim\limits_{n\to\infty}\left(1 + \dfrac{2}{\sqrt{n}} - \dfrac{2}{n}\right) = 1$，所以

$$\lim_{n\to\infty}\sqrt[n]{n} = 1.$$

2. 单调有界准则

应该注意，有界数列和单调数列都不一定存在极限. 如数列 $(-1)^n$ 是有界数列，但其极限不存在. 数列 n^2 是单调增加数列，其极限也不存在. 但若一个数列既是单调的，还是有界的，

则该数列的极限一定存在.

定理 2.2.3 (单调有界准则)① 单调有界数列必收敛.

例 2.2.10 设数列 $x_n=\dfrac{1}{\ln(1+n)}$，证明数列 $x_n=\dfrac{1}{\ln(1+n)}$ 收敛.

证明 因为 $x_{n+1}-x_n=\dfrac{1}{\ln(2+n)}-\dfrac{1}{\ln(1+n)}<0$，故数列 x_n 单调减少，且 $x_n>0$，进而对任意的正整数 n，有 $0<x_n\leqslant x_1=\dfrac{1}{\ln 2}$，即数列 x_n 有界. 因此，数列 x_n 单调减少且有界，则数列 x_n 收敛.

例 2.2.11 设 $x_1=\sqrt{2}$，$x_{n+1}=\sqrt{2+x_n}$，证明数列 x_n 收敛，并求极限 $\lim\limits_{n\to\infty}x_n$.

证明 (有界性) 当 $n=1$ 时，$0<x_1=\sqrt{2}<2$；假设 $n=k$ ($k>1$)时，$0<x_k<2$，则当 $n=k+1$ 时，$0<x_{k+1}=\sqrt{2+x_k}<2$，所以对一切正整数 n，有 $0<x_n<2$，即数列 x_n 有界.

(单调性) 因为

$$x_{n+1}-x_n=\sqrt{2+x_n}-x_n=\frac{2+x_n-x_n^2}{\sqrt{2+x_n}+x_n}=\frac{(2-x_n)(1+x_n)}{\sqrt{2+x_n}+x_n},$$

由于 $0<x_n<2$，所以 $x_{n+1}-x_n>0$，即数列 x_n 单调增加.

综上，数列 x_n 单调增加且有界，所以数列 x_n 收敛.

设 $\lim\limits_{n\to\infty}x_n=a$，则根据推论 2.1.2 知，$a\geqslant 0$. 由于 $x_{n+1}=\sqrt{2+x_n}$，即 $x_{n+1}^2=2+x_n$，则有 $\lim\limits_{n\to\infty}x_{n+1}^2=\lim\limits_{n\to\infty}(2+x_n)$，即 $a^2=2+a$，亦即 $a^2-a-2=0$，解得 $a=2$ 或 $a=-1$ (舍去)，因此

$$\lim_{n\to\infty}x_n=2.$$

例 2.2.12 证明数列 $\left(1+\dfrac{1}{n}\right)^n$ 收敛.

证明 记 $x_n=\left(1+\dfrac{1}{n}\right)^n$，由二项式定理，有

$$\begin{aligned}x_n=\left(1+\frac{1}{n}\right)^n&=\mathrm{C}_n^0+\mathrm{C}_n^1\cdot\frac{1}{n}+\mathrm{C}_n^2\cdot\left(\frac{1}{n}\right)^2+\mathrm{C}_n^3\cdot\left(\frac{1}{n}\right)^3+\cdots+\mathrm{C}_n^n\cdot\left(\frac{1}{n}\right)^n\\&=1+1+\frac{n(n-1)}{2!}\cdot\frac{1}{n}+\frac{n(n-1)(n-2)}{3!}\cdot\frac{1}{n^2}+\cdots+\frac{n(n-1)(n-2)\cdot\cdots\cdot 2\cdot 1}{n!}\cdot\frac{1}{n^n}\\&=1+1+\frac{1}{2!}\cdot\left(1-\frac{1}{n}\right)+\frac{1}{3!}\cdot\left(1-\frac{1}{n}\right)\left(1-\frac{2}{n}\right)+\cdots+\frac{1}{n!}\cdot\left(1-\frac{1}{n}\right)\left(1-\frac{2}{n}\right)\cdots\left(1-\frac{n-1}{n}\right).\end{aligned}$$

类似地，

$$\begin{aligned}x_{n+1}&=\mathrm{C}_{n+1}^0+\mathrm{C}_{n+1}^1\cdot\frac{1}{n+1}+\mathrm{C}_{n+1}^2\cdot\left(\frac{1}{n+1}\right)^2+\mathrm{C}_{n+1}^3\cdot\left(\frac{1}{n+1}\right)^3+\cdots+\mathrm{C}_{n+1}^n\cdot\left(\frac{1}{n+1}\right)^n+\mathrm{C}_{n+1}^{n+1}\cdot\left(\frac{1}{n+1}\right)^{n+1}\\&=1+1+\frac{1}{2!}\cdot\left(1-\frac{1}{n+1}\right)+\frac{1}{3!}\cdot\left(1-\frac{1}{n+1}\right)\left(1-\frac{2}{n+1}\right)+\cdots\end{aligned}$$

① 该定理的证明已超出本教程的范围，需使用实数子集的确界原理，故证明在此从略.

$$+\frac{1}{n!}\cdot\left(1-\frac{1}{n+1}\right)\left(1-\frac{2}{n+1}\right)\cdots\left(1-\frac{n-1}{n+1}\right)+\frac{1}{(n+1)!}\cdot\left(1-\frac{1}{n+1}\right)\left(1-\frac{2}{n+1}\right)\cdots\left(1-\frac{n}{n+1}\right).$$

比较 x_n 与 x_{n+1} 的展开式，可以看出除前两项外 x_n 的每一项都小于 x_{n+1} 的对应项，并且 x_{n+1} 还多了最后一项，其值大于0，因此，

$$x_n < x_{n+1}.$$

此外，若将 x_n 的展开式中各括号内的数都用较大的数1代替，并注意到 $2^{n-1} < n!\ (n>2)$，有

$$x_n = 1+1+\frac{1}{2!}+\frac{1}{3!}+\cdots+\frac{1}{n!} < 1+1+\frac{1}{2}+\frac{1}{2^2}+\cdots+\frac{1}{2^{n-1}} = 1+\frac{1-\frac{1}{2^n}}{1-\frac{1}{2}} = 3-\frac{1}{2^{n-1}} < 3,$$

因此，x_n 单调递增且有上界，故 $\lim\limits_{n\to\infty} x_n$ 存在. 记 $\lim\limits_{n\to\infty} x_n = \mathrm{e}$，即 $\lim\limits_{n\to\infty}\left(1+\frac{1}{n}\right)^n = \mathrm{e}$.

[①]例 2.2.12 也可以如此证明　先证明一个不等式. 设 $0<a<b$，于是对任意正整数 n 有

$$\begin{aligned}\frac{b^{n+1}-a^{n+1}}{b-a} &= \frac{(b-a)(b^n+b^{n-1}a+\cdots+ba^{n-1}+a^n)}{b-a}\\ &= b^n+b^{n-1}a+\cdots+ba^{n-1}+a^n < (n+1)b^n,\end{aligned}$$

或

$$b^{n+1}-a^{n+1} < (n+1)b^n(b-a).$$

整理后得不等式

$$a^{n+1} > b^n[(n+1)a-nb]. \tag{1}$$

令 $a=1+\frac{1}{n+1}$，$b=1+\frac{1}{n}$，代入上述不等式(1)得

$$\left(1+\frac{1}{n+1}\right)^{n+1} > \left(1+\frac{1}{n}\right)^n\left[(n+1)\left(1+\frac{1}{n+1}\right)-n\left(1+\frac{1}{n}\right)\right] = \left(1+\frac{1}{n}\right)^n.$$

所以数列 $\left(1+\frac{1}{n}\right)^n$ 单调增加.

再令 $a=1$，$b=1+\frac{1}{2n}$，代入上述不等式(1)得

$$1 > \left(1+\frac{1}{2n}\right)^n\left[(n+1)-n\left(1+\frac{1}{2n}\right)\right] = \frac{1}{2}\left(1+\frac{1}{2n}\right)^n,$$

即

$$\left(1+\frac{1}{2n}\right)^n < 2,$$

不等式两边平方得

$$\left(1+\frac{1}{2n}\right)^{2n} < 4.$$

① 本书在部分章节中的小字体部分作为选学内容.

由于数列 $\left(1+\frac{1}{n}\right)^n$ 单调增加，所以

$$0<\left(1+\frac{1}{n}\right)^n<\left(1+\frac{1}{2n}\right)^{2n}<4,$$

即数列 $\left(1+\frac{1}{n}\right)^n$ 有界.

综上，数列 $\left(1+\frac{1}{n}\right)^n$ 单调增加且有界，所以数列 $\left(1+\frac{1}{n}\right)^n$ 收敛.

习题 2-2

1. 求下列极限：

(1) $\lim\limits_{n\to\infty}\dfrac{3n^3+2n+4}{5n^3+n^2-n+1}$；　(2) $\lim\limits_{n\to\infty}\dfrac{(-2)^n+3^n}{(-2)^{n+1}+3^{n+1}}$；　(3) $\lim\limits_{n\to\infty}\left(\dfrac{1+2+3+\cdots+n}{n+2}-\dfrac{n}{2}\right)$.

2. 利用夹逼定理证明：

(1) $\lim\limits_{n\to\infty}\dfrac{1}{n^2}+\dfrac{1}{(n+1)^2}+\cdots+\dfrac{1}{(2n)^2}=0$；

(2) $\lim\limits_{n\to\infty}\left(\dfrac{1}{\sqrt{n^2+1}}+\dfrac{1}{\sqrt{n^2+2}}+\cdots+\dfrac{1}{\sqrt{n^2+n}}\right)=1$.

3. 利用单调有界数列收敛准则证明下列数列的极限存在.

(1) $x_1>0$，$x_{n+1}=\dfrac{1}{2}\left(x_n+\dfrac{3}{x_n}\right)$，$n=1,2,3,\cdots$；

(2) $x_1=\sqrt{2}$，$x_{n+1}=\sqrt{2x_n}$，$n=1,2,3,\cdots$；

(3) 设 x_n 单调递增，y_n 单调递减，且 $\lim\limits_{n\to\infty}(x_n-y_n)=0$，证明 x_n 和 y_n 的极限均存在.

2.3　函数极限——微积分研究问题的工具，变量无限变化的数学模型

前面已讨论了数列 $x_n=f(n)$ 的极限，由于数列 $x_n=f(n)$ 也是一个函数，因此数列的极限是函数极限中的特殊情形. 其特殊性是：自变量 n 只取正整数，且 n 趋向于正无穷大，或者说 n 是离散地变化着趋向于正无穷大的. 在这一节里，将讨论一般函数 $y=f(x)$ 的极限问题. 这里自变量 x 有两种变化形式：① $x\to\infty$，② $x\to x_0$ (有限数)，并且 x 不是离散变化的，而是连续变化的.

2.3.1　当 $x\to\infty$ 时，函数 $f(x)$ 的极限

定义 2.3.1　设函数 $f(x)$ 在区间 $(a,+\infty)$ 内有定义，A 是常数. 若对任意 $\varepsilon>0$，存在正数 X，当 $x>X$ 时，有

$$|f(x)-A|<\varepsilon,$$

则称常数 A 为函数 $f(x)$ 在 $x\to+\infty$ 时的极限，记作

$$\lim_{x\to+\infty}f(x)=A \quad 或 \quad f(x)\to A \quad (x\to+\infty).$$

函数 $f(x)$ ($x \to +\infty$)的极限定义与数列 x_n 的极限定义很相似. 这是因为它们的自变量的变化趋势相同($x \to +\infty$ 与 $n \to +\infty$).

极限 $\lim\limits_{x \to +\infty} f(x) = A$ 有明显的几何意义. 已知 $|f(x) - A| < \varepsilon \Leftrightarrow A - \varepsilon < f(x) < A + \varepsilon$ ，下面将极限 $\lim\limits_{x \to +\infty} f(x) = A$ 定义的几何意义如表 2-1 所示.

表 2-1

定义	几何语言
任意 $\varepsilon > 0$ ，存在 $X > 0$ ，当 $x > X$ 时，$\lvert f(x) - A\rvert < \varepsilon$	在直线 $y = A$ 两侧，以任意二直线 $y = A \pm \varepsilon$ 为边界，宽为 2ε 的带形区域. 在 x 轴上原点右侧总存在一点 X . 对 X 右侧的点 x ，即 $x \in (X, +\infty)$. 函数 $y = f(x)$ 的图像位于上述带形区域之内(图 2-6).

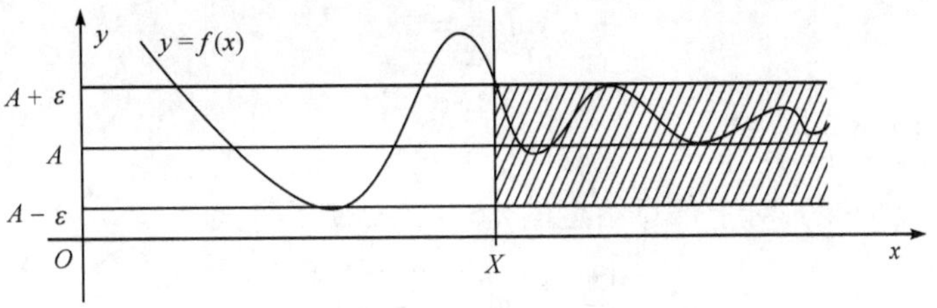

图 2-6

当自变量 $|x|$ 无限增大时，还有两种情况：一是 $x \to -\infty$ ；二是 $x \to \infty$ (即 $|x| \to \infty$)，函数 $f(x)$ 的极限定义分别是：

定义 2.3.2 设函数 $f(x)$ 在区间 $(-\infty, a)$ 内有定义， A 是常数. 若对任意的 $\varepsilon > 0$ ，存在 $X > 0$ ，当 $x < -X$ 时，有

$$|f(x) - A| < \varepsilon,$$

则称常数 A 为函数 $f(x)$ 在 $x \to -\infty$ 时的极限，记作

$$\lim_{x \to -\infty} f(x) = A \quad 或 \quad f(x) \to A \quad (x \to -\infty).$$

定义 2.3.3 设函数 $f(x)$ 在区域 $(-\infty, a) \cup (a, +\infty)$ 有定义， A 是常数. 若对任意的 $\varepsilon > 0$ ，存在 $X > 0$ ，当 $|x| > X$ 时，有

$$|f(x) - A| < \varepsilon,$$

则称常数 A 为函数 $f(x)$ 在 $x \to \infty$ 时的极限，记作

$$\lim_{x \to \infty} f(x) = A \quad 或 \quad f(x) \to A \quad (x \to \infty).$$

上述函数 $f(x)$ 的极限的三个定义 ($x \to +\infty$， $x \to -\infty$， $x \to \infty$)很相似. 为了明显地看到它们的异同，将函数极限的三个定义对比如下：

$\lim\limits_{x \to +\infty} f(x) = A \Leftrightarrow \forall \varepsilon > 0$ ， $\exists X > 0$ ，当 $x > X$ 时，有 $|f(x) - A| < \varepsilon$.

$\lim\limits_{x \to -\infty} f(x) = A \Leftrightarrow \forall \varepsilon > 0$ ， $\exists X > 0$ ，当 $x < -X$ 时，有 $|f(x) - A| < \varepsilon$.

$\lim\limits_{x \to \infty} f(x) = A \Leftrightarrow \forall \varepsilon > 0$ ， $\exists X > 0$ ，当 $|x| > X$ 时，有 $|f(x) - A| < \varepsilon$.

注 定义中的 ε 刻画 $f(x)$ 与 A 的接近程度， X 刻画 $|x|$ 充分大的程度； ε 是任意给定的正数， X 是随 ε 而确定的.

例 2.3.1　用定义证明 $\lim\limits_{x\to\infty}\dfrac{1}{x}=0$.

证明　对于任意给定的 $\varepsilon>0$，要使

$$\left|\frac{1}{x}-0\right|=\frac{1}{|x|}<\varepsilon,$$

只要 $|x|>\dfrac{1}{\varepsilon}$ 就可以了. 因此，$\forall\varepsilon>0$，取 $X=\dfrac{1}{\varepsilon}$，当 $|x|>X$ 时，有

$$\left|\frac{1}{x}-0\right|<\varepsilon,$$

即

$$\lim_{x\to\infty}\frac{1}{x}=0.$$

例 2.3.2　证明 $\lim\limits_{x\to+\infty}\dfrac{x-1}{x+1}=1$.

证明　不妨设 $x>-1$，对于任意给定的 $\varepsilon>0$，要使不等式

$$\left|\frac{x-1}{x+1}-1\right|=\frac{2}{x+1}<\varepsilon$$

成立，解得 $x>\dfrac{2}{\varepsilon}-1$(限定$0<\varepsilon<2$). 取$X=\dfrac{2}{\varepsilon}-1$，于是 $\forall\varepsilon>0$，取 $X=\dfrac{2}{\varepsilon}-1>0$，当 $|x|>X$ 时，有 $\left|\dfrac{x-1}{x+1}-1\right|<\varepsilon$. 因此

$$\lim_{x\to+\infty}\frac{x-1}{x+1}=1.$$

2.3.2　当 $x\to x_0$ 时，函数 $f(x)$ 的极限

1. 当 $x\to x_0$ 时，函数 $f(x)$ 的极限

例 2.3.3　设函数 $f(x)=2x+1$. 当 x 无限趋于 2 时，可以看到它们所对应的函数值就无限趋于 5(图 2-7).

例 2.3.4　设函数 $f(x)=\dfrac{2x^2-3x-2}{x-2}$. 当 $x\neq 2$ 时，$f(x)=2x+1$，由此可见，当 x 不等于 2 而无限趋于 2 时，对应的函数值 $f(x)$ 就无限趋于 5(图 2-8).

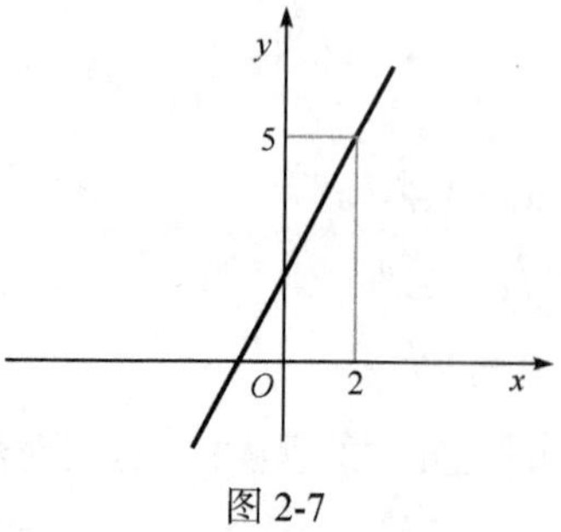

图 2-7

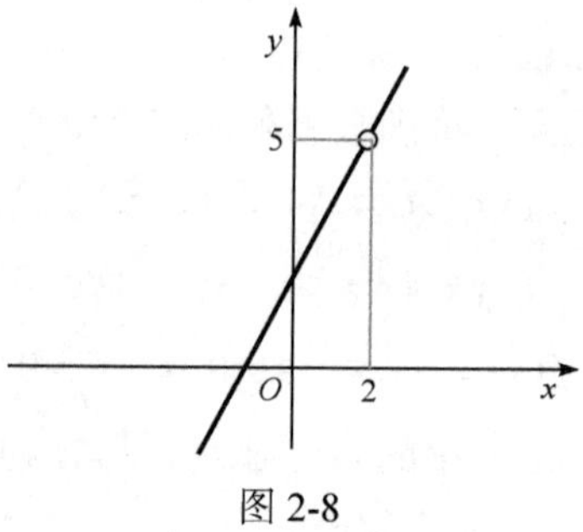

图 2-8

不难看出，上述两个例子和前面 $x \to \infty$ 时的极限存在情形相似，这里是“当 x 趋于 x_0 (但不等于 x_0)时，对应的函数值 $f(x)$ 就趋于某一确定的数 A”. 这两个“趋于”反映了 $f(x)$ 与 A 和 x 与 x_0 无限接近程度之间的关系.

在例 2.3.3 中，由于

$$|f(x)-A| = |(2x+1)-5| = |2x-4| = 2|x-2|,$$

所以要使 $|f(x)-5|$ 小于任给的正数 ε，只要 $|x-2| < \frac{\varepsilon}{2}$ 即可. 这里 $\frac{\varepsilon}{2}$ 表示 x 与 2 的接近程度，常把它记作 δ，因它与 ε 有关，所以有时也记作 $\delta(\varepsilon)$.

定义 2.3.4 (函数极限的 $\varepsilon-\delta$ 定义)　设函数 $f(x)$ 在 x_0 的某个去心邻域内有定义，A 是常数. 若对任意 $\varepsilon>0$，存在 $\delta>0$，当 $0<|x-x_0|<\delta$，有

$$|f(x)-A|<\varepsilon,$$

则称常数 A 为函数 $f(x)$ 在 x 趋于 x_0 时的极限，记为

$$\lim_{x\to x_0} f(x) = A \quad 或 \quad f(x)\to A \quad (x\to x_0).$$

注　在此极限定义中，“$0<|x-x_0|<\delta$”指出 $x\neq x_0$，这说明函数 $f(x)$ 在 x_0 的极限与函数 $f(x)$ 在 x_0 的情况无关，其中包含两层意思：其一，x_0 可以不属于函数 $f(x)$ 的定义域；其二，x_0 可以属于函数 $f(x)$ 的定义域，但这时函数 $f(x)$ 在 x_0 的极限与 $f(x)$ 在 x_0 的函数值 $f(x_0)$ 没有任何联系，总之，函数 $f(x)$ 在 x_0 的极限仅与函数 $f(x)$ 在 x_0 附近的 x 的函数值有关，而与 $f(x)$ 在 x_0 的情况无关.

极限的量化定义是由德国数学家魏尔斯特拉斯于 1856 年给出的，它是用初等数学的绝对值不等式来刻画的. 其实质是通过简单的量来刻画复杂量，进而达到用简单量认识复杂量的目的. 在未来的课程内容中，我们将会看到用这两个初等数学绝对值不等式 $0<|x-x_0|<\delta$，$|f(x)-A|<\varepsilon$ 引进的新的概念——极限是高等数学中研究问题的主要工具，由该工具所研究的成果方兴未艾，这充分说明，简单东西的合成有着奇妙的效果，这种奇妙的效果就是使这些简单东西的原有价值一下猛增，使得 $1+1$ 的结果远大于 2.

例 2.3.5　证明　$\lim\limits_{x\to\frac{1}{2}} \frac{4x^2-1}{2x-1} = 2$.

证明　对于任意给定的 $\varepsilon>0$，要使不等式

$$\left|\frac{4x^2-1}{2x-1}-2\right| = |2x+1-2| = 2\left|x-\frac{1}{2}\right| < \varepsilon$$

成立，只需 $\left|x-\frac{1}{2}\right|<\frac{\varepsilon}{2}$，取 $\delta=\frac{\varepsilon}{2}$. 于是 $\forall\varepsilon>0$，$\exists\delta=\frac{\varepsilon}{2}>0$，当 $0<\left|x-\frac{1}{2}\right|<\delta$ 时，有

$$\left|\frac{4x^2-1}{2x-1}-2\right|<\varepsilon,$$

即

$$\lim_{x\to\frac{1}{2}}\frac{4x^2-1}{2x-1}=2.$$

用“ε-δ”定义证明函数极限 $\lim\limits_{x\to x_0} f(x)=A$ 的步骤：

(1) 化简放大：将$|f(x)-A|$化简或适当放大为$|f(x)-A|\leqslant K(|x-x_0|)$；

(2) 分析求δ：$\forall\varepsilon>0$，要使$|f(x)-A|<\varepsilon$，只需$K(|x-x_0|)<\varepsilon$，从而较方便地由ε确定出所需要的δ；

(3) 总结得证：对$\forall\varepsilon>0$，存在并找到$\delta>0$，当$0<|x-x_0|<\delta$时，恒有$|f(x)-A|<\varepsilon$，故

$$\lim_{x\to x_0}f(x)=A.$$

极限$\lim\limits_{x\to x_0}f(x)=A$的几何意义：$\varepsilon-\delta$定义表明，任意画一条以直线$y=A$为中心线，宽为$2\varepsilon$的横带(无论怎样窄)，必存在一条以$x=x_0$为中心，宽为$2\delta$的直带，使直带内的函数图像全部落在横带内(图 2-9).

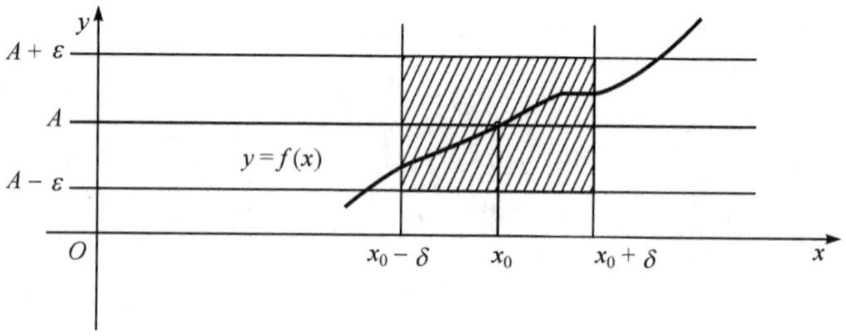

图 2-9

例 2.3.6　证明$\lim\limits_{x\to x_0}c=c$，此处$c$为一常数.

证明　这里$|f(x)-A|=|c-c|=0$，因此对于任意给定的正数ε，可任取一正数δ，当$0<|x-x_0|<\delta$时，能使不等式

$$|f(x)-A|=0<\varepsilon$$

成立. 所以

$$\lim_{x\to x_0}c=c.$$

例 2.3.7　证明$\lim\limits_{x\to x_0}x=x_0$.

证明　这里$|f(x)-A|=|x-x_0|$，因此，对于任意给定的正数ε，可任取一正数$\delta=\varepsilon$，当$0<|x-x_0|<\delta$时，能使不等式

$$|f(x)-A|=|x-x_0|<\varepsilon$$

成立. 所以

$$\lim_{x\to x_0}x=x_0.$$

2. 当$x\to x_0$时，函数$f(x)$的左极限和右极限

在函数极限$\lim\limits_{x\to x_0}f(x)=A$的定义中，自变量$x$可按任意方式趋于$x_0$. 但有时候，$f(x)$只在$x_0$一侧有定义，或者需要研究函数在$x_0$点两侧的性态，这就需要引入单侧极限的概念.

定义 2.3.5　设函数$f(x)$在x_0的左邻域(右邻域)有定义，A是常数. 若对任意$\varepsilon>0$，存在$\delta>0$，当$x_0-\delta<x<x_0$ ($x_0<x<x_0+\delta$)时，有

$$|f(x)-A|<\varepsilon,$$

则称 A 是函数 $f(x)$ 当 $x\to x_0$ 时的**左极限(右极限)**. 记作

$$\lim_{x\to x_0^-}f(x)=A \quad 或 \quad f(x_0-0)=A \quad (\lim_{x\to x_0^+}f(x)=A \quad 或 \quad f(x_0+0)=A).$$

由定义立即可以得到如下定理.

定理 2.3.1 函数 $f(x)$ 当 $x\to x_0$ 时极限存在的充分必要条件是左、右极限存在并且相等，即

$$\lim_{x\to x_0}f(x)=A \Leftrightarrow \lim_{x\to x_0^-}f(x)=\lim_{x\to x_0^+}f(x)=A.$$

例 2.3.8 设 $f(x)=\begin{cases}1, & x<0,\\ x, & x\geqslant 0.\end{cases}$ 讨论当 $x\to 0$ 时，$f(x)$ 的极限是否存在.

解 当 $x<0$ 时，$\lim_{x\to 0^-}f(x)=\lim_{x\to 0^-}1=1$；而当 $x>0$ 时，$\lim_{x\to 0^+}f(x)=\lim_{x\to 0^+}x=0$. 左、右极限都存在但不相等，所以，由定理 2.3.1 可知当 $x\to 0$ 时，$f(x)$ 不存在极限(图 2-10).

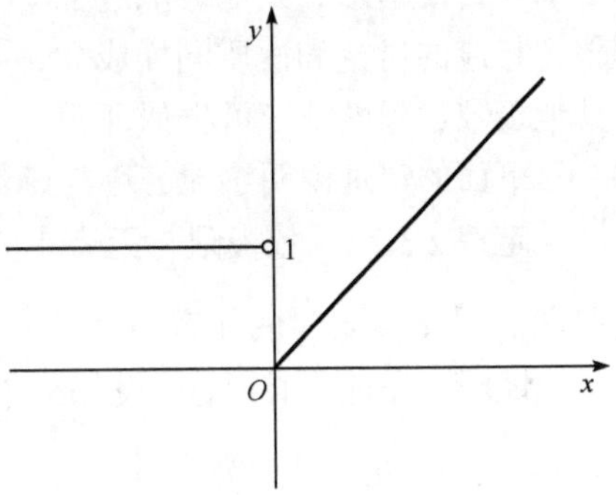

图 2-10

例 2.3.9 讨论当 $x\to 0$ 时，$f(x)=|x|$ 的极限.

解 显然 $f(x)=|x|=\begin{cases}x, & x\geqslant 0,\\ -x, & x<0,\end{cases}$ 并且

$$\lim_{x\to 0^+}f(x)=\lim_{x\to 0^+}x=0, \quad \lim_{x\to 0^-}f(x)=\lim_{x\to 0^-}(-x)=0,$$

所以，根据定理 2.3.1 可得 $\lim_{x\to 0}|x|=0$.

2.3.3 无穷小与无穷大

从本小节起，我们就用极限这个工具把函数进行分类，分类的目的就是把某种有用的特殊性质的函数分离出来. 本节就是用极限这个工具分离出两类有用的函数类——无穷小类和无穷大类.

1. 无穷小的定义

定义 2.3.6 若 $\lim_{x\to x_0}f(x)=0$，则称 $f(x)$ 是当 $x\to x_0$ 时的**无穷小(infinitesimal)**，简称无穷小.

在此定义中，将 $x\to x_0$ 换成 $x\to x_0^+$，$x\to x_0^-$，$x\to+\infty$，$x\to-\infty$，$x\to\infty$ 以及 $n\to\infty$，可定义不同形式的无穷小. 例如：

当 $x\to 0$ 时，函数 x^3，$\sin x$，$\tan x$ 都是无穷小.

当 $x\to+\infty$ 时，函数 $\frac{1}{x^2}$，$\left(\frac{1}{2}\right)^x$，$\frac{\pi}{2}-\arctan x$ 都是无穷小.

当 $n\to\infty$ 时，数列 $\left\{\frac{1}{n}\right\}$，$\left\{\frac{1}{2^n}\right\}$，$\left\{\frac{n}{n^2+1}\right\}$ 都是无穷小.

注 无穷小不是“很小的常数”. 除去零外，任何常数，无论它的绝对值怎么小，都不是无穷小. 因此，不要把无穷小量与非常小的数混淆，如 10^{-100} 很小，但它不是无穷小量. 常

数 0 是任何极限过程中的无穷小量. 无穷小量与极限过程分不开，不能脱离极限过程说 $f(x)$ 是无穷小量. 如 $\sin x$ 是 $x\to 0$ 时的无穷小量，但因 $\lim\limits_{x\to\frac{\pi}{2}}\sin x=1$，所以 $\sin x$ 不是 $x\to\frac{\pi}{2}$ 时的无穷小量. 由于 $\lim C=C$ ①(C 是常数)，所以任何非零常数都不是无穷小量.

2. 无穷小的性质

说明　在本教程下面关于无穷小、无穷大、极限的讨论和性质，除特别说明外，只讨论了 $x\to x_0$ 的情形，其他极限过程 $x\to x_0^+$，$x\to x_0^-$，$x\to\infty$，$x\to+\infty$，$x\to-\infty$，包括数列极限，相应的讨论和性质同样成立，并且结论与性质的证明也只就 $x\to x_0$ 时的情形进行证明，其他极限过程的情形可类似证明.

下面的定理说明了无穷小与函数极限的关系.

定理 2.3.2 (函数极限与无穷小的关系)　$\lim\limits_{x\to x_0}f(x)=A$ 充分必要条件是 $f(x)=A+\alpha(x)$，其中 $\alpha(x)$ 是 $x\to x_0$ 时的无穷小.

证明　先证明必要性. 设 $\lim\limits_{x\to x_0}f(x)=A$，令 $\alpha(x)=f(x)-A$，则 $f(x)=A+\alpha(x)$，只需证明当 $x\to x_0$ 时 $\alpha(x)$ 是无穷小量.

事实上，因 $\lim\limits_{x\to x_0}f(x)=A$，对任意给定的 $\varepsilon>0$，存在 $\delta>0$，当 $0<|x-x_0|<\delta$ 时，有 $|f(x)-A|<\varepsilon$，则有 $|\alpha(x)|=|f(x)-A|<\varepsilon$，由 $\varepsilon-\delta$ 定义得 $\lim\limits_{x\to x_0}\alpha(x)=0$，进而 $\alpha(x)=f(x)-A$ 是 $x\to x_0$ 时的无穷小.

再证充分性. 设 $f(x)=A+\alpha(x)$，其中 $\alpha(x)$ 是 $x\to x_0$ 时的无穷小，则 $f(x)-A=\alpha(x)$. 因为 $\lim\limits_{x\to x_0}\alpha(x)=0$，对任意给定的 $\varepsilon>0$，存在 $\delta>0$，当 $0<|x-x_0|<\delta$ 时，有 $|f(x)-A|=|\alpha(x)|<\varepsilon$，所以 $\lim\limits_{x\to x_0}f(x)=A$.

下面给出无穷小的几条性质.

定理 2.3.3　有限个无穷小的和也是无穷小.

证明②　只需证明两个无穷小之和是无穷小就足够了. 设 $\alpha(x),\beta(x)$ 是 $x\to x_0$ 时的无穷小，而

$$\gamma(x)=\alpha(x)+\beta(x).$$

任意给定 $\varepsilon>0$，因为 $\lim\limits_{x\to x_0}\alpha(x)=0$，故存在 $\delta_1>0$，当 $0<|x-x_0|<\delta_1$ 时，有

$$|\alpha(x)|<\frac{\varepsilon}{2};$$

又因为 $\lim\limits_{x\to x_0}\beta(x)=0$，故存在 $\delta_2>0$，当 $0<|x-x_0|<\delta_2$ 时，有

$$|\beta(x)|<\frac{\varepsilon}{2}.$$

---

① 在本教程讨论中，记号 lim 下面没有标明自变量的变化过程(极限过程)，这表示所讨论结果对 $x\to\infty$，$x\to+\infty$，$x\to-\infty$，$x\to x_0$，$x\to x_0^+$，$x\to x_0^-$ 都是成立的，而且对数列极限也是成立的.

② 该性质也可使用极限的四则运算法则进行证明.

取 $\delta=\min\{\delta_1,\delta_2\}$，则当 $0<|x-x_0|<\delta$ 时，

$$|\gamma(x)|=|\alpha(x)+\beta(x)|\leqslant|\alpha(x)|+|\beta(x)|<\frac{\varepsilon}{2}+\frac{\varepsilon}{2}=\varepsilon,$$

所以 $\lim\limits_{x\to x_0}\gamma(x)=0$ 也是 $x\to x_0$ 时的无穷小.

定理 2.3.4 有界函数与无穷小的乘积是无穷小.

证明 设函数 $u(x)$ 在 x_0 的某一去心邻域 $\mathring{U}(x_0,\delta_1)$ 内是有界的，则存在正数 M，使得对一切 $x\in\mathring{U}(x_0,\delta_1)$，都有 $|u(x)|\leqslant M$. 又设 $\alpha(x)$ 是 $x\to x_0$ 时的无穷小，则对任意给定 $\varepsilon>0$，存在 $\delta_2>0$，当 $0<|x-x_0|<\delta_2$ 时，有

$$|\alpha(x)|<\frac{\varepsilon}{M}.$$

取 $\delta=\min\{\delta_1,\delta_2\}$，则当 $0<|x-x_0|<\delta$ 时，

$$|u(x)\cdot\alpha(x)|=|u(x)|\cdot|\alpha(x)|<M\cdot\frac{\varepsilon}{M}=\varepsilon,$$

故 $u(x)\cdot\alpha(x)$ 也是 $x\to x_0$ 时的无穷小.

推论 2.3.1 常数与无穷小的乘积是无穷小.

推论 2.3.2 有限个无穷小的乘积是无穷小.

例 2.3.10 求极限 $\lim\limits_{x\to 0}x\sin\dfrac{1}{x}$.

解 由于 $\left|\sin\dfrac{1}{x}\right|\leqslant 1$ ($x\neq 0$)，故 $\sin\dfrac{1}{x}$ 在 $x=0$ 的任一去心邻域内有界. 而函数 x 是 $x\to 0$ 时的无穷小，于是

$$\lim_{x\to 0}x\sin\frac{1}{x}=0.$$

3. 无穷大

与无穷小相反的一类变量是无穷大. 如果在 $x\to x_0(x\to\infty)$ 时，对应的函数 $f(x)$ 的绝对值无限地增大，则称当 $x\to x_0(x\to\infty)$ 时，$f(x)$ 是**无穷大(infinity)**.

定义 2.3.7 设 $f(x)$ 在 x_0 的某去心邻域有定义(或在 $(-\infty,-a)\cup(a,+\infty)$ 内有定义($a>0$)). 若对于任意给定的正数 M (无论它多么大)，存在 $\delta>0$ (或 $X>0$)，当 $0<|x-x_0|<\delta$ (或 $|x|>X$) 时，有

$$|f(x)|>M,$$

则称函数 $f(x)$ 当 $x\to x_0$ (或 $x\to\infty$)时是**无穷大**，记为

$$\lim_{x\to x_0}f(x)=\infty \quad 或 \quad f(x)\to\infty \ (x\to x_0)$$

$$(或 \lim_{x\to\infty}f(x)=\infty \quad 或 \quad f(x)\to\infty \ (x\to\infty)).$$

将定义中不等式 $|f(x)|>M$ 改为

$$f(x)>M \quad 或 \quad f(x)<-M,$$

则称函数 $f(x)$ 当 $x\to x_0$ (或 $x\to\infty$)时是正无穷大或负无穷大. 分别记为

$$\lim_{x\to x_0} f(x)=+\infty \quad 或 \quad f(x)\to+\infty \quad (x\to x_0),$$

$$(或 \lim_{x\to\infty} f(x)=+\infty \quad 或 \quad f(x)\to+\infty \quad (x\to\infty)),$$

$$\lim_{x\to x_0} f(x)=-\infty \quad 或 \quad f(x)\to-\infty \quad (x\to x_0),$$

$$(或 \lim_{x\to\infty} f(x)=-\infty \quad 或 \quad f(x)\to-\infty \quad (x\to\infty)).$$

注 无穷大不是数，不能把无穷大与很大的数混为一谈.

例 2.3.11 证明 $\lim\limits_{x\to 1}\dfrac{1}{x-1}=\infty$.

证明 对于任意给定正数 M，要使 $\left|\dfrac{1}{x-1}\right|=\dfrac{1}{|x-1|}>M$，只需 $|x-1|<\dfrac{1}{M}$，取 $\delta=\dfrac{1}{M}$，于是当 $0<|x-1|<\delta$ 时，有 $\left|\dfrac{1}{x-1}\right|>M$，即

$$\lim_{x\to 1}\frac{1}{x-1}=\infty.$$

例 2.3.12 证明 $\lim\limits_{x\to+\infty} a^x=+\infty (a>1)$

证明 对于任意给定正数 $M(M>1)$，要使不等式

$$a^x>M$$

成立，解得 $x>\log_a M$，取 $X=\log_a M$，于是当 $x>X$ 时，有 $a^x>M$，即

$$\lim_{x\to+\infty} a^x=+\infty \quad (a>1).$$

4. 无穷小与无穷大的关系

定理 2.3.5 (1) 若函数 $f(x)$ 当 $x\to x_0(x\to\infty)$ 时是无穷大，则 $\dfrac{1}{f(x)}$ 当 $x\to x_0(x\to\infty)$ 时是无穷小；

(2) 若函数 $f(x)$ 当 $x\to x_0(x\to\infty)$ 时是无穷小，且 $f(x)\neq 0$，则 $\dfrac{1}{f(x)}$ 当 $x\to x_0(x\to\infty)$ 时是无穷大.

证明 我们只证(2)，(1)可类似地证明.

对于任意给定正数 M，因为当 $x\to x_0$ 时， $f(x)$ 是无穷小，对 $\varepsilon=\dfrac{1}{M}>0$，存在 $\delta>0$，当 $0<|x-x_0|<\delta$ 时，有 $|f(x)|<\dfrac{1}{M}$ 或 $\left|\dfrac{1}{f(x)}\right|>M$，即函数 $\dfrac{1}{f(x)}$ 当 $x\to x_0$ 时是无穷大.

习题 2-3

1. 用极限定义证明：

(1) $\lim\limits_{x\to\infty}\dfrac{1+2x^2}{5x^2}=\dfrac{2}{5}$；

(2) $\lim\limits_{x\to\infty}\dfrac{\sin x}{x}=0$；

(3) $\lim\limits_{x\to 1}(2x-1)=1$；　　(4) $\lim\limits_{x\to -3}\dfrac{x^2-9}{x+3}=-6$．

2. 设 $y=2x-1$，问 δ 等于多少时，有当 $|x-4|<\delta$ 时，$|y-7|<0.1$？

3. 设 $f(x)=\begin{cases} x, & x<1, \\ 1, & x\geqslant 1, \end{cases}$ 问 $\lim\limits_{x\to 1}f(x)$ 是否存在？

4. 验证 $\lim\limits_{x\to 0}\dfrac{|x|}{x}$ 不存在.

5. 判断极限 $\lim\limits_{x\to\infty}\arctan x$ 是否存在，并说明理由.

6. 判断下列命题是否正确.

(1) 无穷小与无穷小的商一定是无穷小；

(2) 有界函数与无穷小之积为无穷小；

(3) 有界函数与无穷大之积为无穷大；

(4) 有限个无穷小之和为无穷小；

(5) 有限个无穷大之和为无穷大；

(6) $y=x\sin x$ 在 $(-\infty,+\infty)$ 内无界，但 $\lim\limits_{x\to\infty}x\sin x\neq\infty$；

(7) 无穷大量的倒数都是无穷小量；

(8) 无穷小量的倒数都是无穷大量.

7. 指出下列函数哪些是该极限过程中的无穷小量，哪些是该极限过程中的无穷大量.

(1) $f(x)=\dfrac{3}{x^2-4}$，$x\to 2$；

(2) $f(x)=\ln x$，$x\to 0^+$，$x\to 1$，$x\to +\infty$；

(3) $f(x)=\mathrm{e}^{\frac{1}{x}}$，$x\to 0^+$，$x\to 0^-$；

(4) $f(x)=\dfrac{\pi}{2}-\operatorname{arc}\tan x$，$x\to +\infty$；

(5) $f(x)=\dfrac{1}{x}\cdot\sin x$，$x\to\infty$；

(6) $f(x)=\dfrac{1}{x^2}\cdot\sqrt{1+\dfrac{1}{x^2}}$，$x\to\infty$.

2.4　函数极限的性质和运算

2.4.1　函数极限的性质

2.3 节给出了两类六种函数极限，即

$$\lim_{x\to+\infty}f(x),\quad \lim_{x\to-\infty}f(x),\quad \lim_{x\to\infty}f(x),$$
$$\lim_{x\to x_0}f(x),\quad \lim_{x\to x_0^-}f(x),\quad \lim_{x\to x_0^+}f(x),$$

每一种函数极限都有类似的性质和四则运算法则. 本节仅就函数极限 $\lim\limits_{x\to x_0}f(x)$ 给出一些性质及其证明，读者不难对其他五种函数极限以及数列极限写出相应的定理，并给出证明.

定理 2.4.1 (唯一性)　若极限 $\lim\limits_{x\to x_0}f(x)$ 存在，则它的极限值是唯一的.

证明[1] 使用反证法. 设 $\lim\limits_{x\to x_0} f(x)=a$，$\lim\limits_{x\to x_0} f(x)=b$，且 $a\neq b$，由极限定义，对任意给定的 $\varepsilon>0$，存在 $\delta_1>0$，当 $0<|x-x_0|<\delta_1$ 时，

$$|f(x)-a|<\frac{\varepsilon}{2};$$

存在 $\delta_2>0$，当 $0<|x-x_0|<\delta_2$ 时，

$$|f(x)-b|<\frac{\varepsilon}{2}.$$

取 $\delta=\min\{\delta_1,\delta_2\}$，则当 $0<|x-x_0|<\delta$ 时，有

$$|a-b|=|a-f(x)+f(x)-b|\leqslant|a-f(x)|+|f(x)-b|<\varepsilon,$$

因为 ε 是任意的，得出矛盾，所以 $a=b$.

定理 2.4.2 (局部有界性) 若 $\lim\limits_{x\to x_0} f(x)=a$，则存在某个 $\delta_0>0$ 与 $M>0$，当 $0<|x-x_0|<\delta_0$ 时，有 $|f(x)|\leqslant M$.

证明 取 $\varepsilon=1$，存在 $\delta_0>0$，当 $0<|x-x_0|<\delta_0$ 时，有

$$|f(x)-a|<1.$$

因为

$$|f(x)|-|a|\leqslant|f(x)-a|<1,$$

从而

$$|f(x)|\leqslant|a|+1.$$

取 $M=|a|+1$，存在 $\delta_0>0$，当 $0<|x-x_0|<\delta_0$ 时，有

$$|f(x)|\leqslant M.$$

定理 2.4.3 (局部保序性) 若 $\lim\limits_{x\to x_0} f(x)=a$，$\lim\limits_{x\to x_0} g(x)=b$，且 $a>b$，则存在 $\delta>0$，使当 $0<|x-x_0|<\delta$ 时，$f(x)>g(x)$.

证明 对 $\varepsilon=\dfrac{a-b}{2}$，存在 $\delta_1>0$，当 $0<|x-x_0|<\delta_1$ 时，有

$$|f(x)-a|<\frac{a-b}{2},$$

从而

$$f(x)>a-\frac{a-b}{2}=\frac{a+b}{2};$$

存在 $\delta_2>0$，当 $0<|x-x_0|<\delta_2$ 时，有

$$|g(x)-b|<\frac{a-b}{2},$$

从而

$$g(x)<b+\frac{a-b}{2}=\frac{a+b}{2}.$$

---

[1] 本节函数极限的性质及四则运算法则的证明可类似于数列极限的性质及四则运算法则的证明.

取 $\delta=\min\{\delta_1,\delta_2\}$，则当 $0<|x-x_0|<\delta$ 时，有

$$g(x)<\frac{a+b}{2}<f(x).$$

推论 2.4.1 (局部保号性) 若 $\lim\limits_{x\to x_0}f(x)=a$，且 $a>0$ 或 $(a<0)$，则存在 $\delta>0$，当 $0<|x-x_0|<\delta$ 时，$f(x)>0$ 或($f(x)<0$).

推论 2.4.2 (局部保序性) 若 $\lim\limits_{x\to x_0}f(x)=a$，$\lim\limits_{x\to x_0}g(x)=b$，且存在 $\delta>0$，使当 $0<|x-x_0|<\delta$ 时，$f(x)\geqslant g(x)$,则 $a\geqslant b$.

2.4.2 函数极限的四则运算

定理 2.4.4 设 $\lim\limits_{x\to x_0}f(x)=a$，$\lim\limits_{x\to x_0}g(x)=b$，则

(1) $\lim\limits_{x\to x_0}[f(x)\pm g(x)]=\lim\limits_{x\to x_0}f(x)\pm\lim\limits_{x\to x_0}g(x)=a\pm b$；

(2) $\lim\limits_{x\to x_0}f(x)\cdot g(x)=\lim\limits_{x\to x_0}f(x)\cdot\lim\limits_{x\to x_0}g(x)=a\cdot b$；

(3) $\lim\limits_{x\to x_0}\dfrac{f(x)}{g(x)}=\dfrac{\lim\limits_{x\to x_0}f(x)}{\lim\limits_{x\to x_0}g(x)}=\dfrac{a}{b}$.

从等式的左端往右看，是把复杂函数的极限拆成简单函数的极限，也是把未知转化为已知；从右端往左端看，则是把简单合成复杂，也是从已知认识未知，所以说极限的运算法则是由已知认识未知，把未知转化为已知的手段和方法. 从思维的角度讲，四则运算是一种分解思维. 分解思维是一种独特的创新思维方法，其原理就是化大为小、化整为零，把大目标化成小目标，未知化成已知，然后进行累计得出总和，以达到大目标或未知的解决，用该种思维方法解决问题，往往能取到曲径通幽之效，古代的曹冲称象法，在某种程度上就是分解思维的应用.

证明 只证(2)，其余从略.

根据定理 2.4.2，由 $\lim\limits_{x\to x_0}f(x)=a$，存在 $\delta_0>0$，当 $0<|x-x_0|<\delta_0$ 时，$|f(x)|\leqslant M$.

由于 $\lim\limits_{x\to x_0}f(x)=a$，$\lim\limits_{x\to x_0}g(x)=b$，由极限定义，对任意给定的 $\varepsilon>0$，存在 $\delta_1>0$，当 $0<|x-x_0|<\delta_1$ 时，

$$|f(x)-a|<\varepsilon；$$

存在 $\delta_2>0$，当 $0<|x-x_0|<\delta_2$ 时，

$$|g(x)-b|<\varepsilon.$$

取 $\delta=\min\{\delta_0,\delta_1,\delta_2\}$，则当 $0<|x-x_0|<\delta$ 时，有

$$\begin{aligned}|f(x)g(x)-ab|&=|f(x)g(x)-f(x)b+f(x)b-ab|\\&\leqslant|f(x)|\cdot|g(x)-b|+|b||f(x)-a|<M\varepsilon+|b|\varepsilon=(M+|b|)\varepsilon,\end{aligned}$$

即

$$\lim_{x\to x_0}f(x)\cdot g(x)=ab=\lim_{x\to x_0}f(x)\cdot\lim_{x\to x_0}g(x).$$

注 (1) 定理的(1)、(2)可推广到有限多个函数的和或积的情形；

(2) 作为定理(2)的特殊情形，有

$$\lim_{x\to x_0} cf(x)=c\lim_{x\to x_0} f(x),\quad \lim_{x\to x_0}[f(x)]^n=[\lim_{x\to x_0} f(x)]^n(n\in \mathbf{N}_+).$$

例 2.4.1 求 $\lim\limits_{x\to 1}(2x-1)$.

解 $\lim\limits_{x\to 1}(2x-1)=\lim\limits_{x\to 1}2x-\lim\limits_{x\to 1}1=2\lim\limits_{x\to 1}x-\lim\limits_{x\to 1}1=2\cdot 1-1=1$.

例 2.4.2 求 $\lim\limits_{x\to 2}\dfrac{x^2-1}{x^3+3x-1}$.

解
$$\lim_{x\to 2}\frac{x^2-1}{x^3+3x-1}=\frac{\lim\limits_{x\to 2}(x^2-1)}{\lim\limits_{x\to 2}(x^3+3x-1)}=\frac{\lim\limits_{x\to 2}x^2-\lim\limits_{x\to 2}1}{\lim\limits_{x\to 2}x^3+\lim\limits_{x\to 2}3x-\lim\limits_{x\to 2}1}$$
$$=\frac{(\lim\limits_{x\to 2}x)^2-\lim\limits_{x\to 2}1}{(\lim\limits_{x\to 2}x)^3+3\lim\limits_{x\to 2}x-\lim\limits_{x\to 2}1}=\frac{2^2-1}{2^3+3\cdot 2-1}=\frac{3}{13}.$$

从例 2.4.1 和例 2.4.2 可以看出，对于有理整函数(多项式)和有理分式函数(分母不为零)，求其极限时，只要把自变量 x 的极限值代入函数就可以了.

设多项式 $f(x)=a_0x^n+a_1x^{n-1}+\cdots+a_n$，则

$$\lim_{x\to x_0}f(x)=\lim_{x\to x_0}(a_0x^n+a_1x^{n-1}+\cdots+a_n)$$
$$=a_0\left(\lim_{x\to x_0}x\right)^n+a_1\left(\lim_{x\to x_0}x\right)^{n-1}+\cdots+a_n$$
$$=a_0x_0^n+a_1x_0^{n-1}+\cdots+a_n=f(x_0).$$

对于有理分式函数 $f(x)=\dfrac{P(x)}{Q(x)}$，式中 $P(x),Q(x)$ 均为多项式，$Q(x_0)\neq 0$. 则

$$\lim_{x\to x_0}f(x)=\lim_{x\to x_0}\frac{P(x)}{Q(x)}=\frac{\lim\limits_{x\to x_0}P(x)}{\lim\limits_{x\to x_0}Q(x)}=\frac{P(x_0)}{Q(x_0)}=f(x_0).$$

若 $Q(x_0)=0$，上述结论不能用.

例 2.4.3 求 $\lim\limits_{x\to 2}\dfrac{2-x}{4-x^2}$.

解 本题分子、分母的极限均为零，但它们有因子 $2-x$.

当 $x\to 2$ 时，$x\neq 2$，$x-2\neq 0$. 所以

$$\lim_{x\to 2}\frac{2-x}{4-x^2}=\lim_{x\to 2}\frac{2-x}{(2-x)(2+x)}=\lim_{x\to 2}\frac{1}{2+x}=\frac{1}{4}.$$

例 2.4.4 求 $\lim\limits_{x\to 0}\dfrac{\sqrt{1+x}-1}{x}$.

解 注意到分子、分母的极限都为 0，不能用定理 2.4.4(3)，应想办法约去零因子 x. 有理化，有

$$\lim_{x\to 0}\frac{\sqrt{1+x}-1}{x}=\lim_{x\to 0}\frac{x}{x(\sqrt{1+x}+1)}=\lim_{x\to 0}\frac{1}{(\sqrt{1+x}+1)}=\frac{1}{2}.$$

例 2.4.5 计算 $\lim\limits_{x\to\infty}\dfrac{2x^3+3x^2+5}{7x^3+4x^2-1}$.

解 $x\to\infty$ 时，分子和分母的极限都不存在，先用 x^3 去除分子分母，再求极限

$$\lim_{x\to\infty}\frac{2x^3+3x^2+5}{7x^3+4x^2-1}=\lim_{x\to\infty}\frac{2+\dfrac{3}{x}+\dfrac{5}{x^3}}{7+\dfrac{4}{x}-\dfrac{1}{x^3}}=\frac{2}{7}.$$

例 2.4.6　求 $\lim\limits_{x\to\infty}\dfrac{2x^2-1}{3x^4+x^2-2}$.

解　用 x^4 除分子、分母，再求极限

$$\lim_{x\to\infty}\frac{2x^2-1}{3x^4+x^2-2}=\lim_{x\to\infty}\frac{\dfrac{2}{x^2}-\dfrac{1}{x^4}}{3+\dfrac{1}{x^2}-\dfrac{2}{x^4}}=\frac{0}{3}=0.$$

注　当 $a_0\neq 0, b_0\neq 0$, m 和 n 为非负整数时，有

$$\lim_{x\to\infty}\frac{a_0x^m+a_1x^{m-1}+\cdots+a_m}{b_0x^n+b_1x^{n-1}+\cdots+b_n}=\begin{cases}0, & m<n,\\ \infty, & m>n,\\ \dfrac{a_0}{b_0}, & m=n.\end{cases}$$

该公式在极限式参数的确定中有着很好的应用.

例 2.4.7　已知 $\lim\limits_{x\to\infty}\left(\dfrac{x^2}{x+1}-ax-b\right)=0$，其中 a,b 是常数，则(　　).

(A) $a=1,b=1$；　(B) $a=-1,b=1$；　(C) $a=1,b=-1$；　(D) $a=-1,b=-1$.

解　由题设 $\lim\limits_{x\to\infty}\left(\dfrac{x^2}{x+1}-ax-b\right)=\lim\limits_{x\to\infty}\dfrac{(1-a)x^2-(a+b)x-b}{x+1}=0$，则有 $1-a=0$，$a+b=0$，得 $a=1,b=-1$，故 C 正确.

2.4.3　复合函数的极限

定理 2.4.5　设函数 $y=f(\varphi(x))$ 由 $y=f(u)$，$u=\varphi(x)$ 复合而成，如果 $\lim\limits_{x\to x_0}\varphi(x)=u_0$，且在 x_0 的一个去心邻域内，$\varphi(x)\neq u_0$，又 $\lim\limits_{u\to u_0}f(u)=A$，则

$$\lim_{x\to x_0}f(\varphi(x))=A.$$

该定理可运用函数极限的定义直接推出，故略去证明.

例 2.4.8　求 $\lim\limits_{x\to 0}\mathrm{e}^{\sin x}$.

解　因为 $\lim\limits_{x\to 0}\sin x=0$，$\lim\limits_{u\to 0}\mathrm{e}^u=1$，故

$$\lim_{x\to 0}\mathrm{e}^{\sin x}=1.$$

例 2.4.9　求 $\lim\limits_{x\to 1}\sin(\ln x)$.

解　因为 $\lim\limits_{x\to 1}\ln x=0$，$\lim\limits_{u\to 0}\sin u=0$，故

$$\lim_{x\to 1}\sin(\ln x)=0.$$

习题 2-4

1. 若 $\lim\limits_{x\to x_0} f(x)$ 存在，$\lim\limits_{x\to x_0} g(x)$ 不存在，问 $\lim\limits_{x\to x_0}[f(x)\pm g(x)]$，$\lim\limits_{x\to x_0}[f(x)\cdot g(x)]$ 是否存在，为什么？

2. 若 $\lim\limits_{x\to x_0} f(x)$ 和 $\lim\limits_{x\to x_0} g(x)$ 均存在，且 $f(x)\geqslant g(x)$，证明 $\lim\limits_{x\to x_0} f(x)\geqslant \lim\limits_{x\to x_0} g(x)$.

3. 求下列极限.

(1) $\lim\limits_{x\to 3}\dfrac{x-3}{x^2-9}$；　(2) $\lim\limits_{x\to 1}\dfrac{2x-3}{x^2-5x+4}$；　(3) $\lim\limits_{x\to\infty}\dfrac{6x^3+4}{2x^4+3x^2}$；

(4) 求 $\lim\limits_{x\to 4}\dfrac{\sqrt{x}-2}{x-4}$；　(5) $\lim\limits_{h\to 0}\dfrac{(x+h)^3-x^3}{h}$；　(6) $\lim\limits_{x\to 3}\dfrac{\sqrt{2x+3}-3}{\sqrt{x+1}-2}$；

(7) $\lim\limits_{x\to 1}\left(\dfrac{1}{1-x}-\dfrac{3}{1-x^3}\right)$.

4. 设 $\lim\limits_{x\to -1}\dfrac{x^3-ax^2-x+4}{x+1}=m$，求 a 和 m.

5. 已知 $f(x)=\begin{cases} x-1, & x<0, \\ \dfrac{x^2+3x-1}{x^3+1}, & x\geqslant 0, \end{cases}$ 求 $\lim\limits_{x\to 0} f(x),\ \lim\limits_{x\to +\infty} f(x),\ \lim\limits_{x\to -\infty} f(x)$.

6. 设 $\lim\limits_{x\to\infty}\dfrac{(1+a)x^4+bx^3+2}{x^3+x^2-1}=-2$，求 a,b.

7. 求下列极限.

(1) $\lim\limits_{x\to +\infty}(\sqrt{x(x+a)}-x)$；　(2) $\lim\limits_{x\to +\infty}(\sqrt{x^2+x}-\sqrt{x^2-x})$.

2.5　两个重要极限

2.5.1　第一个重要极限 $\lim\limits_{x\to 0}\dfrac{\sin x}{x}=1$

定理 2.2.2(夹逼准则)可以推广到函数的极限. 我们只就 $x\to x_0$ 情形叙述函数极限存在的判别准则.

定理 2.2.2 (夹逼准则)　若函数 $f(x),g(x),h(x)$ 满足：

(1) 在点 x_0 的某去心邻域内满足条件：$g(x)\leqslant f(x)\leqslant h(x)$；

(2) $\lim\limits_{x\to x_0} g(x)=A,\quad \lim\limits_{x\to x_0} h(x)=A$.

则

$$\lim_{x\to x_0} f(x)=A.$$

应用计算机(或计算器)读者容易验证：当 $x\to 0$，$\dfrac{\sin x}{x}$ 的值趋近于 1. 下面我们运用夹逼准则来证明 $\lim\limits_{x\to 0}\dfrac{\sin x}{x}=1$，证明关键在于建立相应的不等式.

证明　因为 x 改变符号时，函数值的符号不变，所以只需论证 x 由正值趋于零时的情况. 即只需证明

$$\lim_{x\to 0^+}\frac{\sin x}{x}=1.$$

设 $\overset{\frown}{AB}$ 是以点 O 为圆心，半径为 1 的圆弧，过 A 作圆弧的切线与 OP 的延长线交于点 T， $PN \perp OA$.

设 $\angle AOP = x$ 且 $0 < x < \dfrac{\pi}{2}$ (图 2-11),显然有 $\triangle OAP$ 的面积 $<$ 扇形 OAP 面积 $<$ $\triangle OAT$ 的面积，即

$$\frac{1}{2}\sin x < \frac{x}{2} < \frac{1}{2}\tan x,$$

以 $\dfrac{1}{2}\sin x$ 除各项得，

$$1 < \frac{x}{\sin x} < \frac{1}{\cos x} \quad 或 \quad \cos x < \frac{\sin x}{x} < 1.$$

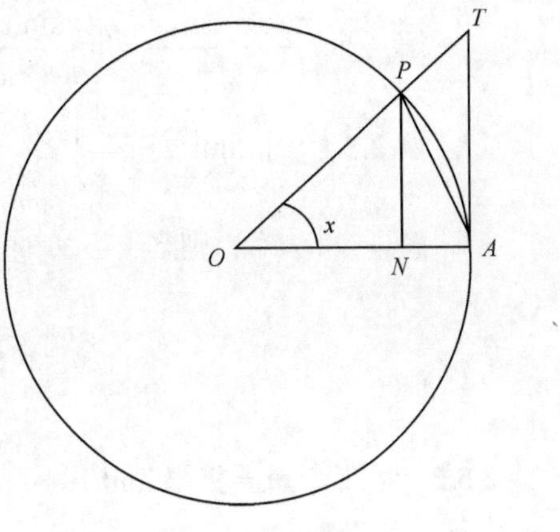

图 2-11

从而

$$0 < 1 - \frac{\sin x}{x} < 1 - \cos x = 2\sin^2\frac{x}{2} \leqslant 2\left(\frac{x}{2}\right)^2.$$

当 $x \to 0$ 时， $\dfrac{1}{2}x^2 \to 0$ ，利用夹逼准则，有

$$\lim_{x\to 0}\left(1 - \frac{\sin x}{x}\right) = 0,$$

即

$$\lim_{x\to 0}\frac{\sin x}{x} = 1.$$

这是一个十分重要的结果，在理论推导和实际演算中都有很大用处. 我们知道初等数学研究函数与高等数学研究函数的区别是：初等数学研究具体函数在有限区间的具体性质，也就是说一个一个研究函数；但高等数学研究的是抽象函数，一类一类研究. 所以在高等数学学习中，我们应该掌握最重要的思维方法，就是如何把一个变成一类，也就是把具体变成抽象，把特殊转化成一般，把简单推向复杂.

现在把 $\lim\limits_{x\to 0}\dfrac{\sin x}{x} = 1$ 推广为一类， $\lim\limits_{\varphi(x)\to 0}\dfrac{\sin\varphi(x)}{\varphi(x)} = 1(\varphi(x) \neq 0)$.

例 2.5.1　求 $\lim\limits_{x\to 0}\dfrac{1-\cos x}{x^2}$.

解　$$\lim_{x\to 0}\frac{1-\cos x}{x^2} = \lim_{x\to 0}\frac{2\sin^2\frac{x}{2}}{x^2} = \frac{1}{2}\lim_{x\to 0}\frac{\sin^2\frac{x}{2}}{\left(\frac{x}{2}\right)^2} = \lim_{x\to 0}\frac{1}{2}\left(\frac{\sin\frac{x}{2}}{\frac{x}{2}}\right)^2 = \frac{1}{2}\times 1^2 = \frac{1}{2}.$$

例 2.5.2　证明 $\lim\limits_{x\to 0}\dfrac{\tan x}{x} = 1$.

证明　$$\lim_{x\to 0}\frac{\tan x}{x} = \lim_{x\to 0}\left(\frac{\sin x}{x}\cdot\frac{1}{\cos x}\right) = \lim_{x\to 0}\frac{\sin x}{x}\cdot\lim_{x\to 0}\frac{1}{\cos x} = 1.$$

例 2.5.3　求 $\lim\limits_{x\to 0}\dfrac{\tan x - \sin x}{x^3}$.

解　$\lim\limits_{x\to0}\dfrac{\tan x-\sin x}{x^3}=\lim\limits_{x\to0}\dfrac{\sin x(1-\cos x)}{x^3\cos x}=\lim\limits_{x\to0}\left(\dfrac{\sin x}{x}\cdot\dfrac{1-\cos x}{x^2}\cdot\dfrac{1}{\cos x}\right)=\dfrac{1}{2}$.

例 2.5.4　求 $\lim\limits_{x\to\infty}\left(x\sin\dfrac{1}{x}\right)$.

解　令 $u=\dfrac{1}{x}$，则当 $x\to\infty$ 时，$u\to0$，故

$$\lim_{x\to\infty}\left(x\sin\frac{1}{x}\right)=\lim_{u\to0}\frac{\sin u}{u}=1.$$

2.5.2　第二个重要极限 $\lim\limits_{x\to\infty}\left(1+\dfrac{1}{x}\right)^x=\mathrm{e}$

例 2.2.12 利用单调有界准则已证明了数列 $\left(1+\dfrac{1}{n}\right)^n$ 收敛，记 $\lim\limits_{n\to\infty}\left(1+\dfrac{1}{n}\right)^n=\mathrm{e}$.

可以证明，当 x 取趋向于 $+\infty$ 或 $-\infty$ 的实数时，函数 $\left(1+\dfrac{1}{x}\right)^x$ 的极限存在且都等于 e，即

$$\lim_{x\to\infty}\left(1+\frac{1}{x}\right)^x=\mathrm{e}.$$

在上式中，令 $t=\dfrac{1}{x}$，当 $x\to\infty$ 时，$t\to0$，有

$$\lim_{t\to0}(1+t)^{\frac{1}{t}}=\mathrm{e}.$$

综合起来，得到以下公式：

$$\lim_{x\to\infty}\left(1+\frac{1}{x}\right)^x=\mathrm{e}，\quad \lim_{x\to0}(1+x)^{\frac{1}{x}}=\mathrm{e}.$$

例 2.5.5　求 $\lim\limits_{x\to\infty}\left(\dfrac{x}{1+x}\right)^x$.

解　因为

$$\left(\frac{x}{1+x}\right)^x=\frac{1}{\left(1+\dfrac{1}{x}\right)^x},$$

所以

$$\lim_{x\to\infty}\left(\frac{x}{1+x}\right)^x=\lim_{x\to\infty}\frac{1}{\left(1+\dfrac{1}{x}\right)^x}=\frac{1}{\lim\limits_{x\to\infty}\left(1+\dfrac{1}{x}\right)^x}=\frac{1}{\mathrm{e}}.$$

同第一类重要极限一样，可以把 $\lim\limits_{x\to\infty}\left(1+\dfrac{1}{x}\right)^x=\mathrm{e}$，$\lim\limits_{x\to0}(1+x)^{\frac{1}{x}}=\mathrm{e}$ 推广为一类.

$\lim\limits_{x\to\infty}\left(1+\dfrac{1}{x}\right)^x=\mathrm{e}$ 或 $\lim\limits_{x\to0}(1+x)^{\frac{1}{x}}=\mathrm{e}\Rightarrow\lim\limits_{\substack{x\to\square\\ \varphi(x)\to0}}[1+\varphi(x)]^{\frac{1}{\varphi(x)}}=\mathrm{e}\Rightarrow\lim\limits_{x\to\square}[1+\varphi(x)]^{\psi(x)}=\mathrm{e}^A$，其中

$\lim\limits_{x \to \square}\psi(x) = \infty$，$\lim\limits_{x \to \square}\varphi(x) = 0$，且 $\lim\limits_{x \to \square}\varphi(x) \cdot \psi(x) = A$.

进而例 2.5.5 也可按如下方式求解.

例 2.5.5 另解 因为 $\lim\limits_{x \to \infty}\dfrac{-1}{1+x} \cdot x = -1$，所以

$$\lim_{x \to \infty}\left(\frac{x}{1+x}\right)^x = \lim_{x \to \infty}\left(1 - \frac{1}{1+x}\right)^x = \mathrm{e}^{-1}.$$

例 2.5.6 求 $\lim\limits_{x \to \infty}\left(1 + \dfrac{2}{x}\right)^{3x}$.

解 因为 $\lim\limits_{x \to \infty}\dfrac{2}{x} \cdot 3x = 6$，所以 $\lim\limits_{x \to \infty}\left(1 + \dfrac{2}{x}\right)^{3x} = \mathrm{e}^6$.

例 2.5.7 求 $\lim\limits_{x \to \infty}\left(\dfrac{x+1}{x+2}\right)^x$.

解
$$\lim_{x \to \infty}\left(\frac{x+1}{x+2}\right)^x = \lim_{x \to \infty}\left(1 + \frac{-1}{x+2}\right)^x = \lim_{x \to \infty}\left(1 + \frac{-1}{x+2}\right)^{x+2-2}$$
$$= \lim_{x \to \infty}\left(1 + \frac{-1}{x+2}\right)^{x+2} \cdot \lim_{x \to \infty}\left(1 + \frac{-1}{x+2}\right)^{-2} = \mathrm{e}^{-1}.$$

另解 因为 $\lim\limits_{x \to \infty}\dfrac{-1}{1+x} \cdot x = -1$，所以

$$\lim_{x \to \infty}\left(\frac{x+1}{x+2}\right)^x = \lim_{x \to \infty}\left(1 + \frac{-1}{x+1}\right)^x = \mathrm{e}^{-1}.$$

可把例 2.5.7 推广为一类情况，

$$\lim_{\varphi(x) \to \infty}\left(\frac{\varphi(x)+1}{\varphi(x)+2}\right)^{\varphi(x)} = \mathrm{e}^{-1},$$

进一步推广得

$$\lim_{\varphi(x) \to \infty}\left(\frac{\varphi(x)+a}{\varphi(x)+b}\right)^{\varphi(x)+C} = \mathrm{e}^{a-b}.$$

例 2.5.8 求 $\lim\limits_{n \to \infty}\left(1 + \dfrac{1}{n} + \dfrac{1}{n^2}\right)^n$.

解 (方法一) 这是 1^∞ 型极限，自然想到用 $\lim\limits_{n \to \infty}\left(1 + \dfrac{1}{n}\right)^n = \mathrm{e}$. 由于

$$\left(1 + \frac{1}{n}\right)^n < \left(1 + \frac{1}{n} + \frac{1}{n^2}\right)^n = \left(1 + \frac{n+1}{n^2}\right)^n < \left(1 + \frac{n+1}{n^2-1}\right)^n = \left(1 + \frac{1}{n-1}\right)^n$$
$$= \left(1 + \frac{1}{n-1}\right)^{n-1} \cdot \left(1 + \frac{1}{n-1}\right),$$

并且不等式两端数列的极限都为 e，故得 $\lim\limits_{n \to \infty}\left(1 + \dfrac{1}{n} + \dfrac{1}{n^2}\right)^n = \mathrm{e}$.

(方法二)　设 $\varphi(n)=\frac{1}{n}+\frac{1}{n^2}$，$\psi(n)=n$，则 $\lim\limits_{n\to\infty}\varphi(n)=0$，$\lim\limits_{n\to\infty}\psi(n)=\infty$，且

$$\lim_{n\to\infty}\varphi(n)\cdot\psi(n)=\lim_{n\to\infty}\left(\frac{1}{n}+\frac{1}{n^2}\right)\cdot n=1,$$

所以

$$\lim_{n\to\infty}\left(1+\frac{1}{n}+\frac{1}{n^2}\right)^n=\mathrm{e}.$$

因为 $\frac{1}{n^2}$ 是 $\frac{1}{n}$ 当 $n\to\infty$ 时的高阶无穷小，由此我们可得

$$\lim_{n\to\infty}\left[1+\frac{1}{n}+o\left(\frac{1}{n}\right)\right]^n=\mathrm{e}.$$

把该结果抽象为更一般情况，我们可得

$$\lim_{\substack{x\to\square\\ \varphi(x)\to 0}}\left[1+\varphi(x)+o(\varphi(x))\right]^{\psi(x)}=\mathrm{e}^A\quad(\varphi(x)\neq 0),\tag{2.5.1}$$

其中 $\lim\limits_{x\to\square}\varphi(x)=0$，$\lim\limits_{x\to\square}\psi(x)=\infty$，$o(\varphi(x))$ 是 $\varphi(x)$ 的高阶无穷小[①]，且 $\lim\limits_{x\to\square}[\varphi(x)\cdot\psi(x)]=A$.

证明　因为这是一个 1^∞ 型极限，且

$$\lim_{x\to\square}[\varphi(x)+o(\varphi(x))]\cdot\psi(x)=\lim_{x\to\square}\left[\varphi(x)\cdot\psi(x)+\varphi(x)\cdot\psi(x)\cdot\frac{o(\varphi(x))}{\varphi(x)}\right]=A,$$

所以

$$\lim_{\substack{x\to\square\\ \varphi(x)\to 0}}\left[1+\varphi(x)+o(\varphi(x))\right]^{\psi(x)}=\mathrm{e}^A.$$

例 2.5.9　求 $\lim\limits_{x\to 0}(\sin x+\cos x)^{\frac{1}{x}}$.

解　这是一个 1^∞ 型极限，所以想到用公式(2.5.1). 因为

$$\lim_{x\to 0}(\sin x+\cos x)^{\frac{1}{x}}=\lim_{x\to 0}(1+\sin x+\cos x-1)^{\frac{1}{x}},$$

当 $x\to 0$ 时，$\cos x-1\sim-\frac{x^2}{2}$. 故可设 $\varphi(x)=\sin x$，$o(\varphi(x))=\cos x-1$，$\psi(x)=\frac{1}{x}$，则有

$$\lim_{x\to 0}\left(\sin x\cdot\frac{1}{x}\right)=1,$$

所以

$$\lim_{x\to 0}(\sin x+\cos x)^{\frac{1}{x}}=\mathrm{e}.$$

例 2.5.10　求 $\lim\limits_{x\to 0}(1+\tan x+x^3+\tan^4 x)^{\frac{1}{\sin x}}$.

解　这是 1^∞ 型极限，因为当 $x\to 0$，$x^3+\tan^4 x$ 是 $\tan x$ 的高阶无穷小，且

$$\lim_{x\to 0}\left(\tan x\cdot\frac{1}{\sin x}\right)=1,$$

① 无穷小的比较将在 2.6 节学习.

所以

$$\lim_{x\to 0}(1+\tan x+x^3+\tan^4 x)^{\frac{1}{\sin x}}=\mathrm{e}.$$

习题 2-5

求下列极限.

(1) $\lim\limits_{x\to 0}\dfrac{\sin 5x}{3x}$; (2) $\lim\limits_{x\to 0}\dfrac{\tan 2x}{\sin 5x}$; (3) $\lim\limits_{x\to 0}x\cot x$;

(4) $\lim\limits_{x\to 0}\dfrac{\cos 5x-\cos 2x}{x^2}$; (5) $\lim\limits_{x\to\infty}x\sin\dfrac{3}{x}$; (6) $\lim\limits_{x\to a}\dfrac{\sin^2 x-\sin^2 a}{x-a}$;

(7) $\lim\limits_{x\to 0}\dfrac{\sin 4x}{\sqrt{1+x}-1}$; (8) $\lim\limits_{x\to 0}\dfrac{\arcsin x}{x}$; (9) $\lim\limits_{x\to 0}\dfrac{\arctan x}{x}$;

(10) $\lim\limits_{x\to\infty}\left(1+\dfrac{1}{x^2}\right)^x$; (11) $\lim\limits_{x\to\infty}\left(\dfrac{x}{1+x}\right)^x$; (12) $\lim\limits_{x\to 0}\left(\dfrac{1+x}{1-x}\right)^{\frac{1}{x}}$;

(13) $\lim\limits_{x\to 0}(1-2x)^{\frac{1}{x}}$; (14) $\lim\limits_{x\to 0}(1+3\tan^2 x)^{\cot^2 x}$; (15) $\lim\limits_{x\to+\infty}\dfrac{\ln(1+x)-\ln x}{x}$;

(16) $\lim\limits_{x\to\infty}\left(\dfrac{x+4}{x+1}\right)^{x+1}$; (17) $\lim\limits_{x\to\infty}\left(\dfrac{3-2x}{2-2x}\right)^x$.

2.6 无穷小的比较

2.6.1 无穷小的比较

首先比较三个无穷小数列$\dfrac{1}{n}$，$\dfrac{1}{n^2}$，$\dfrac{1}{n^3}$趋近于 0 的速度，如表 2-2 所示.

表 2-2

n	1	2	4	8	10	…	100	…	$\to\infty$
$\frac{1}{n}$	1	0.5	0.25	0.125	0.1	…	0.01	…	$\to 0$
$\frac{1}{n^2}$	1	0.25	0.0625	0.015625	0.01	…	0.0001	…	$\to 0$
$\frac{1}{n^3}$	1	0.0625	0.015625	0.001953	0.001	…	0.00001	…	$\to 0$

由表 2-2 看到，这三个无穷小数列趋于 0 的速度有明显差异. $\dfrac{1}{n^2}$比$\dfrac{1}{n}$快，而$\dfrac{1}{n^3}$比$\dfrac{1}{n^2}$快.

定义 2.6.1 设 $f(x)$ 与 $g(x)$ 当 $x\to x_0$ 时都是无穷小，且 $g(x)\neq 0$.

(1) 若 $\lim\limits_{x\to x_0}\dfrac{f(x)}{g(x)}=0$，则称 $f(x)$ 比 $g(x)$ 是**高阶无穷小**. 记为

$$f(x)=o(g(x))\quad (x\to x_0).$$

(2) 若 $\lim\limits_{x\to x_0}\dfrac{f(x)}{g(x)}=\infty$，则称 $f(x)$ 比 $g(x)$ 是**低阶无穷小**.

(3) 若 $\lim\limits_{x\to x_0}\dfrac{f(x)}{g(x)}=b\neq 0$，则称 $f(x)$ 比 $g(x)$ 是**同阶无穷小**.

(4) 若 $\lim\limits_{x\to x_0}\dfrac{f(x)}{g(x)}=1$，则称 $f(x)$ 与 $g(x)$ 是**等价无穷小**，记为

$$f(x)\sim g(x)\quad (x\to x_0).$$

(5) 若以 $x\,(x\to 0)$为标准无穷小，且 $f(x)$ 与 $x^\alpha\,(\alpha>0)$是同阶无穷小，则称 $f(x)$ 是**关于 x 的 α 阶无穷小**.

例如，(1) 因 $\lim\limits_{x\to 0}\dfrac{\tan x}{x}=\lim\limits_{x\to 0}\dfrac{\sin x}{x}\cdot\lim\limits_{x\to 0}\dfrac{1}{\cos x}=1$，所以 $\tan x$ 与 x 是等价无穷小，即 $\tan x\sim x$ $(x\to 0)$.

(2) 因 $\lim\limits_{x\to 0}\dfrac{1-\cos x}{x^2}=\lim\limits_{x\to 0}\dfrac{\sin^2\dfrac{x}{2}}{2\left(\dfrac{x}{2}\right)^2}=\dfrac{1}{2}$，所以$1-\cos x$ 是关于 x 的二阶无穷小.

(3) 因 $\lim\limits_{x\to 0}\dfrac{3x^4-x^3+x^2}{5x^2}=\lim\limits_{x\to 0}\left(\dfrac{3}{5}x^3-\dfrac{1}{5}x+\dfrac{1}{5}\right)=\dfrac{1}{5}$，所以 $3x^4-x^3+x^2$ 与 $5x^2$ 是同阶无穷小.

2.6.2 等价无穷小的替换

关于等价无穷小，有下列重要性质.

定理 2.6.1 若 $x\to x_0$ 时，$\alpha\sim\alpha'$，$\beta\sim\beta'$，且 $\lim\limits_{x\to x_0}\dfrac{\beta'}{\alpha'}$ 存在，则 $\lim\limits_{x\to x_0}\dfrac{\beta}{\alpha}$ 也存在，且

$$\lim_{x\to x_0}\frac{\beta}{\alpha}=\lim_{x\to x_0}\frac{\beta'}{\alpha'}.$$

证明 因为 $\lim\limits_{x\to x_0}\dfrac{\beta}{\alpha}=\lim\limits_{x\to x_0}\left(\dfrac{\beta}{\beta'}\cdot\dfrac{\beta'}{\alpha'}\cdot\dfrac{\alpha'}{\alpha}\right)=\lim\limits_{x\to x_0}\dfrac{\beta}{\beta'}\cdot\lim\limits_{x\to x_0}\dfrac{\beta'}{\alpha'}\cdot\lim\limits_{x\to x_0}\dfrac{\alpha'}{\alpha}=\lim\limits_{x\to x_0}\dfrac{\beta'}{\alpha'}$，所以

$$\lim_{x\to x_0}\frac{\beta}{\alpha}=\lim_{x\to x_0}\frac{\beta'}{\alpha'}.$$

这个性质表明，求两个无穷小之比的极限时，分子及分母都可用等价无穷小来代替. 因此，如果用来代替的无穷小选得适当的话，可以使计算简化.

例 2.6.1 求 $\lim\limits_{x\to 0}\dfrac{\tan 2x}{\sin 5x}$.

解 当 $x\to 0$ 时，$\tan 2x\sim 2x$，$\sin 5x\sim 5x$，所以 $\lim\limits_{x\to 0}\dfrac{\tan 2x}{\sin 5x}=\lim\limits_{x\to 0}\dfrac{2x}{5x}=\dfrac{2}{5}$.

例 2.6.2 求 $\lim\limits_{x\to 0}\dfrac{\sin x}{x^3+3x}$.

解 当 $x\to 0$ 时，$\sin x\sim x$，无穷小 x^3+3x 与它本身显然是等价的，所以

$$\lim_{x\to 0}\frac{\sin x}{x^3+3x}=\lim_{x\to 0}\frac{x}{x(x^2+3)}=\lim_{x\to 0}\frac{1}{x^2+3}=\frac{1}{3}.$$

下面我们把常用的等价无穷小量来总结一下，并加以抽象推广，以备使用(表 2-3).

表 2-3

当 $x\to 0$ 时		当 $\varphi(x)\to 0$ 时($\varphi(x)\neq 0$)
$\sin x\sim x$		$\sin\varphi(x)\sim\varphi(x)$
$\tan x\sim x$		$\tan\varphi(x)\sim\varphi(x)$
$\arcsin x\sim x$		$\arcsin\varphi(x)\sim\varphi(x)$
$\arctan x\sim x$	推广 $\Rightarrow$	$\arctan\varphi(x)\sim\varphi(x)$
$e^x-1\sim x$		$e^{\varphi(x)}-1\sim\varphi(x)$
$\ln(1+x)\sim x$		$\ln[1+\varphi(x)]\sim\varphi(x)$
$\sqrt{1+x}-1\sim\frac{1}{2}x$		$\sqrt{1+\varphi(x)}-1\sim\frac{1}{2}\varphi(x)$
$1-\cos x\sim\frac{1}{2}x^2$		$1-\cos\varphi(x)\sim\frac{1}{2}\varphi^2(x)$

例 2.6.3　求 $\lim\limits_{x\to 0}\dfrac{\sin(x+x^2+x^3)}{x}$.

解　$\lim\limits_{x\to 0}\dfrac{\sin(x+x^2+x^3)}{x}=\lim\limits_{x\to 0}\dfrac{\sin(x+x^2+x^3)}{x+x^2+x^3}\cdot\dfrac{x+x^2+x^3}{x}=\lim\limits_{x\to 0}(1+x+x^2)=1$.

由此可见，当 $x\to 0$ 时，$x+x^2+x^3\sim x$. 而 $x+x^2+x^3$ 分成两项 $x+(x^2+x^3)$ ，后一项是 x 的高阶无穷小. 我们把该结果加以抽象推广得到如下结论：

定理 2.6.2　设 $\lim\limits_{x\to\square}f(x)=\lim\limits_{x\to\square}g(x)=0$ ，且 $\lim\limits_{x\to\square}\dfrac{f(x)}{g(x)}=0$ ($g(x)\neq 0$)，则

$$f(x)+g(x)\sim g(x).$$

证明　因为 $\lim\limits_{x\to\square}\dfrac{f(x)+g(x)}{g(x)}=\lim\limits_{x\to\square}\left(1+\dfrac{f(x)}{g(x)}\right)=1$ ，所以 $f(x)+g(x)\sim g(x)$.

该结果说明两个无穷小的和所得的无穷小，与其中的低阶无穷小等价.

例 2.6.4　求 $\lim\limits_{x\to 0}\dfrac{x^3+1-\cos x}{x^4+\sin^2 x}$.

解　$\lim\limits_{x\to 0}\dfrac{x^3+1-\cos x}{x^4+\sin^2 x}=\lim\limits_{x\to 0}\dfrac{1-\cos x}{\sin^2 x}=\lim\limits_{x\to 0}\dfrac{\frac{1}{2}x^2}{x^2}=\dfrac{1}{2}$.

通过本章的学习，总结得到，具体特殊化与一般抽象化既是人们正确认识客观事物的认识规律，也是处理解决数学问题的重要方法. 在微积分中许多公式概念都是由具体特殊到一般抽象方法的体现. 所谓的一般抽象化，就是把所给或者已知简单的具体特殊方法，转化为一般的抽象的形式去考察，从而拓广，简单具体的方法使得原问题方法是它的一种特殊情况，进而达到解决更复杂的、具体的特殊问题的目的. 事实上，微积分这门课程从头至尾都是贯彻着这种思想方法. 如从研究具体数列收敛到研究抽象数列的收敛性，再到研究函数的收敛性. 下面将看到我们还要从研究具体函数的连续性、可导性、可积性抽象出一般抽象函数的连续性、可导性、可积性. 所以说如果我们不掌握从具体特殊 $\xrightarrow{\text{推广}}$ 一般抽象 $\xrightarrow{\text{解决}}$ 更复杂具体特殊问题的方法，就不能说我们能学好这门课程. 因此在学习上简单的知识是重要的，是学习的重点，简单的知识思想不简单，而复杂的知识是学习的难点，解决难点的关键是如何把复杂拆成或转化为简单，而把复杂转化为简单的有用手段就把复杂问题特殊化，使认识

起点降低，由难变易. 要想具备这样的能力，我们必须具备分清复杂问题的简单之源是什么，这就要求我们在平时学习的过程中，注意训练把简单具体问题推向复杂抽象问题的思想方法，把一个变一类. 如

$$\lim_{x\to 0}\frac{\sin x}{x}=1 \Rightarrow \lim_{\substack{x\to\square\\ \varphi(x)\to 0}}\frac{\sin\varphi(x)}{\varphi(x)}=1 \quad (\varphi(x)\neq 0);$$

$\lim\limits_{x\to 0}(1+x)^{\frac{1}{x}}=\mathrm{e} \Rightarrow \lim\limits_{x\to\square}[1+\varphi(x)]^{\psi(x)}=\mathrm{e}^A$，其中 $\lim\limits_{x\to\square}\psi(x)=\infty$，$\lim\limits_{x\to\square}\varphi(x)=0$，且 $\lim\limits_{x\to\square}[\varphi(x)\cdot\psi(x)]=A$；

$$\tan x\overset{x\to 0}{\sim}x \Rightarrow \tan\varphi(x)\underset{\varphi(x)\neq 0}{\overset{\varphi(x)\to 0}{\sim}}\varphi(x);\quad 1-\cos x\overset{x\to 0}{\sim}\frac{1}{2}x^2 \Rightarrow 1-\cos\varphi(x)\underset{\varphi(x)\neq 0}{\overset{\varphi(x)\to 0}{\sim}}\frac{1}{2}\varphi^2(x)\text{ 等.}$$

习题 2-6

1. 利用等价无穷小量求下列极限.

(1) $\lim\limits_{x\to 0}\dfrac{\sin ax}{\tan bx}$ $(b\neq 0)$；　　(2) $\lim\limits_{x\to 0}\dfrac{1-\cos kx}{x^2}$；

(3) $\lim\limits_{x\to 0}\dfrac{\ln(1+x)}{\sqrt{1+x}-1}$；　　(4) $\lim\limits_{x\to 0}\dfrac{\sqrt{2}-\sqrt{1+\cos x}}{\sqrt{1+x^2}-1}$；

(5) $\lim\limits_{x\to 0}\dfrac{\arctan x}{\arcsin x}$；　　(6) $\lim\limits_{x\to 0}\dfrac{\mathrm{e}^{ax}-\mathrm{e}^{bx}}{\sin ax-\sin bx}$ $(a\neq b)$；

(7) $\lim\limits_{x\to 0}\dfrac{\ln\cos 2x}{\ln\cos 3x}$；　　(8) 设 $\lim\limits_{x\to 0}\dfrac{f(x)-3}{x^2}=100$，求 $\lim\limits_{x\to 0}f(x)$.

2. 确定 k 的值，使下列函数与 x^k，当 $x\to 0$ 时是同阶无穷小.

(1) $\dfrac{1}{1+x}-1+x$；　　(2) $\sqrt[5]{3x^2-4x^3}$；　　(3) $\sqrt{1+\tan x}-\sqrt{1+\sin x}$.

3. 已知 $\lim\limits_{x\to 1}\dfrac{\sqrt{x+a}+b}{x^2-1}=1$，求 a 和 b.

复 习 题 2

1. 是非题

(1) 无界数列必定发散；　　(　　)

(2) 若对任意给定的 $\varepsilon>0$，存在自然数 N，当 $n>N$ 时，总有无穷多个 u_n 满足 $|u_n-A|<\varepsilon$，则数列 $\{u_n\}$ 必以 A 为极限.　　(　　)

2. 填空题

(1) $\lim\limits_{n\to\infty}\left(\sqrt{n+2}-\sqrt{n}\right)\sqrt{n-1}=$ ________；

(2) $\lim\limits_{n\to\infty}\dfrac{1+\frac{1}{2}+\frac{1}{4}+\cdots+\frac{1}{2^n}}{1+\frac{1}{3}+\frac{1}{9}+\cdots+\frac{1}{3^n}}=$ ________；

(3) $\lim\limits_{x\to 0}\dfrac{\sin 5x}{x}=$ ________；

(4) $\lim\limits_{x\to 0}\left(x+\mathrm{e}^{2x}\right)^{\frac{1}{\sin x}}=$ ________；

(5) $\lim\limits_{x\to\infty}\dfrac{(2x-3)^{20}(3x+2)^{30}}{(5x+1)^{50}}=$ __________;

(6) 已知 $\lim\limits_{x\to1}\dfrac{x^2+ax+b}{x-1}=3$，则 $a=$ __________，$b=$ __________;

(7) 若 $\lim\limits_{x\to\infty}\left(\dfrac{x^2}{x+1}-ax+b\right)=0$，$a$，$b$ 均为常数，则 $a=$ __________，$b=$ __________;

(8) $\lim\limits_{n\to\infty}\left(\dfrac{1}{n^2}+\dfrac{2}{n^2}+\cdots+\dfrac{n}{n^2}\right)=$ __________;

(9) 已知 $\lim\limits_{n\to\infty}\dfrac{a^2n^2+bn+5}{3n-2}=2$，则 $a=$ __________，$b=$ __________;

(10) $\lim\limits_{x\to\infty}\left(\dfrac{x+2}{x+1}\right)^{ax}=\mathrm{e}^2$，则 $a=$ __________;

(11) 当 $x\to0$ 时，$\sqrt[3]{1+x}-1\sim$ __________.

3. 选择题

(1) 若函数 $f(x)$ 在某点 x_0 极限存在，则(　　).

(A) $f(x)$ 在 x_0 的函数值必存在且等于极限值;

(B) $f(x)$ 在 x_0 函数值必存在，但不一定等于极限值;

(C) $f(x)$ 在 x_0 的函数值可以不存在;

(D) 如果 $f(x_0)$ 存在，必等于极限值.

(2) $\lim\limits_{x\to\infty}x\sin\dfrac{1}{x}=$ (　　).

(A) ∞;　　(B) 不存在;　　(C) 1;　　(D) 0.

(3) $\lim\limits_{x\to\infty}\left(1-\dfrac{1}{x}\right)^{2x}=$ (　　).

(A) e^{-2};　　(B) ∞;　　(C) 0;　　(D) $\dfrac{1}{2}$.

4. 利用极限定义证明:

(1) $\lim\limits_{x\to\infty}\dfrac{3n+1}{2n-1}=\dfrac{3}{2}$;　　(2) $\lim\limits_{n\to\infty}0\cdot\underbrace{99\cdots9}_{n个}=1$.

5. 计算题

(1) 设数列 $x_n=(-1)^{n+1}$ 的前 n 项和为 S_n，求 $\lim\limits_{n\to\infty}\dfrac{1}{n}(S_1+S_2+\cdots+S_n)$.

(2) 如果 $x\to0$ 时，无穷小 $(1-\cos x)$ 与 $a\sin^2\dfrac{x}{2}$ 等价，求 a.

(3) 已知 $\lim\limits_{x\to2}\dfrac{x^2+ax+b}{x^2-x-2}=2$，求 a,b.

6. 求下列极限.

(1) $\lim\limits_{n\to\infty}(\sqrt{1+2+\cdots+n}-\sqrt{1+2+\cdots+(n-1)})$;　　(2) $\lim\limits_{x\to1}\dfrac{\ln(1+\sqrt[3]{x-1})}{\arcsin 2\sqrt[3]{x^2-1}}$;

(3) $\lim\limits_{n\to\infty}\dfrac{n}{\ln n}(\sqrt[n]{n}-1)$;　　(4) $\lim\limits_{x\to0}\dfrac{1-\cos x}{x^2\cos x}$;　　(5) $\lim\limits_{x\to0}\dfrac{1-\cos 2x}{x^2}$;

(6) $\lim\limits_{x\to a^+}\dfrac{\sqrt{x}-\sqrt{a}+\sqrt{x-a}}{\sqrt{x^2-a^2}}\ (a>0)$;　　(7) $\lim\limits_{n\to\infty}(\sqrt{n+3\sqrt{n}}-\sqrt{n-\sqrt{n}})$;

(8) $\lim\limits_{n\to\infty}\left(\dfrac{1}{n^2+n+1}+\dfrac{2}{n^2+n+2}+\cdots+\dfrac{n}{n^2+n+n}\right)$；

(9) $\lim\limits_{n\to\infty}\left[\dfrac{3}{1^2\times 2^2}+\dfrac{5}{2^2\times 3^2}+\cdots+\dfrac{2n+1}{n^2\times(n+1)^2}\right]$；

(10) $\lim\limits_{n\to\infty}\left(\dfrac{n-2}{n+1}\right)^n$；　　(11) $\lim\limits_{n\to\infty}(1+2^n+3^n)^{\frac{1}{n}}$；

(12) 设 $x_{n+1}=\sqrt{11+x_n}\,(n\geqslant 1), x_1=1$.求 $\lim\limits_{n\to+\infty}x_n$.

7. 设 $\lim\limits_{x\to\infty}\dfrac{(x+1)^{95}(ax+1)^5}{(x^2+1)^{50}}=8$，求 a 的值.

8. 证明：

(1) $1-\cos x\sim\dfrac{x^2}{2}(x\to 0)$；　　(2) $\mathrm{e}^x-1\sim x(x\to 0)$；

(3) $\tan x\sim x(x\to 0)$；　　(4) $\sqrt[n]{1+x}-1\sim\dfrac{x}{n}(x\to 0)$.

自 测 题 2

一、单选题

1. 下列数列发散的是(　　).

(A) $1,0,1,0,1,0,\cdots$；　　(B) $\dfrac{1}{2},0,\dfrac{1}{4},0,\cdots$；

(C) $\dfrac{3}{2},\dfrac{2}{3},\dfrac{5}{4},\dfrac{4}{5},\cdots$；　　(D) $1,\dfrac{1}{3},\dfrac{1}{2},\dfrac{1}{5},\dfrac{1}{3},\dfrac{1}{7},\dfrac{1}{4},\dfrac{1}{9},\cdots$.

2. 下列结论中，正确的是(　　).

(A) 若 $x_n>0$，且 $\lim\limits_{n\to\infty}x_n$ 存在，则 $\lim\limits_{n\to\infty}x_n>0$；　　(B) 发散数列必无界；

(C) 无界数列必发散；　　(D) 有界数列必收敛.

3. 对任意给定的 $\varepsilon\in(0,1)$，总存在正整数 N，当 $n>N$ 时，恒有 $|x_n-a|\leqslant\varepsilon$，是数列 $\{x_n\}$ 收敛于 a 的(　　).

(A) 充分但非必要条件；　　(B) 必要但非充分条件；

(C) 充分必要条件；　　(D) 既非充分又非必要条件.

4. 下列说法正确的是(　　).

(A) 若 $\lim\limits_{x\to a}[f(x)+g(x)]$ 和 $\lim\limits_{x\to a}f(x)$ 都存在，则 $\lim\limits_{x\to a}g(x)$ 也存在；

(B) 若 $\lim\limits_{x\to a}f(x)g(x)$ 和 $\lim\limits_{x\to a}f(x)$ 都存在，则 $\lim\limits_{x\to a}g(x)$ 也存在；

(C) 若 $\lim\limits_{x\to a}f(x)$ 和 $\lim\limits_{x\to a}g(x)$ 都不存在，则 $\lim\limits_{x\to a}\dfrac{f(x)}{g(x)}$ 也不存在；

(D) 若 $f(x)>g(x)$ 且 $\lim\limits_{x\to a}f(x)$ 和 $\lim\limits_{x\to a}g(x)$ 都存在，则必有 $\lim\limits_{x\to a}f(x)>\lim\limits_{x\to a}g(x)$.

5. 当 $x\to 0$ 时，下列四个无穷小中，哪一个是比其他三个更高阶的无穷小？(　　)

(A) x^2；　　(B) $1-\cos x$；　　(C) $\sqrt{1-x^2}-1$；　　(D) $\sin x-\tan x$.

二、多选题

1. 下列极限计算正确的是(　　).

(A) $\lim\limits_{x\to 0}\dfrac{5x^2+3x+2}{6x^2+2x+1}=\dfrac{5}{6}$；　　(B) $\lim\limits_{x\to\infty}\dfrac{5x^2+3x+2}{6x^2+2x+1}=\dfrac{5}{6}$；

(C) $\lim\limits_{x\to 2}\dfrac{x^2-4}{x^2-5x+6}=1$；　　(D) $\lim\limits_{x\to\infty}\dfrac{x^2-4}{x^2-5x+6}=1$.

2. 下列结论正确的是(　　).

(A) $\lim\limits_{x\to\infty} x\sin\frac{1}{x}=1$；　　(B) $\lim\limits_{x\to 0} x\sin\frac{1}{x}=1$；

(C) $\lim\limits_{x\to\infty}\left(1-\frac{1}{x}\right)^{1-x}=\mathrm{e}$；　　(D) $\lim\limits_{x\to\infty}\left(1+\frac{1}{x}\right)^{2x}=\mathrm{e}^2$.

三、判断题

1. $\lim\limits_{n\to\infty}\frac{1+2+\cdots+n}{n^2}=\lim\limits_{n\to\infty}\left(\frac{1}{n^2}+\frac{2}{n^2}+\cdots+\frac{n}{n^2}\right)=\lim\limits_{n\to\infty}\frac{1}{n^2}+\lim\limits_{n\to\infty}\frac{2}{n^2}+\cdots+\lim\limits_{n\to\infty}\frac{n}{n^2}=0$.　　(　　)

2. 设 $\{x_n\}$ 是一个数列，若 $\lim\limits_{k\to\infty}x_{2k}=a$ 且 $\lim\limits_{k\to\infty}x_{2k-1}=b$，$a\neq b$，则 $\{x_n\}$ 不收敛.　　(　　)

3. 设对任意 x 的总有 $\varphi(x)\leqslant f(x)\leqslant g(x)$，使 $\lim\limits_{x\to\infty}[g(x)-\varphi(x)]=0$，则 $\lim\limits_{x\to\infty}f(x)$ 一定存在.　　(　　)

4. $\lim\limits_{x\to 2}\frac{x^2+ax+b}{x^2-x-2}=2$，则 $a=2,b=-8$.　　(　　)

5. $\lim\limits_{x\to 0}\frac{\sqrt{1-\cos x}}{\tan x}=\lim\limits_{x\to 0}\frac{\frac{x}{\sqrt{2}}}{x}=\frac{\sqrt{2}}{2}$.　　(　　)

四、计算题

1. $\lim\limits_{n\to\infty}\frac{2^{n+1}+3^{n-1}}{3^n}$.

2. $\lim\limits_{x\to 0}\frac{\sqrt{1-5x}-\sqrt{1-3x}}{x^2+2x}$.

3. $\lim\limits_{x\to\infty}\frac{(4x-9)^{10}(5x+3)^{20}}{(6x-1)^{15}(3x+2)^{15}}$.

4. 设 $f(x)=x+\frac{2\lim\limits_{x\to 0}f(x)}{1+x^2}+1$，求 $\lim\limits_{x\to 1}f(x)$.

五、证明题

1. 对于数列 $\{x_n\}$，若 $\lim\limits_{n\to\infty}x_n=a$，则 $\lim\limits_{n\to\infty}|x_n|=|a|$. 并举例说明其逆命题不真.

2. 证明：若 $\lim\limits_{x\to 0}|x|=0$，但 $\lim\limits_{x\to 0}\frac{|x|}{x}$ 不存在.

六、讨论题

1. k 取何值时，$\lim\limits_{x\to 0}\frac{x^k\sin\frac{1}{x}}{\sin x^2}$ 存在.

2. 设 $f(x)=\begin{cases}\frac{\sin ax}{x}, & x>0,\\ \frac{x^2}{1-\cos x}, & x<0,\end{cases}$ 讨论 a 取何值时，$\lim\limits_{x\to 0}f(x)$ 存在.

第 2 章　部分习题参考答案

课外阅读　数学家简介

魏尔斯特拉斯(Weierstrass，1815—1897)德国数学家. 魏尔斯特拉斯的父亲威廉是一名政府官员，受过高等教育，颇具才智，但对子女态度相当专横. 魏尔斯特拉斯 11 岁时丧母，翌年其父再婚. 他有一弟二妹，两位妹妹终身未嫁，后来一直在生活上照料终身未娶的魏尔斯特拉斯. 威廉要孩子长大后进入普鲁士高等文官阶层，因而于 1834 年 8 月把魏尔斯特拉斯送往波恩大学攻读财务与管理，使其学到充分的法律、经济和管理知识，为谋得政府高级职位创造条件.

魏尔斯特拉斯不喜欢父亲所选专业，立志终身研究数学，并令人惊讶地放弃成为法学博士候选人的机会，因此在离开波恩大学时，他没有取得学位. 在父亲的一位朋友的建议下，他被送到一所神学哲学院，然后参加中学教师资格国家考试，考试通过后在中学任教，此期间，他写了 4 篇直到他的全集刊印时才问世的论文，这些论文已显示了他建立函数论的基本思想和结构. 1853 年夏，他在父亲家中度假，研究阿贝尔和雅可比留下的难题，精心写作关于阿贝尔函数的论文. 这就是 1854 年发表于《克雷尔杂志》上的“阿贝尔函数论”. 这篇出自一个名不见经传的中学教师的杰作，引起数学界瞩目.

魏尔斯特拉斯是把严格的论证引进分析学的一位大师，为分析严密化做出了不可磨灭的贡献，是分析算术化运动的开创者之一. 他改进了波尔查诺(Bolzano，1781—1848)、柯西(Cauchy，1789—1857)、阿贝尔(Abel，1802—1829)的方法，早在 1841 年至 1856 年，当中学教师的魏尔斯特拉斯，就给出了今天大学数学分析教科书中一直沿用的连续函数的定义(ε-δ 定义)，以及完整的一套类似的表示法，使数学分析的叙述精确化. 他证明了：任何有界无穷点集，一定存在一个极限点. 早在 1860 年的一次演讲中，他从自然数导出了有理数，然后用递增有界数列的极限来定义无理数，从而得到了整个实数系. 这是一种成功地为微积分奠定理论基础的理论.

为了说明直觉的不可靠，1872 年 7 月 18 日魏尔斯特拉斯在柏林科学院的一次讲演中，构造了一个连续函数却处处不可微的例子，震惊了整个数学界. 这个例子推动了人们去构造更多的函数，这样的函数在一个区间上连续或处处连续，但在一个稠密集或在任何点上都不可微，从而推动了函数论的发展.

魏尔斯特拉斯不仅是一位伟大的数学家，而且是一位杰出的教育家，他高尚的风范和精湛的学术是永远值得全世界数学教师学习的光辉典范. 他培养了一大批有成就的数学人才，他是当时德国以至全欧洲知名度最高的数学教授. 1873 年，他出任柏林大学校长，从此成为大忙人. 除教学外，公务几乎占去了他全部时间，使他疲乏不堪. 紧张的工作影响了他的健康，但其智力未见衰退. 他的 70 岁生日庆典规模颇大，遍布全欧各地的学生赶来向他致敬. 10 年后 80 大寿庆典更加隆重，在某种程度上他简直被看作德意志的民族英雄. 魏尔斯特拉斯是数学分析算术化的完成者、解析函数论的奠基人、无与伦比的大学数学教师.

第 3 章

连续函数

Continuous Function

本章用极限这个工具，对函数进行分类，分出另一类有用的函数类——连续函数类.

3.1 连续函数——具有特殊极限的函数类，变量连续变化的数学模型

自然界中许多现象，如空气或水的流动、气温的变化、生物的生长等，都是连续不断地在运动和变化. 这种现象反映到数学关系上，就是函数的连续性.

3.1.1 函数连续性的概念

实际应用中遇到的函数常有这样一个特点：当自变量的改变非常小时，相应的函数值的改变也非常小. 如气温为时间的函数，就有这种性质. 为了用数学表达函数的上述特性，先介绍增量(改变量)的概念.

在函数 $y=f(x)$ 的定义域中，设自变量 x 由 x_0 变到 x_1，相应的函数值由 $f(x_0)$ 变到 $f(x_1)$. 差 $\Delta x=x_1-x_0$ 称为自变量 x 的增量(改变量)，相应地，

$$\Delta y=f(x_1)-f(x_0)=f(x_0+\Delta x)-f(x_0)$$

称为函数 $y=f(x)$ 的增量.

注 $\Delta x,\Delta y$ 是完整的记号，它们可正、可负、也可为 0.

下面我们给出函数连续性的定义.

定义 3.1.1 设函数 $f(x)$ 在 x_0 及其邻域有定义，如果当自变量的增量趋于 0 时，相应的函数的增量也趋于 0，即

$$\lim_{\Delta x\to 0}\Delta y=0 \quad 或 \quad \lim_{\Delta x\to 0}\left[\left(f(x_0+\Delta x)-f\left(x_0\right)\right]=0, \tag{3.1.1}$$

则称函数 $y=f(x)$ 在点 x_0 **连续(continuous)**.

由于 $\lim\limits_{\Delta x\to 0}\left[\left(f(x_0+\Delta x)-f\left(x_0\right)\right]=0 \Leftrightarrow \lim\limits_{\Delta x\to 0}f(x_0+\Delta x)=f(x_0)$，如用 x 记 $x_0+\Delta x$，则 $\Delta x\to 0\Leftrightarrow x\to x_0$，于是

$$\lim_{x\to x_0}f(x)=f(x_0). \tag{3.1.2}$$

故定义 3.1.1 可叙述为：

定义 3.1.2 设函数 $y=f(x)$ 在 x_0 及其邻域有定义，若

$$\lim_{x\to x_0}f(x)=f(x_0),$$

则称函数 $y=f(x)$ 在点 x_0 连续.

用“ε-δ”语言，可将函数在一点连续的定义叙述如下：

定义 3.1.3 若对任意 $\varepsilon>0$，存在 $\delta>0$，当 $|x-x_0|<\delta$ 时，不等式

$$|f(x)-f(x_0)|<\varepsilon$$

恒成立，则称函数 $f(x)$ 在点 x_0 连续.

由表达式(3.1.2)可知，$f(x)$ 在点 x_0 连续需满足三个条件：

(1) $f(x)$ 在点 x_0 有确切的函数值 $f(x_0)$；

(2) 当 $x\to x_0$ 时，$f(x)$ 有确定的极限；

(3) 这个极限值就等于 $f(x_0)$.

定义 3.1.4 设函数 $y=f(x)$ 在点 x_0 及其左邻域(右邻域)有定义，若

$$\lim_{x\to x_0^-} f(x)=f(x_0) \quad (\text{或} \lim_{x\to x_0^+} f(x)=f(x_0)),$$

则函数 $f(x)$ 在点 x_0 **左连续(右连续)**.

由函数的极限与其左、右极限的关系，容易得到函数的连续性与其左、右连续性的关系.

定理 3.1.1 $f(x)$ 在点 x_0 连续的充要条件是 $f(x)$ 在点 x_0 左连续且右连续.

定义 3.1.5 如果函数 $f(x)$ 在开区间 (a,b) 内每一点都连续，则称函数 $f(x)$ 在区间 (a,b) 内连续；如果函数 $f(x)$ 在 (a,b) 内连续，同时在 a 点右连续，在 b 点左连续，则称函数 $f(x)$ 在闭区间 $[a,b]$ 上连续.

从几何上看，$f(x)$ 的连续性表示，当横轴上两点距离充分小时，函数图形上的对应点的纵坐标之差也很小，即连续量无最小间隙而言，这说明连续函数的图形是一条无间隙的连续曲线. 由连续函数的概念可知，若函数 $f(x)$ 在点 x_0 处连续，则求 $f(x)$ 当 $x\to x_0$ 时的极限时，就转化为计算 $f(x)$ 在 x_0 点处的函数值问题，求函数的极限问题就转化为求自变量的极限问题了. 而计算函数值问题是我们在初等数学中就会的，求自变量的极限问题要比求函数极限简单得多，所以对连续函数求极限，可起到化难为易的作用.

例 3.1.1 多项式函数和有理函数在其定义域内是连续的.

例 3.1.2 证明 $f(x)=\sin x$ 在 $\mathbf{R}$ 上连续.

证明 任取 $x_0\in\mathbf{R}$，对任意 $x\in\mathbf{R}$，有不等式

$$\left|\cos\frac{x+x_0}{2}\right|\leqslant 1 \quad \text{与} \quad \left|\sin\frac{x-x_0}{2}\right|\leqslant\frac{|x-x_0|}{2}.$$

任意给定 $\varepsilon>0$，要使不等式

$$|\sin x-\sin x_0|=2\left|\cos\frac{x+x_0}{2}\right|\cdot\left|\sin\frac{x-x_0}{2}\right|\leqslant 2\frac{|x-x_0|}{2}=|x-x_0|<\varepsilon$$

成立，只须取 $\delta=\varepsilon$. 于是，当 $0<|x-x_0|<\delta$ 时，有

$$|\sin x-\sin x_0|<\varepsilon,$$

即

$$\lim_{x\to x_0}\sin x=\sin x_0,$$

所以正弦函数 $\sin x$ 在 x_0 连续. 由 x_0 的任意性知，$\sin x$ 在 $\mathbf{R}$ 上连续.

例 3.1.3 设函数

$$f(x)=\begin{cases}x^2+3, & x\geqslant 0,\\ a-x, & x<0,\end{cases}$$

问a为何值时，函数$y=f(x)$在点$x=0$处连续？

解 因为$f(0)=3$，且

$$\lim_{x\to 0^-}f(x)=\lim_{x\to 0^-}(a-x)=a,\quad \lim_{x\to 0^+}f(x)=\lim_{x\to 0^+}(x^2+3)=3,$$

所以当$a=3$时，$y=f(x)$在点$x=0$处连续.

例 3.1.4 设函数

$$f(x)=\begin{cases}-1, & x<0,\\ 1, & x\geqslant 0,\end{cases}$$

试问在$x=0$处函数$f(x)$是否连续？

解 由于$f(0)=1$，而$\lim\limits_{x\to 0^-}f(x)=-1$，于是函数$f(x)$在点$x=0$处不是左连续的，从而函数$f(x)$在$x=0$处不连续.

3.1.2 函数的间断点

定义 3.1.6 设函数$y=f(x)$在点x_0的某邻域内(至多除了点x_0本身)有定义. 由函数$y=f(x)$在点x_0连续的定义式(3.1.2)可知，如果函数$y=f(x)$有下列三种情形之一：

(1) 在点x_0无定义，即$f(x_0)$不存在；

(2) $\lim\limits_{x\to x_0}f(x)$不存在；

(3) 虽$f(x_0)$及$\lim\limits_{x\to x_0}f(x)$存在，但$\lim\limits_{x\to x_0}f(x)\neq f(x_0)$.

则称函数$f(x)$在点x_0**不连续(discontinuity)(或间断)**，点x_0称为函数$f(x)$的**间断点(或不连续点)**.

现在举几个例子说明函数间断点的几种常见类型.

例 3.1.5 考虑函数$f(x)=\operatorname{sgn}x=\begin{cases}1, & x>0,\\ 0, & x=0,\\ -1, & x<0.\end{cases}$ 极限$\lim\limits_{x\to 0}\operatorname{sgn}x$不存在. 实际上左极限$\lim\limits_{x\to 0^-}f(x)=-1$，右极限$\lim\limits_{x\to 0^+}f(x)=1$，左极限和右极限都存在，但不相等，故极限$\lim\limits_{x\to 0}\operatorname{sgn}x$不存在. 所以$x=0$是$f(x)=\operatorname{sgn}x$的间断点(图 3-1). 因$f(x)=\operatorname{sgn}x$的图形在$x=0$处出现跳跃现象，我们称$x=0$是$f(x)=\operatorname{sgn}x$的**跳跃间断点**.

例 3.1.6 函数$f(x)=\dfrac{x^2-1}{x-1}$在点$x=1$处没有定义，所以$x=1$是函数$f(x)$的间断点(图 3-2).

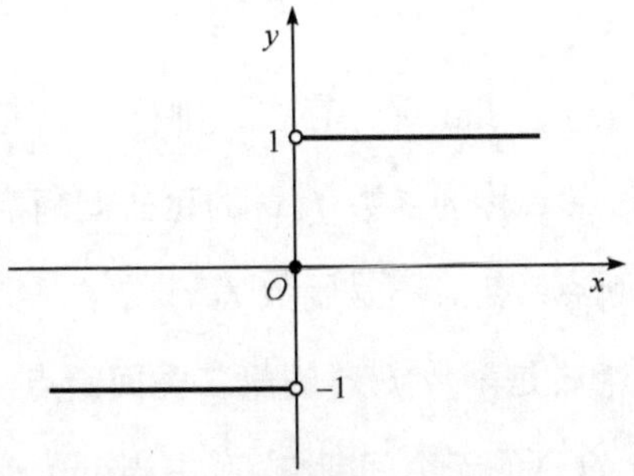

图 3-1

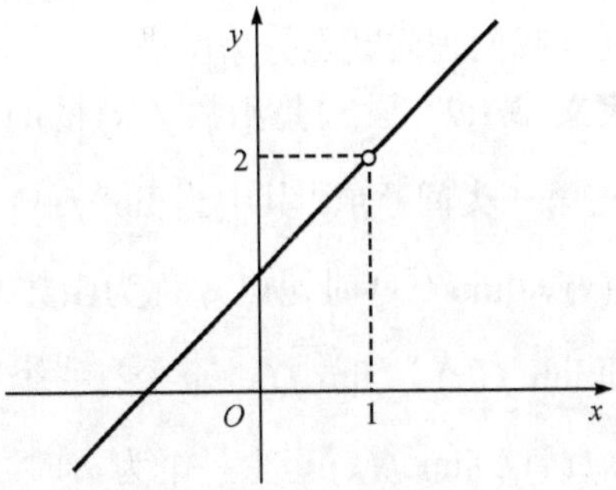

图 3-2

这里

$$\lim_{x\to 1} f(x)=\lim_{x\to 1}\frac{x^2-1}{x-1}=\lim_{x\to 1}(x+1)=2 .$$

$f(x)$ 在 $x=1$ 处间断，只是因为 $f(x)$ 在 $x=1$ 没有定义. 如果补充函数在 $x=1$ 处的定义：$f(1)=2$，则函数在点 $x=1$ 就变成连续. 因此，点 $x=1$ 称为函数 $f(x)$ 的**可去间断点**.

例 3.1.7　函数 $f(x)=\dfrac{1}{x}$ 在点 $x=0$ 处没有定义，所以 $x=0$ 是函数 $f(x)$ 的间断点(图 3-3). 因为

$$\lim_{x\to 0} f(x)=\lim_{x\to 0}\frac{1}{x}=\infty ,$$

因此，点 $x=0$ 称为函数 $f(x)$ 的**无穷间断点**.

例 3.1.8　函数 $f(x)=\begin{cases}\sin\dfrac{1}{x}, & x\neq 0,\\ 0, & x=0\end{cases}$ 在 $x=0$ 处极限不存在，所以 $x=0$ 是函数 $f(x)$ 的间断点(图 3-4).

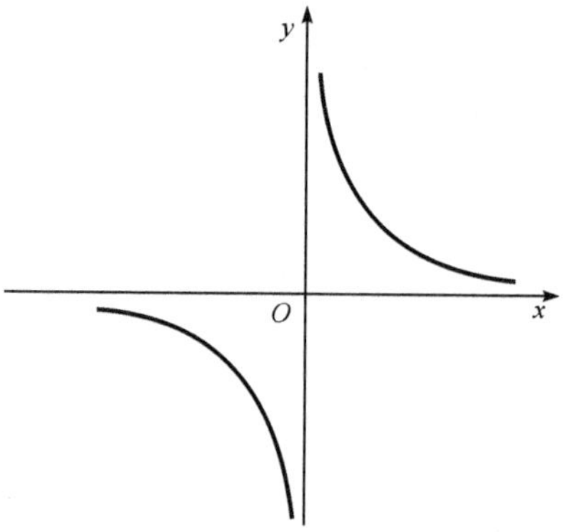

图 3-3

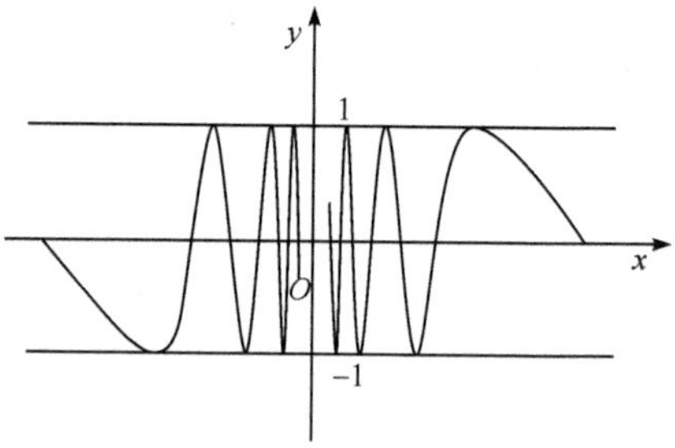

图 3-4

因为

$$\lim_{x\to 0} f(x)=\lim_{x\to 0}\sin\frac{1}{x}\ \text{不存在},$$

但是在 $x\to 0$ 时，函数 $\sin\dfrac{1}{x}$ 图形在 -1 至 1 之间来回振荡，因此点 $x=0$ 称为函数 $f(x)$ 的**振荡间断点**.

通常我们把间断点分为两类.

定义 3.1.7　设 x_0 是函数 $f(x)$ 的间断点. 若 $\lim\limits_{x\to x_0^-} f(x)$，$\lim\limits_{x\to x_0^+} f(x)$ 存在，则称点 x_0 是函数 $f(x)$ 的**第一类间断点**. 其中当 $\lim\limits_{x\to x_0^-} f(x)=\lim\limits_{x\to x_0^+} f(x)$ 时，点 x_0 称为函数 $f(x)$ 的**可去间断点**，当 $\lim\limits_{x\to x_0^-} f(x)\neq\lim\limits_{x\to x_0^+} f(x)$ 时，点 x_0 称为函数 $f(x)$ 的**跳跃间断点**. 点 x_0 不是函数 $f(x)$ 的第一类间断点，即 $\lim\limits_{x\to x_0^-} f(x)$，$\lim\limits_{x\to x_0^+} f(x)$ 至少有一个不存在，则称点 x_0 是函数 $f(x)$ 的**第二类间断点**. 其中当 $\lim\limits_{x\to x_0^-} f(x)$，$\lim\limits_{x\to x_0^+} f(x)$ 至少一个为 ∞ 时，点 x_0 称为函数 $f(x)$ 的**无穷间断点**，其中当 $\lim\limits_{x\to x_0^-} f(x)$，

$\lim\limits_{x\to x_0^+}f(x)$ 至少一个在一个有界的范围内来回振荡时，点 x_0 称为函数 $f(x)$ 的**振荡间断点**.

习题 3-1

1. 试用“ε-δ”语言证明：函数 $f(x)=\sin\sqrt{x}$ 在 $(0,+\infty)$ 上连续.

2. 设 $f(x)$ 是定义于 $[a,b]$ 上的单调增加函数，$x_0\in(a,b)$，如果 $\lim\limits_{x\to x_0}f(x)$ 存在，试证明函数 $f(x)$ 在点 x_0 处连续.

3. 设 $f(x)=\begin{cases}\dfrac{\ln(1+2x)}{x}, & x\neq 0,\\ k, & x=0,\end{cases}$ 求 k 值使得 $f(x)$ 在点 $x=0$ 处连续.

4. 讨论 $f(x)=\begin{cases}x+2, & x\geqslant 0,\\ x-2, & x<0\end{cases}$ 在 $x=0$ 处的连续性.

5. 设函数 $f(x)$ 在 $(-\infty,+\infty)$ 上有定义，且对任何 x_1,x_2 有

$$f(x_1+x_2)=f(x_1)+f(x_2),$$

证明：若 $f(x)$在$x=0$ 连续，则 $f(x)$在$(-\infty,+\infty)$ 上连续.

6. 欲使

$$f(x)=\begin{cases}a+x^2, & x<-1,\\ 1, & x=-1,\\ \ln(b+x+x^2), & x>-1\end{cases}$$

在 $x=-1$ 处连续，求 a,b.

7. 设 $f(x)$ 在点 x_0 连续，$g(x)$ 在点 x_0 不连续，问 $f(x)+g(x)$ 及 $f(x)\cdot g(x)$ 在点 x_0 是否连续？若肯定或否定，请给出证明；若不确定试给出例子(连续的例子与不连续的例子).

8. 当 $x=0$ 时下列函数 $f(x)$ 无定义，试定义 $f(0)$ 的值，使 $f(x)$ 在 $x=0$ 连续.

(1) $f(x)=\dfrac{\sqrt{1+x}-1}{\sqrt[3]{1+x}-1}$；　(2) $f(x)=\sin x\cdot\sin\dfrac{1}{x}$.

9. 指出下列函数的间断点并判定其类型：

(1) $f(x)=\dfrac{1+x}{1+x^3}$；　(2) $f(x)=\begin{cases}e^{\frac{1}{x-1}}, & x>0,\\ \ln(1+x), & -1<x\leqslant 0.\end{cases}$

10. 确定 a和b，使函数 $f(x)=\dfrac{e^x-b}{(x-a)(x-1)}$ 有无穷间断点 $x=0$，有可去间断点 $x=1$.

11. 指出下列函数的间断点及其所属类型，若是可去间断点，试补充或修改定义，使函数在该点连续.

(1) $y=\dfrac{x^2-x}{|x|(x^2-1)}$；　(2) $y=\arctan\dfrac{1}{x-1}$；　(3) $y=\dfrac{x^2-1}{x^2-3x+2}$；

(4) $y=\dfrac{x}{\tan x}$；　(5) $y=\cos^2\dfrac{1}{x},x=0$；　(6) $f(x)=\begin{cases}\dfrac{1}{x}, & x<0,\\ \dfrac{x^2-1}{x-1}, & 0<|x-1|\leqslant 1,\\ x+1, & x>2.\end{cases}$

3.2　连续函数的运算与初等函数连续性

3.2.1　连续函数的运算

由于初等函数是由基本初等函数经过有限次加、减、乘、除运算及有限次复合而成的. 因而只需讨论基本初等函数的连续性，以及经上述运算后得出的函数的连续性. 又由于三角函数和对应的反三角函数、指数函数与对数函数互为反函数. 因此我们还需证明反函数的连续性.

根据极限的四则运算法则和连续的定义有：

定理 3.2.1　若函数 $f(x)$ 与 $g(x)$ 都在 x_0 连续，则函数

$$f(x)\pm g(x),\quad f(x)g(x),\quad \frac{f(x)}{g(x)}\quad (g(x_0)\neq 0)$$

在 x_0 也连续.

定理 3.2.2　若函数 $y=\varphi(x)$ 在 x_0 连续，且 $y_0=\varphi(x_0)$，而函数 $z=f(y)$ 在 y_0 连续，则复合函数 $z=f[\varphi(x)]$ 在 x_0 连续.

证明　已知 $z=f(y)$ 在 y_0 连续，即对任意给定 $\varepsilon>0$，存在 $\eta>0$，当 $|y-y_0|<\eta$ 时，有

$$|f(y)-f(y_0)|<\varepsilon .$$

又已知 $y=\varphi(x)$ 在 x_0 连续，且 $y_0=\varphi(x_0)$，即对上述 $\eta>0$，存在 $\delta>0$，当 $|x-x_0|<\delta$ 时，

$$|\varphi(x)-\varphi(x_0)|=|y-y_0|<\eta .$$

于是有

$$|f[\varphi(x)]-f[\varphi(x_0)]|=|f(y)-f(y_0)|<\varepsilon .$$

注　在定理 3.2.2 中，把函数 $y=\varphi(x)$ 在 x_0 连续改为 $\lim\limits_{x\to x_0}\varphi(x)$ 存在，则有：

推论 3.2.1　若 $\lim\limits_{x\to x_0}\varphi(x)=y_0$，而函数 $z=f(y)$ 在 y_0 连续，则当 $x\to x_0$ 时，极限 $\lim\limits_{x\to x_0}f[\varphi(x)]$ 存在，且

$$\lim_{x\to x_0}f[\varphi(x)]=f(y_0) .$$

于是，由 $\lim\limits_{x\to x_0}\varphi(x)=y_0$ 及 $\lim\limits_{x\to x_0}f[\varphi(x)]=f(y_0)$，我们有

$$\lim_{x\to x_0}f[\varphi(x)]=f(\lim_{x\to x_0}\varphi(x)) .$$

即在推论 3.2.1 的条件下，函数符号 f 与极限符号可以交换次序.

在推论 3.2.1 中，把 $x\to x_0$ 换成 $x\to\infty$，可得类似的结论.

定理 3.2.3　严格单调增加(或减少)的连续函数的反函数也是严格单调增加(或减少)的连续函数.

证明略.

3.2.2　初等函数的连续性

现在讨论基本初等函数的连续性.

(1) 三角函数的连续性.

前面已经证明了正弦函数 $y=\sin x$ 在 $(-\infty,+\infty)$ 内连续. 用类似的方法可以证明余弦函数 $y=\cos x$ 在 $(-\infty,+\infty)$ 内连续. 再由定理 3.2.1, 立即可以得到函数 $\tan x,\cot x,\sec x,\csc x$ 在其定义域内是连续的.

(2) 反三角函数在其定义域上都符合反函数连续性的条件，故它们在各自的定义域上连续.

(3) 指数函数 $y=a^x(a>0,a\neq 1)$ 在 $(-\infty,+\infty)$ 内连续. (证明略)

(4) 对数函数是指数函数的反函数，指数函数是严格单调的函数，在其定义域上符合反函数连续性定理的条件. 故对数函数在其定义域上是连续的.

(5) 幂函数 $y=x^\mu$ 在定义域 $(0,+\infty)$ 内连续.

事实上，$y=x^\mu=\mathrm{e}^{\mu\ln x}$，由指数函数、对数函数的连续性以及复合函数的连续性定理，立即得到幂函数的连续性.

综合以上讨论可得：

定理 3.2.4　基本初等函数在其定义域上是连续的.

由基本初等函数的连续性、连续函数的四则运算、复合函数的连续性可得：

定理 3.2.5　一切初等函数在其定义区间内都是连续的.

注　所谓定义区间，是指包含在定义域内的区间. 初等函数在其定义域内不一定连续，例如：$f(x)=\sqrt{\sin x-1}$ 的定义域

$$\left\{x\left|x=2n\pi+\frac{\pi}{2},n\in\mathbf{Z}\right.\right\},$$

这是一个离散点集，对这样的点不能讨论连续，因为 $f(x)$ 在点 x_0 处连续的必要条件是 $f(x)$ 在点 x_0 及其某邻域内有定义.

这个结论对判别函数的连续性和求函数的极限都很方便. 例如，若函数 $f(x)$ 是初等函数，且 x_0 是函数 $f(x)$ 的定义区间内的点，那么函数 $f(x)$ 在点 x_0 连续. 求初等函数 $f(x)$ 在定义区间内一点 x_0 的极限就化为求函数 $f(x)$ 在点 x_0 的函数值.

例 3.2.1　求下列极限：

(1) $\lim\limits_{x\to 1}\dfrac{x^2+\ln(4-3x)}{\arctan x}$；　　(2) $\lim\limits_{x\to 0}\dfrac{x^2+1}{3x^2+\cos x^2+2}$.

解　(1) $\lim\limits_{x\to 1}\dfrac{x^2+\ln(4-3x)}{\arctan x}=\dfrac{1+\ln(4-3)}{\arctan 1}=\dfrac{4}{\pi}$；

(2) $\lim\limits_{x\to 0}\dfrac{x^2+1}{3x^2+\cos x^2+2}=\dfrac{0+1}{0+\cos 0+2}=\dfrac{1}{3}$.

例 3.2.2　求(1) $\lim\limits_{x\to 0}(x+2)^x$；　　(2) $\lim\limits_{x\to 0}\left(\dfrac{\sin 2x}{x}\right)^{1+x}$.

解　(1) $\lim\limits_{x\to 0}(x+2)^x=(0+2)^0=1$；

(2) $\lim\limits_{x\to 0}\left(\dfrac{\sin 2x}{x}\right)^{1+x}=2^1=2$.

例 3.2.3　求 $\lim\limits_{x\to 0}\dfrac{\log_a(1+x)}{x}\ (a>0,a\neq 0)$.

解 $\lim\limits_{x\to 0}\dfrac{\log_a(1+x)}{x}=\lim\limits_{x\to 0}\log_a(1+x)^{\frac{1}{x}}=\log_a \mathrm{e}$.

特别地，我们有

$$\lim_{x\to 0}\frac{\ln(1+x)}{x}=\ln \mathrm{e}=1.$$

例 3.2.4 求 $\lim\limits_{x\to 0}\dfrac{\mathrm{e}^x-1}{x}$.

解 设 $y=\mathrm{e}^x-1$，则 $x=\ln(1+y)$，当 $x\to 0$ 时，$y\to 0$，故有

$$\lim_{x\to 0}\frac{\mathrm{e}^x-1}{x}=\lim_{y\to 0}\frac{y}{\ln(1+y)}=\lim_{y\to 0}\frac{1}{\dfrac{\ln(1+y)}{y}}=1.$$

可看出连续函数求极限将复杂变简单，从而我们又获得两个等价无穷小

$$\ln(1+x)\overset{x\to 0}{\sim}x,\quad \mathrm{e}^x-1\overset{x\to 0}{\sim}x.$$

进而推广得

$$\ln[1+\varphi(x)]\underset{\varphi(x)\neq 0}{\overset{\varphi(x)\to 0}{\sim}}\varphi(x),\quad \mathrm{e}^{\varphi(x)}-1\underset{\varphi(x)\neq 0}{\overset{\varphi(x)\to 0}{\sim}}\varphi(x).$$

习题 3-2

1. 研究下列函数的连续性：

(1) $f(x)=\begin{cases}x^2, & 0\leqslant x\leqslant 1,\\ 2-x, & 1<x\leqslant 2;\end{cases}$　　(2) $f(x)=\begin{cases}x, & -1\leqslant x\leqslant 1,\\ 1, & x<-1,x>1.\end{cases}$

2. 常数 C 为何值时，可使函数 $f(x)=\begin{cases}Cx+1, & x\leqslant 3,\\ Cx^2-1, & x>3\end{cases}$ 在 $(-\infty,+\infty)$ 上连续.

3. 设函数 $f(x)=\begin{cases}\mathrm{e}^x, & x<0,\\ a+x, & x\geqslant 0,\end{cases}$ 应当怎样选择数 a，使 $f(x)$ 成为在 $(-\infty,+\infty)$ 上连续的函数?

4. 设 $f(x)=\lim\limits_{n\to\infty}\dfrac{x^{2n-1}+ax^2+bx}{x^{2n}+1}$ 为连续函数，试确定 a 与 b 的值.

5. 讨论函数 $f(x)=x\lim\limits_{n\to\infty}\dfrac{1-x^{2n}}{1+x^{2n}}$ 的连续性，若有间断点，判别其类型.

6. 求下列极限：

(1) $\lim\limits_{x\to+\infty}(\sin\sqrt{x+1}-\sin\sqrt{x})$；　　(2) $\lim\limits_{x\to+\infty}\tan\left(\ln\dfrac{4x^2+1}{x^2+4x}\right)$；

(3) $\lim\limits_{x\to 0}(1+2x)^{\frac{3}{\sin x}}$；　　(4) $\lim\limits_{x\to 2}\dfrac{\mathrm{e}^x}{2x+1}$.

3.3　闭区间上连续函数的性质

在闭区间上连续的函数有一些重要性质. 它们可作为分析和论证某些问题时的理论根据. 这些性质的几何意义十分明显，我们均不给予证明.

定理 3.3.1 (有界性定理) 若函数 $f(x)$ 在闭区间 $[a,b]$ 上连续,则它在 $[a,b]$ 上有界. 即存在 $M>0$，一切 $x\in[a,b]$，都有 $|f(x)|\leqslant M$.

一般说来，开区间内的连续函数不一定有界. 例如 $f(x)=\dfrac{1}{x}$ 在 $(0,1)$ 上连续，但它无界.

定理 3.3.2 (最值定理) 若函数 $f(x)$ 在闭区间 $[a,b]$ 上连续，则 $f(x)$ 在 $[a,b]$ 上必有最小值和最大值. 即在 $[a,b]$ 上至少存在一点 ξ_1，一点 ξ_2，使一切 $x\in[a,b]$，有

$$f(\xi_1)\leqslant f(x)\leqslant f(\xi_2).$$

这时，$f(\xi_1)$ 就是 $f(x)$ 在 $[a,b]$ 上的最小值，$f(\xi_2)$ 就是最大值. 达到最小值和最大值的点 ξ_1，ξ_2 有可能是闭区间的端点，并且这样的点未必是唯一的(图 3-5).

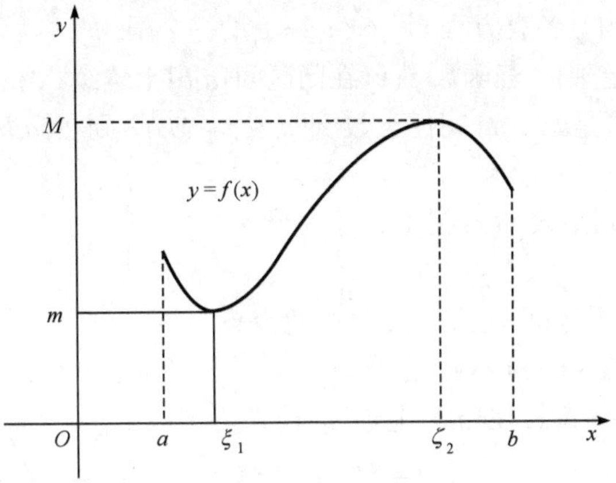

图 3-5

注 (1) 开区间内连续的函数不一定有此性质. 如函数 $f(x)=\tan x$ 在 $\left(-\dfrac{\pi}{2},\dfrac{\pi}{2}\right)$ 连续，但 $\lim\limits_{x\to\frac{\pi}{2}^-}\tan x=+\infty,\ \lim\limits_{x\to-\frac{\pi}{2}^+}\tan x=-\infty$，所以 $f(x)=\tan x$ 在 $\left(-\dfrac{\pi}{2},\dfrac{\pi}{2}\right)$ 就取不到最大值与最小值.

(2) 若函数在闭区间上有间断点，也不一定有此性质. 例如函数

$$y=f(x)=\begin{cases}-x+1, & 0\leqslant x<1,\\ 1, & x=1,\\ -x+3, & 1<x\leqslant 2\end{cases}$$

在闭区间[0, 2]上有一间断点 $x=1$，它取不到最大值和最小值(图 3-6).

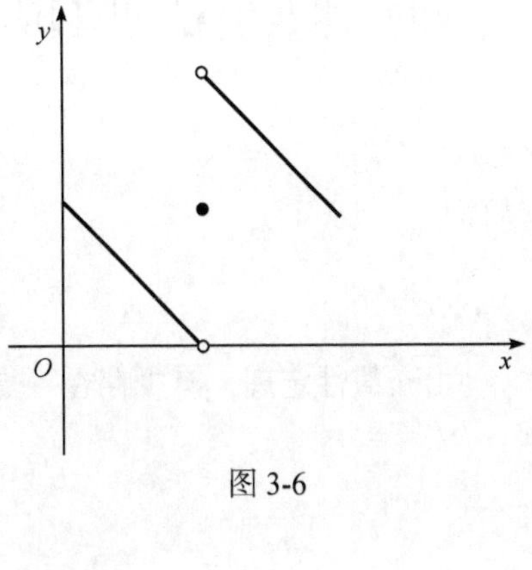

图 3-6

定理 3.3.3 (零点定理) 若函数 $f(x)$ 在闭区间 $[a,b]$ 上连续, 且 $f(a)$ 与 $f(b)$ 异号, 则在 (a,b) 内至少存在一点 ξ，使 $f(\xi)=0$.

其几何意义是：在闭区间 $[a,b]$ 上定义的连续曲线 $y=f(x)$ 在两个端点 a 与 b 分别在 x 轴的两侧，则此连续曲线至少与 x 轴有一个交点，交点的横坐标是 ξ (图 3-7).

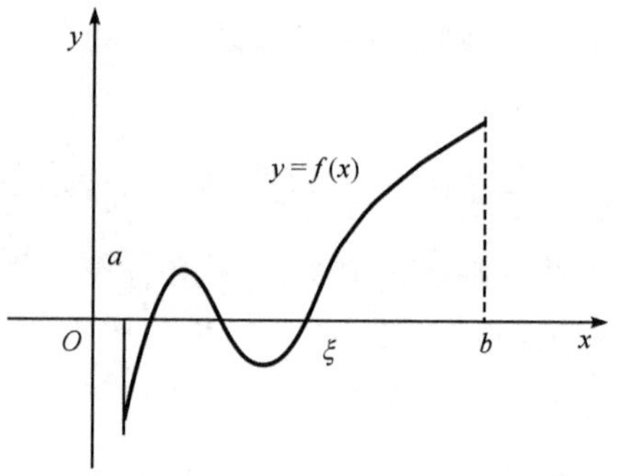

图 3-7

定理 3.3.3 说明，如 $f(x)$ 是闭区间 $[a,b]$ 上的连续函数，且 $f(a)$ 与 $f(b)$ 异号，则方程 $f(x)=0$ 在 (a,b) 内至少有一个根.

例 3.3.1　估计方程 $x^3-6x+2=0$ 的根的位置.

解　设 $f(x)=x^3-6x+2$，则 $f(x)$ 在 $(-\infty,+\infty)$ 连续.

$$f(-3)=-7<0,\quad f(-2)=6>0,\quad f(0)=2>0,$$
$$f(1)=-3<0,\quad f(3)=11>0.$$

根据定理 3.3.3，方程在 $(-3,-2)$，$(0,1)$，$(2,3)$ 内各至少有一个根. 再因该方程为三次方程，至多有三个根，$(-3,-2)$，$(0,1)$，$(2,3)$ 内，各有方程 $x^3-6x+2=0$ 的一个根.

定理 3.3.4 (介值性定理)　若函数 $f(x)$ 在闭区间 $[a,b]$ 上连续，M 与 m 分别是 $f(x)$ 在 $[a,b]$ 上的最大值和最小值，c 是 M，m 间任意数(即 $m\leqslant c\leqslant M$)，则在 $[a,b]$ 上至少存在一点 ξ，使 $f(\xi)=c$.

证明　如果 $m=M$ 则函数 $f(x)$ 在 $[a,b]$ 上是常数，定理显然成立.

如果 $m<M$，则在闭区间 $[a,b]$ 上必存在两点 x_1 和 x_2，使 $f(x_1)=M$，$f(x_2)=m$ 不妨设 $x_1<x_2$.

作函数 $\phi(x)=f(x)-c$, $\phi(x)$ 在 $[a,b]$ 上连续且

$$\phi(x_1)=f(x_1)-c>0,\quad \phi(x_2)=f(x_2)-c<0.$$

由零点存在定理，在区间 (x_1,x_2) 内至少存在一点 ξ，使

$$\phi(\xi)=f(\xi)-c=0,$$

即

$$f(\xi)=c.$$

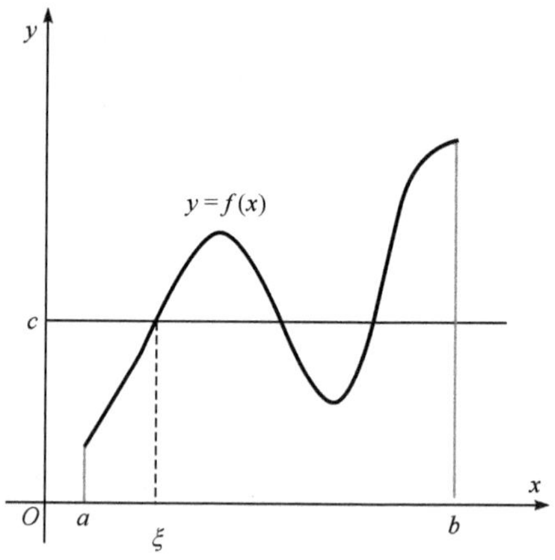

图 3-8

例 3.3.2　设 $f(x)$ 在 $[a,b]$ 上连续，$a<x_1<x_2<\cdots<x_n<b$，证明至少存在一点 $x_0\in[x_1,x_n]$，使得

$$f(x_0)=\frac{f(x_1)+f(x_2)+\cdots+f(x_n)}{n}.$$

证明　因为 $f(x)$ 在闭区间 $[a,b]$ 上连续，所以 $f(x)$在$[x_1, x_n]$上有最大值和最小值存在. 设 $M=\max\limits_{x\in[x_1,x_n]}f(x)$，$m=\min\limits_{x\in[x_1,x_n]}f(x)$，则

$$m\leqslant f(x_i)\leqslant M,\quad i=1,2,\cdots,n.$$

从而

$$m\leqslant\frac{f(x_1)+f(x_2)+\cdots+f(x_n)}{n}\leqslant M.$$

由介值性定理，至少存在一点 $x_0\in[x_1,x_n]$，使

$$f(x_0)=\frac{f(x_1)+f(x_2)+\cdots+f(x_n)}{n}.$$

应该注意，上述 4 个定理的共同条件“ $f(x)$ 在闭区间 $[a,b]$ 上连续”不能减弱. 将区间 $[a,b]$ 换成 (a,b)，或去掉“连续”的条件，定理的结论都不一定成立. 例如，$y=\dfrac{1}{x}$ 在 $(0,1)$ 内连续，但 $\dfrac{1}{x}$ 在 $(0,1)$ 内不能取到最大值，也无上界. 又如

$$f(x)=\begin{cases} x, & x\neq 0, \\ 1, & x=0 \end{cases}$$

在 $[-1,1]$ 上有定义，仅在 $x=0$ 处不连续，$f(-1)\cdot f(1)<0$，但不存在 $x_0\in(-1,1)$，使 $f(x_0)=0$.

微积分学中研究的主要对象是函数，研究函数的思想方法和一些特殊性质，其目的是用研究函数所得结果来解决现实世界中存在的问题，用函数的特性思想方法来思考、描述、刻画、解释和发现现实世界中所蕴藏的一些数量关系. 所以在学习函数时，我们必须注重函数思想的应用. 所谓函数的思想，就是运用函数的方法，建立现状与期望值之间的联系，必要时引入辅助函数，将常量视为某函数的函数值，化常量为函数，化离散为连续，将所讨论的问题转化为某类具有特殊性质的函数问题，加以解决的一种思想方法.

例 3.3.3 证明方程 $x^3-4x^2+1=0$ 在 $(0,1)$ 内至少有一个根.

证明 根是一个数值. 根据化常量为函数的思想，把该数值看作是某函数的函数值，为此可设 $f(x)=x^3-4x^2+1$，则问题转化为闭区间上连续函数的根的问题.

$f(x)$ 在闭区间 $[0,1]$ 上连续，又 $f(0)=1>0$，$f(1)=-2<0$，根据零点定理知至少存在 $\xi\in(0,1)$，使

$$f(\xi)=\xi^3-4\xi^2+1=0,$$

即 $x^3-4x^2+1=0$ 在 $(0,1)$ 内至少有一个根.

习题 3-3

1. 证明方程 $x^5-3x=1$ 至少有一根介于 1 和 2 之间.
2. 证明方程 $x=a\sin x+b(a>0,b>0)$ 至少有一个正根，并且它不超过 $a+b$.
3. 证明方程 $xe^{x^2}=1$ 在区间 $\left(\dfrac{1}{2},1\right)$ 内有且仅有一实根.
4. 设函数 $f(x)$ 在区间 $[0,2a]$ 上连续，$f(0)=f(2a)$，证明在区间 $[0,a]$ 上至少存在一点 x_0 使得 $f(x_0)=f(x_0+a)$.
5. 设多项式 $P_n(x)=x^n+a_1x^{n-1}+\cdots+a_n$. 证明：当 n 为奇数时，方程 $P_n(x)=0$ 至少有一实根.
6. 设 $f(x)$ 在点 x_0 连续，且 $f(x_0)\neq 0$，试证存在 $\delta>0$，使得当 $x\in(x_0-\delta,x_0+\delta)$ 时
$$|f(x)|>\frac{|f(x_0)|}{2}.$$
7. 设 $f(x)$ 在 $[0,1]$ 上连续，且 $0\leqslant f(x)\leqslant 1$，证明在 $[0,1]$ 上至少存在一点 ξ，使得 $f(\xi)=\xi$.
8. 设 $f(x)$ 在 $[a,b]$ 上连续且无零点，证明：存在 $m>0$，使得或者在 $[a,b]$ 上恒有 $f(x)\geqslant m$，或者在 $[a,b]$ 上恒有 $f(x)\leqslant -m$.
9. 若 $f(x)$ 在 $[a,b)$ 上连续，且 $\lim\limits_{x\to b^-}f(x)$ 存在，证明 $f(x)$ 在 $[a,b)$ 上有界.
10. 设 $f(x)$ 在 $[a,+\infty)$ 上连续，$f(a)>0$, 且 $\lim\limits_{x\to+\infty}f(x)=A<0$, 证明：在 $[a,+\infty)$ 上至少有一点 ξ，使 $f(\xi)=0$.

复习题 3

1. 是非题

(1) 分段函数必存在间断点； ( )

(2) 初等函数在其定义域内必连续； ( )

(3) 若 $f(x)$ 在 x_0 连续，则必有 $\lim\limits_{x\to x_0} f(x)=f(\lim\limits_{x\to x_0} x)$． ( )

2. 填空题

(1) 已知 $\lim\limits_{x\to 0}\dfrac{\ln\left(1+\dfrac{f(x)}{\sin 2x}\right)}{3^x-1}=5$，则 $\lim\limits_{x\to 0}\dfrac{f(x)}{x^2}=$__________；

(2) 函数 $f(x)=\begin{cases}\dfrac{e^{2x}-1}{x}, & x<0,\\ a\cos x+x^2, & x\geqslant 0\end{cases}$ 在 $(-\infty,+\infty)$ 上连续，则 $a=$__________；

(3) 函数 $f(x)=\begin{cases}x, & x<1,\\ x-1, & 1\leqslant x<2,\\ 3-x, & x\geqslant 2\end{cases}$ 的间断点为__________；

(4) 函数 $f(x)=\dfrac{1}{x^2-1}$ 的连续区间是__________；

(5) 设 $f(x)=\begin{cases}ax+b, & x\geqslant 0,\\ (a+b)x^2+x, & x<0\end{cases}$ $(a+b)\neq 0$，$f(x)$ 处处连续的充要条件是 $b=$__________；

(6) 函数 $f(x)=e^{\frac{1}{x}}$ 的间断点是__________，是第__________类间断点；

(7) 函数 $f(x)=\sin\dfrac{1}{x}$ 的间断点是__________，是第__________类间断点.

3. 选择题

(1) 设 $f(x)$ 在 **R** 上有定义，函数 $f(x)$ 在点 x_0 左、右极限都存在且相等是函数 $f(x)$ 在点 x_0 连续的( ).

(A) 充分条件； (B) 充分且必要条件；

(C) 必要条件； (D) 非充分也非必要条件.

(2) 若函数 $f(x)=\begin{cases}x^2+a, & x\geqslant 1,\\ \cos\pi x, & x<1\end{cases}$ 在 **R** 上连续，则 a 的值为( ).

(A) 0； (B) 1； (C) -1； (D) -2.

4. 已知函数 $f(x)=\begin{cases}x^2+1, & x<0,\\ 2x-b, & x\geqslant 0\end{cases}$ 在点 $x=0$ 处连续，求 b 的值.

5. 求下列函数的间断点并判别类型.

(1) $f(x)=\dfrac{x}{(1+x)^2}$； (2) $f(x)=\dfrac{|x|}{x}$； (3) $f(x)=[x]$； (4) $f(x)=\dfrac{2^{\frac{1}{x}}-1}{2^{\frac{1}{x}}+1}$.

6. 设 $a>0$，$f(x)=\begin{cases}\dfrac{\cos x}{x+2}, & x\geqslant 0,\\ \dfrac{\sqrt{a}-\sqrt{a-x}}{x}, & x<0.\end{cases}$

(1) a 为何值时，$x=0$ 是 $f(x)$ 的连续点？

(2) a 为何值时，$x=0$ 是 $f(x)$ 的间断点？

(3) 当 $a=2$ 时，求 $f(x)$ 的连续区间.

7. 设 $f(x)=\begin{cases}2, & x=0, x=\pm 2,\\ 4-x^2, & 0<|x|<2,\\ 4, & |x|>2,\end{cases}$ 求出 $f(x)$ 的间断点，并指出是哪一类间断点，若可去间断点，则补充定义，使其在该点连续.

8. 讨论函数 $f(x)=\begin{cases}x^{\alpha}\sin\dfrac{1}{x}, & x>0,\\ e^x+\beta, & x\leqslant 0\end{cases}$ 在 $x=0$ 处的连续性.

9. 若 $f(x)$ 在 $[0,a]$ 上连续 $(a>0)$ 且 $f(0)=f(a)$，证明方程 $f(x)=f\left(x+\dfrac{a}{2}\right)$ 在 $(0,a)$ 内至少有一个实根.

10. 验证方程 $x\cdot 2^x=1$ 至少有一个小于1的根.

11. 证明：若 $f(x)$ 在 $(-\infty,+\infty)$ 内连续，且 $\lim\limits_{x\to\infty}f(x)$ 存在，则 $f(x)$ 必在 $(-\infty,+\infty)$ 内有界.

12. 设 $f(x)$，$g(x)$ 在 $[a,b]$ 上连续，且 $f(a)<g(a)$，$f(b)>g(b)$，试证：在 (a,b) 内至少存在一个 ξ，使 $f(\xi)=g(\xi)$.

13. 试证方程 $xe^x=x+\cos\dfrac{\pi}{2}x$ 至少有一个实根.

自 测 题 3

一、单选题

1. 设 $f(x)$ 在 $(-\infty,+\infty)$ 内有定义，函数在点 x_0 处左、右极限都存在且相等是函数 $f(x)$ 在点 x_0 处连续的(　　).

(A) 充分条件；　　(B) 充要条件；

(C) 必要条件；　　(D) 既非充分也非必要条件.

2. 下列命题正确的是(　　).

(A) 若 $f(x)$ 在点 x_0 处连续，$f(x)$ 在点 x_0 处不连续，则 $f(x)+g(x)$ 在点 x_0 处必定不连续；

(B) 若 $f(x)g(x)$ 在点 x_0 处不连续，则 $f(x)+g(x)$ 在点 x_0 处不连续；

(C) 若 $f(x)$ 在点 x_0 处连续，$g(x)$ 在点 x_0 处不连续，则 $f(x)\cdot g(x)$ 在点 x_0 处不连续；

(D) 若 $f(x)$、$g(x)$ 在点 x_0 处均不连续，则 $f(x)\cdot g(x)$ 在点 x_0 处必不连续.

3. 函数 $f(x)=\begin{cases}e^{\frac{1}{x-1}}, & x\neq 0,\\ 0, & x=0,\end{cases}$ 在 $x=1$ 处(　　).

(A) 连续；　　(B) 不连续，但左、右连续；

(C) 不连续，但左连续；　　(D) 左、右都不连续.

4. 设函数 $f(x)=\dfrac{x^2-1}{x^2-3x+2}$，则(　　).

(A) $x=1$ 是 $f(x)$ 的无穷间断点；

(B) $x=2$ 是 $f(x)$ 的可去间断点；

(C) $f(x)$ 在 $x=1$ 处连续；

(D) $x=1$ 是 $f(x)$ 的可去间断点，$x=2$ 是 $f(x)$ 无穷间断点.

二、多选题

1\. 设 $f(x)=\begin{cases}\dfrac{1-e^{x}}{x}, & x<0,\\ 1, & x=0,\\ (1-x)^{\frac{1}{\sqrt{x}}}, & x>0,\end{cases}$ 则(　　).

(A) $\lim\limits_{x\to 0^{+}} f(x)=1$；　　(B) $f(x)$ 在 $x=0$ 处连续；

(C) $\lim\limits_{x\to 0} f(x)$ 不存在；　　(D) $x=0$ 是 $f(x)$ 的跳跃间断点.

2\. 下列命题正确的是(　　).

(A) 若 $f(x)$ 在点 x_0 处连续，则 $\lim\limits_{x\to x_0} f(x)$ 存在；

(B) 若 $\lim\limits_{x\to x_0} f(x)$ 存在，则 $f(x)$ 在 x_0 处连续；

(C) 基本初等函数在其定义域内连续；

(D) 一切初等函数在其定义区间内连续.

三、判断题

1\. 若 $f(x)$ 在点 x_0 处连续，且 $f(x_0)>0$，则在点 x_0 的某个邻域内 $f(x)>0$；(　　)

2\. 设 $f(x)$ 和 $\varphi(x)$ 在 $(-\infty,+\infty)$ 上有定义，$f(x)$ 为连续函数，且 $f(x)\neq 0$，$\varphi(x)$ 有间断点，则 $\dfrac{\varphi(x)}{f(x)}$ 必有间断点；(　　)

3\. 若函数 $f(x)$ 在 $(-\infty,+\infty)$ 内连续，且 $\lim\limits_{x\to\infty} f(x)$ 存在，则 $f(x)$ 在 $(-\infty,+\infty)$ 内有界；(　　)

4\. 若 $f(x)$ 在点 x_0 处连续，则 $f(x)=f(x_0)+\alpha(x)$，其中 $\lim\limits_{x\to x_0}\alpha(x)=0$.(　　)

四、计算题

1\. $\lim\limits_{x\to 0}\ln\dfrac{\sin x}{x}$；　　2. $\lim\limits_{x\to 0}(3-x)^{\tan\frac{\pi}{4}x}$；　　3. $\lim\limits_{x\to 0}\dfrac{a^{x}-1}{x}$.

五、讨论题

设函数 $f(x)=\begin{cases}\dfrac{\sqrt{2-2\cos x}}{x}, & x<0,\\ ax^{x}, & x\geqslant 0,\end{cases}$ 问 a 为何值时，在 $x=0$ 处连续.

六、证明题

设函数 $f(x)$ 在 $[a,b]$ 上连续，且 $f(a)<a$，$f(b)>b$，试证明：在 (a,b) 内至少存在一点 ξ，使 $f(\xi)=\xi$.

第 3 章　部分习题参考答案

课外阅读 数学家简介

波尔查诺(Bolzano，1781—1848)，捷克数学家、哲学家，1796年入布拉格大学哲学院攻读哲学、物理学和数学，1800年又入神学院，1805年任该校宗教哲学教授，1815年成为波希米亚皇家学会的会员，1818年任该校哲学院院长，1819年因为宗教斗争失去教授及院长职位，并且受到政治监督，直到1825年.

波尔查诺的主要数学成就涉及分析学的基础问题. 他在《纯粹分析的证明》(1817)中对函数性质进行了仔细分析，在柯西之前首次给出了连续性和导数的恰当的定义；对序列和级数的收敛性提出了正确的概念；首次运用与实数理论有关的原理：如果性质不是对变量所有的值成立，而对小于某个的所有的值成立，则必存在一个量，它是使不成立的所有(非空)集的最大下界. 在1834年撰写但未完成的著作《函数论》中，他正确地理解了连续性和可微性之间的区别，在数学史上首次给出了在任何点都没有有限导数的连续函数的例子(用曲线表示的函数，没有解析表达式). 波尔查诺对建立无穷集合理论也有重要见解，在《无穷的悖论》(1851)中，他坚持了实无穷集合的存在性，强调了两个集合的等价概念(即两集合元素间存在一一对应)，注意到无穷集合的真子集可以同整个集合等价. 对波尔查诺来说有点不幸的是：他的数学著作多半被他的同时代的人所忽视，他的许多成果等到后来才被重新发现，但此时功劳已被别人抢占或只能与别人分享了(这其中的主要原因可能是他生于一个当时数学并不发达的国度，也缺乏与国外的交流).

波尔查诺还有一则逸闻. 有一次在布拉格度假，突然间生病，浑身发冷，疼痛难耐. 为了分散注意力便拿起了欧几里得的《几何原本》. 当他阅读到第五卷“比例论”时，即被这种高明的处理所震撼，无比兴奋以致完全忘记了自己的疼痛. 事后，每当他的朋友生病时，他就推荐其阅读欧氏《几何原本》的“比例论”.

戴德金(Dedekind，1831—1916)，又译狄德金，伟大的德国数学家、理论家和教育家，近代抽象数学的先驱. 戴德金还是哥廷根大学哲学博士、柏林科学院院士.

1831年10月6日，戴德金生于德国下萨克森州东部城市不伦瑞克一个知识分子家庭. 父亲为法学教授，母亲亦出身于知识分子家庭. 戴德金早年在不伦瑞克大学预科学习化学和物理，1848年入卡罗莱纳学院攻力学、微积分、代数分析、解析几何和自然科学，1850年转入哥廷根大学新办的数学和物理学研习班，师从数学家高斯研究最小二乘法和高等测量学，师从斯特恩攻读数论基础，师从韦伯攻读物理，并选修过天文学，1852年以题为《关于欧拉积分的理论》一论文获得哲学博士学位，毕业后于1854年留校任代课讲师. 1855年高斯去世后，戴德金在哥廷根大学又先后听过狄利克雷教授的数论、位势理论、定积分和偏微分方程，以及黎曼教授的阿贝尔函数和椭圆函数等课程，进而萌生了借助于算术性质来重新定义无理数的想法. 1855 年起，他开始讲授伽罗瓦理论，成为教坛上最早涉足这一领域的学者，1858—1862 年在苏黎世综合工业学院任教授，此间主要进行实数理论基础的研究，1862—1912 年任不伦瑞克高等技术学校教授，在那发展了有理数和无理数可以构成一个(无空隙的)数的连续系统，前提是实数和直线上的点有着一一对应的关系. 戴德金先后当选为法国科学院、柏林科学院和罗马科学院院士. 1888 年，戴德金提出了算术公理的完整系统，其中包括完全数学归纳法原理的准确表达方式，把映象的许多概念用最普通的形式引入数学中. 此外，他还研究了结构理论的基础，使之成为现代代数的中心分支之一. 现今数学上的许多命题和术语，如环、场、结构、截面、函数、定理、互换原理等，都是与他的名字联系在一起的. 他于 1916 年 2 月 12 日在不伦瑞克去世. 尽管他的关于数学基本理论的许多重要思想在他生前并未被人们充分认识，但仍然影响着现代数学的发展.

戴德金的主要成就是在代数理论方面. 他研究过任意域、环、群、结构及模等问题，并在授课时率先引入了环(域)的概念，并给理想子环下了一般定义，提出了能和自己的真子集建立一对应的集合是无穷集的思想. 在研究理想子环理论过程中，他将序集(置换群)的概念用抽象群的概念来取代，并且用一种比较普通的公式(戴德金分割概念)表示出来，比康托尔的公式要简化得多，并直接影响了后来佩亚诺的自然数公理的诞生. 他是最早对实数理论提出了许多论据的数学家之一. 1855 年他在教授伽罗瓦理论时引入了“域”的概念. 戴德金在数学上有很多新发现，不少概念和定理以他的名字命名. 他的主要贡献有以下两个方面：在实数和连续性理论方面，他提出“戴德金分割”，给出了无理数及连续性的纯算术的定义. 1872 年，他的《连续性与无理数》出版，使他与康托尔、魏尔斯特拉斯等一起成为现代实数理论的奠基人. 在代数数论方面，他建立了现代代数数和代数数域的理论，将库默尔的理想数加以推广，引出了现代的“理想”概念，并得到了代数整数环上理想的唯一分解定理. 今天把满足理想唯一分解条件的整环称为“戴德金整环”. 他在数论上的贡献对 19 世纪数学产生了深刻影响.

第 4 章

导数与微分

Derivative and Differential

导数与微分——具有特殊极限的函数类，刻画变量变化快慢程度与计算改变量的数学模型. 微分学是微积分的重要组成部分，它的基本概念是函数的导数和微分. 函数的导数反映了函数相对于自变量的变化快慢程度. 如实际问题中物体运动的速度、城市人口增长的速度、国民经济发展的速度、劳动生产率等都表现为函数的导数. 微分则刻画了当自变量有微小变化时，函数大体上变化多少.

本章主要讨论导数和微分的概念以及它们的计算方法. 导数的应用将在第 5 章讨论.

4.1 导数的概念

导数是微积分的核心概念之一，它是一种特殊的极限，也就是说它是我们用极限这个工具又分出一类有用的函数，它反映了函数变化的快慢程度. 导数是求函数的单调性、极值、曲线的切线以及一些优化问题的重要工具，同时对研究几何、不等式起着重要作用. 导数概念是学习微积分的基础，同时导数在物理学、经济学等领域都有广泛的应用，是开展科学研究必不可少的工具.

4.1.1 导数的引入

1. 微积分的基本思想和方法

微积分的基本方法称为“微元分析法”(又称“无穷小分析”)，为阐明这个方法，首先我们来分析微积分产生的背景和主要矛盾当时提出的问题很多，归纳起来有两类问题.

1) 速度问题

例 4.1.1 伽利略(Galieo，1564—1642)通过实验确立自由落体的路程 s 与时间 t 的关系为 $s(t)=\dfrac{1}{2}gt^2$，其中 g 为常数. 问：在时间 t 时，落体的速度 $v=v(t)$ 是多少?

在初等数学中，有一个著名的公式

$$速度=\frac{路程}{通过该路程的时间},\quad v=\frac{s}{t}. \tag{4.1.1}$$

显然用该公式时，要求物体的速度不变，否则等式(4.1.1)只能得到该物体在相应时间段内的平均速度. 但仅仅得出平均速度，远远不能满足今天的需要. 我们需要求出物体在每一时刻的瞬时速度.

2) 面积问题

在初等数学中，已经学习了计算从矩形到扇形等直边或圆弧边图形的面积. 现在来研究任意曲边图形的面积.

例 4.1.2　请计算 $y=x^2$，$y=0$，$x=1$ 所围成的曲边三角形 OAB 的面积(图 4-1).

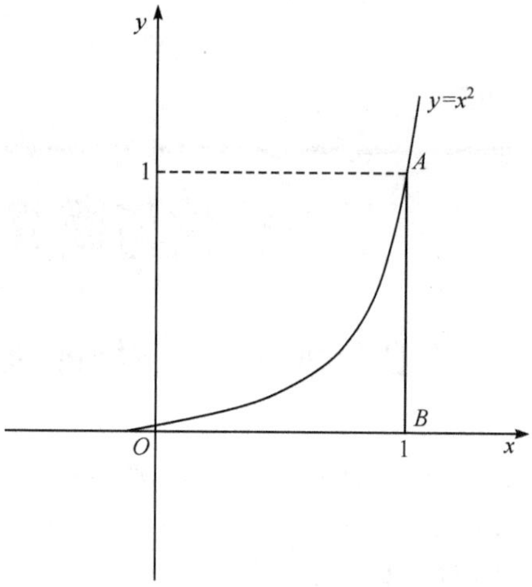

图 4-1

这两类问题遇到的基本矛盾都是归为计算能力与研究一般运动规律的实际需要之间的矛盾. 如何来解决这个矛盾呢？导数的概念就是解决第一类问题而得到的概念，而积分的概念则是为了解决第二类问题而得到的.

看第一类问题.

第一步　把第一类问题转化为已知，只能求它的近似值. 在例 4.1.1 中给出一个时间间隔 $t \to t+\Delta t$ $(\Delta t \neq 0)$，这时落体经过的路程为：

$\Delta s = s(t+\Delta t)-s(t)=\frac{1}{2}g(t+\Delta t)^2-\frac{1}{2}gt^2=gt\Delta t+\frac{1}{2}g(\Delta t)^2$. 如果我们假设在这段时间里，落体做匀速运动，由等式(4.1.1)得平均速度 $\overline{v}$，作为瞬时速度 $v(t)$ 的近似值，

$$\text{平均速度}\ \overline{v}=\frac{\Delta s}{\Delta t}=gt+\frac{1}{2}g\Delta t \approx v(t).$$

第二步　求极限. 不难看出：

(i) 只要 $\Delta t \neq 0$，平均速度永远是瞬时速度 $v(t)$ 的近似值；

(ii) 当 $|\Delta t|$ 变小时，以上近似程度就增高. 因此，可以减少 $|\Delta t|$ 提高近似精确度. 虽然这是一个变量过程，但是变量达到一定界限，就会引起质变，也即 $\Delta t \to 0$ 时，就实现了平均速度向瞬时速度的飞跃.

$$v(t)=\lim_{\Delta t\to 0}\overline{v}=\lim_{\Delta t\to 0}\frac{s(t+\Delta t)-s(t)}{\Delta t}=gt.$$

最后一步运算用到了极限这个概念，我们已经看到极限运算已经不是有限运算了，它进一步证实了我们所说的，极限是研究我们这门课程的工具. 我们把以上的思想画成如下微元分析法框图.

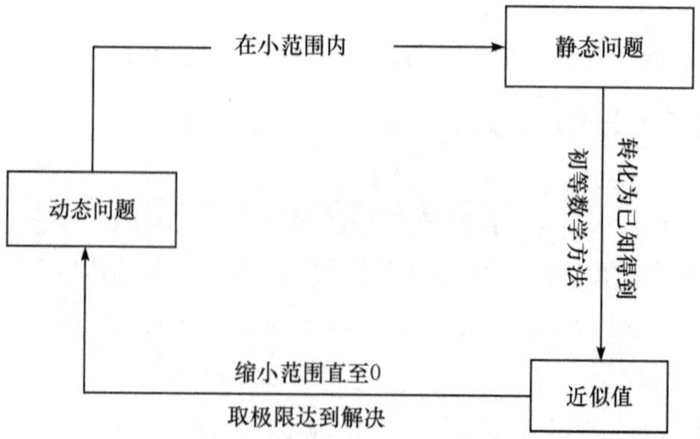

这个框图集中了微积分学的精髓，要在今后学习中自觉的掌握并应用它. 等到积分部分也要用到该图.

为了说明导数，我们先讨论两个问题：速度问题和切线问题. 这两个问题在历史上都与导数的形成有密切关系.

2. 变速直线运动的瞬时速度

设某物体做变速直线运动，在 $[0,t]$ 内所走过的路程为 $s=s(t)$，其中 $t>0$ 为时间，求物体在时刻 $t=t_0$ 的瞬时速度 $v=v(t_0)$.

我们知道，当物体做匀速直线运动时，速度 v 等于物体所走过的路程 s 除以所用的时间 t，即 $v=\frac{s}{t}$. 这一速度其实是物体走过某段路程的平均速度，平均速度通常记为 $\overline{v}$. 由于匀速运动物体的速度是不变的，所以瞬时速度 $v=\overline{v}$. 但变速直线运动物体的速度 $v(t)$ 是随时间 t 的变化而变化的，不同时刻的速度可能不同，因此，用上述公式算出的平均速度 $\overline{v}$ 不能真实反映物体在 t_0 时的瞬时速度 $v(t_0)$.

为求 $v(t_0)$，可先求出物体在 $[t_0,t_0+\Delta t]$ 这一小段时间内的平均速度 $\overline{v}$，当 Δt 很小时，通常速度的变化不会很大，因此平均速度 $\overline{v}$ 可作为 $v(t_0)$ 的近似值. 容易看出，Δt 越小，则 $\overline{v}$ 越接近于 $v(t_0)$，当 Δt 无限变小时，则 $\overline{v}$ 将无限接近于 $v(t_0)$，即 $v(t_0)=\lim\limits_{\Delta t\to 0}\overline{v}$. 这就是求 $v(t_0)$ 的基本思路. 以下具体求 $v(t_0)$.

在时刻 $t=t_0$ 处取一小的时间段 $[t_0,t_0+\Delta t]$，在该时间段内位移为

$$\Delta s=s(t_0+\Delta t)-s(t_0).$$

而所用时间长度为 Δt，故在时间段 $[t_0,t_0+\Delta t]$ 内的平均速度为

$$\frac{\Delta s}{\Delta t}=\frac{s(t_0+\Delta t)-s(t_0)}{\Delta t}.$$

当 Δt 很小时，平均速度可以作为瞬时速度的近似值 $v(t_0)\approx\frac{\Delta s}{\Delta t}$，且 Δt 越小，近似程度越高. 令 $\Delta t\to 0$，平均速度的极限就是瞬时速度，即

$$v(t_0)=\lim_{\Delta t\to 0}\frac{\Delta s}{\Delta t}=\lim_{\Delta t\to 0}\frac{s(t_0+\Delta t)-s(t_0)}{\Delta t}.$$

3. 切线问题

设有曲线 C 及 C 上的一点 M，在点 M 外另取 C 上一点 N，作割线 MN. 当点 N 沿曲线 C 趋于点 M 时，割线 MN 绕点 M 旋转而趋于极限位置 MT，则直线 MT 就称为曲线 C 在点 M 处的切线(图 4-2).

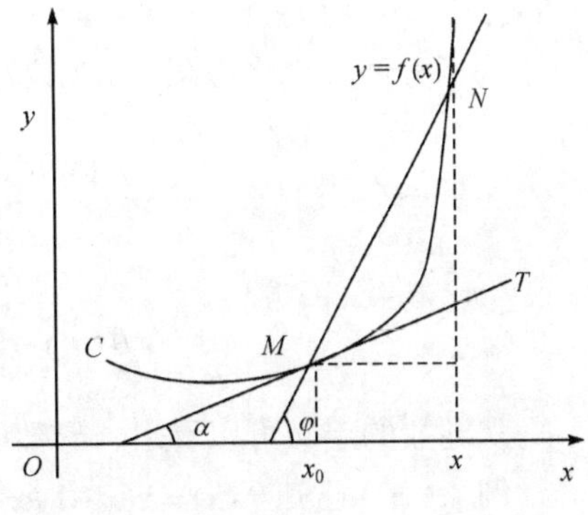

图 4-2

设曲线 C 就是函数 $y=f(x)$ 的图形. 在点 $M(x_0,y_0)$ 外另取 C 上一点 $N\ (x_0+\Delta x,y_0+\Delta y)$，于是割线 MN 的斜率为

$$\tan\varphi=\frac{NP}{MP}=\frac{\Delta y}{\Delta x}=\frac{f(x_0+\Delta x)-f(x_0)}{\Delta x},$$

其中 φ 为割线 MN 的倾角. 当点 N 沿曲线 C 趋于点 M 时， $x \to x_0$. 如果当 $x \to x_0$ 时，上式的极限存在，设为 k ，即

$$k = \tan\alpha = \lim_{\Delta x \to 0} \frac{f(x_0 + \Delta x) - f(x_0)}{\Delta x}$$

存在，则此极限 k 是割线斜率的极限，也就是切线的斜率. 这里 $k = \tan\alpha$ ，其中 α 是切线 MT 的倾角. 于是，通过点 $M(x_0, f(x_0))$ 且以 k 为斜率的直线 MT 便是曲线 C 在点 M 处的切线.

上面两个问题尽管实际意义不同,但它们最后都归结为求当自变量的改变量趋于0时，函数的改变量与自变量的改变量的比值的极限，可见这种形式的极限问题是非常重要且普遍存在的，因此有必要将其抽象出来，进行重点的讨论和研究. 这种形式的极限就是函数的导数.

4.1.2 导数的概念

1. 函数在一点的导数

定义 4.1.1 设函数 $y = f(x)$ 在点 x_0 的某邻域 $U(x_0)$ 内有定义，在点 x_0 自变量的增量是 Δx ，相应的函数的增量是 $\Delta y = f(x_0 + \Delta x) - f(x_0)$. 若极限

$$\lim_{\Delta x \to 0} \frac{\Delta y}{\Delta x} = \lim_{\Delta x \to 0} \frac{f(x_0 + \Delta x) - f(x_0)}{\Delta x} \tag{4.1.2}$$

存在，则称函数 $f(x)$ 在点 x_0 **可导(derivable)**(或**存在导数**)，此极限称为函数 $f(x)$ 在点 x_0 的**导数(derivative)**(或**微商**)，记为 $f'(x_0)$ ， $y'\big|_{x=x_0}$ ， $\left.\frac{\mathrm{d}f(x)}{\mathrm{d}x}\right|_{x=x_0}$ 或 $\left.\frac{\mathrm{d}y}{\mathrm{d}x}\right|_{x=x_0}$ ，即

$$f'(x_0) = \lim_{\Delta x \to 0} \frac{f(x_0 + \Delta x) - f(x_0)}{\Delta x},$$

或

$$\left.\frac{\mathrm{d}y}{\mathrm{d}x}\right|_{x=x_0} = \lim_{\Delta x \to 0} \frac{f(x_0 + \Delta x) - f(x_0)}{\Delta x}.$$

若极限(4.1.2)不存在，则称函数 $f(x)$ 在点 x_0 不可导.

如果物体沿直线运动的规律是 $s = s(t)$,则物体在时刻 t_0 的瞬时速度 v_0 是 $s(t)$ 在 t_0 的导数 $s'(t_0)$ ；如果曲线的方程是 $y = f(x)$ ，则曲线在点 $P(x_0, y_0)$ 的切线斜率 k 是 $f(x)$ 在 x_0 的导数 $f'(x_0)$ ，即 $k = f'(x_0)$.

为了方便，也将极限(4.1.2)改写为下列形式

$$f'(x_0) = \lim_{h \to 0} \frac{f(x_0 + h) - f(x_0)}{h} \quad (\Delta x = h)$$

或

$$f'(x_0) = \lim_{x \to x_0} \frac{f(x) - f(x_0)}{x - x_0} \quad (x = x_0 + \Delta x).$$

从导数的定义可以看出，导数的概念是构造性的，即定义的本身也指明了计算方法.

例 4.1.3 已知 $f(x) = x(x-1)(x-2)\cdots(x-2014)$ ，求 $f'(2014)$.

解　$f'(2014)=\lim\limits_{x\to 2014}\dfrac{f(x)-f(2014)}{x-2014}$

$=\lim\limits_{x\to 2014}\dfrac{x(x-1)(x-2)\cdots(x-2014)-0}{x-2014}=2014!.$

由导数的定义可以看出，函数 $f(x)$ 在某点的导数是用极限 $\lim\limits_{\Delta x\to 0}\dfrac{f(x_0+\Delta x)-f(x_0)}{\Delta x}$ 的存在性来刻画. 故可知若 $f(x)$ 在点 x_0 可导，可用导数的定义求函数的极限，并根据从特殊到一般方法可得如下结果：若 $f(x)$ 在 x_0 处可导，则极限

$$\lim_{\substack{\varphi(x)\to 0\\ \varphi(x)\neq 0}}\frac{f(x_0+\varphi(x))-f(x_0)}{\varphi(x)}$$

存在，且

$$\lim_{\substack{\varphi(x)\to 0\\ \varphi(x)\neq 0}}\frac{f(x_0+\varphi(x))-f(x_0)}{\varphi(x)}=f'(x_0).$$

例 4.1.4　已知 $f(x)$ 在点 $x=a$ 处可导，求 $\lim\limits_{x\to 0}\dfrac{f(a+2x)-f(a-x)}{x}$.

解　$\lim\limits_{x\to 0}\dfrac{f(a+2x)-f(a-x)}{x}=\lim\limits_{x\to 0}\left[\dfrac{f(a+2x)-f(a)}{x}-\dfrac{f(a-x)-f(a)}{x}\right]$

$=\lim\limits_{x\to 0}\left[2\cdot\dfrac{f(a+2x)-f(a)}{2x}+\dfrac{f(a-x)-f(a)}{-x}\right]$

$=2f'(a)+f'(a)=3f'(a).$

2. 单侧导数

由于导数的概念是用极限来定义的，而极限概念中有左、右极限的概念，自然想到左、右导数的概念. 在(4.1.2)式中，如果自变量的增量 Δx 只从大于 0 的方向或从小于 0 的方向趋近于 0，则有

定义 4.1.2　(i) 设 $y=f(x)$ 在 $(x_0-\delta,x_0]$ 有定义，若左极限

$$\lim_{\Delta x\to 0^-}\frac{f(x_0+\Delta x)-f(x_0)}{\Delta x}$$

存在，则称函数 $f(x)$ 在 x_0 **左侧可导(left derivable)**，并把上述左极限称为函数 $f(x)$ 在 x_0 的**左导数(left derivative)**，记作 $f'_-(x_0)$，即

$$f'_-(x_0)=\lim_{\Delta x\to 0^-}\frac{f(x_0+\Delta x)-f(x_0)}{\Delta x}=\lim_{x\to x_0^-}\frac{f(x)-f(x_0)}{x-x_0}.$$

(ii) 设 $y=f(x)$ 在 $[x_0,x_0+\delta)$ 有定义，若右极限

$$\lim_{\Delta x\to 0^+}\frac{f(x_0+\Delta x)-f(x_0)}{\Delta x}$$

存在，则称函数 $f(x)$ 在 x_0 **右侧可导(right derivable)**，并把上述左极限称为函数 $f(x)$ 在 x_0 的**右导数(right derivative)**，记作 $f'_+(x_0)$，即

$$f'_+(x_0)=\lim_{\Delta x\to 0^+}\frac{f(x_0+\Delta x)-f(x_0)}{\Delta x}=\lim_{x\to x_0^+}\frac{f(x)-f(x_0)}{x-x_0}.$$

由极限存在的条件有：

定理 4.1.1　函数 $f(x)$ 在 x_0 可导的充分必要条件是函数 $f(x)$ 在 x_0 的左、右导数都存在并且相等，即

$$f'_-(x_0)=f'_+(x_0).$$

例 4.1.5　求函数

$$f(x)=\begin{cases} x, & x<0, \\ \ln(1+x), & x\geqslant 0 \end{cases}$$

在点 $x=0$ 处的左、右导数.

解　$f'_+(0)=\lim\limits_{x\to 0^+}\dfrac{f(x)-f(0)}{x}=\lim\limits_{x\to 0^+}\dfrac{\ln(1+x)-0}{x}=\lim\limits_{x\to 0^+}\ln(1+x)^{\frac{1}{x}}=1$,

$$f'_-(0)=\lim_{x\to 0^-}\frac{f(x)-f(0)}{x}=\lim_{x\to 0^-}\frac{x-0}{x}=1.$$

3. 导函数

定义 4.1.3　若函数 $f(x)$ 在区间 I 上的每一点都可导(若区间 I 的左(右)端点属于 I，函数 $f(x)$ 在左(右)端点**右可导(左可导)**)，则称函数 $f(x)$ 在区间 I 上**可导**.

若函数 $f(x)$ 在区间 I 上可导，则对任意 $x\in I$，都存在唯一一个导数 $f'(x)$ 与之对应，根据定义，$f'(x)$ 是区间 I 上的函数，称为函数 $f(x)$ 在区间 I 上的**导函数**，记为

$$f'(x),\quad y' 或 \frac{\mathrm{d}y}{\mathrm{d}x},\quad \frac{\mathrm{d}f(x)}{\mathrm{d}x}.$$

显然，函数 $f(x)$ 在点 x_0 处的导数 $f'(x_0)$ 就是导函数 $f'(x)$ 在点 $x=x_0$ 处的函数值，即

$$f'(x_0)=f'(x)|_{x=x_0}.$$

导函数 $f'(x)$ 简称为导数，而 $f'(x_0)$ 是函数 $f(x)$ 在点 x_0 处的导数或 $f'(x)$ 在点 $x=x_0$ 处的函数值.

根据导数定义，求函数 $f(x)$ 在点 x 处的导数，应按下列步骤进行：

第一步　求增量：在点 x 有自变量的改变量 Δx，计算函数的改变量

$$\Delta y=f(x+\Delta x)-f(x);$$

第二步　作比值：$\dfrac{\Delta y}{\Delta x}=\dfrac{f(x+\Delta x)-f(x)}{\Delta x}$;

第三步　取极限：$\lim\limits_{\Delta x\to 0}\dfrac{\Delta y}{\Delta x}=f'(x)$.

为了简化叙述，在以下诸例中，Δx 都是表示自变量在点 x 的改变量，Δy 都是表示函数相应的改变量.

例 4.1.6　求 $f(x)=C$ (C 是常数)在点 x 的导数.

解　由于 $f(x+\Delta x)=C$，$\Delta y=f(x+\Delta x)-f(x)=C-C=0$,

$$\frac{\Delta y}{\Delta x}=\frac{0}{\Delta x}=0,$$

则有

$$\lim_{\Delta x\to 0}\frac{\Delta y}{\Delta x}=0,$$

即常数函数的导数为 0.

例 4.1.7　求幂函数 $f(x)=x^n$ (n是自然数)在点 x 的导数.

解　由于 $f(x+\Delta x)=(x+\Delta x)^n$,

$$\begin{aligned}\Delta y&=f(x+\Delta x)-f(x)=(x+\Delta x)^n-x^n\\&=nx^{n-1}\Delta x+\frac{n(n-1)}{2!}x^{n-2}(\Delta x)^2+\cdots+(\Delta x)^n,\end{aligned}$$

$$\begin{aligned}\frac{\Delta y}{\Delta x}&=\frac{(x+\Delta x)^n-x^n}{\Delta x}\\&=nx^{n-1}+\frac{n(n-1)}{2!}x^{n-2}\Delta x+\cdots+(\Delta x)^{n-1},\end{aligned}$$

则有

$$\begin{aligned}\lim_{\Delta x\to 0}\frac{\Delta y}{\Delta x}&=\lim_{\Delta x\to 0}\left(nx^{n-1}+\frac{n(n-1)}{2!}x^{n-2}\Delta x+\cdots+(\Delta x)^{n-1}\right)\\&=nx^{n-1},\end{aligned}$$

即

$$(x^n)'=nx^{n-1}.$$

特别是，当 $n=1$ 时，有 $(x)'=1$.

可以证明，对任意的实数 α，有 $(x^\alpha)'=\alpha x^{\alpha-1}$. 如

$$(\sqrt{x})'=(x^{\frac{1}{2}})'=\frac{1}{2}x^{-\frac{1}{2}}=\frac{1}{2\sqrt{x}}.$$

例 4.1.8　求正弦函数 $f(x)=\sin x$ 在点 x 的导数.

解　对任意 $x\in\mathbf{R}$，$f(x+\Delta x)=\sin(x+\Delta x)$,

$$\Delta y=f(x+\Delta x)-f(x)=\sin(x+\Delta x)-\sin x,$$

$$\begin{aligned}\frac{\Delta y}{\Delta x}&=\frac{\sin(x+\Delta x)-\sin x}{\Delta x}=\frac{2\cos\left(x+\frac{\Delta x}{2}\right)\sin\frac{\Delta x}{2}}{\Delta x}\\&=\cos\left(x+\frac{\Delta x}{2}\right)\frac{\sin\frac{\Delta x}{2}}{\frac{\Delta x}{2}},\end{aligned}$$

则有

$$\begin{aligned}\lim_{\Delta x\to 0}\frac{\Delta y}{\Delta x}&=\lim_{\Delta x\to 0}\left[\cos\left(x+\frac{\Delta x}{2}\right)\frac{\sin\frac{\Delta x}{2}}{\frac{\Delta x}{2}}\right]\\&=\lim_{\Delta x\to 0}\cos\left(x+\frac{\Delta x}{2}\right)\cdot\lim_{\Delta x\to 0}\frac{\sin\frac{\Delta x}{2}}{\frac{\Delta x}{2}}=\cos x\end{aligned}$$

(因为 $\lim\limits_{\Delta x\to 0}\cos\left(x+\dfrac{\Delta x}{2}\right)=\cos x$， $\lim\limits_{\Delta x\to 0}\dfrac{\sin\dfrac{\Delta x}{2}}{\dfrac{\Delta x}{2}}=1$).

即正弦函数 $\sin x$ 在 $\mathbf{R}$ 上任意 x 都可导，并且

$$(\sin x)'=\cos x.$$

同样，余弦函数 $\cos x$ 在定义域 $\mathbf{R}$ 上也可导，并且

$$(\cos x)'=-\sin x.$$

例 4.1.9　求对数函数 $f(x)=\log_a x(0<a\neq 1,x>0)$ 在点 x 的导数.

解　由于 $f(x+\Delta x)=\log_a(x+\Delta x)\ (x+\Delta x>0)$，

$$\begin{aligned}\Delta y&=f(x+\Delta x)-f(x)=\log_a(x+\Delta x)-\log_a x\\&=\log_a\left(1+\frac{\Delta x}{x}\right),\end{aligned}$$

$$\begin{aligned}\frac{\Delta y}{\Delta x}&=\frac{1}{\Delta x}\log_a\left(1+\frac{\Delta x}{x}\right)=\frac{1}{x}\frac{x}{\Delta x}\log_a\left(1+\frac{\Delta x}{x}\right)\\&=\frac{1}{x}\log_a\left(1+\frac{\Delta x}{x}\right)^{\frac{x}{\Delta x}},\end{aligned}$$

则有

$$\begin{aligned}\lim_{\Delta x\to 0}\frac{\Delta y}{\Delta x}&=\lim_{\Delta x\to 0}\left[\frac{1}{x}\log_a\left(1+\frac{\Delta x}{x}\right)^{\frac{x}{\Delta x}}\right]\\&=\frac{1}{x}\log_a\left[\lim_{\Delta x\to 0}\left(1+\frac{\Delta x}{x}\right)^{\frac{x}{\Delta x}}\right]=\frac{1}{x}\log_a \mathrm{e}=\frac{1}{x\ln a}\end{aligned}$$

(因为 $\lim\limits_{\Delta x\to 0}\left(1+\dfrac{\Delta x}{x}\right)^{\frac{x}{\Delta x}}=\mathrm{e}$， $\log_a \mathrm{e}=\dfrac{\ln \mathrm{e}}{\ln a}=\dfrac{1}{\ln a}$).

即对数函数 $\log_a x$ 在定义域 $(0,+\infty)$ 内任意 x 都可导. 于是它在 $(0,+\infty)$ 内可导，并且

$$(\log_a x)'=\frac{1}{x\ln a}.$$

特别是自然对数函数 $(a=\mathrm{e})$，有

$$(\ln x)'=\frac{1}{x\ln \mathrm{e}}=\frac{1}{x}.$$

例 4.1.10　求指数函数 $y=a^x\ (a>0,a\neq 1)$ 在点 x 的导数.

解　注意到 $u\to 0$ 时，$\mathrm{e}^u-1\sim u$，从而

$$\begin{aligned}(a^x)'&=\lim_{\Delta x\to 0}\frac{a^{x+\Delta x}-a^x}{\Delta x}=\lim_{\Delta x\to 0}\frac{a^x(a^{\Delta x}-1)}{\Delta x}\\&=a^x\cdot\lim_{\Delta x\to 0}\frac{\mathrm{e}^{\Delta x\ln a}-1}{\Delta x}=a^x\cdot\lim_{\Delta x\to 0}\frac{\Delta x\ln a}{\Delta x}=a^x\cdot\ln a,\end{aligned}$$

即有

$$(a^x)' = a^x \ln a \quad (a>0, a\neq 1).$$

特别地，

$$(e^x)' = e^x.$$

4.1.3　导数的几何意义

连续函数 $y=f(x)$ 的图形在直角坐标系中表示一条曲线，如图 4-3 所示. 设曲线 $y=f(x)$ 上某一点 A 的坐标是 (x_0, y_0)，当自变量由 x_0 变到 $x_0+\Delta x$ 时，点 A 沿曲线移动到点 $B(x_0+\Delta x, y_0+\Delta y)$，直线 AB 是曲线 $y=f(x)$ 的割线，它的倾角记作 β. 从图形可知，在直角三角形 ABC 中，$\dfrac{CB}{AC}=\dfrac{\Delta y}{\Delta x}=\tan\beta$，所以 $\dfrac{\Delta y}{\Delta x}$ 的几何意义是表示割线 AB 的斜率.

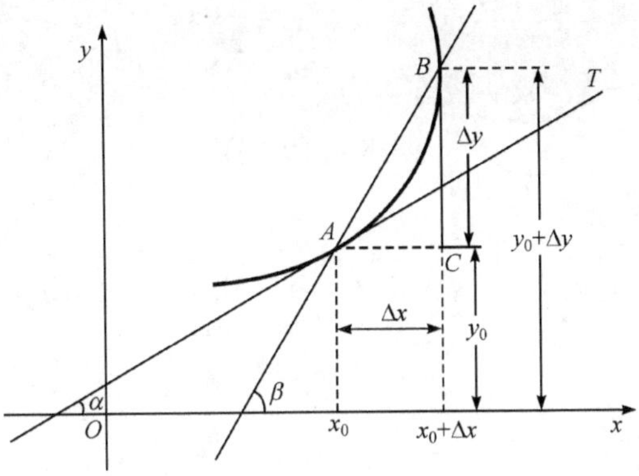

图 4-3

当 $\Delta x \to 0$ 时，B 点沿着曲线趋向于 A 点，这时割线 AB 将绕着 A 点转动，它的极限位置为直线 AT，这条直线 AT 就是曲线在 A 点的切线，它的倾角记作 α. 当 $\Delta x\to 0$ 时，既然割线趋近于切线，所以割线的斜率 $\dfrac{\Delta y}{\Delta x}=\tan\beta$ 必然趋近于切线的斜率 $\tan\alpha$，即

$$f'(x_0)=\lim_{\Delta x\to 0}\frac{\Delta y}{\Delta x}=\tan\alpha.$$

由此可知，函数 $y=f(x)$ 在 x_0 处的导数 $f'(x_0)$ 的几何意义就是曲线 $y=f(x)$ 在对应点 $A(x_0, y_0)$ 处的切线的斜率.

根据导数的几何意义并应用直线点斜式方程，可知曲线 $y=f(x)$ 的在点 $A(x_0, y_0)$ 处的切线方程为

$$y-y_0=f'(x_0)(x-x_0).$$

过点 $A(x_0, y_0)$ 且与切线垂直的直线称为曲线 $y=f(x)$ 在点 $A(x_0, y_0)$ 的法线，如果 $f'(x_0)\neq 0$ 时，则法线的斜率为 $-\dfrac{1}{f'(x_0)}$，从而法线方程为

$$y-y_0=-\frac{1}{f'(x_0)}(x-x_0);$$

如果 $f'(x_0)=0$ 时，则法线垂直于 x 轴，从而法线方程是

$$x=x_0.$$

如果函数 $y=f(x)$ 在点 x_0 处导数不存在，但为无穷大，则易知当 $x\to x_0$ 时，曲线 $y=f(x)$ 的过点 (x,y) 和点 (x_0,y_0) 的割线以垂直于 x 轴的直线 $x=x_0$ 为极限位置，即曲线 $y=f(x)$ 在点 (x_0,y_0) 处有垂直于 x 轴的切线

$$x=x_0,$$

平行于 x 轴的法线

$$y=y_0.$$

例 4.1.11　求曲线 $y=x^{\frac{3}{2}}$ 在 $(4,8)$ 点的切线和法线方程.

解　在 $y=x^{\frac{3}{2}}$ 上的任一点 $M(x,y)$ 处切线的斜率 k 为

$$k=y'=(x^{\frac{3}{2}})'=\frac{3}{2}\sqrt{x}.$$

在 $(4,8)$ 点的切线的斜率 $k=3$，故切线方程为

$$y-8=3(x-4),$$

即 $y=3x-4$. 法线方程为

$$y-8=-\frac{1}{3}(x-4),$$

即 $y=-\frac{1}{3}x+\frac{28}{3}$.

4.1.4　可导与连续的关系

定理 4.1.2　若函数 $f(x)$ 在点 x_0 可导, 则函数 $f(x)$ 在点 x_0 连续.

证明　设在 x_0 点自变量的增量是 Δx,相应的函数的增量是

$$\Delta y=f(x_0+\Delta x)-f(x_0),$$

则有

$$\lim_{\Delta x\to 0}\Delta y=\lim_{\Delta x\to 0}\left(\frac{\Delta y}{\Delta x}\cdot\Delta x\right)=\lim_{\Delta x\to 0}\frac{\Delta y}{\Delta x}\cdot\lim_{\Delta x\to 0}\Delta x=f'(x_0)\cdot 0=0.$$

即函数 $f(x)$ 在 x_0 连续.

注　定理 4.1.2 的逆命题不成立，即函数在一点连续，函数在该点不一定可导.

例 4.1.12　函数 $f(x)=|x|$ 在 $x=0$ 处连续，但它在 $x=0$ 处不可导.

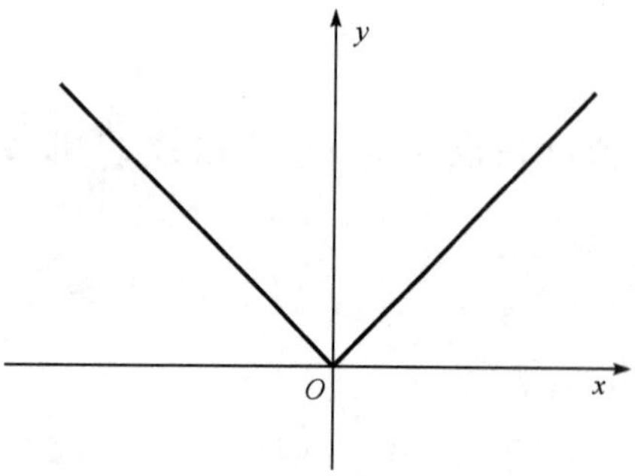

图 4-4

证明　因为 $\lim\limits_{x\to 0}f(x)=\lim\limits_{x\to 0}|x|=0$，所以函数 $f(x)=|x|$ 在 $x=0$ 处连续. 又

$$f'_+(0)=\lim_{x\to 0^+}\frac{f(x)-f(0)}{x-0}=\lim_{x\to 0^+}\frac{|x|-0}{x-0}=\lim_{x\to 0^+}\frac{x}{x}=1,$$

$$f'_-(0)=\lim_{x\to 0^-}\frac{f(x)-f(0)}{x-0}=\lim_{x\to 0^-}\frac{|x|-0}{x-0}=\lim_{x\to 0^-}\frac{-x}{x}=-1,$$

即 $f'_-(x_0)\neq f'_+(x_0)$，于是函数 $f(x)=|x|$ 在 $x=0$ 不可导(图 4-4).

例 4.1.13　证明：函数 $f(x)=\sqrt[3]{x}$ 在 $x=0$ 处连续但不可导.

证明　显然 $\lim\limits_{x\to 0}f(x)=\lim\limits_{x\to 0}\sqrt[3]{x}=0$，所以函数 $f(x)=\sqrt[3]{x}$ 在 $x=0$ 处连续. 又

$$\lim_{x\to 0}\frac{f(x)-f(0)}{x-0}=\lim_{x\to 0}\frac{\sqrt[3]{x}}{x}=\lim_{x\to 0}\frac{1}{\sqrt[3]{x^2}}=+\infty\ ,$$

即函数 $f(x)=\sqrt[3]{x}$ 在 $x=0$ 处不可导，也称函数 $f(x)=\sqrt[3]{x}$ 在 $x=0$ 处有无穷大导数. 它的几何意义是，曲线 $y=\sqrt[3]{x}$ 在点 (0,0)存在切线，切线就是 y 轴(它的斜率是 $+\infty$)，如图 4-5 所示.

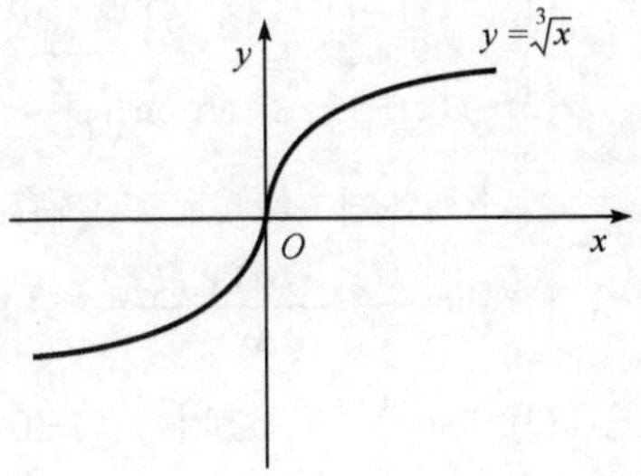

图 4-5

例 4.1.14　研究函数

$$f(x)=\begin{cases}x\sin\dfrac{1}{x}, & x\neq 0,\\ 0, & x=0\end{cases}$$

在点 $x=0$ 处的连续性和可导性.

解　因为

$$\lim_{x\to 0}f(x)=\lim_{x\to 0}\left(x\sin\frac{1}{x}\right)=0=f(0)\ ,$$

所以 $f(x)$ 在点 $x=0$ 处连续，但

$$\lim_{x\to 0}\frac{f(x)-f(0)}{x-0}=\lim_{x\to 0}\frac{x\sin\frac{1}{x}-0}{x}=\lim_{x\to 0}\sin\frac{1}{x}$$

不存在，故 $f(x)$ 在点 $x=0$ 处不可导.

此例说明“连续不一定可导”，连续只是可导的必要条件.

例 4.1.15　试确定常数 a,b 的值，使函数 $f(x)=\begin{cases}2\mathrm{e}^x+a, & x<0,\\ x^2+bx+1, & x\geqslant 0\end{cases}$ 在 $x=0$ 点处可导.

解　由可导与连续的关系，首先 $f(x)$ 在 $x=0$ 点处必须是连续的，即

$$f(0-0)=\lim_{x\to 0^-}f(x)=\lim_{x\to 0^-}(2\mathrm{e}^x+a)=2+a\ ,$$

$$f(0+0)=\lim_{x\to 0^+}f(x)=\lim_{x\to 0^-}(x^2+bx+1)=1=f(0)\ ,$$

由连续性有 $f(0+0)=f(0-0)=f(0)$，即 $2+a=1,a=-1$.

又

$$f'_+(0)=\lim_{x\to 0^+}\frac{f(x)-f(0)}{x-0}=\lim_{x\to 0^+}\frac{(x^2+bx+1)-1}{x}=b\ ,$$

$$f'_-(0)=\lim_{x\to 0^-}\frac{f(x)-f(0)}{x-0}=\lim_{x\to 0^-}\frac{(2\mathrm{e}^x-1)-1}{x}=2\lim_{x\to 0^-}\frac{\mathrm{e}^x-1}{x}=2\ .$$

由 $f(x)$ 在 $x=0$ 点处可导，有 $f'_-(0)=f'_+(0)$，即 $b=2$. 故当取 $a=-1,b=2$ 时，$f(x)$ 在 $x=0$ 点处可导.

习题 4-1

1. 根据导数的定义求下列函数的导数.

(1) $f(x)=(x-1)(x-2)^2(x-3)^3$，求 $f'(1)$, $f'(2)$, $f'(3)$；

(2) $f(x)=(x-1)\cdot\arcsin\sqrt{\dfrac{x}{1+x}}$，求 $f'(1)$.

2. 下列各题中均假定 $f'(x_0)$ 存在，按照导数定义观察下列极限，指出 A 表示什么：

(1) $\lim\limits_{\Delta x\to 0}\dfrac{f(x_0-\Delta x)-f(x_0)}{\Delta x}=A$；

(2) $\lim\limits_{x\to 0}\dfrac{f(x)}{x}=A$,其中 $f(0)=0$，且 $f'(0)$ 存在；

(3) $\lim\limits_{h\to 0}\dfrac{f(x_0+h)-f(x_0-h)}{h}=A$；

(4) $\lim\limits_{n\to\infty}n\left[f\left(x_0+\dfrac{1}{n}\right)-f(x_0)\right]=A$.

3. 讨论函数 $f(x)=\begin{cases}x^2\sin\dfrac{1}{x}, & x\neq 0,\\ 0, & x=0\end{cases}$ 在 $x=0$ 处的连续性与可导性.

4. 设函数 $f(x)$ 在 $x=2$ 处连续，且 $\lim\limits_{x\to 2}\dfrac{f(x)}{x-2}=3$，求 $f'(2)$.

5. 如果 $f(x)$ 为偶函数，且 $f'(0)$ 存在，证明 $f'(0)=0$.

6. 求下列函数 $f(x)$ 的 $f'_-(0)$和$f'_+(0)$，并问 $f'(0)$ 是否存在?

(1) $f(x)=\begin{cases}\sin x, & x<0,\\ \ln(1+x), & x\geqslant 0;\end{cases}$　　(2) $f(x)=\begin{cases}\dfrac{x}{1+e^{\frac{1}{x}}}, & x\neq 0,\\ 0, & x=0.\end{cases}$

7. 求曲线 $y=\ln x$ 在 $(1,0)$ 点的切线和法线方程.

8. 在抛物线 $y=x^2$ 上取横坐标为 $x_1=1$和$x_2=3$ 的两点，作过这两点的割线，问该抛物线上哪一点的切线可平行于这割线?

4.2　求导法则与导数公式

引入导数的概念后，我们自然提出两个最基本的问题：①如何求函数的导数？②导数有什么用？由于高等数学中研究的主要对象是初等函数. 由导数的构造性定义和初等函数的结构，以及数学运算的本质含义，自然得到下面求导示意图.

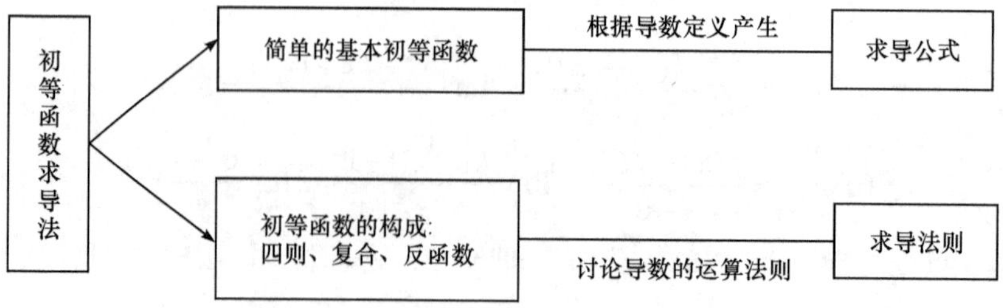

关于基本初等函数的导数我们前面已经讨论了，本节将讨论初等函数的求导方法.

4.2.1　函数四则运算的求导法则

求导运算是微积分的基本运算之一. 要迅速准确地求出函数的导数，如果总是按照导数的定义去求函数的导数，计算量很大，费时费力. 为此要把求导运算公式化，这样就需要求导法则.

定理 4.2.1 (和与差的求导法则)　若函数 $u(x)$ 与 $v(x)$ 在点 x 处可导，则它们的和、差都在点 x 处可导，且

$$[u(x)\pm v(x)]'=u'(x)\pm v'(x).$$

证明　根据导数的定义有

$$\begin{aligned}[u(x)\pm v(x)]'&=\lim_{\Delta x\to 0}\frac{[u(x+\Delta x)\pm v(x+\Delta x)]-[u(x)\pm v(x)]}{\Delta x}\\&=\lim_{\Delta x\to 0}\left[\frac{u(x+\Delta x)-u(x)}{\Delta x}\pm\frac{v(x+\Delta x)-v(x)}{\Delta x}\right]\\&=\lim_{\Delta x\to 0}\frac{u(x+\Delta x)-u(x)}{\Delta x}\pm\lim_{\Delta x\to 0}\frac{v(x+\Delta x)-v(x)}{\Delta x}\\&=u'(x)\pm v'(x).\end{aligned}$$

因此函数 $u(x)\pm v(x)$ 在点 x 处可导，且

$$[u(x)\pm v(x)]'=u'(x)\pm v'(x).$$

根据定理 4.2.1 及其证明，容易得到如下性质：

推论 4.2.1　若函数 $u(x)$ 与 $v(x)$ 在点 x 处可导，α,β 是常数，则 $\alpha u(x)+\beta v(x)$ 在点 x 处可导，且

$$[\alpha u(x)+\beta v(x)]'=\alpha u'(x)+\beta v'(x).$$

应用数学归纳法，可将定理 4.2.1 推广为任意有限个函数代数和的导数，即

推论 4.2.2　若函数 $u_1(x),u_2(x),\cdots,u_n(x)$ 都在点 x 处可导，则函数 $u_1(x)\pm u_2(x)\pm\cdots\pm u_n(x)$ 在点 x 处也可导，且

$$[u_1(x)\pm u_2(x)\pm\cdots\pm u_n(x)]'=u_1'(x)\pm u_2'(x)\pm\cdots\pm u_n'(x).$$

例 4.2.1　求函数 $f(x)=\sqrt{x}+\sin x+5$ 的导数.

解　由于 $\left(\sqrt{x}\right)'=\dfrac{1}{2\sqrt{x}}$，$(\sin x)'=\cos x$，$(5)'=0$，所以

$$f'(x)=(\sqrt{x}+\sin x+5)'=\left(\sqrt{x}\right)'+(\sin x)'+(5)'=\frac{1}{2\sqrt{x}}+\cos x.$$

例 4.2.2　求函数 $f(x)=5\log_2 x-2x^4$ 的导数.

解　$f'(x)=(5\log_2 x-2x^4)'=(5\log_2 x)'-(2x^4)'=5(\log_2 x)'-2(x^4)'$

$$=\frac{5}{x\ln 2}-8x^3.$$

定理 4.2.2 (积的求导法则)　若函数 $u(x)$ 与 $v(x)$ 在点 x 处可导，则函数 $u(x)\cdot v(x)$ 在点 x 处也可导，且

$$[u(x)v(x)]'=u(x)v'(x)+u'(x)v(x).$$

上式可以简写成

$$(uv)' = u'v + uv'.$$

证明　由于函数 $u(x)$ 与 $v(x)$ 在点 x 处可导，则函数 $u(x)$ 与 $v(x)$ 在点 x 处必连续. 进而当 $\Delta x \to 0$ 时，

$$v(x+\Delta x) \to v(x),$$

$$\frac{u(x+\Delta x)-u(x)}{\Delta x} \to u'(x),$$

$$\frac{v(x+\Delta x)-v(x)}{\Delta x} \to v'(x).$$

根据导数的定义有

$$\begin{aligned}
[u(x)\cdot v(x)]' &= \lim_{x\to 0}\frac{u(x+\Delta x)\cdot v(x+\Delta x)-u(x)\cdot v(x)}{\Delta x} \\
&= \lim_{x\to 0}\frac{u(x+\Delta x)\cdot v(x+\Delta x)-u(x)\cdot v(x+\Delta x)+u(x)\cdot v(x+\Delta x)-u(x)\cdot v(x)}{\Delta x} \\
&= \lim_{x\to 0}\left[\frac{u(x+\Delta x)-u(x)}{\Delta x}\cdot v(x+\Delta x)+u(x)\cdot\frac{v(x+\Delta x)-v(x)}{\Delta x}\right] \\
&= u'(x)\cdot v(x)+u(x)\cdot v'(x),
\end{aligned}$$

所以函数 $u(x)\cdot v(x)$ 在点 x 处也可导，且

$$[u(x)\cdot v(x)]' = u'(x)\cdot v(x)+u(x)\cdot v'(x).$$

注　$[u(x)v(x)]' \neq u'(x)v'(x)$.

应用归纳法，可将定理 4.2.2 推广为任意有限个函数乘积的导数，即

推论 4.2.3　若函数 $u_1(x), u_2(x), \cdots, u_n(x)$ 都在点 x 处可导，则函数 $u_1(x)u_2(x)\cdots u_n(x)$ 在点 x 处也可导，且

$$[u_1(x)u_2(x)\cdots u_n(x)]' = u_1'(x)u_2(x)\cdots u_n(x)+u_1(x)u_2'(x)\cdots u_n(x)+\cdots+u_1(x)u_2(x)\cdots u_n'(x).$$

定理 4.2.2 的特殊情形：当 $v(x)=C$ 是常数时，有

$$[Cu(x)]' = Cu'(x)+u(x)(C)' = Cu'(x).$$

例 4.2.3　求函数 $f(x)=x^2\sin x+2$ 的导数.

解　$$\begin{aligned}f'(x) &= (x^2\sin x+2)' = (x^2)'\sin x + x^2(\sin x)' + (2)' \\ &= 2x\sin x + x^2\cos x.\end{aligned}$$

定理 4.2.3 (商的求导法则)　若函数 $u(x)$ 与 $v(x)$ 在点 x 处可导，且 $v(x)\neq 0$，则函数 $\dfrac{u(x)}{v(x)}$ 在点 x 处也可导，且

$$\left[\frac{u(x)}{v(x)}\right]' = \frac{u'(x)v(x)-u(x)v'(x)}{v^2(x)}.$$

证明　先考虑 $u(x)=1$ 时的特殊情况. 设 $y=\dfrac{1}{v(x)}$，根据导数的定义有

$$\left[\frac{1}{v(x)}\right]' = \lim_{\Delta x\to 0}\frac{\dfrac{1}{v(x+\Delta x)}-\dfrac{1}{v(x)}}{\Delta x} = \lim_{\Delta x\to 0}\frac{-\dfrac{v(x+\Delta x)-v(x)}{\Delta x}}{v(x+\Delta x)\cdot v(x)} = -\frac{v'(x)}{v^2(x)}.$$

即函数 $\dfrac{1}{v(x)}$ 在点 x 处可导，且

$$\left[\frac{1}{v(x)}\right]'=-\frac{v'(x)}{v^2(x)}.$$

于是

$$\left[\frac{u(x)}{v(x)}\right]'=\left[u(x)\cdot\frac{1}{v(x)}\right]'=u'(x)\frac{1}{v(x)}+u(x)\left[\frac{1}{v(x)}\right]'$$
$$=u'(x)\frac{1}{v(x)}+u(x)\frac{-v'(x)}{v^2(x)}=\frac{u'(x)v(x)-u(x)v'(x)}{v^2(x)}.$$

注 $\left[\dfrac{u(x)}{v(x)}\right]'\neq\dfrac{u'(x)}{v'(x)}$.

例 4.2.4 求正切函数 $\tan x$ 与余切函数 $\cot x$ 的导数.

解

$$(\tan x)'=\left(\frac{\sin x}{\cos x}\right)'=\frac{(\sin x)'\cos x-\sin x(\cos x)'}{\cos^2 x}$$
$$=\frac{\cos^2+\sin^2 x}{\cos^2 x}=\frac{1}{\cos^2 x}=\sec^2 x\ ;$$
$$(\cot x)'=\left(\frac{\cos x}{\sin x}\right)'=\frac{(\cos x)'\sin x-\cos x(\sin x)'}{\sin^2 x}$$
$$=\frac{-\sin^2 x-\cos^2 x}{\sin^2 x}=-\frac{1}{\sin^2 x}=-\csc^2 x.$$

例 4.2.5 求正割函数 $\sec x$ 与余割函数 $\csc x$ 的导数.

解

$$(\sec x)'=\left(\frac{1}{\cos x}\right)'=-\frac{(\cos x)'}{\cos^2 x}=\frac{\sin x}{\cos^2 x}=\tan x\cdot\sec x\ ;$$
$$(\csc x)'=\left(\frac{1}{\sin x}\right)'=-\frac{(\sin x)'}{\sin^2 x}=-\frac{\cos x}{\sin^2 x}=-\cot x\cdot\csc x.$$

4.2.2 反函数的求导法则

为了求指数函数(对数函数的反函数)与反三角函数(三角函数的反函数)的导数，首先给出反函数求导法则.

定理 4.2.4 若函数 $f(x)$ 在 x 的某邻域连续，并严格单调，函数 $y=f(x)$ 在 x 处可导，且 $f'(x)\neq 0$，则它的反函数 $x=\varphi(y)$ 在 y ($y=f(x)$)处可导，并且

$$\varphi'(y)=\frac{1}{f'(x)},$$

即

$$\frac{\mathrm{d}x}{\mathrm{d}y}=\frac{1}{\dfrac{\mathrm{d}y}{\mathrm{d}x}}.$$

证明 由定理 1.3.1，函数 $y=f(x)$ 在 x 的某邻域存在反函数 $x=\varphi(y)$.

设反函数 $x=\varphi(y)$ 在点 y 处的自变量的改变量是 Δy ($\Delta y\neq 0$)，有

$$\Delta x=\varphi(y+\Delta y)-\varphi(y),$$
$$\Delta y=f(x+\Delta x)-f(x).$$

已知函数 $y=f(x)$ 在 x 的某邻域连续和严格单调，则反函数 $x=\varphi(y)$ 在 y 的某邻域也连续和严格单调，有 $\Delta y\to 0\Leftrightarrow \Delta x\to 0$，$\Delta y\neq 0\Leftrightarrow \Delta x\neq 0$. 于是

$$\frac{\Delta x}{\Delta y}=\frac{1}{\dfrac{\Delta y}{\Delta x}},$$

进而有

$$\lim_{\Delta y\to 0}\frac{\Delta x}{\Delta y}=\lim_{\Delta x\to 0}\frac{1}{\dfrac{\Delta y}{\Delta x}}=\frac{1}{\lim\limits_{\Delta x\to 0}\dfrac{\Delta y}{\Delta x}}=\frac{1}{f'(x)},$$

即反函数 $x=\varphi(y)$ 在 y 处可导，并且 $\varphi'(y)=\dfrac{1}{f'(x)}$.

注 由于 $y=f(x)$ 与 $x=\varphi(y)$ 互为反函数，所以上述公式也可以写成

$$f'(x)=\frac{1}{\varphi'(y)}.$$

例 4.2.6 求反三角函数 $y=\arcsin x$ 的导数.

解 $y=\arcsin x$ 在 $(-1,1)$ 连续，且严格单调，存在反函数 $x=\sin y$. 由反函数的求导法则，有

$$(\arcsin x)'=\frac{1}{(\sin y)'}=\frac{1}{\cos y},$$

但 $\cos y=\sqrt{1-\sin^2 y}=\sqrt{1-x^2}$ (因为当 $-\dfrac{\pi}{2}<y<\dfrac{\pi}{2}$ 时，$\cos y>0$，所以根号前只取正号)，从而有

$$(\arcsin x)'=\frac{1}{\sqrt{1-x^2}}.$$

用类似的方法可得

$$(\arccos x)'=-\frac{1}{\sqrt{1-x^2}},\quad (\arctan x)'=\frac{1}{1+x^2},\quad (\operatorname{arccot} x)'=-\frac{1}{1+x^2}.$$

4.2.3 复合函数的求导法则

我们经常遇到的函数是由几个基本初等函数生成的复合函数. 因此，复合函数的求导法则是求导运算中经常应用的一个重要法则.

定理 4.2.5 (链式法则 chain rule) 若函数 $u=g(x)$ 在点 x 可导，函数 $y=f(u)$ 在相应的点 u ($u=g(x)$) 处可导，则复合函数 $y=f[g(x)]$ 在点 x 处也可导，且

$$\{f[g(x)]\}'=f'(u)g'(x)\quad 或\quad \frac{\mathrm{d}y}{\mathrm{d}x}=\frac{\mathrm{d}y}{\mathrm{d}u}\frac{\mathrm{d}u}{\mathrm{d}x}.$$

证明　设 x 取得改变量 Δx，则 u 取得相应的改变量 Δu，从而 y 取得相应的改变量 Δy.

$$\Delta u = g(x+\Delta x) - g(x), \quad \Delta y = f(u+\Delta u) - f(u),$$

当 $\Delta u \neq 0$ 时，有

$$\frac{\Delta y}{\Delta x} = \frac{\Delta y}{\Delta u} \cdot \frac{\Delta u}{\Delta x}.$$

因为 $u = \varphi(x)$ 在点 x 处可导，则必连续，所以当 $\Delta x \to 0$ 时，$\Delta u \to 0$，因此

$$\lim_{\Delta x\to 0}\frac{\Delta y}{\Delta x} = \lim_{\Delta x\to 0}\frac{\Delta y}{\Delta u}\cdot\lim_{\Delta x\to 0}\frac{\Delta u}{\Delta x} = \lim_{\Delta u\to 0}\frac{\Delta y}{\Delta u}\cdot\lim_{\Delta x\to 0}\frac{\Delta u}{\Delta x}.$$

于是有

$$\{f[g(x)]\}' = f'(u)g'(x) \quad 或 \quad \frac{\mathrm{d}y}{\mathrm{d}x} = \frac{\mathrm{d}y}{\mathrm{d}u}\frac{\mathrm{d}u}{\mathrm{d}x}.$$

注　(1) 可以证明，当 $\Delta u = 0$ 时上述公式仍成立.

(2) 应用归纳法，可将定理 4.2.5 推广到任意有限多个函数生成的复合函数的情形. 以三个函数为例. 若 $y = f(u)$，$u = \varphi(v)$，$v = \psi(x)$ 都可导，则

$$\frac{\mathrm{d}y}{\mathrm{d}x} = \frac{\mathrm{d}y}{\mathrm{d}u}\frac{\mathrm{d}u}{\mathrm{d}v}\frac{\mathrm{d}v}{\mathrm{d}x} = f'(u)\varphi'(v)\psi'(x).$$

(3) 对于复合函数求导来说，链式法则是重要而且有用的方法. 用这个法则的关键是：将一个给定的复合函数分解成若干个基本初等函数，按照从外到内的顺序依次求导.

例 4.2.7　求 $y = \sin 5x$ 的导数.

解　函数 $y = \sin 5x$ 是函数 $y = \sin u$ 与 $u = 5x$ 的复合函数. 由复合函数求导法则有

$$(\sin 5x)' = (\sin u)'(5x)' = \cos u \cdot 5 = 5\cos 5x.$$

例 4.2.8　求函数 $y = \ln(-x)$ $(x<0)$ 的导数.

解　函数 $y = \ln(-x)$ 是函数 $y = \ln u$ 与 $u = -x$ 的复合函数，由复合函数求导法则有

$$[\ln(-x)]' = (\ln u)'(-x)' = \frac{1}{u}\cdot(-1) = \frac{1}{x}.$$

将这一结果与 $(\ln x)' = \dfrac{1}{x}$ 合并，有

$$(\ln|x|)' = \frac{1}{x} \quad (x \neq 0).$$

例 4.2.9　求幂函数 $y = x^\alpha$（α 是实数)的导数.

解　将 $y = x^\alpha$ 两端求自然对数，有 $\ln y = \alpha \ln x$，即

$$y = \mathrm{e}^{\alpha\ln x} \quad (x>0),$$

它是函数 $y = \mathrm{e}^u$ 与 $u = \alpha\ln x$ 的复合函数. 由复合函数求导法则，有

$$(x^\alpha)' = (\mathrm{e}^{\alpha\ln x})' = (\mathrm{e}^u)'(\alpha\ln x)' = \mathrm{e}^u\frac{\alpha}{x} = \mathrm{e}^{\alpha\ln x}\frac{\alpha}{x} = x^\alpha\frac{\alpha}{x} = \alpha x^{\alpha-1}.$$

即

$$(x^\alpha)' = \alpha x^{\alpha-1}.$$

若幂函数 $y=x^{\alpha}$ 的定义域是 **R** 或 **R**$-\{0\}$，则幂函数 $y=x^{\alpha}$ 的导数公式 $(x^{\alpha})'=\alpha x^{\alpha-1}$ 也是正确的.

对复合函数的分解比较熟练后，就不必再写出中间变量，而可采用下列例题的方式来计算.

例 4.2.10 设 $y=\ln\sin x$，求 y'.

解 $y'=(\ln\sin x)'=\dfrac{1}{\sin x}(\sin x)'=\dfrac{\cos x}{\sin x}=\cot x$.

例 4.2.11 求函数 $y=\tan^3\ln x$ 的导数.

解
$$y'=3\tan^2\ln x\cdot(\tan\ln x)'=3\tan^2\ln x\cdot\frac{1}{\cos^2\ln x}\cdot(\ln x)'$$
$$=3\tan^2\ln x\cdot\frac{1}{\cos^2\ln x}\cdot\frac{1}{x}=\frac{3\tan^2\ln x}{x\cos^2\ln x}.$$

4.2.4 初等函数的导数

以上我们根据导数的定义和求导法则得到了基本初等函数的导数公式. 它们是求初等函数导数的基础. 把它们集中起来，就是基本初等函数的导数公式表.

1. 基本初等函数的导数公式

(1) $(c)'=0$，其中 c 是常数；

(2) $(x^{\alpha})'=\alpha x^{\alpha-1}$，其中 α 是实数；

(3) $(\log_a x)'=\dfrac{1}{x}\log_a \mathrm{e}=\dfrac{1}{x\ln a}$， $(\ln x)'=\dfrac{1}{x}$；

(4) $(a^x)'=a^x\ln a$， $(\mathrm{e}^x)'=\mathrm{e}^x$；

(5) $(\sin x)'=\cos x$， $(\cos x)'=-\sin x$，

$(\tan x)'=\sec^2 x$， $(\cot x)'=-\csc^2 x$，

$(\sec x)'=\tan x\sec x$， $(\csc x)'=-\cot x\csc x$；

(6) $(\arcsin x)'=\dfrac{1}{\sqrt{1-x^2}}$， $(\arccos x)'=-\dfrac{1}{\sqrt{1-x^2}}$，

$(\arctan x)'=\dfrac{1}{1+x^2}$， $(\mathrm{arc}\cot x)'=-\dfrac{1}{1+x^2}$.

2. 函数四则运算的求导法则

若函数 $u(x)$ 与 $v(x)$ 在点 x 处可导，则

(1) $[u(x)\pm v(x)]'=u'(x)\pm v'(x)$；

(2) $[cu(x)]'=cu'(x)$（c 为常数）；

(3) $[u(x)v(x)]'=u(x)v'(x)+u'(x)v(x)$；

(4) $\left[\dfrac{u(x)}{v(x)}\right]'=\dfrac{u'(x)v(x)-u(x)v'(x)}{v^2(x)}\ (v(x)\neq 0)$.

3. 反函数求导法则

设 $x=\varphi(y)$ 及 $y=f(x)$ 互为反函数，$\varphi'(y)\neq 0$，则 $f'(x)=\dfrac{1}{\varphi'(y)}$.

4. 复合函数求导法则

设函数 $u=g(x)$ 在点 x 处可导，函数 $y=f(u)$ 在相应的点 u 处可导，则

$$\frac{\mathrm{d}y}{\mathrm{d}x}=\frac{\mathrm{d}y}{\mathrm{d}u}\frac{\mathrm{d}u}{\mathrm{d}x}\quad 或\quad \{f[g(x)]\}'=f'(u)g'(x).$$

根据求导法则和导数公式表，能求出任意初等函数的导数. 由导数公式表知，基本初等函数的导数还是初等函数. 于是，初等函数的导数仍是初等函数，即初等函数对导数运算是封闭的.

4.2.5　再论两个重要极限

在我们所接触的高等数学教材中都称 $\lim\limits_{x\to 0}\dfrac{\sin x}{x}=1$，$\lim\limits_{x\to 0}(1+x)^{\frac{1}{x}}=\mathrm{e}$ 为两个重要极限，指出其重要性是由于含有三角函数或多项式之比的 $\dfrac{0}{0}$ 型极限都可转化为 $\lim\limits_{x\to 0}\dfrac{\sin x}{x}=1$ 的推广形式

$$\lim_{\substack{x\to\square,\\ \varphi(x)\to 0}}\frac{\sin\varphi(x)}{\varphi(x)}=1\quad(\varphi(x)\neq 0)$$

求得；1^{∞} 型极限都可转化为 $\lim\limits_{x\to 0}(1+x)^{\frac{1}{x}}=\mathrm{e}$ 的推广形式

$$\lim_{\substack{x\to\square,\\ \varphi(x)\to 0}}\left[1+\varphi(x)+o(\varphi(x))\right]^{\psi(x)}=\mathrm{e}^{A}\quad(\varphi(x)\neq 0)$$

解决，其中 $\lim\limits_{x\to\square}\varphi(x)=0$，$\lim\limits_{x\to\square}\psi(x)=\infty$，$o(\varphi(x))$ 是 $\varphi(x)$ 的高阶无穷小，且 $\lim\limits_{x\to\square}[\varphi(x)\cdot\psi(x)]=A$.

但可导及导数的概念给出后，我们知道导数的概念性质及求法是微积分的重要组成部分. 而导数的基本公式又是重中之重，因为任何可导函数的求得，最终都得归结到导数的基本公式获得解决. 从前面导数的基本公式的推导可以看出，导数的基本公式都是由导数的构造性定义、导数的求导法则及两个重要极限得到的，如：

(1)　$y=\sin x$ 的导数.

$$y'=\lim_{\Delta x\to 0}\frac{\sin(x+\Delta x)-\sin x}{\Delta x}=\lim_{\Delta x\to 0}\cos\frac{2x+\Delta x}{2}\cdot\frac{\sin\dfrac{\Delta x}{2}}{\dfrac{\Delta x}{2}}=\cos x.$$

(2)　$y=\cos x$ 的导数.

由于 $y=\cos x=\sin\left(\dfrac{\pi}{2}-x\right)$，根据复合函数的求导法则

$$y'=\cos\left(\frac{\pi}{2}-x\right)\cdot\left(\frac{\pi}{2}-x\right)'=-\sin x.$$

(3)　$y=\tan x$ 的导数.

由于 $y=\tan x=\dfrac{\sin x}{\cos x}$，根据商的求导法则有

$y'=\dfrac{\cos^2 x+\sin^2 x}{\cos^2 x}=\dfrac{1}{\cos^2 x}=\sec^2 x$. 同理有

(4) $y=\cot x$ 的导数.

由于 $y=\cot x=\dfrac{\cos x}{\sin x}$，所以 $y'=-\csc^2 x$.

(5) $y=\sec x$ 的导数.

由于 $y=\sec x=\dfrac{1}{\cos x}$，所以 $y'=\sec x\cdot\tan x$.

(6) $y=\csc x$ 的导数.

由于 $y=\csc x=\dfrac{1}{\sin x}$，所以 $y'=-\csc x\cdot\cot x$.

(7) $y=\arcsin x$ 的导数.

由于 $y=\arcsin x\Rightarrow x=\sin y$，根据反函数的求导法则有

$y'=\dfrac{1}{\dfrac{\mathrm{d}x}{\mathrm{d}y}}=\dfrac{1}{\cos y}=\dfrac{1}{\sqrt{1-\sin^2 y}}=\dfrac{1}{\sqrt{1-x^2}}$. 同理可得

(8) $y=\arccos x$ 的导数.

由于 $y=\arccos x\Rightarrow x=\cos y$，根据反函数的求导法则有 $y'=-\dfrac{1}{\sqrt{1-x^2}}$.

(9) $y=\arctan x$ 的导数.

由于 $y=\arctan x\Rightarrow x=\tan y$，根据反函数的求导法则有 $y'=\dfrac{1}{1+x^2}$.

(10) $y=\operatorname{arccot} x$ 的导数.

由于 $y=\operatorname{arccot} x\Rightarrow x=\cot y$，根据反函数的求导法则有 $y'=-\dfrac{1}{1+x^2}$.

(11) $y=\log_a x\ \ (a>0,a\neq 1)$的导数.

$$y'=\lim_{\Delta x\to 0}\frac{\log_a(x+\Delta x)-\log_a x}{\Delta x}=\lim_{\Delta x\to 0}\frac{\log_a\dfrac{x+\Delta x}{x}}{\Delta x}=\log_a\lim_{\Delta x\to 0}\left(1+\frac{\Delta x}{x}\right)^{\frac{1}{\Delta x}}$$

$$=\log_a \mathrm{e}^{\frac{1}{x}}=\frac{1}{x}\log_a \mathrm{e}=\frac{1}{x}\cdot\frac{1}{\ln a}.$$

特别地，若 $y=\ln x$，则 $y'=\dfrac{1}{x}$.

(12) $y=a^x\,(a>0,a\neq 1)$的导数.

由于 $\ln y=x\ln a$，则 $x=\log_a y$，根据反函数求导法则有

$$y'=\frac{1}{\dfrac{\mathrm{d}x}{\mathrm{d}y}}=\frac{1}{\dfrac{1}{y\ln a}}=y\ln a=a^x\ln a.$$

特别地 $y=\mathrm{e}^x$，则 $y'=\mathrm{e}^x$.

(13) $y=x^{\alpha}$ (α 为实数)的导数.

由于 $y=\mathrm{e}^{\alpha\ln x}$，根据复合函数的求导法则有

$$y'=\mathrm{e}^{\alpha\ln x}\cdot\frac{\alpha}{x}=x^{\alpha}\cdot\frac{\alpha}{x}=\alpha x^{\alpha-1}.$$

综上可以看出导数的基本公式的源是极限 $\lim\limits_{x\to0}\dfrac{\sin x}{x}=1$，$\lim\limits_{x\to\infty}\left(1+\dfrac{1}{x}\right)^{x}=\mathrm{e}$ (或 $\lim\limits_{x\to0}(1+x)^{\frac{1}{x}}=\mathrm{e}$)，故我们说这两个极限是重要极限.

习题 4-2

1. 求下列函数的导数：

(1) $y=x^3+\dfrac{5}{x^4}-\dfrac{1}{x}+10$；

(2) $y=5x^3-3^x+3\sin 2$；

(3) $y=\tan x-2\sec x+3$；

(4) $y=x\ln x-x^2$；

(5) $y=3\mathrm{e}^x\cos x$；

(6) $y=x(x+1)\tan x$；

(7) $y=\dfrac{1-\cos x}{\sin x}$；

(8) $y=\dfrac{1}{1+x+x^2}$.

2. 求下列函数在给定点处的导数：

(1) $y=x\sin x+\dfrac{1}{2}\cos x$，求 $\left.\dfrac{\mathrm{d}y}{\mathrm{d}x}\right|_{x=\frac{\pi}{4}}$；

(2) $f(x)=\dfrac{3}{5-x}+\dfrac{x^2}{5}$，求 $f'(0)$ 和 $f'(2)$.

3. 求下列函数的导数：

(1) $y=(2x+5)^4$；

(2) $y=\ln(1+x^2)$；

(3) $y=\cos(4-3x)$；

(4) $y=\mathrm{e}^{-3x^2}$；

(5) $y=x^2\cdot\sin\dfrac{1}{x^2}$；

(6) $y=\mathrm{e}^{\tan\frac{1}{x}}$；

(7) $y=\arctan(\mathrm{e}^x)$；

(8) $y=\arcsin\sqrt{x}$；

(9) $y=\ln(\sec x+\tan x)$；

(10) $y=\ln(x+\sqrt{a^2+x^2})$；

(11) $y=(x+\sin^2 x)^3$；

(12) $y=\sqrt{1+\ln^2 x}$.

4. 设 $f(x)=(ax+b)\sin x+(cx+d)\cos x$，确定 a,b,c,d 使 $f'(x)=x\cos x$.

5. 求垂直于直线 $2x-6y+1=0$，且与曲线 $y=x^3-3x^2-5$ 相切的直线方程.

6. 设 $y=f\left(\dfrac{3x-2}{3x+2}\right)$，又 $f'(x)=\arctan x^2$，求 $\left.\dfrac{\mathrm{d}y}{\mathrm{d}x}\right|_{x=0}$.

7. 已知 $f(u)$ 可导，求函数 $y=f(\sec x)$ 的导数.

4.3 高阶导数

运动的速度是路程对于时间的变化率. 如果以 $s=f(t)$ 记运动规律，那么 $f'(t)$ 是速度，又加速度是速度对于时间的变化率，所以加速度便是 $f'(t)$ 对于时间 t 的导数

$$a=\frac{\mathrm{d}v}{\mathrm{d}t}=\frac{\mathrm{d}}{\mathrm{d}t}\left(\frac{\mathrm{d}s}{\mathrm{d}t}\right)=(f'(x))',$$

这就引出了求导函数的导数问题.

一般说来，函数 $y=f(x)$ 的导数 $y'=f'(x)$ 仍是 x 的函数，如果函数 $y'=f'(x)$ 的导数存在，这个导数就称为原来函数 $y=f(x)$ 的**二阶导数(second derivative)**，记作

$$y'',\quad f''(x)\quad 或\quad \frac{d^2y}{dx^2}.$$

按照定义，函数 $y=f(x)$ 在点 x 处的二阶导数就是

$$f''(x)=\lim_{\Delta x\to 0}\frac{f'(x+\Delta x)-f'(x)}{\Delta x}.$$

同样，如果 $y''=f''(x)$ 的导数存在，其导数就称为 $y=f(x)$ 的**三阶导数(third derivative)**，记作

$$y''',\quad f'''(x)\quad 或\quad \frac{d^3y}{dx^3}.$$

如果 $y'''=f'''(x)$ 的导数存在，其导数就称为 $y=f(x)$ 的**四阶导数(fourth derivative)**，记作

$$y^{(4)},\quad f^{(4)}(x)\quad 或\quad \frac{d^4y}{dx^4}.$$

一般地，如果 $y=f(x)$ 的 $(n-1)$ 阶导数 $y^{(n-1)}=f^{(n-1)}(x)$ 的导数存在，其导数就称为 $y=f(x)$ 的 n **阶导数(derivative of order n** of $y=f(x)$)，记作

$$y^{(n)},\quad f^{(n)}(x)\quad 或\quad \frac{d^ny}{dx^n}.$$

二阶及二阶以上的导数被称为**高阶导数(higher order derivative)**，$f'(x)$ **是一阶导数(fitst order derivative)**，$f(x)$ 被称为它自己的**零阶导数(zero order derivative)**.

显然，求高阶导数只需进行一连串通常的求导数运算即可.

例 4.3.1 求 n 次多项式 $y=a_0x^n+a_1x^{n-1}+\cdots+a_{n-1}x+a_n$ 的各阶导数.

解
$$y'=na_0x^{n-1}+(n-1)a_1x^{n-2}+\cdots+a_{n-1},$$
$$y''=n(n-1)a_0x^{n-2}+(n-1)(n-2)a_1x^{n-3}+\cdots+2a_{n-2}.$$

可见，每经过一次求导运算，多项式的次数就降一次，继续求导下去，易知

$$y^{(n)}=n!a_0,$$

是一个常数，由此

$$y^{(n+1)}=y^{(n+2)}=\cdots=0,$$

即 n 次多项式的一切高于 n 阶的导数都是零.

例 4.3.2 求下列函数的 n 阶导数：

(1) $y=e^{ax}$；　　(2) $y=a^x\,(a>0,a\neq 1)$.

解 (1) $y=e^{ax}$，$y'=ae^{ax}$，$y''=a^2e^{ax}$，…，$y^{(n)}=a^ne^{ax}$；

(2) $y=a^x$，$y'=(\ln a)a^x$，$y''=(\ln a)^2a^x$，…，$y^{(n)}=(\ln a)^na^x$.

例 4.3.3 求 $y=\ln(1+x)$ 的 n 阶导数.

解 $y'=\dfrac{1}{1+x}$，$y''=-\dfrac{1}{(1+x)^2}$，$y'''=\dfrac{1\cdot 2}{(1+x)^3}$，…，$y^{(n)}=(-1)^{n-1}\dfrac{(n-1)!}{(1+x)^n}$.

例 4.3.4 求 $y=\sin x$ 的 n 阶导数.

解　$y' = \cos x = \sin\left(x + \dfrac{\pi}{2}\right)$，

$y'' = \cos\left(x + \dfrac{\pi}{2}\right) = \sin\left(x + 2 \cdot \dfrac{\pi}{2}\right)$，

……

$y^{(n)} = \sin\left(x + n \cdot \dfrac{\pi}{2}\right)$.

同理

$$(\cos x)^{(n)} = \cos\left(x + n \cdot \frac{\pi}{2}\right).$$

例 4.3.5　设 $a \neq 0$，$f(x)$ 是 n 阶可导函数，求 $f(ax+b)$ 的 n 阶导数.

解　$[f(ax+b)]' = af'(ax+b)$，

$[f(ax+b)]'' = a[f'(ax+b)]' = a^2 f''(ax+b)$，

$[f(ax+b)]''' = a^2[f''(ax+b)]' = a^3 f'''(ax+b)$，

……

$[f(ax+b)]^{(n)} = a^n f^{(n)}(ax+b)$.

例 4.3.5 中的结论

$$[f(ax+b)]^{(n)} = a^n f^{(n)}(ax+b),$$

可以看作一个公式. 例如 $[\sin(ax+b)]^{(n)} = a^n \sin\left(ax + b + \dfrac{n\pi}{2}\right)$.

如果函数 $u(x), v(x)$ 都具有 n 阶导数，则那么其代数和的 n 阶导数是它们 n 阶导数的代数和，即

$$(u \pm v)^{(n)} = u^{(n)} \pm v^{(n)}.$$

至于它们乘积的 n 阶导数，现讨论如下：

应用乘积的求导法则，求出

$$(uv)' = u'v + uv',$$
$$(uv)'' = u''v + 2u'v' + uv'',$$
$$(uv)''' = u'''v + 3u''v' + 3u'v'' + uv''',$$

容易看出，它们右边的系数恰好与牛顿二项式的系数相同. 应用数学归纳法不难证明

$$(uv)^{(n)} = u^{(n)}v + C_n^1 u^{(n-1)}v' + C_n^2 u^{(n-2)}v'' + \cdots + C_n^k u^{(n-k)}v^{(k)} + \cdots + uv^{(n)} \tag{4.3.1}$$

成立，其中 $C_n^k = \dfrac{n(n-1)\cdots(n-k+1)}{k!}$.

公式(4.3.1)称为**莱布尼茨(Leibniz)公式**.

例 4.3.6　设 $y = x^2 e^{2x}$，求 $y^{(20)}$.

解　设 $u = e^{2x}$，$v = x^2$，则

$$u' = 2e^{2x},\ u'' = 2^2 e^{2x},\ \cdots,\ u^{(20)} = 2^{20} e^{2x},$$
$$v' = 2x,\ v'' = 2,\ v''' = 0,\ \cdots.$$

由莱布尼茨公式，有

$$\begin{aligned} y^{(20)} &= u^{(20)}v + C_{20}^1 u^{(19)}v' + C_{20}^2 u^{(18)}v'' \\ &= 2^{20}\cdot e^{2x}\cdot x^2 + 20\cdot 2^{19}\cdot e^{2x}\cdot 2x + 190\cdot 2^{18}\cdot e^{2x}\cdot 2 \\ &= 2^{20}e^{2x}(x^2+20x+95). \end{aligned}$$

习题 4-3

1. 求下列函数在指定点的高阶导数.

(1) $f(x)=\dfrac{x}{\sqrt{1+x^2}}$，求 $f''(0)$；

(2) $f(x)=e^{2x-1}$，求 $f''(0)$，$f'''(0)$；

(3) $f(x)=(x+10)^6$，求 $f^{(5)}(0)$，$f^{(6)}(0)$.

2. 求下列函数的导数.

(1) $y=e^{2x}\sin 3x$，求y''；

(2) $y=\dfrac{1}{x^2-3x+2}$，求$y^{(n)}$

3. 设 $y=f[x\varphi(x)]$，其中 f,φ 具有二阶导数，求 $\dfrac{d^2y}{dx^2}$.

4. 设$f(x)$二阶可导，求下列函数 y 的导数 $\dfrac{d^2y}{dx^2}$.

(1) $y=f(x^2)$； (2) $y=f(\sin^2 x)$.

5. 设 $f(x)=(x-a)^3\varphi(x)$，其中 $\varphi(x)$ 有二阶连续导数，问 $f'''(a)$ 是否存在；若不存在，请说明理由；若存在，求出其值.

6. 设 $y=y(x)$ 的反函数为 $x=x(y)$ 且 $y'(x)\neq 0$，$y''(x)$ 存在，试由反函数导数公式

$$\frac{dx}{dy}=\frac{1}{\dfrac{dy}{dx}}=\frac{1}{y'(x)} \text{ 导出 } \frac{d^2x}{dy^2}=-\frac{y''}{(y')^3}.$$

7. 问自然数 n 至少多大，才能使

$$f(x)=\begin{cases} x^n\sin\dfrac{1}{x}, & x\neq 0, \\ 0, & x=0 \end{cases}$$

在 $x=0$ 处二阶可导，并求 $f''(0)$.

4.4 隐函数与由参数方程所确定的函数的导数

4.4.1 隐函数的导数

函数 $y=f(x)$ 表示两个变量 y 与 x 之间的对应关系，这种对应关系可以用各种不同的式子表达. 前面我们遇到的函数，例如 $y=\sin x, y=\ln x+\sqrt{1-x^2}$ 等，这种函数表达式的特点：等号左端是因变量的符号，而右端是含有自变量的式子，当自变量取定义域内任一值时，由这式子确定对应的函数值. 用这种方式表达的函数称为**显函数**. 有些函数的表达式却不是这样，例如，方程

$$x+y^3-1=0$$

表示一个函数，因为当变量 x 在 $(-\infty,+\infty)$ 内取值时，变量 y 有确定的值与之对应. 这样的函数称为**隐函数**.

定义 4.4.1　设有非空数集 D. 若对任意 $x\in D$，由二元方程 $F(x,y)=0$，对应唯一一个 $y\in\mathbf{R}$，则称此对应关系 f (或写为 $y=f(x)$)是二元方程 $F(x,y)=0$ 确定的**隐函数**.

把一个隐函数化成显函数，称为**隐函数的显化**. 例如从方程 $x+y^3-1=0$ 解出 $y=\sqrt[3]{1-x}$，就把隐函数化成了显函数. 隐函数的显化有时是很困难的，甚至是不可能的. 例如，方程

$$y^5+2y-x-3x^7=0,$$

对于区间 $(-\infty,+\infty)$ 内任意取定的 x 值，上式成为以 y 为未知数的五次方程. 由代数学知道，这个方程至少有一个实根，所以方程在 $(-\infty,+\infty)$ 内确定了一个隐函数，但是这个函数很难用显式把它表达出来.

在实际问题中，有时需要计算隐函数的导数，因此我们希望有这样一种方法，不管函数能否显化，都能直接由方程算出它所确定的隐函数的导数来. 下面我们通过具体例子来说明这种方法.

例 4.4.1　求由方程 $\mathrm{e}^y+xy-\mathrm{e}=0$ 所确定的隐函数 $y=f(x)$ 的导数.

解　方程两边对 x 求导数(注意 y 是 x 的函数)，有

$$\frac{\mathrm{d}}{\mathrm{d}x}(\mathrm{e}^y+xy-\mathrm{e})=0,$$

$$\mathrm{e}^y\frac{\mathrm{d}y}{\mathrm{d}x}+y+x\frac{\mathrm{d}y}{\mathrm{d}x}=0,$$

解得隐函数的导数

$$\frac{\mathrm{d}y}{\mathrm{d}x}=-\frac{y}{x+\mathrm{e}^y}\quad (x+\mathrm{e}^y\neq 0).$$

例 4.4.2　求由方程 $xy+3x^2-5y-7=0$ 确定的函数 $y=f(x)$ 的导数.

解　方程两边对 x 求导数(注意 y 是 x 的函数)，有

$$(xy+3x^2-5y-7)'=0,$$

$$y+xy'+6x-5y'=0,$$

解得隐函数的导数

$$y'=\frac{6x+y}{5-x}\quad (5-x\neq 0).$$

例 4.4.3　求过双曲线 $\dfrac{x^2}{a^2}-\dfrac{y^2}{b^2}=1$ 上一点 (x_0,y_0) 的切线方程(其中 $y_0\neq 0$).

解　首先求过点 (x_0,y_0) 的切线斜率 k，即求方程 $\dfrac{x^2}{a^2}-\dfrac{y^2}{b^2}=1$ 确定的隐函数 $y=f(x)$ 的导数在点 (x_0,y_0) 的值.

方程两边对 x 求导数，有

$$\left(\frac{x^2}{a^2}-\frac{y^2}{b^2}\right)'=(1)',$$

即

$$\frac{2x}{a^2}-\frac{2yy'}{b^2}=0,$$

解得

$$y'=\frac{b^2x}{a^2y}.$$

所以

$$k=y'\Big|_{\substack{x=x_0\\y=y_0}}=\frac{b^2x_0}{a^2y_0}.$$

于是，切线的方程是

$$y-y_0=\frac{b^2x_0}{a^2y_0}(x-x_0)\quad 或\quad \frac{x_0x}{a^2}-\frac{y_0y}{b^2}=\frac{x_0^2}{a^2}-\frac{y_0^2}{b^2}.$$

因为点(x_0,y_0)在双曲线上，所以$\frac{x_0^2}{a^2}-\frac{y_0^2}{b^2}=1$. 于是，所求的切线方程是

$$\frac{x_0x}{a^2}-\frac{y_0y}{b^2}=1.$$

例 4.4.4　求由方程$x-y+\frac{1}{2}\sin y=0$所确定的隐函数$y=f(x)$的二阶导数$\frac{\mathrm{d}^2y}{\mathrm{d}x^2}$.

解　应用隐函数的求导方法，得

$$1-\frac{\mathrm{d}y}{\mathrm{d}x}+\frac{1}{2}\cos y\cdot\frac{\mathrm{d}y}{\mathrm{d}x}=0,$$

于是

$$\frac{\mathrm{d}y}{\mathrm{d}x}=\frac{2}{2-\cos y}.$$

上式两边再对x求导得

$$\frac{\mathrm{d}^2y}{\mathrm{d}x^2}=\frac{-2\sin y\frac{\mathrm{d}y}{\mathrm{d}x}}{(2-\cos y)^2}=\frac{-4\sin y}{(2-\cos y)^3}.$$

求某些显函数的导数，直接求它的导数比较繁琐，这时可将它化为隐函数，用隐函数求导法求其导数，比较简便. 将显函数化为隐函数常用的方法是等号两端取对数，称为**对数求导法**.

例 4.4.5　求幂指函数$y=x^x(x>0)$的导数.

解　等号两端取对数，有

$$\ln y=x\ln x,$$

对x求导数，得

$$\frac{y'}{y}=\ln x+1,$$

即

$$y'=y(\ln x+1)=x^x(\ln x+1).$$

例 4.4.6　设 $y=u(x)^{v(x)}$，$u(x)>0$，其中 $u(x),v(x)$ 均可导，求 y'.

解　两边取对数得

$$\ln y=v(x)\ln u(x),$$

两边对 x 求导，得

$$\frac{y'}{y}=v'(x)\ln u(x)+v(x)\frac{u'(x)}{u(x)},$$

于是

$$y'=u(x)^{v(x)}\left(v'(x)\ln u(x)+\frac{v(x)u'(x)}{u(x)}\right).$$

特别地，当 $u(x)=v(x)=x$ 时，$(x^x)'=x^x(1+\ln x)$，即得到例 4.4.5 的结果.

例 4.4.7　求函数 $y=\sqrt{\dfrac{(x-1)(x-2)}{(x-3)(x-4)}}$ 的导数.

解　等号两边取对数[①]，有

$$\ln|y|=\frac{1}{2}(\ln|x-1|+\ln|x-2|-\ln|x-3|-\ln|x-4|),$$

上式两边对 x 求导数，得

$$\frac{1}{y}y'=\frac{1}{2}\left(\frac{1}{x-1}+\frac{1}{x-2}-\frac{1}{x-3}-\frac{1}{x-4}\right),$$

于是

$$y'=\frac{1}{2}\sqrt{\frac{(x-1)x-2)}{(x-3)(x-4)}}\cdot\left(\frac{1}{x-1}+\frac{1}{x-2}-\frac{1}{x-3}-\frac{1}{x-4}\right).$$

4.4.2　由参数方程所确定的函数的导数

一般地，若参数方程

$$\begin{cases}x=\varphi(t),\\ y=\psi(t)\end{cases}\quad(\alpha\leqslant t\leqslant\beta)$$

确定 x 与 y 间的函数关系，则称此函数为由参数方程所确定的函数.

在实际问题中，需要计算由参数方程所确定的函数的导数. 由于可能消去参数时会带来困难，因此需要有一种方法直接由参数方程计算出它所确定的导数.

若 $x=\varphi(t)$ 与 $y=\psi(t)$ 都可导，且 $\varphi'(t)\neq 0$，又 $x=\varphi(t)$ 存在反函数 $t=\varphi^{-1}(x)$，则 y 是 x 的复合函数，即

$$y=\psi(t),\quad t=\varphi^{-1}(x).$$

由复合函数与反函数的求导法则，有

$$\frac{\mathrm{d}y}{\mathrm{d}x}=\frac{\mathrm{d}y}{\mathrm{d}t}\frac{\mathrm{d}t}{\mathrm{d}x}=\psi'(t)[\varphi^{-1}(x)]'=\psi'(t)\frac{1}{\varphi'(t)}=\frac{\psi'(t)}{\varphi'(t)},$$

① 严格地应分为 $x<1$，$2<x<3$ 和 $x>4$ 三种情形进行讨论，但这三种情形的结果是相同的.

即

$$\frac{\mathrm{d}y}{\mathrm{d}x}=\frac{\psi'(t)}{\varphi'(t)}.$$

上式也可以写成

$$\frac{\mathrm{d}y}{\mathrm{d}x}=\frac{\frac{\mathrm{d}y}{\mathrm{d}t}}{\frac{\mathrm{d}x}{\mathrm{d}t}}.$$

这就是由参数方程所确定的函数的求导公式.

若 $x=\varphi(t)$ 与 $y=\psi(t)$ 还具有二阶导数，进而又可求得由参数方程所确定的函数的二阶导数公式:

$$\frac{\mathrm{d}^2y}{\mathrm{d}x^2}=\frac{\mathrm{d}}{\mathrm{d}x}\left(\frac{\mathrm{d}y}{\mathrm{d}x}\right)=\frac{\mathrm{d}}{\mathrm{d}x}\left(\frac{\psi'(t)}{\varphi'(t)}\right)=\frac{\mathrm{d}}{\mathrm{d}t}\left(\frac{\psi'(t)}{\varphi'(t)}\right)\cdot\frac{\mathrm{d}t}{\mathrm{d}x}$$
$$=\frac{\psi''(t)\varphi'(t)-\psi'(t)\varphi''(t)}{[\varphi'(t)]^2}\cdot\frac{1}{\varphi'(t)}=\frac{\psi''(t)\varphi'(t)-\psi'(t)\varphi''(t)}{[\varphi'(t)]^3},$$

即

$$\frac{\mathrm{d}^2y}{\mathrm{d}x^2}=\frac{\psi''(t)\varphi'(t)-\psi'(t)\varphi''(t)}{[\varphi'(t)]^3}.$$

例 4.4.8 设 $\begin{cases}x=a\cos^3 t,\\ y=a\sin^3 t,\end{cases}$ 求 $\frac{\mathrm{d}y}{\mathrm{d}x}$.

解 $\frac{\mathrm{d}y}{\mathrm{d}x}=\frac{(a\sin^3 t)'}{(a\cos^3 t)'}=\frac{3a\sin^2 t\cos t}{a\cos^2 t(-\sin t)}=-\tan t\ (t\neq\frac{n\pi}{2},n$ 为整数$)$.

例 4.4.9 已知椭圆的参数方程为 $\begin{cases}x=a\cos t,\\ y=b\sin t,\end{cases}$ 求椭圆在 $t=\frac{\pi}{4}$ 处的切线方程.

解 当 $t=\frac{\pi}{4}$ 时，椭圆上的相应点 M_0 的坐标是

$$x_0=a\cos\frac{\pi}{4}=\frac{\sqrt{2}}{2}a,\quad y_0=b\sin\frac{\pi}{4}=\frac{\sqrt{2}}{2}b.$$

曲线在点 M_0 的切线斜率为

$$\left.\frac{\mathrm{d}y}{\mathrm{d}x}\right|_{t=\frac{\pi}{4}}=\left.\frac{(b\sin t)'}{(a\cos t)'}\right|_{t=\frac{\pi}{4}}=\left.\frac{b\cos t}{-a\sin t}\right|_{t=\frac{\pi}{4}}=-\frac{b}{a},$$

代入点斜式方程，即得椭圆在点 M_0 处的切线方程

$$y-\frac{b\sqrt{2}}{2}=-\frac{b}{a}\left(x-\frac{a\sqrt{2}}{2}\right),$$

化简后得

$$bx+ay-\sqrt{2}ab=0.$$

例 4.4.10 求由摆线的参数方程 $\begin{cases}x=a(t-\sin t),\\ y=a(1-\cos t)\end{cases}$ 所表示的函数 $y=y(x)$ 的二阶导数.

解
$$\frac{\mathrm{d}y}{\mathrm{d}x}=\frac{\frac{\mathrm{d}y}{\mathrm{d}t}}{\frac{\mathrm{d}x}{\mathrm{d}t}}=\frac{a\sin t}{a-a\cos t}=\frac{\sin t}{1-\cos t}\ (t\neq 2n\pi,n\in\mathbf{Z}),$$
$$\frac{\mathrm{d}^2y}{\mathrm{d}x^2}=\frac{\mathrm{d}}{\mathrm{d}x}\left(\frac{\mathrm{d}y}{\mathrm{d}x}\right)=\frac{\mathrm{d}}{\mathrm{d}t}\left(\frac{\sin t}{1-\cos t}\right)\frac{1}{\frac{\mathrm{d}x}{\mathrm{d}t}}$$
$$=-\frac{1}{1-\cos t}\cdot\frac{1}{a(1-\cos t)}=-\frac{1}{a(1-\cos t)^2}(t\neq 2n\pi,n\in\mathbf{Z}).$$

习题 4-4

1. 求下列函数的导数 $\frac{\mathrm{d}y}{\mathrm{d}x}$：

(1) $x^3+y^3-3axy=0$；　　(2) $\arctan\frac{y}{x}=\ln\sqrt{x^2+y^2}$；

(3) $x\mathrm{e}^y+y\mathrm{e}^x=10$；　　(4) $y=\tan(x+y)$；

(5) $xy=\mathrm{e}^{x+y}$；　　(6) $y^2+2\ln y=x^4$.

2. 设 $xy-\ln y=0$，求 $\left.\frac{\mathrm{d}y}{\mathrm{d}x}\right|_{x=0}$，$\left.\frac{\mathrm{d}^2y}{\mathrm{d}x^2}\right|_{x=0}$.

3. 求下列函数的导数：

(1) $y=x^{\sin x}\ (x>0)$；　　(2) $y=\sin x^{\cos x}$；　　(3) $y=(1+x^2)^{\sin x}$；

(4) $y=\frac{\sqrt{x+2}\cdot(3-x)^4}{(x+1)^5}$；　　(5) $y=\frac{\mathrm{e}^{2x}(x+3)}{\sqrt{(x+5)(x-4)}}$.

4. 求下列函数的导数：

(1) 设 $\begin{cases}x=\arctan t,\\ y=\ln(1+t^2),\end{cases}$ 求 $\frac{\mathrm{d}y}{\mathrm{d}x}$ 与 $\frac{\mathrm{d}^2y}{\mathrm{d}x^2}$；

(2) 设 $x=\alpha\ln\cot\theta$，$y=\tan\theta$，求 $\frac{\mathrm{d}y}{\mathrm{d}x}$ 与 $\frac{\mathrm{d}^2y}{\mathrm{d}x^2}$；

(3) 设 $x=f'(t)$，$y=tf'(t)-f(t)$，又 $f''(t)$ 存在且不为零，求 $\frac{\mathrm{d}y}{\mathrm{d}x}$ 与 $\frac{\mathrm{d}^2y}{\mathrm{d}x^2}$.

5. 已知 $\begin{cases}x=\mathrm{e}^t\sin t,\\ y=\mathrm{e}^t\cos t,\end{cases}$ 求当 $t=\frac{\pi}{3}$ 时 $\frac{\mathrm{d}y}{\mathrm{d}x}$ 的值.

4.5　微分及其运算

导数是表示函数变化率的概念，而微分则是表示函数变化量的概念．这两个概念都是从解决实际问题中提炼出来的概念，在解决问题过程中我们经常会遇到这样的计算问题，把实际问题转化成函数，需要考虑当自变量改变时，函数变化多少的情况(见例 4.1.1)．我们建立函数的主要目的之一就是能用简单量去认识复杂的量，而复杂量计算是不易求其值的，这就促使我们要寻找简单的近似计算的方法，微分的概念就是为了解决简单化计算方法而得到的．

4.5.1 微分的概念

微分也是微积分中的一个重要概念，它与导数等概念有着极为密切的关系. 如果说导数来源于求函数增量与自变量增量之比在自变量的增量趋近于零时的极限，那么微分就来源于求函数的增量的近似值. 已知函数 $y=f(x)$ 在点 x_0 的函数值为 $f(x_0)$，欲求函数 $f(x)$ 在点 x_0 附近一点 $x_0+\Delta x$ 的函数值 $f(x_0+\Delta x)$，常常是很难求得 $f(x_0+\Delta x)$ 的精确值. 在实际应用中，只要求出 $f(x_0+\Delta x)$ 的近似值也就够了. 为此讨论近似计算函数值 $f(x_0+\Delta x)$ 的方法.

例如，一块边长为 x_0 的正方形金属薄片受热膨胀，边长增长了 Δx，其面积的增量为

$$\Delta y=(x_0+\Delta x)^2-x_0{}^2=2x_0\Delta x+(\Delta x)^2 .$$

这个增量分成两部分，第一部分 $2x_0\Delta x$ 是 Δx 的线性函数，第二部分 $(\Delta x)^2$ 是 Δx 的高阶无穷小量，当 Δx 很小时，Δy 的表达式中，第一部分起主导作用，第二部分可以忽略不计. 因此，当给 x 以微小增量 Δx 时，由此所引起的面积增量 Δy 可近似地用 $2x_0\Delta x$ 来代替，相差仅是一个以 Δx 为边长的正方形面积(图 4-6)，当 $|\Delta x|$ 越小时相差也越小. 于是得到

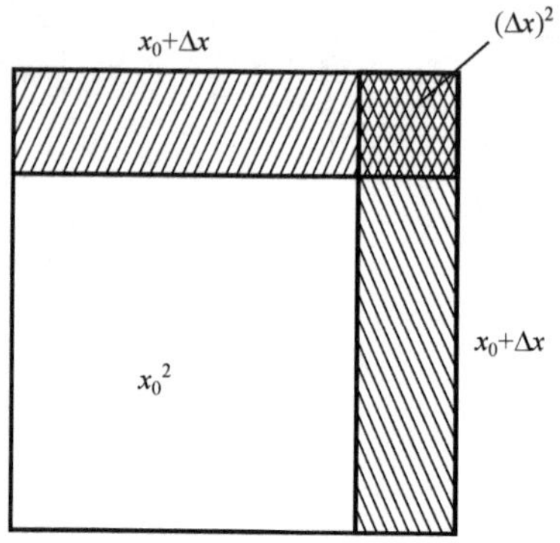

图 4-6

$$\Delta y\approx 2x_0\Delta x .$$

定义 4.5.1 设函数 $y=f(x)$ 在点 x_0 的某一邻域 $U(x_0)$ 内有定义，$x_0+\Delta x$ 在 $U(x_0)$ 内，如果 $y=f(x)$ 在点 x_0 处的增量 Δy 可以表示为

$$\Delta y=A\Delta x+o(\Delta x) , \tag{4.5.1}$$

其中 A 是与 Δx 无关的常数，$o(\Delta x)$ 是 Δx 的高阶无穷小，则称函数 $y=f(x)$ 在 x_0 处**可微(differentiable)**，$A\Delta x$ 称为函数 $f(x)$ 在 x_0 的**微分(differential)**，表示为

$$\mathrm{d}y=A\Delta x \quad 或 \quad \mathrm{d}f(x)\Big|_{x=x_0}=A\Delta x .$$

$A\Delta x$ 也称为(4.5.1)式的**线性主要部分**.“线性”是因为 $A\Delta x$ 是 Δx 的一次函数，“主要”是因为(4.5.1)式的右端 $A\Delta x$ 起主要作用，$o(\Delta x)$ 是 Δx 的高阶无穷小.

由定义可知，$\Delta y-\mathrm{d}y$ 是 Δx 的高阶无穷小，即

$$\lim_{\Delta x\to 0}\frac{\Delta y-\mathrm{d}y}{\Delta x}=\lim_{\Delta x\to 0}\frac{o(\Delta x)}{\Delta x}=0.$$

4.5.2 微分与导数的关系

定理 4.5.1 函数 $y=f(x)$ 在点 x_0 处可微的充要条件是 $y=f(x)$ 在点 x_0 处可导，且有

$$\mathrm{d}y=f'(x_0)\Delta x .$$

证明 设 $y=f(x)$ 在点 x_0 处可微，即

$$\Delta y=A\Delta x+o(\Delta x),$$

于是

$$\lim_{\Delta x\to 0}\frac{\Delta y}{\Delta x}=\lim_{\Delta x\to 0}\left[A+\frac{o(\Delta x)}{\Delta x}\right]=A,$$

所以，$y=f(x)$ 在点 x_0 处可导，且有 $A=f'(x_0)$.

反之，如果 $y=f(x)$ 在点 x_0 处可导，即

$$\lim_{\Delta x\to 0}\frac{\Delta y}{\Delta x}=f'(x_0),$$

由极限与无穷小的关系得

$$\frac{\Delta y}{\Delta x}=f'(x_0)+\alpha,$$

其中 $\lim\limits_{\Delta x\to 0}\alpha=0$，于是

$$\Delta y=f'(x_0)\Delta x+\alpha\Delta x.$$

显然，$\Delta x\to 0$ 时，$\alpha\Delta x=o(\Delta x)$，且 $f'(x_0)$ 与 Δx 无关，由微分定义可知，$y=f(x)$ 在点 x_0 处可微，且有 $\mathrm{d}y=f'(x_0)\Delta x$.

该定理说明了函数 $y=f(x)$ 在点 x_0 的可微性与可导性是等价的，且有关系式

$$\mathrm{d}y=f'(x_0)\Delta x.$$

通常把自变量 x 的增量 Δx 称为自变量的微分，记作 $\mathrm{d}x$，即

$$\mathrm{d}x=\Delta x.$$

于是函数 $y=f(x)$ 在点 x_0 的微分可以写成

$$\mathrm{d}y=f'(x_0)\mathrm{d}x.$$

当函数 $y=f(x)$ 在区间 (a,b) 内的每一点处都可微时，则称函数 $y=f(x)$ 在区间 (a,b) 内可微，此时微分表达式写为

$$\mathrm{d}y=f'(x)\mathrm{d}x.$$

上式也可写成

$$\frac{\mathrm{d}y}{\mathrm{d}x}=f'(x).$$

于是，函数 $y=f(x)$ 的导数等于该函数的微分 $\mathrm{d}y$ 与自变量的微分 $\mathrm{d}x$ 之商，因此，导数也称为微商.

注　微分 $\mathrm{d}y$ 既与 x 有关，也与 $\mathrm{d}x$ 有关，而 x 与 $\mathrm{d}x$ 是相互独立的两个变量.

例 4.5.1　已知 $y=x^2$，求 $\mathrm{d}y\Big|_{\substack{x=1\\ \Delta x=0.1}}$，$\mathrm{d}y\big|_{x=1}$，$\mathrm{d}y$.

解　$\mathrm{d}y=y'\mathrm{d}x=2x\mathrm{d}x$，$\mathrm{d}y\big|_{x=1}=(2x\mathrm{d}x)\big|_{x=1}=2\mathrm{d}x$，$\mathrm{d}y\Big|_{\substack{x=1\\ \Delta x=0.1}}=(2x\mathrm{d}x)\Big|_{\substack{x=1\\ \Delta x=0.1}}=0.2$.

4.5.3　微分的运算法则和公式

已知可微与可导是等价的，且 $\mathrm{d}y=y'\mathrm{d}x$. 由导数的运算法则和导数公式可相应地得到微分运算法则和微分公式.

1. 基本初等函数的微分公式

由基本初等函数的导数公式，可以直接写出基本初等函数的微分公式. 为了便于对照，列表如下：

导数公式	微分公式
$(c)'=0$	$\mathrm{d}(c)=0$
$(x^{\alpha})'=\alpha x^{\alpha-1}$	$\mathrm{d}(x^{\alpha})=\alpha x^{\alpha-1}\mathrm{d}x$
$(\log_a x)'=\dfrac{1}{x\ln a}$	$\mathrm{d}(\log_a x)=\dfrac{1}{x\ln a}\mathrm{d}x$
$(\ln x)'=\dfrac{1}{x}$	$\mathrm{d}(\ln x)=\dfrac{1}{x}\mathrm{d}x$
$(a^x)'=a^x\ln a$	$\mathrm{d}(a^x)=a^x\ln a\mathrm{d}x$
$(\mathrm{e}^x)'=\mathrm{e}^x$	$\mathrm{d}(\mathrm{e}^x)=\mathrm{e}^x\mathrm{d}x$
$(\sin x)'=\cos x$	$\mathrm{d}(\sin x)=\cos x\mathrm{d}x$
$(\cos x)'=-\sin x$	$\mathrm{d}(\cos x)=-\sin x\mathrm{d}x$
$(\tan x)'=\sec^2 x$	$\mathrm{d}(\tan x)=\sec^2 x\mathrm{d}x$
$(\cot x)'=-\csc^2 x$	$\mathrm{d}(\cot x)=-\csc^2 x\mathrm{d}x$
$(\sec x)'=\sec x\cdot\tan x$	$\mathrm{d}(\sec x)=\sec x\cdot\tan x\mathrm{d}x$
$(\csc x)'=-\csc x\cdot\cot x$	$\mathrm{d}(\csc x)=-\csc x\cdot\cot x\mathrm{d}x$
$(\arcsin x)'=\dfrac{1}{\sqrt{1-x^2}}$	$\mathrm{d}(\arcsin x)=\dfrac{1}{\sqrt{1-x^2}}\mathrm{d}x$
$(\arccos x)'=-\dfrac{1}{\sqrt{1-x^2}}$	$\mathrm{d}(\arccos x)'=-\dfrac{1}{\sqrt{1-x^2}}\mathrm{d}x$
$(\arctan x)'=\dfrac{1}{1+x^2}$	$\mathrm{d}(\arctan x)=\dfrac{1}{1+x^2}\mathrm{d}x$
$(\operatorname{arccot} x)'=-\dfrac{1}{1+x^2}$	$\mathrm{d}(\operatorname{arccot} x)=-\dfrac{1}{1+x^2}\mathrm{d}x$

2. 函数和、差、积、商的微分法则

由函数和、差、积、商的求导法则，可推得相应的微分法则. 为了便于对照，列表如下(表中 $u=u(x),v=v(x)$ 可导，在商中 $v\neq 0$).

函数和、差、积、商的求导法则	函数和、差、积、商的微分法则
$(u\pm v)'=u'\pm v'$	$\mathrm{d}(u\pm v)=\mathrm{d}u\pm\mathrm{d}v$
$(cu)'=cu'$	$\mathrm{d}(cu)=c\mathrm{d}u$
$(uv)'=u'v+uv'$	$\mathrm{d}(uv)=v\mathrm{d}u+u\mathrm{d}v$
$\left(\dfrac{u}{v}\right)'=\dfrac{u'v-uv'}{v^2}$	$\mathrm{d}\left(\dfrac{u}{v}\right)=\dfrac{v\mathrm{d}u-u\mathrm{d}v}{v^2}$

现在我们以乘积的微分法则为例加以证明.

事实上，由微分的表达式及乘积的求导法则，我们有

$$\mathrm{d}(uv)=(uv)'\mathrm{d}x=(u'v+uv')\mathrm{d}x=v(u'\mathrm{d}x)+u(v'\mathrm{d}x)=v\mathrm{d}u+u\mathrm{d}v.$$

其他法则都可以用类似的方法证明.

3. 复合函数微分法则

设 $y=f(u),u=\varphi(x)$ ，则复合函数 $y=f[\varphi(x)]$ 的微分为

$$\mathrm{d}y=y'_x\mathrm{d}x=f'(u)\varphi'(x)\mathrm{d}x.$$

由于 $\varphi'(x)\mathrm{d}x=\mathrm{d}u$ ，所以复合函数 $y=f[\varphi(x)]$ 的微分公式可以写成

$$\mathrm{d}y = f'(u)\mathrm{d}u \quad 或 \quad \mathrm{d}y = y'_u \mathrm{d}u.$$

由此可见，无论 u 是自变量还是另一个变量的函数，微分形式 $\mathrm{d}y = f'(u)\mathrm{d}u$ 保持不变. 这一性质称为**微分形式不变性**.

例 4.5.2　求下列函数的微分：

(1) $y = \sin(3x+1)$；　　(2) $y = \ln(1+\mathrm{e}^{x^2})$.

解　(1) $\mathrm{d}y = \mathrm{d}\sin(3x+1) = \cos(3x+1)\mathrm{d}(3x+1) = 3\cos(3x+1)\mathrm{d}x$；

(2) $\mathrm{d}y = \mathrm{d}\ln(1+\mathrm{e}^{x^2}) = \dfrac{1}{1+\mathrm{e}^{x^2}}\mathrm{d}(1+\mathrm{e}^{x^2}) = \dfrac{1}{1+\mathrm{e}^{x^2}}\cdot \mathrm{e}^{x^2}\mathrm{d}(x^2)$

$$= \frac{1}{1+\mathrm{e}^{x^2}}\cdot \mathrm{e}^{x^2}\cdot 2x\mathrm{d}x = \frac{2x\mathrm{e}^{x^2}}{1+\mathrm{e}^{x^2}}\mathrm{d}x.$$

4.5.4　微分的几何意义

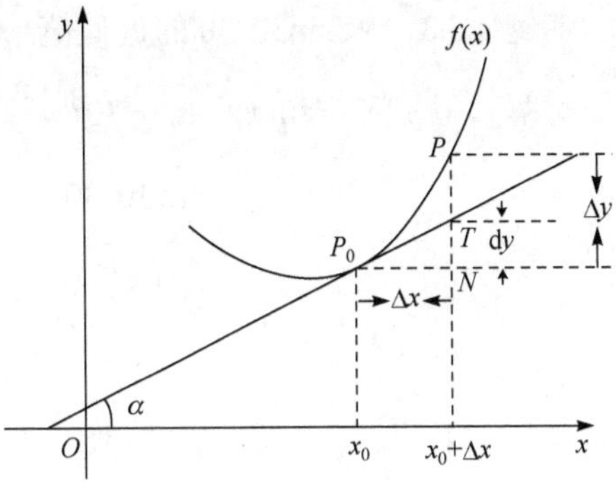

图 4-7

设函数 $y = f(x)$ 在 x_0 处可微，在直角坐标系中，过曲线 $y = f(x)$ 上的点 $P_0(x_0, f(x_0))$ 作切线 P_0T (图 4-7). 设 P_0T 的倾角为 α，则 $\tan\alpha = f'(x_0)$.

给 x 以增量 Δx，于是切线 P_0T 的纵坐标有相应的增量

$$NT = \tan\alpha \cdot \Delta x = f'(x_0)\Delta x = \mathrm{d}y.$$

由此可见，函数 $f(x)$ 在点 x_0 的微分 $\mathrm{d}y$ 就是曲线 $y = f(x)$ 在点 $P_0(x_0, f(x_0))$ 处的切线的纵坐标的增量.

4.5.5　微分在近似计算中的应用

若函数 $y = f(x)$ 在 x_0 可微，则 $\Delta y = \mathrm{d}y + o(\Delta x)$. 由

$$\Delta y = f(x_0+\Delta x) - f(x_0), \qquad \mathrm{d}y = f'(x_0)\Delta x,$$

有

$$f(x_0+\Delta x) - f(x_0) = f'(x_0)\Delta x + o(\Delta x)$$

或

$$f(x_0+\Delta x) = f(x_0) + f'(x_0)\Delta x + o(\Delta x).$$

设 $x = x_0 + \Delta x, \Delta x = x - x_0$，上式又可写成

$$f(x) = f(x_0) + f'(x_0)(x-x_0) + o(x-x_0)$$

或

$$f(x) \approx f(x_0) + f'(x_0)(x-x_0). \tag{4.5.2}$$

式(4.5.2)就是函数值 $f(x)$ 的近似计算公式. 特别是，当 $x_0 = 0$，且 $|x|$ 充分小时，式(4.5.2)就是

$$f(x) \approx f(0) + f'(0)x. \tag{4.5.3}$$

由式(4.5.3)可以推得几个常用的近似公式(当 $|x|$ 充分小时)：

(1) $\sin x \approx x$；　(2) $\tan x \approx x$；　(3) $e^x \approx 1+x$；

(4) $\dfrac{1}{1+x} \approx 1-x$；　(5) $\ln(1+x) \approx x$；　(6) $\sqrt[n]{1 \pm x} \approx 1 \pm \dfrac{x}{n}$.

以上几个近似公式易证，这里只给出最后一个近似公式的证明.

设 $f(x)=\sqrt[n]{1\pm x}$，则

$$f(0)=1,\quad f'(x)=\pm\frac{1}{n}(1\pm x)^{\frac{1}{n}-1},\quad f'(0)=\pm\frac{1}{n}.$$

由公式(4.5.3)，有

$$\sqrt[n]{1\pm x}\approx 1\pm\frac{x}{n}.$$

例 4.5.3 求 $\sin 30°30'$的近似值.

解 记 $f(x)=\sin x$，$x_0=30°=\dfrac{\pi}{6}$，$\Delta x=30'=\dfrac{\pi}{360}$，且 $f'(x)=\cos x$，有

$$\begin{aligned}\sin 30°30' &= f(x_0+\Delta x)\approx f(x_0)+f'(x_0)\Delta x\\ &=\sin\frac{\pi}{6}+\cos\frac{\pi}{6}\cdot\frac{\pi}{360}=\frac{1}{2}+\frac{\sqrt{3}}{2}\cdot\frac{\pi}{360}\\ &\approx 0.5076.\end{aligned}$$

习题 4-5

1. 在括号内填入适当的函数，使等式成立.

(1) $d(\qquad)=\cos t\,dt$；　(2) $d(\qquad)=\sin\omega x\,dx$；

(3) $d(\qquad)=\dfrac{1}{1+x}dx$；　(4) $d(\qquad)=e^{-2x}dx$；

(5) $d(\qquad)=\dfrac{1}{\sqrt{x}}dx$；　(6) $d(\qquad)=\sec^2 3x\,dx$；

(7) $d(\qquad)=\dfrac{1}{x}\ln x\,dx$；　(8) $d(\qquad)=\dfrac{x}{\sqrt{1-x^2}}dx$.

2. 求函数 $y=x^3+2x$ 在 $x=-1$ 当 $\Delta x=0.02$ 时的增量 Δy 与微分 dy.

3. 求下列函数的微分：

(1) $y=xe^x$；　(2) $y=\dfrac{\ln x}{x}$；

(3) $y=\cos\sqrt{x}$；　(4) $y=5^{\ln\tan x}$；

(5) $y=\sqrt{\arcsin x}+(\arctan x)^2$；　(6) $y=8x^x-6e^{2x}$；

(7) $y=\ln(2x+1)\cdot\sin x^2$；　(8) $y=\dfrac{1-x}{x^2}\cdot\sqrt[3]{\dfrac{7-x}{(x-4)^2}}$.

4. (1) 当$|x|$充分小时，求出$\sqrt{\dfrac{1-x}{1+x}}$的关于 x 的线性近似式；

(2) 计算 $\sqrt[3]{998}$ 的近似值.

复习题 4

1. 判断题

(1) $(x^2+1)'=2x+1$； (　　)

(2) 设函数 $f(x)$ 在 x 处可导；那么 $\lim\limits_{\Delta x\to 0}\dfrac{f(x)-f(x-\Delta x)}{\Delta x}=f'(x)$ 成立； (　　)

(3) 设函数 $y=\mathrm{e}^x$，则 $y^{(n)}=n\mathrm{e}^x$； (　　)

(4) $f''(100)=[f'(100)]'$； (　　)

(5) 若 $u(x)$，$v(x)$，$w(x)$ 都是 x 的可导函数,则 $(uvw)'=u'vw+uv'w+uvw'$； (　　)

(6) 若 $y=f(\mathrm{e}^x)\mathrm{e}^{f(x)}$，$f'(x)$ 存在，那么有 $y'_x=f'(\mathrm{e}^x)\mathrm{e}^{f(x)}+\mathrm{e}^{f(x)}f'(x)f(\mathrm{e}^x)$． (　　)

2. 填空题

(1) 曲线 $f(x)=\sqrt{x}+1$ 在点 $(1,2)$ 切线的斜率是__________．

(2) 曲线 $f(x)=\mathrm{e}^x$ 在点 $(0,1)$ 的切线方程是__________．

(3) 已知 $f(x)=x^3+3^x$，则 $f'(3)=$__________．

(4) 函数 $y=x^3-2$，当 $x=2$，$\Delta x=0.1$ 时，$\dfrac{\Delta y}{\Delta x}=$__________．

(5) 若函数 $f(x)$ 可导及 n 为自然数，则 $\lim\limits_{n\to\infty}n\left[f\left(x+\dfrac{1}{n}\right)-f(x)\right]=$__________．

(6) 曲线 $y=f(x)$ 在点 $M(x_0,f(x_0))$ 的法线斜率为__________．

(7) 设函数 $y=y(x)$ 是由方程 $x^2+y^2=1$ 确定,则 $y'=$__________．

(8) d__________ $=\sin 3x\mathrm{d}x$．

3. 单选题

(1) 下列函数中,在 $x=0$ 处可导的是(　　)．

(A) $y=|x|$；　(B) $y=2\sqrt{x}$；　(C) $y=x^3$；　(D) $y=|\sin x|$．

(2) 下列函数在 $x=0$ 处不可导的是(　　)．

(A) $y=2\sqrt{x}$；　(B) $y=\sin x$；　(C) $y=\cos x$；　(D) $y=x^3$．

(3) 设函数 $y=\begin{cases}x^2, & x\leqslant 1,\\ ax+b, & x>1\end{cases}$ 在 $x=1$ 处连续且可导，则(　　)．

(A) $a=1,b=2$；　(B) $a=3,b=2$；　(C) $a=-2,b=1$；　(D) $a=2,b=-1$．

(4) 设 $f(x)$ 在 x_0 处可导，则 $\lim\limits_{\Delta x\to 0}\dfrac{f(x_0-\Delta x)-f(x_0)}{\Delta x}=$ (　　)．

(A) $-f'(x_0)$；　(B) $f'(-x_0)$；　(C) $f'(x_0)$；　(D) $2f'(x_0)$．

(5) 设 $f(x)$ 在 $x=x_0$ 可导，当 $f'(x_0)=$ (　　)时，有 $\lim\limits_{x\to 0}\dfrac{x}{f(x_0-2x)-f(x_0)}=\dfrac{1}{4}$．

(A) 4；　(B) -4；　(C) 2；　(D) -2．

(6) 设 $f(x)$ 在 x_0 处不连续，则 $f(x)$ 在 x_0 处(　　)．

(A) 必不可导；　(B) 一定可导；　(C) 可能可导；　(D) 无极限.

(7) 若 $f(x)=\mathrm{e}^{-x}\cos x$，则 $f'(0)=$(　　)．

(A) 2；　(B) 1；　(C) -1；　(D) -2．

(8) 设 $y=f(x)$ 是可微函数，则 $\mathrm{d}f(\cos 2x)=$ (　　)．

(A) $2f'(\cos 2x)\mathrm{d}x$；　(B) $f'(\cos 2x)\sin 2x\mathrm{d}2x$；

(C) $2f'(\cos 2x)\sin 2x\mathrm{d}x$；　　(D) $-f'(\cos 2x)\sin 2x\mathrm{d}2x$.

4. 已知 $f(x)=\begin{cases}\sin x, & x<0,\\ x, & x\geqslant 0,\end{cases}$ 求 $f'(x)$.

5. 求等边双曲线 $y=\dfrac{1}{x}$ 在点 $\left(\dfrac{1}{2},2\right)$ 处的切线的斜率，并写出在该点处的切线方程和法线方程.

6. 计算下列各题.

(1) 设 $y=\sqrt[7]{x}+\sqrt[x]{7}+\sqrt[7]{7}$，求 $\dfrac{\mathrm{d}y}{\mathrm{d}x}$.

(2) 设 $y=x^2\mathrm{e}^{\frac{1}{x}}$，求 y'.

(3) 设 $y=x\sqrt{x}+\ln\cos x$，求 y'.

(4) 设 $y=y(x)$ 是由方程 $x^2+y^2-xy=4$ 确定的隐函数，求 $\mathrm{d}y$.

(5) 设 $\cos(x+y)+\mathrm{e}^y=1$，求 $\mathrm{d}y$.

(6) 已知 $y=x+x^x$，求 y'.

7. 求由方程 $y\sin x-\cos(x-y)=0$ 所确定的函数的导数.

8. 求由方程 $xy-\mathrm{e}^x+\mathrm{e}^y=0$ 所确定的隐函数 y 的导数 $\dfrac{\mathrm{d}y}{\mathrm{d}x},\left.\dfrac{\mathrm{d}y}{\mathrm{d}x}\right|_{x=0}$.

9. 求由方程 $xy+\ln y=1$ 所确定的函数 $y=f(x)$ 在点 $M(1,1)$ 处的切线方程.

自 测 题 4

一、单选题

1. 设 $f(0)=0$，且 $f'(0)$ 存在，则 $\lim\limits_{x\to 0}\dfrac{f(x)}{x}=(\quad)$.

(A) $f(0)$；　(B) $f'(0)$；　(C) $f'(x)$；　(D) 以上答案都不对.

2. 设 $y=f(x)$ 和 $y=g(x)$ 的图形如图 4-8 所示，$u(x)=f[g(x)]$，则 $u'(1)$ 的值为(　　).

(A) $\dfrac{3}{4}$；　(B) $-\dfrac{3}{4}$；　(C) $-\dfrac{1}{12}$；　(D) $\dfrac{1}{12}$.

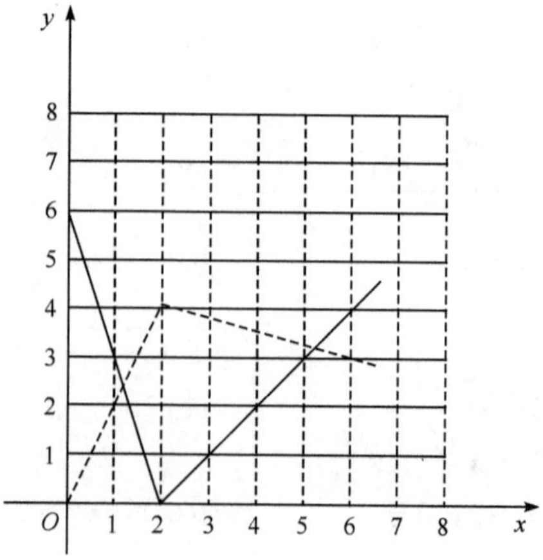

图 4-8

3. 设 $f(x)=\begin{cases}1, & x>0,\\ 0, & x=0,\\ 2, & x<0,\end{cases}$ 则 $f(x)$ 在 $x=0$ 处(　　).

(A) 左导数存在；　(B) 右导数存在；　(C) 不可导；　(D) 可导.

4. 设 $y=x^3+ax$ 曲线与曲线 $y=bx^2+c$ 在 $(-1,0)$ 处相切，其中 a,b,c 为常数，则(　　).

(A) $a=b=-1,c=1$；　(B) $a=1,b=2,c=-2$；

(C) $a=1,b=-2,c=2$；　(D) $a=c=1,b=-1$.

5. 设函数 $y=f(x)$ 在点 $x=x_0$ 处可微，$\Delta y=f(x_0+\Delta x)-f(x_0)$ 则当 $\Delta x\to 0$ 时，必有(　　).

(A) $\mathrm{d}y$ 是比 Δx 高阶的无穷小；　(B) $\mathrm{d}y$ 是比 Δx 低阶的无穷小；

(C) $\Delta y-\mathrm{d}y$ 是比 Δx 高阶的无穷小；　(D) $\Delta y-\mathrm{d}y$ 是比 Δx 低阶的无穷小.

6. 下列四条关于函数 $f(x)$ 的性质之间的正确关系是(　　).

(1) $f(x)$ 在点 x_0 处有定义；　(2) $f(x)$ 在点 x_0 处连续；

(3) $f(x)$ 在点 x_0 处可导；　(4) $f(x)$ 在点 x_0 处可微.

(A) $(4)\Leftrightarrow(3)\Rightarrow(1)\Rightarrow(2)$；　(B) $(4)\Leftrightarrow(3)\Rightarrow(2)\Rightarrow(1)$；

(C) $(2)\Rightarrow(4)\Leftrightarrow(3)\Rightarrow(1)$；　(D) $(1)\Rightarrow(2)\Rightarrow(3)\Leftrightarrow(4)$.

二、多选题

1. 设 $f(x)$ 是 $(-\infty,+\infty)$ 内的可导函数，$f'(0)\neq 0$，则下列计算正确的是(　　).

(A) $\lim\limits_{h\to 0}\dfrac{f(x_0+h)-f(x_0)}{h}=-f'(x_0)$；

(B) $\lim\limits_{h\to 0}\dfrac{f(x_0+h)-f(x_0-h)}{h}=2f'(x_0)$；

(C) $\lim\limits_{h\to 0}\dfrac{h}{f(x_0+h)-f(x_0)}=\dfrac{1}{f'(x_0)}$；

(D) $\lim\limits_{h\to 0}\dfrac{h}{f(x_0+2h)-f(x_0-h)}=-\dfrac{1}{f'(x_0)}$.

2. 设 $F(x)=f[g(x)]$，$G(x)=g[f(x)]$. 则根据下表提供的数据，有(　　).

(A) $F'(3)=-7$；　(B) $F'(3)=-14$；　(C) $G'(3)=-14$；　(D) $G'(3)=-8$.

x	$f(x)$	$f'(x)$	$g(x)$	$g'(x)$
3	5	−2	5	7
5	3	−1	12	4

三、判断题

1. 初等函数在其定义域内可导.　(　　)

2. 若曲线 $y=f(x)$ 在处不可导，则曲线在 $(x_0,f(x_0))$ 点处的切线不存在.　(　　)

3. $(3^x+\log_5 x)'=x3^{x-1}+\dfrac{1}{x}\ln 5$.　(　　)

4. 设周期函数 $f(x)$ 在 $(-\infty,+\infty)$ 内可导，周期为 4，又 $\lim\limits_{x\to 0}\dfrac{f(1)-f(1-x)}{2x}=-1$，则曲线 $y=f(x)$ 在点 $(5,f(5))$ 处的切线斜率为 $\dfrac{1}{2}$.　(　　)

5. $\mathrm{d}(\arctan\sqrt{1+x^2})=\dfrac{1}{2+x^2}\mathrm{d}x$.　(　　)

四、计算题

1. 设 $f(x)=(\sin x)^{x}+x$，求 $f'(x)$.

2. 函数 $y=f(x)$ 由方程 $y=\mathrm{e}^{xy}+\tan(xy)$ 所确定，求 $y'(0)$.

3. 设 $f(x)=\ln(x+\sqrt{1+x^{2}})$，求 $f''(x)$.

五、讨论题

设 n 是正整数，$f(x)=\begin{cases}x^{n}\sin\dfrac{1}{x}, & x\neq 0,\\ 0, & x=0,\end{cases}$ 当 n 为何值时，$f(x)$ 在 $x=0$ 处可导.

第 4 章　部分习题参考答案

课外阅读　数学家简介

柯西(Cauchy，1789—1857)，法国数学家. 在数学领域，有很高的造诣. 很多数学的定理和公式也都以他的名字来命名，如柯西不等式、柯西积分公式……

柯西在幼年时，他的父亲常带领他到法国参议院内的办公室，并且在那里指导他进行学习，因此他有机会遇到参议员拉普拉斯(Laplace，1749—1827)和拉格朗日(Lagrange，1736—1813)两位大数学家. 他们对他的才能十分赏识，拉格朗日认为他将来必定会成为大数学家，但建议他的父亲在他学好文科前不要学数学.

柯西是数学分析严格化的开拓者. 他怀着严格化的明确目标，为数学分析建立了一个基本严谨的完整体系. 他说：“至于方法，我力图赋予几何学中存在的严格性，决不求助于从代数一般性导出的推理. 这种推理只能认为是一种推断，有时还适用于提示真理，但与数学科学的令人叹服的严谨性很不相符.”他说“他通过分析公式成立的条件和规定所用记号的意义，消除了所有不确定性”，并说：“我的主要目标是使严谨性(这是我在《分析教程》中为自己制定的准则)与基于无穷小的直接考虑所得到的简单性和谐一致.” 柯西简洁而严格地证明了微积分学基本定理即牛顿-莱布尼茨公式. 他利用定积分严格证明了带余项的泰勒公式，还用微分与积分中值定理表示曲边梯形的面积，推导了平面曲线之间图形的面积、曲面面积和立体体积的公式.

柯西是第一个认识到无穷级数论并非多项式理论的平凡推广而应当以极限为基础建立其完整理论的数学家. 他以部分和有限定义级数收敛，并以此极限定义收敛级数之和. 18 世纪中许多数学家都隐约地使用过这种定义，柯西则明确地陈述这一定义，并以此为基础比较严格地建立了完整的级数论. 他给出所谓“柯西准则”，证明了必要性，并以理所当然的口气断定充分性.

柯西还是复变函数论的奠基人. 19 世纪，复变函数论逐渐成为数学的一个独立分支，柯西为此作了奠基性的工作.《分析教程》中有一半以上篇幅讨论复数与初等复函数，这表明柯西早就把建立复变函数论作为分析的一项重要工程. 他以形式方法引进复数(“虚表示式”)，定义其基本运算，得到这些运算的性质. 他比照实的情形定义复无穷小与复函数的连续性.

柯西在分析方面最深刻的贡献在常微分方程领域. 他首先证明了方程解的存在和唯一性. 在他以前，没有人提出过这种问题. 通常认为是柯西提出的三种主要方法，即柯西-利普希茨法、逐渐逼近法和强级数法，实际上以前也散见到用于解的近似计算和估计. 柯西的最大贡献就是看到通过计算强级数，可以证明逼近步骤收敛，其极限就是方程的所求解.

柯西是一位多产的数学家，在数学写作上，他是被认为在数量上仅次于欧拉的人，他一生一共写作了 789 篇论文. 他的全集从 1882 年开始出版到 1974 年才出齐最后一卷，总计 28 卷. 作为一位学者，他思路敏捷，功绩卓著. 由柯西卷帙浩大的论著和成果，人们不难想象他的一生是怎样孜孜不倦地勤奋工作. 而柯西却是个具有复杂性格的人. 他是忠诚的保王党人，热心的天主教徒，落落寡欢的学者. 尤其作为久负盛名的科学泰斗，他常常忽视青年学者的创造. 例如，由于柯西“失落”了才华出众的年轻数学家阿贝尔和伽罗瓦的开创性论文手稿，造成群论晚问世半个世纪. 但在数学史上，他是一代宗师.

佩亚诺(Peano, 1858—1932)，意大利数学家，逻辑学家，1858 年 8 月 27 日生于库内奥(Cuneo)；1932 年 4 月 20 日卒于都灵(Turin).

佩亚诺的父母有 4 男 1 女，佩亚诺是第二个孩子. 他们家以耕作为生，虽处在文盲充斥的农村，但佩亚诺的父母有见识且很开朗，让子女都接受教育. 他家住在离省城库内奥 3 英里的地方，每天佩亚诺和其兄米切勒必须步行去省城念书. 为了方便孩子们上学，他父母把家搬到城内，直到他最小的妹妹小学毕业，才又搬回农场. 他的舅舅是一位牧师和律师，住在都灵. 由于佩亚诺勤学好问，成绩优异，舅舅接他去都灵读书. 开始时他接受私人教育(包括舅舅的教育)和自学，使他能于 1873 年通过卡沃乌尔(Cavour)学校的初中升学考试而入了学. 1876 年高中毕业，因成绩优异获得奖学金，进入都灵大学读书. 他先读工程学，在修完两年物理与数学之后，决定专攻纯数学. 在校 5 年，他学习的科目十分广泛. 1880 年 7 月，他以高分拿到大学毕业证书，并留校当 E. 奥维迪奥(D'ovidio)教授的助教，一年后又转为分析学家 A. 杰诺其(Genocchi)教授的助教. 1882 年春杰诺其摔坏了膝盖骨，佩亚诺便接替他讲授分析课. 1884 年任都灵大学微积分学讲师. 1890 年 12 月经过正规竞争，佩亚诺成为都灵大学的临时性教授，1895 年成为正式教授，他一直在都灵大学教书，直到去世.

佩亚诺是许多科学协会的会员，也是意大利皇家学会会员. 他在分析方面的研究颇有成绩，是符号逻辑的奠基人，又是国际语的创立者. 佩亚诺于 1932 年 4 月 20 日夜里因心绞痛逝世. 按照他的意愿，葬礼非常简朴，他被葬在都灵公墓. 1963 年，他的遗骸被迁往老家斯皮内塔的家族墓地.

佩亚诺作为符号逻辑的先驱和公理化方法的推行人而著名. 他的工作是独立于戴德金而

做出的. 虽然戴德金也曾发表过一篇自然数方面的文章，观点与佩亚诺的基本相同，但表达得不如佩亚诺明晰，没有引起人们注意. 佩亚诺以简明的符号及公理体系为数理逻辑和数学基础的研究开创了新局面. 他在逻辑方面的第一篇文章出现在他 1888 年出版的《几何演算——基于格拉斯曼的“扩张研究”》一书中. 该文独立成章共 20 页，是关于“演绎逻辑的运算”的. 佩亚诺不同意罗素的观点，而是布尔(Boole)、施勒德(Schroder)、皮尔斯(Peirce)和麦科尔(Mccoll)等人工作的综合和发展. 1889 年佩亚诺的名著《算术原理新方法》出版，在这本小册子中他完成了对整数的公理化处理，在逻辑符号上有许多创新，从而使推理更加简洁. 书中他给出了举世闻名的自然数公理，成为经典之作. 1891 年佩亚诺创建了《数学杂志》，并在这个杂志上用数理逻辑符号写下了这组自然数公理，且证明了它们的独立性. 佩亚诺用两个不定义的概念“1”和“后继者”及四个公理来定义自然数.

19 世纪 90 年代，他继续研究逻辑，并向第一届国际数学家大会投了稿. 1990 年在巴黎的哲学大会上，佩亚诺和他的合作者布拉利-福尔蒂(Burali-Forti)、帕多阿(Padoa)及皮耶里(Pieri)主持了讨论. 罗素后来写道：“这次大会是我学术生涯的转折点，因为在这次大会上我遇到了佩亚诺.”佩亚诺对 20 世纪中期的逻辑发展起了很大作用，对数学作出了卓越的贡献.

佩亚诺在《数学杂志》上公布他和他的追随者的逻辑与数学基础方面的结果. 他还在上面公布了他的“数学公式”的庞大计划，并且在这项工作上花费了 26 年的时间. 他期望能从他的数理逻辑记号的若干基本公理出发建立整个数学体系. 他使数学家的观点发生了深刻变化，对布尔巴基学派产生了很大影响.

佩亚诺的《数学公式汇编》共有 5 卷，1895—1908 年出版，仅第 5 卷就含有 4200 条公式和定理，有许多还给出了证明，书中有丰富的历史与文献信息，有人称它为“无尽的数学矿藏”. 他不是把逻辑作为研究的目标，他只关注逻辑在数学中的发展，称自己的系统为数学的逻辑.

佩亚诺在其他领域中也使用了公理化方法，特别是对几何. 从 1889 年开始，他对初等几何采用公理化的处理方法，给出了几套公理系统. 1894 年他将这种方法加以延伸，在帕施(Pasch)工作的基础上将几何中不可定义的项消减为三个(点、线段和运动)，后来皮耶里(Pieri)在 1899 年又把几何中不可定义的项消减为二个(点和运动).

他的许多论文都是对已有的定义和定理给出更加清晰和严格的描述及应用，例如 1882 年施瓦兹(Schwarz)引入了曲面的表面积这个概念，但没有说清楚，一年后佩亚诺独立地将曲面表面积的概念清晰化.

佩亚诺引入并推广了“测度”的概念. 1888 年开始，他将格拉斯曼(Grassmann)的向量方法推广应用于几何，他的表述比格拉斯曼清晰得多，对意大利的向量分析研究作了很大的推动.

1890 年，佩亚诺发现一种奇怪的曲线，只要恰当选择函数 $\varphi(t)$ 和 $\psi(t)$，由 $x=\varphi(t), y=\psi(t)$ 定义的一条连续的参数曲线，当参数 t 在 $[0,1]$ 区间取值时，曲线将遍历单位正方形中所有的点，得到一条充满空间的曲线. 稍后希尔伯特和佩亚诺还找到另外一些这样的曲线.

佩亚诺认为自己最重要的工作在分析方面. 的确，他在分析方面的工作是非常新颖的，有不少是开创性的. 1883 年，他给出了定积分的一个新定义，将黎曼积分定义为黎曼和当其最小上界等于最大下界时所取的公共值. 这是设法使积分定义摆脱极限概念所作的努力. 1886 年，他率先证出一阶微分方程 $y'=f(x,y)$ 可解的唯一条件是 f 的连续性，并给出稍欠严格的证明. 1890 年，他又用另一种证法把这一结果推广到一般的微分方程组，并给出选择公理的直接明晰的描述. 这比策梅洛(Zermelo)早 14 年. 但佩亚诺拒绝使用选择公理，因为它超出数学证明所用的普通逻辑之外. 1887 年，他发现了解线性微分方程的逐次逼近法，但人们把功劳归于比他晚一年给出此法的皮卡(Picard). 佩亚诺还给出了积分方程的误差项，并发展成“渐近算子”的理论，它是解决数学方程的一个新方法. 1901—1906 年之间，他就保险数学投过稿. 作为国家委员会的一员，他曾被请为估计退休金的金额. 1895—1896 年，他写过理论力学方面的文章，其中有几篇是关于地球自转轴的运动. 他的工作还涉及特殊的行列式、泰勒公式及求积分公式的推广等. 1893 年，佩亚诺发表了《无穷小分析教程》，书中的清晰而严格的表述令人叹服. 它与佩亚诺与杰诺其的著作《微分学与积分学原理》被德国的数学百科全书列在自欧拉(Euler)和柯西时代以来最重要的 19 本微积分教科书之中.

佩亚诺撰写的《数学百科全书》有很多引人注目的地方. 例如对微分中值定理的推广；多变量函数一致连续性的判定定理；隐函数存在定理以及其可微性定理的证明；部分可微但整体不可微的函数的例子；多变元函数泰勒展开的条件；当时流行的极小理论的反例等.

1900 年，佩亚诺对国际辅助语发生了兴趣，因为他的语言能力很强，他曾用英语、意大利语、德语和波兰语写各种书评. 1903 年，他在《数学杂志》上发表了对国际语的见解. 他想构造一种对学者特别是科学家通用的国际语言. 他认为已经存在着大量源于拉丁语的科学词汇，试图将选择每个词的合成形式. 他把拉丁语的词干加到德语或英语的字中，使学者们能很快识别出来. 他认为最好的语法是无语法，主张取消复杂的词尾变化. 1908 年，佩亚诺当选为国际语协会的主席，直到去世. 他领导这个协会自由讨论，于 1919 年出版了《拉丁语意大利语-法语-英语-德语公共词汇》，其中含有 14000 个词条，佩亚诺把自己后期的精力绝大部分用在这项工作上. 他被誉为国际语的创立者.

佩亚诺的教学工作也很出色，因此曾被军事学院和理工学院聘去兼课. 他对教育有浓厚的兴趣，并作出一些贡献. 他坚决反对向学生施加过重的压力，1912 年，他针对小学曾发表过《反对考试》的短文，他说：“用考试来折磨可怜的学生，要他们掌握一般受过教育的成人都不知道的东西，真是对人性的犯罪……同样的原则也适应于中学和大学.”他很关心教学内容的严谨性，他认为定义一定要准确清晰，证明必须正确无误，可以省去那些困难的内容. 他在中学数学教师中间组织了一系列的讨论，试图促进数学教育向清晰、精确和简单化方向发展.

佩亚诺还注意研究数学史，他曾给出关于数学术语出处的精辟论述. 在数学教学中，他常介绍数学史知识，挖掘莱布尼茨(Leibniz)、牛顿(Newton)等人的数学思想，对同时代的人影响很大.

佩亚诺还和他的《数学公式汇编》的合作者一起，创办了一所学校. 他的学识和对学生的宽容，使他吸引了一批在数学和哲学上兴趣相投的人，形成他的学派，该学派对数理逻辑与向量分析在意大利的发展起过重大作用.

第5章

微分中值定理与导数的应用

Mean Value Theorems of Differential and Derivative's Applications

在这一章里，我们将利用函数的导数这一有效工具来研究函数自身具有的性质，首先，介绍微分中值定理. 然后，运用微分中值定理，介绍一种求未定式极限的有效方法——洛必达法则. 最后，运用微分中值定理，通过导数来研究函数及其曲线的某些性态，并利用这些知识解决一些实际问题.

5.1 微分中值定理——导数的性质及应用

中值定理揭示了函数在某区间的整体性质与该区间内部某一点的导数之间的关系，因而称为中值定理. 中值定理既是用微分学知识解决应用问题的理论基础，又是解决微分学自身发展的一种理论性模型，因而称为微分中值定理. 微分中值定理包括罗尔定理、拉格朗日中值定理、柯西中值定理.

我们都知道数学研究问题的规律性是概念、性质、运算，每当给出一个新的概念，就要讨论它的性质和运算. 那么可导函数除了通过可导与连续之间的关系得到闭区间的可导函数具有闭区间上连续函数的性质外，它还有什么其他的性质呢？我们似乎感到茫然没有头绪，因为性质是其概念中所隐含的“资本、财产”. 所以自然想到回到引进导数概念的问题思考，而引进导数概念的问题之一是速度，也就是我们把 x 看成时间，$f(x)$ 看成直线运动质点走过的路程时，则 $f'(x)$ 就是瞬时速度，从瞬时速度是通过该点附近的平均速度

$$\frac{f(b)-f(a)}{b-a}=\bar{v}$$

求极限而得到的. 因而平均速度一定介于瞬时速度 $f'(x)$ 的最大值与最小值之间，也就是说应该存在 $\xi\in[a,b]$，使得 $f'(\xi)=\dfrac{f(b)-f(a)}{b-a}$. 有了基本的猜测后，需要从理论上给出证明和简化，而在这方面的讨论中，常用的方法是从简单到复杂、从特殊到一般，然后再把复杂拆成简单、把一般化成特殊的方法. 而上述等式中当 $f(a)=f(b)$ 时，显然是一种简单的特殊情况，即，若 $f(x)$ 在 $[a,b]$ 上可导，且 $f(a)=f(b)$，则存在 $\xi\in[a,b]$，使得 $f'(\xi)=0$，这恰恰是罗尔定理的雏形. 进一步，通过探讨简化就可得到目前的罗尔定理.

5.1.1 罗尔定理

定理 5.1.1 (罗尔(Rolle)定理) 如果函数 $f(x)$ 满足：

(1) 在 $[a,b]$ 上连续；

(2) 在 (a,b) 内可导；

(3) $f(a)=f(b)$.

则至少存在一点 $\xi\in(a,b)$，使得 $f'(\xi)=0$.

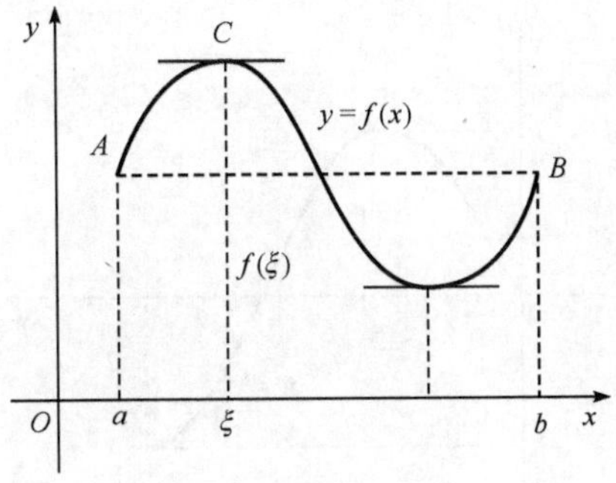

图 5-1

如图 5-1 所示，由定理假设知函数 $f(x)$ 在 $[a,b]$ 上连续，表明函数 $y=f(x)$（$a\leqslant x\leqslant b$）的图形是一条连续曲线段 AB，函数 $f(x)$ 在 (a,b) 内可导，表明函数 $y=f(x)$（$a<x<b$）的图形上每一点处都有切线，$f(a)=f(b)$ 表示直线段 $\overline{AB}$ 平行于 x 轴. 定理的结论表明，在曲线 AB 上至少存在一点 C，在该点曲线具有水平切线(平行于 $\overline{AB}$).

证明　因为 $f(x)$ 在 $[a,b]$ 上连续，根据闭区间上连续函数的性质，$f(x)$ 在 $[a,b]$ 上必取得最大值 M 和最小值 m.

(1) 如果 $M=m$，则 $f(x)$ 在 $[a,b]$ 上恒等于常数 M，因此，对一切 $x\in(a,b)$，都有 $f'(x)=0$，于是定理自然成立.

(2) 若 $M>m$，由于 $f(a)=f(b)$，因此 M 和 m 中至少有一个不等于 $f(a)$. 不妨设 $M\neq f(a)$（设 $m\neq f(a)$，证明完全类似)，则 $f(x)$ 应在 (a,b) 内的某一点 ξ 处达到最大值，即 $f(\xi)=M$. 下面证明 $f'(\xi)=0$.

因为 $\xi\in(a,b)$，由定理假设(2)知 $f'(\xi)$ 存在，因而有

$$f'(\xi)=\lim_{\Delta x\to 0^+}\frac{f(\xi+\Delta x)-f(\xi)}{\Delta x}=\lim_{\Delta x\to 0^-}\frac{f(\xi+\Delta x)-f(\xi)}{\Delta x}.$$

又 $f(x)$ 在 ξ 达到最大值，所以不论 Δx 是正的还是负的，只要 $\xi+\Delta x\in(a,b)$，总有

$$f(\xi+\Delta x)-f(\xi)\leqslant 0.$$

当 $\Delta x>0$ 时，有

$$\frac{f(\xi+\Delta x)-f(\xi)}{\Delta x}\leqslant 0,$$

根据极限的保号性及 $f'(\xi)$ 存在知

$$f'(\xi)=\lim_{\Delta x\to 0^+}\frac{f(\xi+\Delta x)-f(\xi)}{\Delta x}\leqslant 0;$$

当 $\Delta x<0$ 时，有

$$\frac{f(\xi+\Delta x)-f(\xi)}{\Delta x}\geqslant 0,$$

于是

$$f'(\xi)=\lim_{\Delta x\to 0^-}\frac{f(\xi+\Delta x)-f(\xi)}{\Delta x}\geqslant 0.$$

从而必须有

$$f'(\xi)=0.$$

注 (1) 证明一个数等于 0 往往证其大于或等于 0，又小于或等于 0，或证明其等于它的相反数.

(2) 称导数为 0 的点为函数的驻点(或稳定点、临界点).

(3) 罗尔定理的三个条件缺少其中任何一个，定理的结论将不一定成立. 但也不能认为这

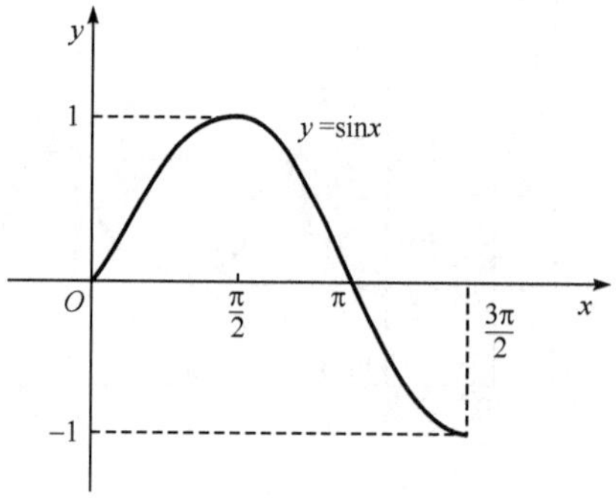

图 5-2

些条件是必要的. 例如, $f(x)=\sin x\left(0\leqslant x\leqslant\dfrac{3}{2}\pi\right)$ 在区间 $\left[0,\dfrac{3}{2}\pi\right]$ 上连续, 在 $\left(0,\dfrac{3}{2}\pi\right)$ 内可导, 但 $f(0)=0\neq-1=f\left(\dfrac{3}{2}\pi\right)$, 而此时仍存在 $\xi=\dfrac{\pi}{2}\in\left(0,\dfrac{3}{2}\pi\right)$, 使 $f'(\xi)=\cos\dfrac{\pi}{2}=0$ (图 5-2).

例 5.1.1 验证罗尔定理对函数 $f(x)=x^2-2x+3$ 在区间 $[-1,3]$ 上的正确性.

解 显然函数 $f(x)=x^2-2x+3$ 是多项式函数, 则 $f(x)$ 在 $[-1,3]$ 上连续, 在 $(-1,3)$ 内可导, 并且 $f(-1)=6=f(3)$, 所以 $f(x)$ 在 $[-1,3]$ 上满足罗尔定理的条件.

$$f'(x)=2x-2=2(x-1),$$

可知 $f'(1)=0$, 因此存在 $\xi=1\in(-1,3)$, 使 $f'(\xi)=0$.

例 5.1.2 设 $f(x)$ 在 $[0,1]$ 上可导, 当 $0\leqslant x\leqslant 1$ 时, $0<f(x)<1$, 且对于 $(0,1)$ 内的所有 x 有 $f'(x)\neq 1$, 求证在 $(0,1)$ 内有且仅有一个 x_0, 使 $f(x_0)=x_0$.

证明 令 $F(x)=f(x)-x$, 则 $F(0)=f(0)>0,\ F(1)=f(1)-1<0$. 由连续函数的零点定理知至少存在一点 $x_0\in(0,1)$, 使得 $F(x_0)=0$, 即 $f(x_0)=x_0$. 以下证明在 $(0,1)$ 内仅有一 x_0, 使

$$F(x_0)=0.$$

假设另有一点 $x_1\in[0,1]$, 使得 $F(x_1)=0$. 不妨设 $x_0<x_1$, 则由罗尔定理可知在 $[x_0,x_1]$ 上至少有一点 ξ, 使 $F'(\xi)=0$, 即 $f'(\xi)=1$, 这与原题设矛盾. 这就证明了在 $[0,1]$ 上有且仅有一个 x_0, 使 $f(x_0)=x_0$.

例 5.1.3 证明方程 $5x^4-4x+1=0$ 在 $(0,1)$ 内至少有一个实根.

分析 因为根是常量, 根据把常量化函数的思想, 现构造辅助函数 $F(x)=x^5-2x^2+x$, 则问题转化为具有满足罗尔定理特性的函数类问题.

证明 因为 $F(x)$ 在 $[0,1]$ 上连续, 在 $(0,1)$ 内可导, 且 $F(0)=F(1)=0$, 根据罗尔定理知, 在 $(0,1)$ 内 $F(x)$ 至少有一实根.

罗尔定理中 $f(a)=f(b)$ 这个条件是相当特殊的, 它使罗尔定理的应用受到限制. 拉格朗日在罗尔定理的基础上作了进一步的研究, 取消了罗尔定理中这个条件的限制, 但仍保留了其余两个条件, 得到了在微分学中具有重要地位的拉格朗日中值定理.

5.1.2 拉格朗日中值定理

去掉罗尔定理中的第三个条件 $f(a)=f(b)$, 会得到什么结论呢(会不会在曲线上仍存在一点 C, 曲线在 C 点的切线平行于 $\overline{AB}$)? 由图 5-3 可以看出, 连续曲线段 AB 上至少有一点 C, 曲线在这点的切线也平行于直线段 $\overline{AB}$, 但这时直线段 $\overline{AB}$ 并不平行于 x 轴.

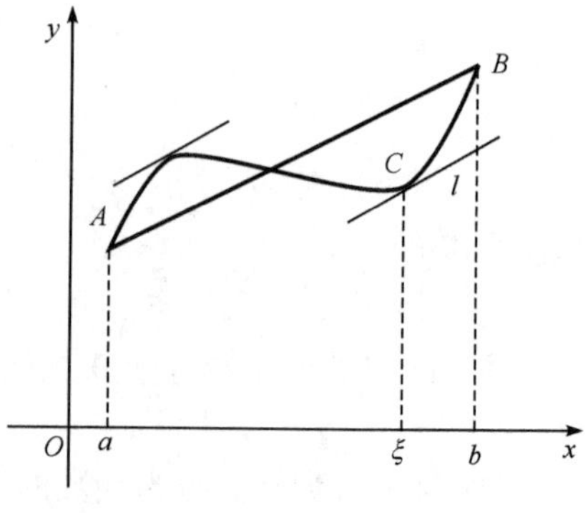

图 5-3

下面的拉格朗日中值定理反映了这个几何事实.

定理 5.1.2 (拉格朗日(Lagrange)中值定理)　如果函数 $f(x)$ 满足：

(1) 在 $[a,b]$ 上连续；

(2) 在 (a,b) 内可导.

则至少存在一点 $\xi\in(a,b)$，使得

$$f'(\xi)=\frac{f(b)-f(a)}{b-a}.\quad\text{(拉格朗日中值公式)}\tag{5.1.1}$$

在证明之前，先看一下定理的几何意义. 在图 5-3 中，曲线 AB 的方程是 $y=f(x)$ ($a\leqslant x\leqslant b$). 由导数的几何意义知，$f'(\xi)$ 是曲线 AB 在点 $C(\xi,f(\xi))$ 处的切线的斜率，而 $\dfrac{f(b)-f(a)}{b-a}$ 就是直线 $\overline{AB}$ 的斜率. 因此式(5.1.1)表示点 C 处的切线平行于直线 $\overline{AB}$. 由此可知，拉格朗日中值定理的几何意义是：如果连续曲线 $y=f(x)$ 的曲线弧 AB 上除端点外处处有不垂直于 x 轴的切线，那么在曲线弧 AB 上至少有一点 C 处的切线平行于直线 $\overline{AB}$.

下面再对证明这个定理的方法做一些说明. 比较拉格朗日中值定理和罗尔定理的条件、结论，可以看出两个定理的内在联系. 主要困难是这里的 $f(x)$ 不一定满足条件 $f(a)=f(b)$. 于是我们设想利用 $f(x)$ 构造一个新的函数 $F(x)$(称为辅助函数)，使 $F(x)$ 满足条件 $F(a)=F(b)$. 然后对 $F(x)$ 应用罗尔定理. 最后在利用 $F(x)$ 与 $f(x)$ 之间的关系，把对 $F(x)$ 获得的结论转化到 $f(x)$ 上去，得出所要的结果.

下面结合图 5-3 来构造一个符合要求的辅助函数. 在图 5-3 中，曲线段 AB 的方程是 $y=f(x)$ ($a\leqslant x\leqslant b$)，直线段 $\overline{AB}$ 的方程是 $y=f(a)+\dfrac{f(b)-f(a)}{b-a}(x-a)$ ($a\leqslant x\leqslant b$). 对同一横坐标 x，曲线段 AB 上的点与直线段 $\overline{AB}$ 上的点的纵坐标之差为

$$F(x)=f(x)-\left[f(a)+\frac{f(b)-f(a)}{b-a}(x-a)\right].$$

由于曲线段 AB 与直线段 $\overline{AB}$ 在端点 $x=a$，$x=b$ 处相交，因此 $F(a)=F(b)=0$，并且容易看出 $F(x)$ 满足罗尔定理的其他条件. 于是就取这个函数 $F(x)$ 作为辅助函数.

证明　作辅助函数

$$F(x)=f(x)-f(a)-\frac{f(b)-f(a)}{b-a}(x-a).$$

由假设条件可知 $F(x)$ 在 $[a,b]$ 上连续，在 (a,b) 内可导，且 $F(a)=F(b)=0$. 于是 $F(x)$ 满足罗尔定理的条件，故至少存在一点 $\xi\in(a,b)$，使得 $F'(\xi)=0$，即

$$F'(\xi)=f'(\xi)-\frac{f(b)-f(a)}{b-a}=0,$$

因此有

$$f'(\xi)=\frac{f(b)-f(a)}{b-a}.$$

注　(1) 罗尔定理是拉格朗日中值定理 $f(a)=f(b)$ 时的特例.

(2) 拉格朗日中值公式反映了可导函数在 $[a,b]$ 上的整体平均变化率 $\dfrac{f(b)-f(a)}{b-a}$ 与在 (a,b) 内某点 ξ 处函数的局部变化率 $f'(\xi)$ 的关系. 因此，拉格朗日中值定理是连接局部与整体的纽带.

(3) 此定理的证明提供了一个用构造函数法证明数学命题的精彩典范；同时通过巧妙的数学变换，将一般化为特殊，将复杂问题化为简单问题的论证思想，也是数学分析的重要而常用的数学思维的体现.

(4) 拉格朗日中值定理的结论常称为拉格朗日公式，它有几种常用的等价形式，可根据不同问题的特点，在不同场合灵活采用：

$$f(b)-f(a)=f'(\xi)(b-a),\quad \xi\in(a,b)\ ; \tag{5.1.2}$$

$$f(b)-f(a)=f'[a+\theta(b-a)](b-a),\quad \theta\in(0,1)\ ; \tag{5.1.3}$$

$$f(a+h)-f(a)=f'(a+\theta h)h,\quad \theta\in(0,1)\ . \tag{5.1.4}$$

(5) 值得注意的是，在公式(5.1.2)中，无论 $a<b$ 或 $a>b$，公式总是成立的，其中 ξ 是介于 a 与 b 之间的某个数. 同样地，公式(5.1.4)无论 $h>0$ 或者 $h<0$ 都是成立的.

例 5.1.4　证明：不等式

$$\frac{x}{1+x}<\ln(1+x)<x$$

对一切 $x>0$ 成立.

证明　由于 $f(t)=\ln(1+t)$ 在 $[0,+\infty)$ 上连续、可导，对任何 $x>0$，在 $[0,x]$ 上运用微分中值公式(5.1.2)可得

$$f(x)-f(0)=f'(\xi)(x-0),\quad 0<\xi<x,$$

即

$$\ln(1+x)-0=\frac{x}{1+\xi},\quad 0<\xi<x.$$

由于

$$\frac{x}{1+x}<\frac{x}{1+\xi}<x,$$

因此当 $x>0$ 时，有

$$\frac{x}{1+x}<\ln(1+x)<x.$$

由拉格朗日中值定理可得到在微分学中很有用的三个推论.

推论 5.1.1　设 $f(x)$ 在 $[a,b]$ 上连续，在 (a,b) 内可导，且 $f'(x)>0$，则 $f(x)$ 在 $[a,b]$ 上严格单调增加.

证明　任取 $x_1,x_2\in(a,b)$，不妨设 $x_1<x_2$，则由公式(5.1.2)可得

$$f(x_2)-f(x_1)=f'(\xi)(x_2-x_1),\quad x_1<\xi<x_2.$$

由于 $f'(x)>0$，因此 $f'(\xi)>0$，从而

$$f(x_2)>f(x_1),$$

由 x_1,x_2 的任意性知 $f(x)$ 在 $[a,b]$ 上严格单调增加.

类似地可以证明：若 $f'(x)<0$，则 $f(x)$ 在 $[a,b]$ 上严格单调减少.

推论 5.1.2　如果 $f(x)$ 在开区间 (a,b) 内可导，且 $f'(x)=0$，则在 (a,b) 内，$f(x)$ 恒为一个常数.

它的几何意义是斜率处处为零的曲线一定是一条平行于 x 轴的直线.

证明　在 (a,b) 内任取两点 x_1,x_2，不妨设 $x_1<x_2$. 显然 $f(x)$在 $[x_1,x_2]$ 上满足拉格朗日中值定理的条件. 于是

$$f(x_2)-f(x_1)=f'(\xi)(x_2-x_1),\quad x_1<\xi<x_2.$$

因为 $f'(x)\equiv 0$，所以 $f'(\xi)=0$，从而 $f(x_2)=f(x_1)$. 这说明区间 (a,b) 内任意两点的函数值相等，从而在(a,b)内，$f(x)$ 恒为一个常数.

例 5.1.5　试证 $\arcsin x+\arccos x=\dfrac{\pi}{2}$ $(|x|\leqslant 1)$.

证明　设 $F(x)=\arcsin x+\arccos x$ $(|x|\leqslant 1)$. 当$|x|<1$ 时，有

$$F'(x)=\frac{1}{\sqrt{1-x^2}}-\frac{1}{\sqrt{1-x^2}}=0,$$

由推论 5.1.2 知，$F(x)$在 $(-1,1)$ 上恒为常数，即 $F(x)\equiv C$，C 为常数. 将 $x=0$ 代入上式，得 $C=\dfrac{\pi}{2}$.

因此，当$|x|<1$ 时，有

$$\arcsin x+\arccos x=\frac{\pi}{2}.$$

显然，当$|x|=1$ 时，$F(x)=\dfrac{\pi}{2}$. 故当$|x|\leqslant 1$ 时，有

$$\arcsin x+\arccos x\equiv\frac{\pi}{2}.$$

推论 5.1.3　若 $f(x)$ 及 $g(x)$ 在 (a,b) 内可导，且 $f'(x)=g'(x)$，则在 (a,b) 内，

$$f(x)=g(x)+C\quad (C\text{ 为常数}).$$

证明　因 $[f(x)-g(x)]'=f'(x)-g'(x)=0$，由推论 5.1.2，有 $f(x)-g(x)=C$，即

$$f(x)=g(x)+C.$$

5.1.3　柯西中值定理

拉格朗日中值定理的雏形是根据导数的定义讨论导数的性质而得到的，然后本着从特殊认识一般的原则，我们限制 $f(a)=f(b)$，使问题变得简单化，获得罗尔定理. 证明了罗尔定理后，我们就可通过构造辅助函数的方法证明拉格朗日中值定理，然后再根据把简单问题推广到复杂的方法获得柯西中值定理.

定理 5.1.3 (柯西(Cauchy)中值定理)　若函数 $f(x)$ 和 $g(x)$ 满足以下条件：

(1) 在闭区间 $[a,b]$ 上连续；

(2) 在开区间 (a,b) 内可导，且 $g'(x)\neq 0$. 则在 (a,b) 内至少存在一点 ξ，使得

$$\frac{f(b)-f(a)}{g(b)-g(a)}=\frac{f'(\xi)}{g'(\xi)}. \tag{5.1.5}$$

证明　首先明确 $g(a)\neq g(b)$. 假设 $g(a)=g(b)$，则由罗尔定理，至少存在一点 $\eta\in(a,b)$，使 $g'(\eta)=0$，这与定理的假设矛盾. 故 $g(a)\neq g(b)$.

作辅助函数

$$F(x)=f(x)-f(a)-\frac{f(b)-f(a)}{g(b)-g(a)}(g(x)-g(a)).$$

不难验证，$F(x)$满足罗尔定理的三个条件，于是在(a,b)内至少存在一点ξ，使得

$$F'(\xi)=f'(\xi)-\frac{f(b)-f(a)}{g(b)-g(a)}g'(\xi)=0,$$

从而有

$$\frac{f(b)-f(a)}{g(b)-g(a)}=\frac{f'(\xi)}{g'(\xi)}.$$

特别地，若取$g(x)=x$，则$g(b)-g(a)=b-a$，$g'(\xi)=1$，式(5.1.5)就成了式(5.1.1)，可见拉格朗日中值定理是柯西中值定理的特殊情形.

例 5.1.6　设$0<a<b$，函数$f(x)$在$[a,b]$上连续，在(a,b)内可导，试证：至少存在一点$\xi\in(a,b)$，使得

$$f(\xi)-\xi f'(\xi)=\frac{bf(a)-af(b)}{b-a}.$$

证明　将待证等式右端改写为

$$\frac{bf(a)-af(b)}{b-a}=\frac{\dfrac{f(b)}{b}-\dfrac{f(a)}{a}}{\dfrac{1}{b}-\dfrac{1}{a}}.$$

由上式右端可见，若令$F(x)=\dfrac{f(x)}{x}$，$G(x)=\dfrac{1}{x}$，则$F(x)$与$G(x)$在$[a,b]$上满足柯西中值定理的条件，因此，至少存在一点$\xi\in(a,b)$，使得

$$\frac{F'(\xi)}{G'(\xi)}=\frac{F(b)-F(a)}{G(b)-G(a)},$$

即

$$\frac{F'(\xi)}{G'(\xi)}=\frac{\dfrac{f(b)}{b}-\dfrac{f(a)}{a}}{\dfrac{1}{b}-\dfrac{1}{a}}=\frac{bf(a)-af(b)}{b-a}.$$

将$F'(\xi)=\dfrac{\xi f'(\xi)-f(\xi)}{\xi^2}$，$G'(\xi)=-\dfrac{1}{\xi^2}F'(\xi)$代入上式，得

$$f(\xi)-\xi f'(\xi)=\frac{bf(a)-af(b)}{b-a}.$$

我们现在已经知道数学研究问题的规律性就是每当给出一个新的概念，接着就要讨论它的性质，也就是通过引进概念的具体事实问题中的一些蛛丝马迹，去发现隐藏在概念表象后面的真理，这是一种对概念的深层次的挖掘和开发，并将其推广和应用产生新的产品. 拉格朗日中值定理是对函数导数概念引进具体速度问题进行深层次挖掘的结果，而罗尔定理、柯西中值定理，以及后面的洛必达法则、泰勒公式则是它的特殊、推广和应用所产生的结果.

因此，拉格朗日中值定理不但可以看成是讨论导数的性质，而且它在中值定理中也起承上启下的作用. 所以对拉格朗日中值定理进一步梳理，这有利于加深从逻辑上、认识上掌握微积分的概念、理论和方法中外延和内涵之间的关系，掌握由特殊认识一般，和一般问题特殊化导致外延缩小，其内涵增大，使问题由难变易，从而有利于问题解决的思想方法. 此外，

对三个中值定理关系进行梳理，有助于掌握构建辅助函数，证明和发现真理的方法.

拉格朗日中值定理	辅助函数的构造
条件：(1) $f(x)$ 在 $[a,b]$ 上连续； (2) $f(x)$ 在 (a,b) 内可导. 结论：存在 $\xi\in(a,b)$，使得 $f'(\xi)=\dfrac{f(b)-f(a)}{b-a}$.	$F(x)=f(x)-f(a)-\dfrac{f(b)-f(a)}{b-a}(x-a)$
将结论 $\Downarrow$ 改写	将辅助函数 $\Downarrow$ 改写
$\dfrac{f'(x)\big\|_{x=\xi}}{x'\big\|_{x=\xi}}=\dfrac{f(x)\big\|_a^b}{x\big\|_a^b}$ ($x'=1\neq 0$)	$F(x)=f(t)\Big\|_a^x-\dfrac{f(x)\big\|_a^b}{x\big\|_a^b}\cdot t\Big\|_a^x$
将分母变量 x $\Downarrow$ 推广到函数 $g(x)$	将辅助函数 $\Downarrow$ 推广
$\dfrac{f'(x)\big\|_{x=\xi}}{g'(x)\big\|_{x=\xi}}=\dfrac{f(x)\big\|_a^b}{g(x)\big\|_a^b}$ ($g'(x)\neq 0$)	$F(x)=f(t)\Big\|_a^x-\dfrac{f(x)\big\|_a^b}{g(x)\big\|_a^b}\cdot g(t)\Big\|_a^x$
复原获得 $\Downarrow$ 柯西中值定理	复原获得证明 $\Downarrow$ 柯西中值定理的辅助函数
$\dfrac{f'(\xi)}{g'(\xi)}=\dfrac{f(b)-f(a)}{g(b)-g(a)}$ ($g'(x)\neq 0$)	$F(x)=f(x)-f(a)-\dfrac{f(b)-f(a)}{g(b)-g(a)}(g(x)-g(a))$

习题 5-1

1. 验证函数 $f(x)=\ln\sin x$ 在 $\left[\dfrac{\pi}{6},\dfrac{5\pi}{6}\right]$ 上满足罗尔定理的条件，并求出相应的 ξ，使 $f'(\xi)=0$.

2. 下列函数在指定区间上是否满足罗尔定理的三个条件？有没有满足定理结论中的 ξ？

(1) $f(x)=\mathrm{e}^{x^2}-1$，$[-1,1]$；

(2) $f(x)=|x-1|$，$[0,2]$；

(3) $f(x)=\begin{cases}\sin x, & 0<x\leqslant\pi,\\ 1, & x=0,\end{cases}$ $[0,\pi]$.

3. 不用求出函数 $f(x)=(x-1)(x-2)(x-3)$ 的导数，说明方程 $f'(x)=0$ 有几个实根，并指出它们所在的区间.

4. 若方程

$$a_0x^n+a_1x^{n-1}+\cdots+a_{n-1}x=0$$

有一个正根 x_0，证明方程

$$a_0nx^{n-1}+a_1(n-1)x^{n-2}+\cdots+a_{n-1}=0$$

必有一个小于 x_0 的正根.

5. 已知函数 $f(x)$ 在 $[a,b]$ 上连续，在 (a,b) 内可导，且 $f(a)=f(b)=0$，试证：在 (a,b) 内至少存在一点 ξ，使得

$$f(\xi)+\xi f'(\xi)=0.$$

6. 设 α 是非零实数. 已知函数 $f(x)$ 在 $[a,b]$ 上连续，在 (a,b) 内可导，且 $f(a)=f(b)=0$，试证：在 (a,b) 内至少存在一点 ξ，使得

$$f(\xi)+\alpha f'(\xi)=0.$$

7. 设 $f(a)=f(c)=f(b)$，且 $a<c<b$，$f''(x)$ 在 $[a,b]$ 上存在，证明在 (a,b) 内至少存在一点 ξ，使 $f''(\xi)=0$.

8. 验证拉格朗日中值定理对函数 $f(x)=x^3+2xf(x)$ 在区间 $[0,1]$ 上的正确性.

9. 证明下列不等式：

(1) $a>b>0,n>1$，证明 $nb^{n-1}(a-b)<a^n-b^n<na^{n-1}(a-b)$；

(2) $a>b>0$，证明 $\dfrac{a-b}{a}<\ln\dfrac{a}{b}<\dfrac{a-b}{b}$；

(3) 若 $x>0$，试证 $\dfrac{x}{1+x^2}<\arctan x<x$；

(4) 当 $x>1$ 时，$\mathrm{e}^x>\mathrm{e}\cdot x$.

10. 设函数 $f(x)$ 在 $[0,1]$ 上连续，在 $(0,1)$ 内可导. 试证明至少存在一点 $\xi\in(0,1)$，使

$$f'(\xi)=2\xi[f(1)-f(0)].$$

提示：问题转化为证 $\dfrac{f(1)-f(0)}{1-0}=\dfrac{f'(\xi)}{2\xi}=\left.\dfrac{f'(x)}{(x^2)'}\right|_{x=\xi}$

5.2　洛必达法则

本节我们将利用微分中值定理来考虑某些重要类型的极限.

由第 2 章我们知道在某一极限过程中，$f(x)$ 和 $g(x)$ 都是无穷小或无穷大时，$\dfrac{f(x)}{g(x)}$ 的极限可能存在，也可能不存在. 通常称这种极限为**未定式(或待定型)**，并分别简记为 $\dfrac{0}{0}$ 或 $\dfrac{\infty}{\infty}$.

洛必达(L'Hôspital)法则是处理未定式极限的重要工具，是计算 $\dfrac{0}{0}$ 型、$\dfrac{\infty}{\infty}$ 型极限的简单而有效的法则. 该法则的理论依据是柯西中值定理.

5.2.1　$\dfrac{0}{0}$ 型未定式

定理 5.2.1　设 $f(x)$ 和 $g(x)$ 满足下列条件：

(1) $\lim\limits_{x\to x_0}f(x)=0$，$\lim\limits_{x\to x_0}g(x)=0$；

(2) $f(x)$ 和 $g(x)$ 在 $\mathring{U}(x_0)$ 内可导，且 $g'(x)\neq0$；

(3) $\lim\limits_{x\to x_0}\dfrac{f'(x)}{g'(x)}$ 存在(或为 ∞).

则 $\lim\limits_{x\to x_0}\dfrac{f(x)}{g(x)}$ 也存在(或为 ∞)，且

$$\lim_{x\to x_0}\frac{f(x)}{g(x)}=\lim_{x\to x_0}\frac{f'(x)}{g'(x)}.$$

这就是说，当 $\lim\limits_{x\to x_0}\dfrac{f'(x)}{g'(x)}$ 存在时，$\lim\limits_{x\to x_0}\dfrac{f(x)}{g(x)}$ 也存在且等于 $\lim\limits_{x\to x_0}\dfrac{f'(x)}{g'(x)}$；当 $\lim\limits_{x\to x_0}\dfrac{f'(x)}{g'(x)}$ 为无穷大时，$\lim\limits_{x\to x_0}\dfrac{f(x)}{g(x)}$ 也为无穷大. 这种在一定条件下通过分子、分母分别求导，再求极限来确定未定式极限的方法称为洛必达(L'Hôspital)法则.

证明　由于函数在 x_0 点的极限与函数在该点的定义无关，所以先定义辅助函数

$$F(x)=\begin{cases}f(x), & x\neq x_0,\\ 0, & x=x_0;\end{cases}\qquad G(x)=\begin{cases}g(x), & x\neq x_0,\\ 0, & x=x_0.\end{cases}$$

根据已知条件，在 x_0 的某个邻域 $U(x_0)$ 内 $F(x),G(x)$ 连续，任取点 $x\in\mathring{U}(x_0)$，则 $F(x),G(x)$ 在 $[x_0,x]$ 或 $[x,x_0]$ 上满足柯西定理的条件，于是

$$\frac{f(x)}{g(x)}=\frac{F(x)-F(x_0)}{G(x)-G(x_0)}=\frac{F'(\xi)}{G'(\xi)}=\frac{f'(\xi)}{g'(\xi)}\quad(\xi\text{ 介于 }x,x_0\text{ 之间}).$$

当 $x\to x_0$ 时，显然有 $\xi\to x_0$，由条件(3)得

$$\lim_{x\to x_0}\frac{f(x)}{g(x)}=\lim_{x\to x_0}\frac{f'(\xi)}{g'(\xi)}=\lim_{\xi\to x_0}\frac{f'(\xi)}{g'(\xi)}=\lim_{x\to x_0}\frac{f'(x)}{g'(x)}.$$

这个定理的结果可以推广到 $x\to x_0^-$ 或 $x\to x_0^+$ 的情形.

注　(1) 如果 $\lim\limits_{x\to x_0}\dfrac{f'(x)}{g'(x)}$ 仍为 $\dfrac{0}{0}$ 型未定式，且 $f'(x),g'(x)$ 满足定理条件，则可继续使用洛必达法则.

(2) 洛必达法则仅适用于未定式求极限，运用洛必达法则时，要验证定理的条件，当 $\lim\limits_{x\to x_0}\dfrac{f'(x)}{g'(x)}$ 既不存在也不为 ∞ 时，不能运用洛必达法则.

例 5.2.1　求极限：

(1) $\lim\limits_{x\to 0}\dfrac{\sin ax}{\sin bx}\quad(b\neq 0)$；　　(2) $\lim\limits_{x\to 0}\dfrac{x-\tan x}{x-\sin x}$.

解　(1) 该极限属于 $\dfrac{0}{0}$ 型未定式.

$$\lim_{x\to 0}\frac{\sin ax}{\sin bx}=\lim_{x\to 0}\frac{(\sin ax)'}{(\sin bx)'}=\lim_{x\to 0}\frac{a\cos ax}{b\cos bx}=\frac{a}{b}.$$

注　上式中 $\lim\limits_{x\to 0}\dfrac{a\cos ax}{b\cos bx}$ 不是未定式，不能对它应用洛必达法则，否则会导致错误结果. 以后使用洛必达法则时应经常注意这一点，如果不是未定式，就不能用洛必达法则.

(2) 该极限属于 $\dfrac{0}{0}$ 型未定式.

$$\lim_{x\to 0}\frac{x-\tan x}{x-\sin x}=\lim_{x\to 0}\frac{(x-\tan x)'}{(x-\sin x)'}=\lim_{x\to 0}\frac{1-\sec^2 x}{1-\cos x}=\lim_{x\to 0}\frac{-\tan^2 x}{1-\cos x}=\lim_{x\to 0}\frac{-x^2}{\frac{1}{2}x^2}=-2.$$

例 5.2.2　求 $\lim\limits_{x\to 0}\dfrac{\sin^2 x-x\sin x\cos x}{x^4}$

解　它是$\dfrac{0}{0}$型未定式，如果直接运用洛必达法则，分子的导数比较复杂，但如果利用极限运算法则进行适当化简，再用洛必达法则就简单多了.

$$\lim_{x\to 0}\frac{\sin^2 x - x\sin x\cos x}{x^4} = \lim_{x\to 0}\frac{\sin x - x\cos x}{x^3}\cdot\lim_{x\to 0}\frac{\sin x}{x} = \lim_{x\to 0}\frac{\sin x - x\cos x}{x^3}$$
$$= \lim_{x\to 0}\frac{\cos x - \cos x + x\sin x}{3x^2} = \lim_{x\to 0}\frac{x\sin x}{3x^2} = \lim_{x\to 0}\frac{x^2}{3x^2} = \frac{1}{3}.$$

例 5.2.3　求$\lim\limits_{x\to 0}\dfrac{x^2\sin\frac{1}{x}}{\sin x}$.

解　它是$\dfrac{0}{0}$型未定式，这时若对分子分母分别求导、再求极限，得

$$\lim_{x\to 0}\frac{x^2\sin\frac{1}{x}}{\sin x} = \lim_{x\to 0}\frac{2x\sin\frac{1}{x} - \cos\frac{1}{x}}{\cos x},$$

上式右端的极限不存在且不为∞，所以洛必达法则失效. 事实上可以求得

$$\lim_{x\to 0}\frac{x^2\sin\frac{1}{x}}{\sin x} = \lim_{x\to 0}\frac{x}{\sin x}\cdot\lim_{x\to 0}x\sin\frac{1}{x} = 1\times 0 = 0.$$

注　(1) 上例说明洛必达法则并不是对所有$\dfrac{0}{0}$型未定式都适用.

(2) 当$\lim\limits_{x\to x_0}\dfrac{f'(x)}{g'(x)}$不存在时，$\lim\limits_{x\to x_0}\dfrac{f(x)}{g(x)}$仍可能存在.

洛必达法则对$x\to\infty$的情形也成立. 只要把定理中的条件所考虑的点x_0的某邻域改成$|x|$充分大.

推论 5.2.1　设$f(x)$和$g(x)$满足下列条件：

(1) $\lim\limits_{x\to\infty}f(x)=0$，$\lim\limits_{x\to\infty}g(x)=0$；

(2) 存在$X>0$，当$|x|>X$时，$f(x)$和$g(x)$可导，且$g'(x)\neq 0$；

(3) $\lim\limits_{x\to\infty}\dfrac{f'(x)}{g'(x)}$存在(或为$\infty$).

则$\lim\limits_{x\to\infty}\dfrac{f(x)}{g(x)}$存在(或为$\infty$)，且

$$\lim_{x\to\infty}\frac{f(x)}{g(x)} = \lim_{x\to\infty}\frac{f'(x)}{g'(x)}.$$

证明　令$x=\dfrac{1}{t}$，则$x\to\infty$时，$t\to 0$. 于是

$$\lim_{x\to\infty}\frac{f(x)}{g(x)} = \lim_{t\to 0}\frac{f\left(\frac{1}{t}\right)}{g\left(\frac{1}{t}\right)} = \lim_{t\to 0}\frac{f'\left(\frac{1}{t}\right)\cdot\left(-\frac{1}{t^2}\right)}{g'\left(\frac{1}{t}\right)\cdot\left(-\frac{1}{t^2}\right)} = \lim_{t\to 0}\frac{f'\left(\frac{1}{t}\right)}{g'\left(\frac{1}{t}\right)} = \lim_{x\to\infty}\frac{f'(x)}{g'(x)}.$$

上述推论中的结果可推广到$x\to-\infty$，$x\to+\infty$的情形.

例 5.2.4　求 $\lim\limits_{x\to+\infty}\dfrac{\dfrac{\pi}{2}-\arctan x}{\dfrac{1}{x}}$.

解　它是 $\dfrac{0}{0}$ 型未定式，由洛必达法则有

$$\lim_{x\to+\infty}\frac{\dfrac{\pi}{2}-\arctan x}{\dfrac{1}{x}}=\lim_{x\to+\infty}\frac{-\dfrac{1}{1+x^2}}{-\dfrac{1}{x^2}}=\lim_{x\to+\infty}\frac{x^2}{1+x^2}=1.$$

5.2.2　$\dfrac{\infty}{\infty}$ 型未定式

当 $x\to x_0$ (或 $x\to\infty$)时，$f(x)$ 和 $g(x)$ 都是无穷大，即 $\dfrac{\infty}{\infty}$ 型未定式，它也有与 $\dfrac{0}{0}$ 型未定式类似的方法，我们将其结果叙述如下，而将证明从略.

定理 5.2.2　设 $f(x)$ 和 $g(x)$ 满足下列条件：

(1) $\lim\limits_{x\to x_0}f(x)=\infty$，$\lim\limits_{x\to x_0}g(x)=\infty$，

(2) $f(x)$ 和 $g(x)$ 在 $\mathring{U}(x_0)$ 内可导，且 $g'(x)\neq 0$；

(3) $\lim\limits_{x\to x_0}\dfrac{f'(x)}{g'(x)}$ 存在(或为 ∞).

则 $\lim\limits_{x\to x_0}\dfrac{f(x)}{g(x)}$ 也存在(或为 ∞)，且

$$\lim_{x\to x_0}\frac{f(x)}{g(x)}=\lim_{x\to x_0}\frac{f'(x)}{g'(x)}.$$

推论 5.2.2　设 $f(x)$ 和 $g(x)$ 满足下列条件：

(1) $\lim\limits_{x\to\infty}f(x)=\infty$，$\lim\limits_{x\to\infty}g(x)=\infty$；

(2) 存在 $X>0$，当 $|x|>X$ 时，$f(x)$ 和 $g(x)$ 可导，且 $g'(x)\neq 0$；

(3) $\lim\limits_{x\to\infty}\dfrac{f'(x)}{g'(x)}$ 存在(或为 ∞).

则 $\lim\limits_{x\to\infty}\dfrac{f(x)}{g(x)}$ 存在(或为 ∞)，且

$$\lim_{x\to\infty}\frac{f(x)}{g(x)}=\lim_{x\to\infty}\frac{f'(x)}{g'(x)}.$$

注　上述定理及推论中的结果可分别推广到 $x\to x_0^-$，$x\to x_0^+$，$x\to\infty$，$x\to+\infty$ 的情形.

例 5.2.5　求 $\lim\limits_{x\to 0^+}\dfrac{\ln\cot x}{\ln x}$.

解　这是 $\dfrac{\infty}{\infty}$ 型未定式，由洛必达法则有

$$\lim_{x\to0^+}\frac{\ln\cot x}{\ln x}=\lim_{x\to0^+}\frac{\frac{1}{\cot x}(-\csc^2 x)}{\frac{1}{x}}=\lim_{x\to0^+}\frac{-x}{\sin x\cos x}=-1.$$

例 5.2.6　求(1) $\lim\limits_{x\to+\infty}\frac{\ln x}{x^n}(n>0)$；

(2) $\lim\limits_{x\to+\infty}\frac{x^n}{e^{\lambda x}}$　($\lambda>0,n$为正整数).

解　(1) $\lim\limits_{x\to+\infty}\frac{\ln x}{x^n}=\lim\limits_{x\to+\infty}\frac{\frac{1}{x}}{nx^{n-1}}=\lim\limits_{x\to+\infty}\frac{1}{nx^n}=0$.

(2) 应用洛必达法则n次，得

$$\lim_{x\to+\infty}\frac{x^n}{e^{\lambda x}}=\lim_{x\to+\infty}\frac{nx^{n-1}}{\lambda e^{\lambda x}}=\lim_{x\to+\infty}\frac{n(n-1)x^{n-2}}{\lambda^2 e^{\lambda x}}=\cdots=\lim_{x\to+\infty}\frac{n!}{\lambda^n e^{\lambda x}}=0.$$

事实上，当n为任意正实数时，结论也成立.

对数函数$\ln x$，幂函数$x^a(a>0)$，指数函数e^x均为无穷大时，但从例 5.2.6 可以看出，这三个函数增大的“速度”很不一样，幂函数增大的“速度”比对数函数快得多，而指数函数增大的“速度”又比幂函数快得多.

例 5.2.7　求$\lim\limits_{x\to0^+}\frac{e^{-\frac{1}{x}}}{x}$.

解　这是$\frac{0}{0}$型未定式，运用洛必达法则有

$$\lim_{x\to0^+}\frac{e^{-\frac{1}{x}}}{x}=\lim_{x\to0^+}\frac{e^{-\frac{1}{x}}\cdot\frac{1}{x^2}}{1}=\lim_{x\to0^+}\frac{e^{-\frac{1}{x}}}{x^2}=\lim_{x\to0^+}\frac{e^{-\frac{1}{x}}}{2x^3}=\cdots.$$

可见，这样做下去得不出结果，但此时我们可以采用下面的变换技巧来求得其极限. 令$t=\frac{1}{x}$，则有

$$\lim_{x\to0^+}\frac{e^{-\frac{1}{x}}}{x}=\lim_{t\to+\infty}\frac{t}{e^t}=\lim_{t\to+\infty}\frac{1}{e^t}=0.$$

5.2.3　其他未定式

若对某极限过程有$f(x)\to0$且$g(x)\to\infty$，则称$\lim f(x)g(x)$为$0\cdot\infty$型未定式.

若对某极限过程有$f(x)\to\infty$且$g(x)\to\infty$，则称$\lim[f(x)-g(x)]$为$\infty-\infty$型未定式.

若对某极限过程有$f(x)\to0^+$且$g(x)\to0$，则称$\lim f(x)^{g(x)}$为0^0型未定式.

若对某极限过程有$f(x)\to1$且$g(x)\to\infty$，则称$\lim f(x)^{g(x)}$为1^∞型未定式.

若对某极限过程有$f(x)\to+\infty$且$g(x)\to0$，则称$\lim f(x)^{g(x)}$为∞^0型未定式.

上面这些未定式都可以经过简单的变换转化成$\frac{0}{0}$型或$\frac{\infty}{\infty}$型. 因此常常可以用洛必达法则求出其极限，下面举例说明.

例 5.2.8　求 $\lim\limits_{x\to1^-}[\ln x\cdot\ln(1-x)]$.

解　这是 $0\cdot\infty$ 型未定式，转化为商变成 $\dfrac{0}{0}$ 型.

$$\lim_{x\to1^-}[\ln x\cdot\ln(1-x)]=\lim_{x\to1^-}\frac{\ln(1-x)}{(\ln x)^{-1}}=\lim_{x\to1^-}\frac{\dfrac{1}{x-1}}{-(\ln x)^{-2}\cdot\dfrac{1}{x}}$$

$$=\lim_{x\to1^-}\frac{(\ln x)^2}{1-x}=\lim_{x\to1^-}\frac{2\ln x\cdot\dfrac{1}{x}}{-1}=0.$$

例 5.2.9　求 $\lim\limits_{x\to1}\left(\dfrac{x}{x-1}-\dfrac{1}{\ln x}\right)$.

解　这是 $\infty-\infty$ 型未定式，通分后可转化成 $\dfrac{0}{0}$ 型.

$$\lim_{x\to1}\left(\frac{x}{x-1}-\frac{1}{\ln x}\right)=\lim_{x\to1}\frac{x\ln x-x+1}{(x-1)\ln x}=\lim_{x\to1}\frac{\ln x}{\ln x+\dfrac{x-1}{x}}=\lim_{x\to1}\frac{\dfrac{1}{x}}{\dfrac{1}{x}+\dfrac{1}{x^2}}=\frac{1}{2}.$$

例 5.2.10　求 $\lim\limits_{x\to0^+}x^{\sin x}$.

解　这是 0^0 型未定式，我们先运用对数恒等式 $x^{\sin x}=\mathrm{e}^{\ln x^{\sin x}}=\mathrm{e}^{\sin x\ln x}$，再求极限.

$$\lim_{x\to0^+}x^{\sin x}=\lim_{x\to0^+}\mathrm{e}^{\sin x\cdot\ln x}=\mathrm{e}^{\lim\limits_{x\to0^+}\sin x\cdot\ln x}=\mathrm{e}^{\lim\limits_{x\to0^+}\frac{\ln x}{\csc x}}=\mathrm{e}^{\lim\limits_{x\to0^+}\frac{\frac{1}{x}}{-\csc x\cdot\cot x}}=\mathrm{e}^{\lim\limits_{x\to0^+}\frac{-\sin^2x}{x\cos x}}=\mathrm{e}^0=1.$$

例 5.2.11　求 $\lim\limits_{x\to1}(2-x)^{\tan\frac{\pi}{2}x}$.

解　这是 1^∞ 型未定式，我们还是先运用对数恒等式 $(2-x)^{\tan\frac{\pi}{2}x}=\mathrm{e}^{\tan\frac{\pi}{2}x\cdot\ln(2-x)}$，再求极限.

$$\lim_{x\to1}(2-x)^{\tan\frac{\pi}{2}x}=\lim_{x\to1}\mathrm{e}^{\tan\frac{\pi}{2}x\cdot\ln(2-x)}=\mathrm{e}^{\lim\limits_{x\to1}\tan\frac{\pi}{2}x\cdot\ln(2-x)}=\mathrm{e}^{\lim\limits_{x\to1}\frac{\ln(2-x)}{\cot\frac{\pi}{2}x}}=\mathrm{e}^{\lim\limits_{x\to1}\frac{-(2-x)^{-1}}{-\frac{\pi}{2}\csc^2\frac{\pi}{2}x}}=\mathrm{e}^{\frac{2}{\pi}}.$$

注　此例也可结合运用第 2 章中介绍的方法求得

$$\lim_{x\to1}(2-x)^{\tan\frac{\pi}{2}x}=\lim_{x\to1}[1+(1-x)]^{\frac{1}{1-x}(1-x)\tan\frac{\pi}{2}x}=\mathrm{e}^{\lim\limits_{x\to1}(1-x)\tan\frac{\pi}{2}x}=\mathrm{e}^{\lim\limits_{x\to1}\frac{1-x}{\cot\frac{\pi}{2}x}}=\mathrm{e}^{\lim\limits_{x\to1}\frac{-1}{-\frac{\pi}{2}\csc^2\frac{\pi}{2}x}}=\mathrm{e}^{\frac{2}{\pi}}.$$

例 5.2.12　求 $\lim\limits_{x\to0^+}\left(1+\dfrac{1}{x}\right)^x$.

解　这是 ∞^0 型未定式，我们还是先运用对数恒等式 $\left(1+\dfrac{1}{x}\right)^x=\mathrm{e}^{x\ln\left(1+\frac{1}{x}\right)}$，再求极限.

$$\lim_{x\to0^+}\left(1+\frac{1}{x}\right)^x=\mathrm{e}^{\lim\limits_{x\to0^+}x\ln\left(1+\frac{1}{x}\right)}=\mathrm{e}^{\lim\limits_{x\to0^+}\frac{\ln\left(1+\frac{1}{x}\right)}{x^{-1}}}=\mathrm{e}^{\lim\limits_{x\to0^+}\frac{\left(1+\frac{1}{x}\right)^{-1}\cdot\left(-\frac{1}{x^2}\right)}{-x^{-2}}}=\mathrm{e}^0=1.$$

注　洛必达法则是求未定式的一种有效方法，但不是万能的. 我们要学会善于根据具体问题采取不同的方法求解，最好能与其他求极限的方法结合使用，例如能化简时应尽可能先化简；可以应用等价无穷小替换时，应尽可能应用，这样可以使运算简捷.

例 5.2.13　求 $\lim\limits_{x\to 0}\dfrac{x-\tan x}{x^2\sin x}$.

解　若直接用洛必达法则，则分母的导函数较烦琐. 我们可先进行等价无穷小的代换. 由 $\sin x\sim x(x\to 0)$，则有

$$\lim_{x\to 0}\frac{x-\tan x}{x^2\sin x}=\lim_{x\to 0}\frac{x-\tan x}{x^3}=\lim_{x\to 0}\frac{1-\sec^2 x}{3x^2}=\lim_{x\to 1}\frac{-\tan^2 x}{3x^2}=-\frac{1}{3}.$$

习题 5-2

1. 利用洛必达法则求下列极限.

(1) $\lim\limits_{x\to \pi}\dfrac{\sin x}{\tan x}$；

(2) $\lim\limits_{x\to 0}\dfrac{e^x-e^{-x}}{\sin x}$；

(3) $\lim\limits_{x\to 0}\dfrac{e^x-x-1}{x(e^x-1)}$；

(4) $\lim\limits_{x\to a}\dfrac{x^m-a^m}{x^n-a^n}$；

(5) $\lim\limits_{x\to \frac{\pi}{2}}\dfrac{\ln\sin x}{(\pi-2x)^2}$；

(6) $\lim\limits_{x\to +\infty}\dfrac{\ln\left(1+\dfrac{1}{x}\right)}{\operatorname{arccot} x}$；

(7) $\lim\limits_{x\to 0^+}\dfrac{\ln x}{\cot x}$；

(8) $\lim\limits_{x\to \frac{\pi}{2}}\dfrac{\tan x}{\tan 3x}$；

(9) $\lim\limits_{x\to 0^+}\sin x\ln x$；

(10) $\lim\limits_{x\to +\infty}\left(\sqrt[3]{x^3+x^2+x+1}-x\right)$；

(11) $\lim\limits_{x\to 0}\left(\dfrac{e^x}{x}-\dfrac{1}{e^x-1}\right)$；

(12) $\lim\limits_{x\to 0}(1+\sin x)^{\frac{1}{x}}$；

(13) $\lim\limits_{x\to +\infty}\left(\dfrac{2}{\pi}\arctan x\right)^x$；

(14) $\lim\limits_{x\to 0}x^2 e^{\frac{1}{x^2}}$；

(15) $\lim\limits_{x\to 0}\left(\dfrac{3-e^x}{2+x}\right)^{\csc x}$；

(16) $\lim\limits_{x\to 0}\dfrac{(a+x)^x-a^x}{x^2}$　($a>0$).

2. 设 $\lim\limits_{x\to 1}\dfrac{x^2+mx+n}{x-1}=5$，求常数 m,n 的值.

3. 验证极限 $\lim\limits_{x\to \infty}\dfrac{x+\sin x}{x}$ 存在，但不能由洛必达法则得出.

4. 设 $f(x)$ 二阶可导，求 $\lim\limits_{h\to 0}\dfrac{f(x+h)-2f(x)+f(x-h)}{h^2}$.

5. 设 $f(x)$ 具有二阶连续导数，且 $f(0)=0$，试证

$$g(x)=\begin{cases}\dfrac{f(x)}{x}, & x\neq 0,\\ f'(0), & x=0\end{cases}$$

可导，且导函数连续.

6. 讨论函数

$$f(x)=\begin{cases}\left[\dfrac{1}{e}(1+x)^{\frac{1}{x}}\right]^{\frac{1}{x}}, & x\neq 0,\\ e^{-\frac{1}{2}}, & x=0\end{cases}$$

在点 $x=0$ 处的连续性.

5.3* 泰勒公式

泰勒公式是拉格朗日中值定理的推广，同时也是把复杂函数转化为简单函数的一种手段和方法. 它体现了简单性与复杂性的辩证思维，它从简单函数到复杂函数的转化关系说明了世界上一些复杂的事物都是简单事物的复合. 如音乐家可以由 7 个简单的音符谱写出美妙的乐曲，莎士比亚可以由 26 个英文字母创作出不朽诗歌和戏剧. 数学家也相仿，他们也可以像音乐家和诗人一样，用简单的数字和符号弹奏出动人的乐章.

在各种函数中，多项式是结构最为简单的函数，它只涉及加、减、乘这三种算术运算，另外多项式的分析运算也较简单. 因此本着把复杂转化为简单的想法，自然想到能否用多项式来近似表达较复杂的函数，并且要求精度较高，这就是本节所要讨论的泰勒公式.

5.3.1 泰勒公式

在理论分析和近似计算中，常常希望能将一个复杂函数 $f(x)$ 用一个多项式

$$p_n(x)=a_0+a_1x+a_2x^2+\cdots+a_nx^n$$

来近似表示. 这是因为多项式 $p_n(x)$ 只涉及到数的加、减、乘三种运算，计算起来比较简单，比如，利用微分的概念，可以得到，当 $|x|$ 很小时，有

$$\mathrm{e}^x\approx 1+x,\quad \sin x\approx x,\quad \sqrt[n]{1+x}\approx 1+\frac{1}{n}x.$$

这些都是用一次多项式近似表示函数 $f(x)$ 的例子. 但这些近似公式有两点不足：①精度不高，误差仅为 x 在 $x\to 0$ 时的高阶无穷小 $o(x)$；②没有准确好用的误差估计式.

从几何上看，上述近似公式精度不高是因为在 $x=0$ 附近，我们以直线(一次多项式)来近似代替曲线，两条线的吻合程度当然不会很好，从而精度也就不高，自然会想到，若改用二次曲线、三次曲线、甚至 n 次曲线来近似代替曲线 $y=f(x)$，在 $x=0$ 附近，两条曲线的吻合程度应该会更好，其精度也将有所提高. 于是设 $f(x)$ 在点 x_0 的某个邻域 $U(x_0)$ 内有直到 $n+1$ 阶导数，现在提出下面两个问题：

(1) 试求一个关于 $x-x_0$ 的 n 次多项式

$$P_n(x)=a_0+a_1(x-x_0)+a_2(x-x_0)^2+\cdots+a_n(x-x_0)^n, \tag{5.3.1}$$

使得在 x_0 附近，有 $f(x)\approx P_n(x)$，换言之，就是要求

$$f(x_0)=P_n(x_0),\quad f'(x_0)=P_n'(x_0),\quad \cdots,\quad f^{(n)}(x_0)=P_n^{(n)}(x_0), \tag{5.3.2}$$

即 $f(x)$ 和 $P_n(x)$ 在 $x=x_0$ 处的函数值及 k 阶($k\leqslant n$)导数值相等.

从几何上看，条件 $f(x_0)=P_n(x_0)$ 和 $f'(x_0)=P_n'(x_0)$ 表示两曲线 $y=f(x)$ 和 $y=P_n(x)$ 都过点 $(x_0,f(x_0))$，且在该点处有相同的切线. 以后还将知道，条件 $f''(x_0)=P_n''(x_0)$ 表示这两条曲线在点 $(x_0,f(x_0))$ 处的弯曲方向和弯曲程度相同，从而在该点附近，两曲线的吻合程度将较好.

(2) 给出误差 $f(x)-P_n(x)$ 的表达式.

首先解决问题(1). 注意到条件 $f(x_0)=P_n(x_0)$，$f'(x_0)=P_n'(x_0)$，…，$f^{(n)}(x_0)=P_n^{(n)}(x_0)$. 可以利用这些条件来确定系数 a_0，a_1，…，a_n. 将 $x=x_0$ 代入 $P_n(x)$ 的表达式，得到

$$a_0 = P_n(x_0) = f(x_0)\text{，即 } a_0 = f(x_0).$$

对 $P_n(x)$ 求导，再将 $x = x_0$ 代入，得到

$$a_1 = P_n'(x_0) = f'(x_0)\text{，即 } a_1 = f'(x_0).$$

求出 $P_n''(x)$，再将 $x = x_0$ 代入，得

$$a_2 \cdot 2! = P_n''(x_0) = f''(x_0)\text{，即 } a_2 = \frac{f''(x_0)}{2!}.$$

一般地

$$a_k = \frac{f^{(k)}(x_0)}{k!},\quad k = 0,1,2,\cdots,n.$$

从而所求多项式为

$$P_n(x) = f(x_0) + \frac{f'(x_0)}{1!}(x - x_0) + \frac{f''(x_0)}{2!}(x - x_0)^2 + \cdots + \frac{f^{(n)}(x_0)}{n!}(x - x_0)^n. \tag{5.3.3}$$

下面解决问题(2)，即求误差 $f(x) - P_n(x)$ 的表达式，一般有以下结果.

定理 5.3.1 (泰勒中值定理)　设函数 $f(x)$ 在 (a,b) 内具有直到 $n+1$ 阶导数，$x_0 \in (a,b)$，则对于任意 $x \in (a,b)$，有

$$f(x) = f(x_0) + \frac{f'(x_0)}{1!}(x - x_0) + \frac{f''(x_0)}{2!}(x - x_0)^2 + \cdots + \frac{f^{(n)}(x_0)}{n!}(x - x_0)^n + R_n(x), \tag{5.3.4}$$

其中

$$R_n(x) = \frac{f^{(n+1)}(\xi)}{(n+1)!}(x - x_0)^{n+1}\quad (\xi \text{ 介于 } x_0 \text{ 与 } x \text{ 之间}). \tag{5.3.5}$$

证明　令 $G(x) = (x - x_0)^{n+1}$. 由假设可知

$$R_n(x) = f(x) - f(x_0) - \frac{f'(x_0)}{1!}(x - x_0) - \frac{f''(x_0)}{2!}(x - x_0)^2 - \cdots - \frac{f^{(n)}(x_0)}{n!}(x - x_0)^n$$

在 (a,b) 内具有直到 $n+1$ 阶的导数，且易求出

$$R_n(x_0) = R_n'(x_0) = \cdots = R_n^{(n)}(x_0) = 0,$$

$$R_n^{(n+1)}(x) = (n+1)!,$$

$$G(x_0) = G'(x_0) = \cdots = G^{(n)}(x_0) = 0,$$

$$G^{(n+1)}(x) = (n+1)!.$$

对 $R_n(x)$ 与 $G(x)$ 在相应区间上使用柯西定理 $n+1$ 次，则有

$$\begin{aligned}
\frac{R_n(x)}{G(x)} &= \frac{R_n(x) - R_n(x_0)}{G(x) - G(x_0)} = \frac{R_n'(\xi_1)}{G'(\xi_1)} \quad (\xi_1 \text{ 介于 } x_0 \text{ 与 } x \text{ 之间}) \\
&= \frac{R_n'(\xi_1) - R_n'(x_0)}{G'(\xi_1) - G'(x_0)} = \frac{R_n''(\xi_2)}{G''(\xi_2)} \quad (\xi_2 \text{ 介于 } x_0 \text{ 与 } \xi_1 \text{ 之间}) \\
&= \frac{R_n''(\xi_2) - R_n''(x_0)}{G''(\xi_2) - G''(x_0)} \\
&= \cdots = \frac{R_n^{(n)}(\xi_n)}{G^{(n)}(\xi_n)} \quad (\xi_n \text{ 介于 } x_0 \text{ 与 } \xi_{n-1} \text{ 之间})
\end{aligned}$$

$$=\frac{R_n^{(n)}(\xi_n)-R_n^{(n)}(x_0)}{G^{(n)}(\xi_n)-G^{(n)}(x_0)}=\frac{R_n^{(n+1)}(\xi)}{G^{(n+1)}(\xi)}\quad(\xi\text{ 介于 }x_0\text{ 与 }\xi_n\text{ 之间})$$

$$=\frac{f^{(n+1)}(\xi)}{(n+1)!}\quad(\xi\text{ 介于 }x_0\text{ 与 }\xi_n\text{ 之间，故 }\xi\text{ 介于 }x_0\text{ 与 }x\text{ 之间}).$$

于是

$$R_n(x)=\frac{f^{(n+1)}(\xi)}{(n+1)!}(x-x_0)^{n+1}\quad(\xi\text{ 介于 }x_0\text{ 与 }x\text{ 之间}).$$

式(5.3.4)称为函数 $f(x)$ 在 $x=x_0$ 点的 n 阶泰勒展开式，或称为具有拉格朗日型余项的 n 阶泰勒公式. 式(5.3.5)中的 $R_n(x)$ 称为拉格朗日型余项，式(5.3.3)中的多项式 $P_n(x)$ 称为 $f(x)$ 在 $x=x_0$ 点的 n 阶泰勒多项式(或称为 n 次近似公式).

拉格朗日型余项还可写成以下形式：

$$R_n(x)=\frac{f^{(n+1)}(x_0+\theta(x-x_0))}{(n+1)!}(x-x_0)^{n+1}\quad(0<\theta<1).$$

5.1 节中的拉格朗日中值定理可看作是零阶($n=1$)拉格朗日型余项的泰勒公式：

$$f(x)=f(x_0)+f'(\xi)(x-x_0)\quad(\xi\text{ 介于 }x_0\text{ 与 }x\text{ 之间}).$$

因此拉格朗日型余项的泰勒公式是拉格朗日中值定理的推广.

由泰勒中值定理可知，以多项式 $P_n(x)$ 近似表达函数 $f(x)$ 时，其误差为 $|R_n(x)|$. 如果对于某个固定的 n，当 x 在开区间 (a,b) 内变动时，有 $\left|f^{(n+1)}(x)\right|\leqslant M$ (M 为常数)，则其误差有估计式 $|R_n(x)|\leqslant\frac{M}{(n+1)!}|x-x_0|^{n+1}$，且 $\lim\limits_{x\to x_0}\frac{R_n(x)}{(x-x_0)^n}=0$. 从而当 $x\to x_0$ 时，$R_n(x)$ 是关于 $(x-x_0)^n$ 的高阶无穷小，即余项又可以表示为 $R_n(x)=o((x-x_0)^n)$，我们称这种形式的余项为佩亚诺余项.

当 $x_0=0$ 时的泰勒公式，又称为麦克劳林(Maclaurin)公式：

$$f(x)=f(0)+\frac{f'(0)}{1!}x+\frac{f''(0)}{2!}x^2+\cdots+\frac{f^{(n)}(0)}{n!}x^n+\frac{f^{(n+1)}(\xi)}{(n+1)!}x^{n+1}\quad(\xi\text{ 介于 }0\text{ 与 }x\text{ 之间})$$

或

$$f(x)=f(0)+\frac{f'(0)}{1!}x+\frac{f''(0)}{2!}x^2+\cdots+\frac{f^{(n)}(0)}{n!}x^n+o(x^{n+1}).$$

拉格朗日型余项的麦克劳林公式也可写成

$$f(x)=f(0)+\frac{f'(0)}{1!}x+\frac{f''(0)}{2!}x^2+\cdots+\frac{f^{(n)}(0)}{n!}x^n+\frac{f^{(n+1)}(\theta x)}{(n+1)!}x^{n+1}\quad(0<\theta<1).$$

5.3.2　函数的泰勒展开式举例

例 5.3.1　写出函数 $f(x)=\mathrm{e}^x$ 的 n 阶麦克劳林公式,并利用三阶麦克劳林多项式计算 $\sqrt{\mathrm{e}}$ 的近似值，并估计误差.

解　由 $f'(x)=\mathrm{e}^x$，…，$f^{(n)}(x)=\mathrm{e}^x$，$f^{(n+1)}(x)=\mathrm{e}^x$，得

$$f(0)=1,\quad f'(0)=1,\quad\cdots,\quad f^{(n)}(0)=1,\quad f^{(n+1)}(\xi)=\mathrm{e}^{\xi}.$$

于是 $f(x)=\mathrm{e}^x$ 的麦克劳林公式为

$$f(x)=\mathrm{e}^x=1+x+\frac{x^2}{2!}+\cdots+\frac{x^n}{n!}+\frac{\mathrm{e}^{\xi}}{(n+1)!}x^{n+1}\quad(\xi\text{ 介于 }0\text{ 与 }x\text{ 之间})$$

或

$$f(x)=\mathrm{e}^x=1+x+\frac{x^2}{2!}+\cdots+\frac{x^n}{n!}+\frac{\mathrm{e}^{\theta x}}{(n+1)!}x^{n+1}\quad(0<\theta<1).$$

因此，将 $f(x)=\mathrm{e}^x$ 用它在 $x_0=0$ 处的 n 阶泰勒多项式近似表达为

$$\mathrm{e}^x\approx1+x+\frac{x^2}{2!}+\cdots+\frac{x^n}{n!},$$

所产生的误差为

$$|R_n(x)|=\left|\frac{\mathrm{e}^{\theta x}}{(n+1)!}x^{n+1}\right|.$$

取 $x=\frac{1}{2}$，$n=3$，则

$$\sqrt{\mathrm{e}}\approx1+\frac{1}{2}+\frac{1}{2!}\left(\frac{1}{2}\right)^2+\frac{1}{3!}\left(\frac{1}{2}\right)^3\approx1.6458,$$

其误差

$$\left|R_3\left(\frac{1}{2}\right)\right|=\left|\frac{\mathrm{e}^{\xi}}{4!}\left(\frac{1}{2}\right)^4\right|<\frac{\mathrm{e}^{\frac{1}{2}}}{4!}\left(\frac{1}{2}\right)^4<\frac{3^{\frac{1}{2}}}{4!}\left(\frac{1}{2}\right)^4<\frac{1.8}{4!}\left(\frac{1}{2}\right)^4<\frac{1.8}{24}\cdot\frac{1}{16}$$
$$<0.0047<0.005=5\times10^{-3}.$$

例 5.3.2　写出函数 $f(x)=\sin x$ 的 n 阶麦克劳林公式.

解　由 $f^{(n)}(x)=\sin\left(x+\frac{n\pi}{2}\right)$（$n=1,2,\cdots,n$），有

$$f(0)=0,\quad f'(0)=1,\quad f''(0)=0,\quad f'''(0)=-1,\quad f^{(4)}(0)=0,\quad\cdots,$$
$$f^{(2m)}(0)=0,\quad f^{(2m+1)}(0)=(-1)^m,\quad\cdots.$$

于是当 $n=2m$ 时，$\sin x$ 的 n 阶麦克劳林展开式为

$$\sin x=x-\frac{x^3}{3!}+\frac{x^5}{5!}-\frac{x^7}{7!}+\cdots+(-1)^{m-1}\frac{x^{2m-1}}{(2m-1)!}+R_{2m}(x),$$

其中

$$R_{2m}(x)=\frac{\sin\left[\theta x+\frac{(2m+1)\pi}{2}\right]}{(2m+1)!}x^{2m+1}\quad(0<\theta<1);$$

当 $n=2m+1$ 时，$\sin x$ 的 n 阶麦克劳林展开式为

$$\sin x=x-\frac{x^3}{3!}+\frac{x^5}{5!}-\frac{x^7}{7!}+\cdots+(-1)^m\frac{x^{2m+1}}{(2m+1)!}+R_{2m+1}(x),$$

其中

$$R_{2m+1}(x)=\frac{\sin\left[\theta x+(m+1)\pi\right]}{(2m+2)!}x^{2m+2}\quad(0<\theta<1).$$

类似地，当$n=2m$时，$\cos x$的n阶麦克劳林展开式为

$$\cos x = 1-\frac{x^2}{2!}+\frac{x^4}{4!}-\frac{x^6}{6!}+\cdots+(-1)^m\frac{x^{2m}}{(2m)!}+R_{2m}(x),$$

其中

$$R_{2m}(x)=\frac{\cos\left[\theta x+\frac{(2m+1)\pi}{2}\right]}{(2m+1)!}x^{2m+1}\quad(0<\theta<1);$$

当$n=2m+1$时，$\cos x$的n阶麦克劳林展开式为

$$\cos x = 1-\frac{x^2}{2!}+\frac{x^4}{4!}-\frac{x^6}{6!}+\cdots+(-1)^m\frac{x^{2m}}{(2m)!}+R_{2m}(x),$$

其中

$$R_{2m+1}(x)=\frac{\cos\left[\theta x+(m+1)\pi\right]}{(2m+2)!}x^{2m+2}\quad(0<\theta<1).$$

如果m分别取0，1和2，则可得$\sin x$的 1 次, 3 次和 5 次近似多项式

$$\sin x\approx x,\quad \sin x\approx x-\frac{x^3}{3!} \text{ 和 } \sin x\approx x-\frac{x^3}{3!}+\frac{x^5}{5!},$$

其误差的绝对值依次不超过$\frac{|x|^3}{3!}$，$\frac{|x|^5}{5!}$和$\frac{|x|^7}{7!}$.

以上三个近似多项式及正弦函数的图形画在图 5-4 中，以便比较.

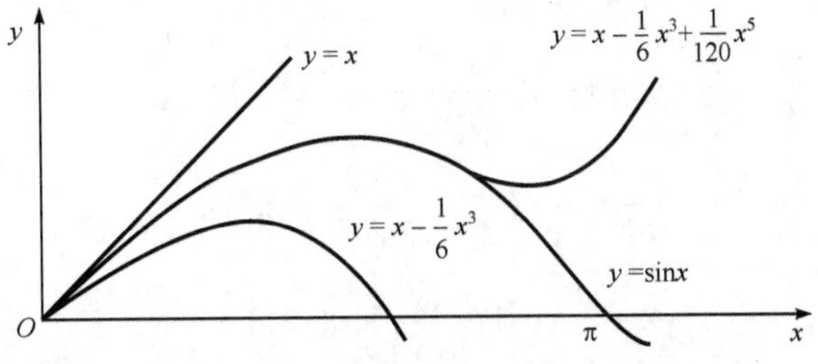

图 5-4

例 5.3.3　求函数$f(x)=(1+x)^\alpha$(α为任意实数)在点$x=0$处的泰勒公式.

解　由于$f'(x)=\alpha(1+x)^{\alpha-1}$，$f''(x)=\alpha(\alpha-1)(1+x)^{\alpha-2}$，…，

$$f^{(n)}(x)=\alpha(\alpha-1)\cdots(\alpha-n+1)(1+x)^{\alpha-n},\ \cdots.$$

于是有

$$f(0)=1,\quad f'(0)=\alpha,\quad f''(x)=\alpha(\alpha-1),\ \cdots,\quad f^{(n)}(0)=\alpha(\alpha-1)\cdots(\alpha-n+1),\ \cdots.$$

从而得$f(x)=(1+x)^\alpha$在点$x=0$处的泰勒公式为

$$(1+x)^\alpha=1+\alpha x+\frac{\alpha(\alpha-1)}{2!}x^2+\cdots+\frac{\alpha(\alpha-1)\cdots(\alpha-n+1)}{n!}x^n+o(x^n).$$

特别地，当$\alpha=n$(正整数)时，有

$$(1+x)^n=1+nx+\frac{n(n-1)}{2!}x^2+\cdots+nx^{n-1}+x^n+o(x^n).$$

例 5.3.4　设 $\lim\limits_{x\to 0}\dfrac{f(x)}{x}=1$，且 $f''(x)>0$，求证 $f(x)\geqslant x$.

证明　易知 $\lim\limits_{x\to 0}f(x)=0$，则 $f(0)=0$，所以 $\lim\limits_{x\to 0}\dfrac{f(x)-f(0)}{x-0}=f'(0)=1$，由麦克劳林公式有

$$f(x)=f(0)+f'(0)x+\frac{f''(\xi)}{2!}x^2=x+\frac{f''(\xi)}{2!}x^2,$$

因 $f''(x)>0$，故 $f(x)\geqslant x$.

注　写 Taylor 公式时，余项中含有 $f^{(n+1)}(\xi)$，若 $f(x)$ 为复合函数或此函数可利用已有的 e^x，$\sin x$，$\cos x$ 的展开式时，则 $f(x)$ 展开式中的余项不是分别余项再复合，必须是整个函数求余项.

例 5.3.5　利用带有佩亚诺型余项的麦克劳林公式，求极限 $\lim\limits_{x\to 0}\dfrac{\sin x-x\cos x}{\sin^3 x}$.

解　由 $\sin x=x-\dfrac{x^3}{3!}+o(x^3)$，$x\cos x=x-\dfrac{x^3}{2!}+o(x^3)$，故

$$\lim_{x\to 0}\frac{\sin x-x\cos x}{\sin^3 x}=\lim_{x\to 0}\frac{\frac{1}{3}x^3+o(x^3)}{x^3}=\frac{1}{3}.$$

注　两个比 x^3 高阶的无穷小的和仍记为 $o(x^3)$.

常用初等函数的麦克劳林公式：

(1) $\mathrm{e}^x=1+x+\dfrac{x^2}{2!}+\cdots+\dfrac{x^n}{n!}+\dfrac{\mathrm{e}^{\theta x}}{(n+1)!}x^{n+1}$，$0<\theta<1$；

(2) $\sin x=x-\dfrac{x^3}{3!}+\dfrac{x^5}{5!}-\cdots+(-1)^n\dfrac{x^{2n+1}}{(2n+1)!}+o(x^{2n+2})$；

(3) $\cos x=1-\dfrac{x^2}{2!}+\dfrac{x^4}{4!}-\dfrac{x^6}{6!}+\cdots+(-1)^n\dfrac{x^{2n}}{(2n)!}+o(x^{2n})$；

(4) $\ln(1+x)=x-\dfrac{x^2}{2}+\dfrac{x^3}{3}-\cdots+(-1)^n\dfrac{x^{n+1}}{n+1}+o(x^{n+1})$；

(5) $\dfrac{1}{1-x}=1+x+x^2+\cdots+x^n+o(x^n)$；

(6) $(1+x)^\alpha=1+\alpha x+\dfrac{\alpha(\alpha-1)}{2!}x^2+\cdots+\dfrac{\alpha(\alpha-1)\cdots(\alpha-n+1)}{n!}x^n+o(x^n)$.

5.3.3　另一些常用的等价无穷小

根据洛必达法则和泰勒公式，我们不但可以简化某些函数极限的计算，而且还可以获得一批等价无穷小. 根据洛必达法则容易求得极限所获得的等价无穷小量.

(1) 由 $\lim\limits_{x\to 0}\dfrac{x-\sin x}{x^3}=\lim\limits_{x\to 0}\dfrac{1-\cos x}{3x^2}=\lim\limits_{x\to 0}\dfrac{\frac{1}{2}x^2}{3x^2}=\dfrac{1}{6}$，获得

$$x-\sin x\overset{x\to 0}{\sim}\frac{1}{6}x^3,$$

进一步推广获得

$$\varphi(x)-\sin\varphi(x)\underset{\varphi(x)\neq 0}{\overset{\varphi(x)\to 0}{\sim}}\frac{1}{6}\varphi^3(x).$$

(2) 由 $\lim\limits_{x\to 0}\dfrac{\tan x-x}{x^3}=\lim\limits_{x\to 0}\dfrac{\sec^2 x-1}{3x^2}=\lim\limits_{x\to 0}\dfrac{\tan^2 x}{3x^2}=\lim\limits_{x\to 0}\dfrac{x^2}{3x^2}=\dfrac{1}{3}$，获得

$$\tan x-x\overset{x\to 0}{\sim}\frac{1}{3}x^3,$$

进一步推广获得

$$\tan\varphi(x)-\varphi(x)\underset{\varphi(x)\neq 0}{\overset{\varphi(x)\to 0}{\sim}}\frac{1}{3}\varphi^3(x).$$

(3) 由 $\lim\limits_{x\to 0}\dfrac{\tan x-\sin x}{x^3}=\lim\limits_{x\to 0}\dfrac{\tan x(1-\cos x)}{x^3}=\lim\limits_{x\to 0}\dfrac{x\cdot\frac{1}{2}x^2}{x^3}=\dfrac{1}{2}$，获得

$$\tan x-\sin x\overset{x\to 0}{\sim}\frac{1}{2}x^3,$$

进一步推广获得

$$\tan\varphi(x)-\sin\varphi(x)\underset{\varphi(x)\neq 0}{\overset{\varphi(x)\to 0}{\sim}}\frac{1}{2}\varphi^3(x).$$

(4) 由 $\lim\limits_{x\to 0}\dfrac{\arcsin x-x}{x^3}=\lim\limits_{x\to 0}\dfrac{\frac{1}{\sqrt{1-x^2}}-1}{3x^2}=\lim\limits_{x\to 0}\dfrac{1-\sqrt{1-x^2}}{3x^2\sqrt{1-x^2}}=\lim\limits_{x\to 0}\dfrac{\frac{1}{2}x^2}{3x^2\sqrt{1-x^2}}=\dfrac{1}{6}$，获得

$$\arcsin x-x\overset{x\to 0}{\sim}\frac{1}{6}x^3,$$

进一步推广获得

$$\arcsin\varphi(x)-\varphi(x)\underset{\varphi(x)\neq 0}{\overset{\varphi(x)\to 0}{\sim}}\frac{1}{6}\varphi^3(x).$$

(5) 由 $\lim\limits_{x\to 0}\dfrac{x-\arctan x}{x^3}=\lim\limits_{x\to 0}\dfrac{1-\frac{1}{1+x^2}}{3x^2}=\lim\limits_{x\to 0}\dfrac{x^2}{3x^2(1+x^2)}=\dfrac{1}{3}$，获得

$$x-\arctan x\overset{x\to 0}{\sim}\frac{1}{3}x^3,$$

进一步推广获得

$$\varphi(x)-\arctan\varphi(x)\underset{\varphi(x)\neq 0}{\overset{\varphi(x)\to 0}{\sim}}\frac{1}{3}\varphi^3(x).$$

(6) 由 $\lim\limits_{x\to 0}\dfrac{\arcsin x-\arctan x}{x^3}=\lim\limits_{x\to 0}\dfrac{\arcsin x-x+x-\arctan x}{x^3}=\dfrac{1}{6}+\dfrac{1}{3}=\dfrac{1}{2}$，获得

$$\arcsin x-\arctan x\overset{x\to 0}{\sim}\frac{1}{2}x^3,$$

进一步推广获得

$$\arcsin\varphi(x)-\arctan\varphi(x)\underset{\varphi(x)\neq 0}{\overset{\varphi(x)\to 0}{\sim}}\frac{1}{2}\varphi^3(x).$$

(7) 由 $\lim\limits_{x\to0}\dfrac{x-\ln(1+x)}{x^2}=\lim\limits_{x\to0}\dfrac{1-\dfrac{1}{1+x}}{2x}=\lim\limits_{x\to0}\dfrac{x}{2x(1+x)}=\dfrac{1}{2}$，获得

$$x-\ln(1+x)\overset{x\to0}{\sim}\frac{1}{2}x^2,$$

进一步推广获得

$$\varphi(x)-\ln(1+\varphi(x))\underset{\varphi(x)\neq0}{\overset{\varphi(x)\to0}{\sim}}\frac{1}{2}\varphi^2(x).$$

(8) 由 $\lim\limits_{x\to0}\dfrac{\mathrm{e}^x-1-x}{x^2}=\lim\limits_{x\to0}\dfrac{\mathrm{e}^x-1}{2x}=\dfrac{1}{2}$，获得

$$\mathrm{e}^x-1-x\overset{x\to0}{\sim}\frac{1}{2}x^2,$$

进一步推广获得

$$\mathrm{e}^{\varphi(x)}-1-\varphi(x)\underset{\varphi(x)\neq0}{\overset{\varphi(x)\to0}{\sim}}\frac{1}{2}\varphi^2(x).$$

(9) 由 $\lim\limits_{x\to0}\dfrac{\mathrm{e}^x-1-\ln(1+x)}{x^2}=\lim\limits_{x\to0}\dfrac{(\mathrm{e}^x-1-x)+[x-\ln(1+x)]}{x^2}=\dfrac{1}{2}+\dfrac{1}{2}=1$，获得

$$\mathrm{e}^x-1-\ln(1+x)\overset{x\to0}{\sim}x^2,$$

进一步推广获得

$$\mathrm{e}^{\varphi(x)}-1-\ln(1+\varphi(x))\underset{\varphi(x)\neq0}{\overset{\varphi(x)\to0}{\sim}}\varphi^2(x).$$

以上的极限也可使用泰勒公式求出，例如

$$\lim_{x\to0}\frac{x-\sin x}{x^3}=\lim_{x\to0}\frac{x-\left(x-\dfrac{x^3}{3!}+o(x^3)\right)}{x^3}=\lim_{x\to0}\frac{\dfrac{x^3}{3!}-o(x^3)}{x^3}=\frac{1}{6}.$$

习题 5-3

1. 求函数 $f(x)=x\mathrm{e}^x$ 的 n 阶麦克劳林公式.
2. 当 $x_0=-1$ 时，求函数 $f(x)=\dfrac{1}{x}$ 的 n 阶泰勒公式.
3. 按 $x-4$ 的乘幂展开多项式 $f(x)=x^4-5x^3+x^2-3x+4$.
4. 利用泰勒公式求下列极限.

(1) $\lim\limits_{x\to0}\dfrac{x-\sin x}{x^3}$；　　(2) $\lim\limits_{x\to0}\dfrac{\mathrm{e}^{x^2}+2\cos x-3}{x^4}$.

5.4 函数的单调性与极值

5.4.1 函数的单调性

如果函数在定义域的某个区间内随着自变量的增加而增加(减少)，则称函数在这一区间上

是单调增加(减少)的. 函数的单调性在几何上表现为图形的升降. 单调增加函数的图形在平面直角坐标系中是一条从左至右(自变量增加的方向)逐渐上升(函数值增加的方向)的曲线，曲线上各点处的切线(如果存在的话)与横轴正向所夹角为锐角，即曲线切线的斜率为正，也即导数为正. 类似地，单调减少函数的图形是平面直角坐标系中一条从左至右逐渐下降的曲线，其上任一点的导数(如果存在的话)为负(图 5-5).

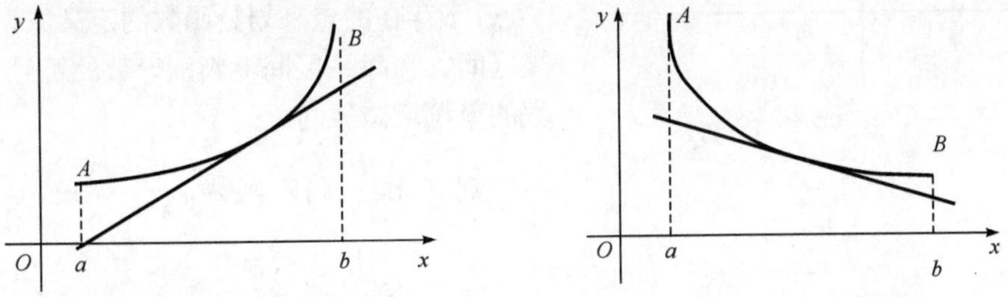

(a) 函数图形上升时, 切线斜率非负　　(b) 函数图形下降时, 切线斜率非正

图 5-5

由此可见，函数的单调性与导数的符号有着密切的关系. 事实上，有如下定理.

定理 5.4.1　设 $f(x)$ 在闭区间 $[a,b]$ 上连续，在开区间 (a,b) 内可导.

(1) 若在 (a,b) 内 $f'(x)>0$，则 $f(x)$ 在 $[a,b]$ 上严格单调增加；

(2) 若在 (a,b) 内 $f'(x)<0$，则 $f(x)$ 在 $[a,b]$ 上严格单调减少.

证明　见推论 5.1.1.

定理中的闭区间若换成其他区间(如开的、闭的或无穷区间等)，结论仍成立.

例 5.4.1　函数 $y=x-\sin x$ 在 $(0,\pi)$ 内单调增加.

这是因为在 $(0,\pi)$，有 $y'=(x-\sin x)'=1-\cos x>0$ 的缘故.

定理 5.4.1 的条件可以适当放宽，若在 (a,b) 内的有限个点上，有 $f'(x)=0$ 其余点处处满足定理 5.4.1 条件，则定理 1 的结论仍然成立. 例如 $y=x^3$ 在 $x=0$ 处有 $f'(0)=0$，但它在 $(-\infty,+\infty)$ 上单调增加(图 5-6).

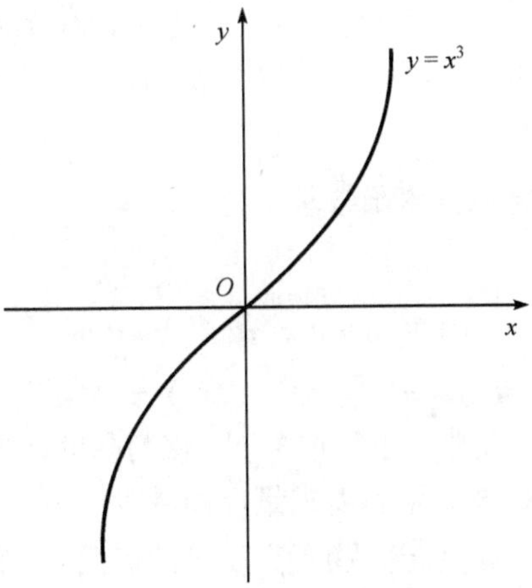

图 5-6

例 5.4.2　求函数 $y=2x^2-\ln x$ 的单调区间.

解　函数的定义域为 $(0,+\infty)$，函数在整个定义域内可导，且 $y'=4x-\dfrac{1}{x}$. 令 $y'=0$，解得 $x=\dfrac{1}{2}$. 当 $0<x<\dfrac{1}{2}$ 时，$y'<0$；当 $x>\dfrac{1}{2}$ 时，$y'>0$，故函数在 $\left(0,\dfrac{1}{2}\right]$ 上单调减少，在 $\left(\dfrac{1}{2},+\infty\right)$ 内单调增加.

例 5.4.3　讨论函数 $y=\sqrt[3]{x^2}$ 的单调性.

解　函数的定义域为 $(-\infty,+\infty)$，当 $x\neq 0$ 时，$y'=\dfrac{2}{3\sqrt[3]{x}}$；当 $x=0$ 时，函数的导数不存在. 而当 $x>0$ 时，$y'>0$；当 $x<0$ 时，$y'<0$，故函数在 $(-\infty,0)$ 内单调减少，在 $[0,+\infty)$ 上单调增加，

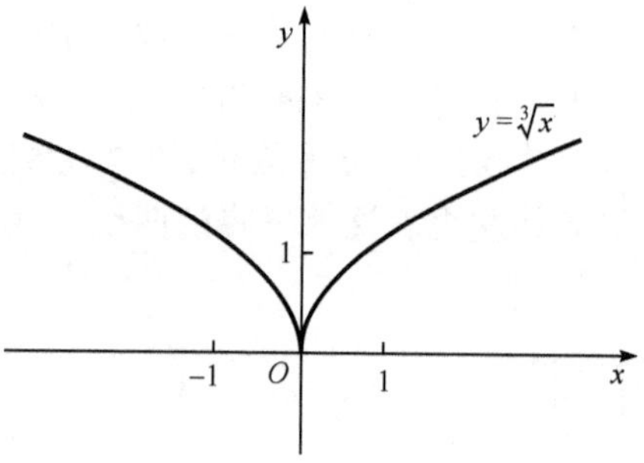

图 5-7

如图 5-7 所示.

从例 5.4.2、例 5.4.3 可以看出，函数单调增减区间的分界点是导数为零的点或导数不存在的点. 一般地，如果函数在定义域上连续，除去有限个导数不存在的点外，导数都存在，那么只要用 $f'(x)=0$ 的点及 $f'(x)$ 不存在的点来划分函数的定义域，获得若干个定义区间，在每一区间上判别导数的符号，便可求得函数的单调增减区间.

例 5.4.4　确定函数 $f(x)=\frac{3}{5}x^{\frac{5}{3}}-\frac{3}{2}x^{\frac{2}{3}}+5$ 的单调区间.

解　函数的定义域为 $(-\infty,+\infty)$，$f'(x)=x^{\frac{2}{3}}-x^{-\frac{1}{3}}=\frac{x-1}{\sqrt[3]{x}}$.

可见，$f(x)$ 在 $x_1=0$ 处导数不存在，在 $x_2=1$ 处导数为零. 以 x_1 和 x_2 为分点，将函数定义域 $(-\infty,+\infty)$ 分为三个部分区间，其讨论结果列表如下：

x	$(-\infty,0)$	$(0,1)$	$(1,+\infty)$
$f'(x)$	+	−	+
$f(x)$	↑[①]	↓	↑

由表可知，$f(x)$ 的单调增加区间为 $(-\infty,0)$ 和 $(1,+\infty)$，单调减少区间为 $(0,1)$.

例 5.4.5[*]　在经济学中，消费品的需求量 y 与消费者的收入 x（$x>0$）的关系常常简化为函数 $y=f(x)$，称为恩格尔(Engle)函数，它有多种形式. 例如有

$$f(x)=Ax^b,\quad A>0,\quad b\text{ 为常数}.$$

将恩格尔函数求导得

$$f'(x)=Abx^{b-1}.$$

因为 $A>0$，故当 $b>0$ 时，有 $f'(x)=Abx^{b-1}>0$，$f(x)$ 为单调增函数；当 $b<0$ 时，$f'(x)=Abx^{b-1}<0$，$f(x)$ 为单调减函数. 恩格尔函数单调性的经济学解释为：收入越高，购买力越强，正常情况下，该商品的需求量也越多，即恩格尔函数为增函数；相反，若收入增加，对该商品的需求量反而减少，只能说明该商品是劣等的. 即因生活水平提高而放弃质量较低的商品转向购买高质量的商品. 因此，恩格尔函数 $f(x)=Ax^b$ 当 $b>0$ 时，该商品为正常品；当 $b<0$ 时，为劣等品.

利用函数的单调性. 可以证明一些不等式. 例如，要证在 (a,b) 内 $f(x)>0(<0)$ 成立，只要证明在 $[a,b]$ 上 $f(x)$ 严格单调增加(减少)且 $f(a)\geqslant 0$（$f(b)\leqslant 0$）即可.

例 5.4.6　证明：当 $x>0$ 时，$1+\frac{1}{2}x>\sqrt{1+x}$.

①通常用符号"↑"表示单调增加，"↓"表示单调减少.

证明　令 $f(x)=1+\frac{1}{2}x-\sqrt{1+x}$，则

$$f'(x)=\frac{1}{2}-\frac{1}{2\sqrt{1+x}}.$$

由于当 $x>0$ 时，$f'(x)>0$，因此 $f(x)$ 在 $[0,+\infty)$ 上严格单调增加，即当 $x>0$ 时，$f(x)>f(0)$. 而 $f(0)=0$，所以当 $x>0$ 时有 $f(x)>0$，即

$$1+\frac{1}{2}x>\sqrt{1+x}.$$

例 5.4.7　证明：当 $0<x<\frac{\pi}{2}$ 时，$\sin x+\tan x>2x$.

证明　令 $f(x)=\sin x+\tan x-2x$，则

$$f'(x)=\cos x+\sec^2 x-2,$$

$$f''(x)=-\sin x+2\sec^2 x\tan x=\sin x\cdot(2\sec^3 x-1).$$

当 $0<x<\frac{\pi}{2}$ 时，$f''(x)>0$，即在 $\left(0,\frac{\pi}{2}\right)$ 上 $f'(x)$ 严格单调增加. 由此有 $f'(x)>f'(0)=0$，从而 $f(x)$ 在 $\left(0,\frac{\pi}{2}\right)$ 上严格单调增加，即有 $f(x)>f(0)=0$，也即

$$\sin x+\tan x>2x.$$

例 5.4.8　证明：$\frac{|a+b|}{1+|a+b|}\leqslant\frac{|a|}{1+|a|}+\frac{|b|}{1+|b|}$.

证明　根据常量化为函数和构造辅助函数的思想，可根据题设构造如下辅助函数

$$f(x)=\frac{x}{1+x},$$

则

$$f'(x)=\frac{1+x-x}{(1+x)^2}=\frac{1}{(1+x)^2}>0,$$

所以 $f(x)$ 是单调增加的，上述问题转化为函数的单调性问题，由 $|a+b|\leqslant|a|+|b|$，则有

$$f(|a+b|)\leqslant f(|a|+|b|),$$

即

$$\frac{|a+b|}{1+|a+b|}\leqslant\frac{|a|+|b|}{1+|a|+|b|}=\frac{|a|}{1+|a|+|b|}+\frac{|b|}{1+|a|+|b|}\leqslant\frac{|a|}{1+|a|}+\frac{|b|}{1+|b|}.$$

5.4.2　函数的极值

函数的极值是一个局部性概念，其确切定义如下：

定义 5.4.1　设 $f(x)$ 在 x_0 的某邻域 $U(x_0)$ 内有定义. 若对任意 $x\in\mathring{U}(x_0)$，有

$$f(x)<f(x_0)\quad(f(x)>f(x_0)),$$

则称 $f(x)$ 在点 x_0 处取得**极大值(极小值)(maximum(minimum))** $f(x_0)$，x_0 称为极大值点(极小值点).

极大值和极小值统称为**极值(extreme value)**，极大值点和极小值点统称为**极值点**. 由定义可知，极值是在一点的邻域内比较函数值的大小而产生的. 因此对于一个定义在(a,b)内的函数，极值往往可能有很多个，且某一点取得的极大值可能会比另一点取得的极小值还要小(图 5-8). 从直观上看，图 5-8 中曲线所对应的函数在取极值的地方，其切线(如果存在)都是水平的，亦即该点处的导数为零.

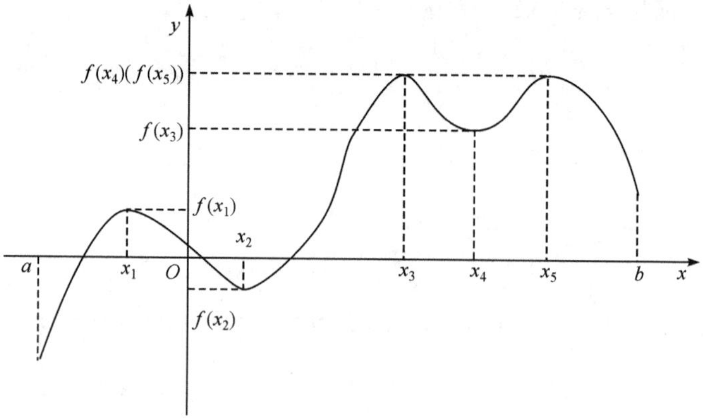

图 5-8

事实上，我们有下面的定理.

定理 5.4.2 (费马(Fermat)定理)　设函数$f(x)$在某区间I内有定义，若$f(x)$在该区间内的点x_0处取得极值，且$f'(x_0)$存在，则必有$f'(x_0)=0$.

证明　不妨设$f(x_0)$为极大值，则由定义，存在$U(x_0)\subset I$，对任意$x\in \mathring{U}(x_0)$有$f(x)<f(x_0)$. 从而当$x<x_0$时，有$\dfrac{f(x)-f(x_0)}{x-x_0}>0$，故

$$f'_-(x_0)=\lim_{x\to x_0^-}\frac{f(x)-f(x_0)}{x-x_0}\geqslant 0;$$

又当$x>x_0$时，有$\dfrac{f(x)-f(x_0)}{x-x_0}<0$，故

$$f'_+(x_0)=\lim_{x\to x_0^+}\frac{f(x)-f(x_0)}{x-x_0}\leqslant 0.$$

因$f'(x_0)$存在，故$f'(x_0)=f'_+(x_0)=f'_-(x_0)$，从而$f'(x_0)=0$.

通常称$f'(x)=0$的根为函数$f(x)$的**驻点**. 定理 5.4.2 告诉我们：可导函数的极值点一定是驻点. 但其逆命题不成立. 例如，$x=0$是$f(x)=x^3$的驻点，但不是$f(x)$的极值点. 事实上$f(x)=x^3$在$(-\infty,+\infty)$上是单调增加函数. 另外，连续函数在导数不存在的点处也可能取得极值，例如$y=|x|$在$x=0$处取极小值，而函数在$x=0$处不可导. 因此，对于连续函数来说，驻点和导数不存在的点均有可能成为极值点. 那么，如何判别它们是否确为极值点呢？我们有以下的判别准则.

定理 5.4.3　设$f(x)$在点x_0处连续，在$\mathring{U}(x_0)$内可导.

(1) 若在$(x_0-\delta,x_0)$内$f'(x)>0$，在$(x_0,x_0+\delta)$内$f'(x)<0$，则$f(x)$在点x_0处取得极大值.

(2) 若在 $(x_0-\delta,x_0)$ 内 $f'(x)<0$，在 $(x_0,x_0+\delta)$ 内 $f'(x)>0$，则 $f(x)$ 在点 x_0 处取得极小值.

证明　只证(1). 在 $(x_0-\delta,x_0)$ 内，$f'(x)>0$，所以 $f(x)$ 严格单调增加，因而

$$f(x)<f(x_0)\text{；}$$

在 $(x_0,x_0+\delta)$ 内，$f'(x)<0$，所以 $f(x)$ 严格单调减少，因而

$$f(x)<f(x_0).$$

因此 $f(x)$ 在点 x_0 处取得极大值.

定理 5.4.3 实际上是利用点 x_0 左、右两侧邻近的 $f(x)$ 的不同单调性来确定 $f(x)$ 在 x_0 处取得极值的. 因此，若 $f'(x)$ 在 $\mathring{U}(x_0)$ 内不变号，则 $f'(x)$ 在 x_0 处取不到极值. 我们常把定理 5.4.3 称为**极值第一判别法**(或称**极值第一充分条件**).

例 5.4.9　例 5.4.2 中，函数 $y=2x^2-\ln x$ 在 $x=\dfrac{1}{2}$ 处导数为零，且导数在 $x=\dfrac{1}{2}$ 处的左右两边由负变正，故 $x=\dfrac{1}{2}$ 是函数的极小值点. 例 5.4.3 中函数 $y=\sqrt[3]{x^2}$ 在 $x=0$ 处导数不存在，但其导数在该点左右两边由负变正，故 $x=0$ 是函数的极小值点.

例 5.4.10　求函数 $f(x)=\dfrac{1}{\sqrt{2\pi}}\mathrm{e}^{-\frac{x^2}{2}}$ 的极值.

解　$f'(x)=-\dfrac{x}{\sqrt{2\pi}}\mathrm{e}^{-\frac{x^2}{2}}$，由 $f'(x)=0$，解得 $x=0$. 由于 $x<0$ 时，$f'(x)>0$，而 $x>0$ 时，$f'(x)<0$，因此 $x=0$ 是 $f(x)$ 的极大值，极大值是 $f(0)=\dfrac{1}{\sqrt{2\pi}}$.

极值第一判别法和函数单调性判别法有紧密联系. 此判别法在几何上也是很直观的，如图 5-9 所示.

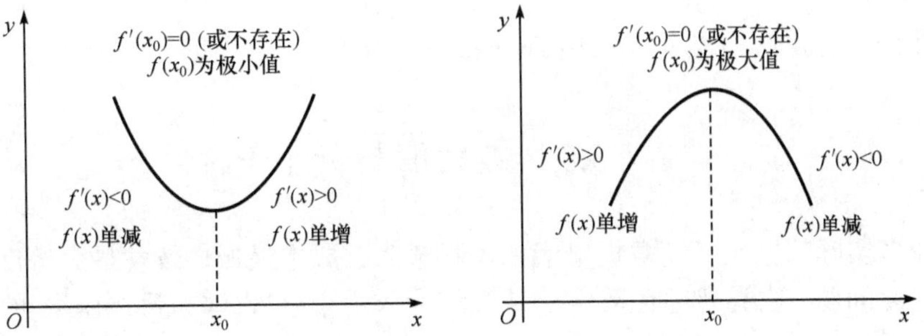

图 5-9

有时候，对于驻点是否为极值点的判别，利用下面定理更简便.

定理 5.4.4　设 $f(x)$ 在 $U(x_0)$ 具有二阶导数且 $f'(x_0)=0$，$f''(x_0)\neq 0$，则

(1) 当 $f''(x_0)<0$ 时，$f(x)$ 在点 x_0 处取得极大值；

(2) 当 $f''(x_0)>0$ 时，$f(x)$ 在点 x_0 处取得极小值.

证明　将 $f(x)$ 在 x_0 处展开为二阶泰勒公式，并注意到 $f'(x_0)=0$，得

$$f(x)-f(x_0)=\frac{f''(x_0)}{2!}(x-x_0)^2+o((x-x_0)^2),$$

因 $x\to x_0$ 时，$o((x-x_0)^2)$ 是比 $(x-x_0)^2$ 高阶的无穷小，所以存在 $\mathring{U}(x_0,\delta)\subset U(x_0)$，使得当

$x \in \mathring{U}(x_0,\delta)$ 时上式右端的正负取决于第一项，故当 $f''(x_0)>0$ 时，对任意 $x \in \mathring{U}(x_0,\delta)$，有 $f(x)>f(x_0)$，即 $f(x_0)$ 为极小值；当 $f''(x_0)<0$，对任意 $x \in \mathring{U}(x_0,\delta)$，有 $f(x)<f(x_0)$，即 $f(x_0)$ 为极大值.

定理 5.4.4 常称为**极值第二判别法**(或称**极值第二充分条件**).

例 5.4.11　求 $f(x)=x^3-3x^2-9x+5$ 的极值.

解　$f'(x)=3x^2-6x-9=3(x+1)(x-3)$，$f''(x)=6x-6$.

令 $f'(x)=0$，得 $x_1=-1$，$x_2=3$. 而 $f''(x_1)=-12<0$，$f''(x_2)=12>0$，所以 $f(x)$ 的极大值为 $f(-1)=10$，$f(x)$ 的极小值为 $f(3)=-22$.

如果在驻点 x_0 处 $f''(x_0)=0$，那么利用定理 5.4.4 不能判别 $f(x)$ 在 x_0 处是否取极值. 例如 $f(x)=x^3$，不仅 $f'(0)=0$，而且 $f''(0)=0$，此时我们可运用定理 5.4.3 来判别.

习题 5-4

1. 求下面函数的单调区间与极值.

(1) $f(x)=2x^3-6x^2-18x-7$；　　(2) $f(x)=x-\ln x$；

(3) $f(x)=1-(x-2)^{\frac{2}{3}}$；　　(4) $f(x)=|x|(x-4)$.

2. 试证方程 $\sin x=x$ 只有一个根.

3. 已知 $f(x)$ 在 $[0,+\infty)$ 上连续，若 $f(0)=0$，$f'(x)$ 在 $[0,+\infty)$ 上存在且单调增加，证明 $\dfrac{f(x)}{x}$ 在 $(0,+\infty)$ 内也单调增加.

4. 证明下列不等式.

(1) $1+x\ln(x+\sqrt{1+x^2})\geqslant\sqrt{1+x^2}$，$x>0$；　　(2) $x-\dfrac{x^2}{2}<\ln(1+x)<x$，$x>0$.

5. 试问 a 为何值时，$f(x)=a\sin x+\dfrac{1}{3}\sin 3x$ 在 $x=\dfrac{\pi}{3}$ 处取得极值？是极大值还是极小值？并求出此极值.

5.5　最大值与最小值

在许多实际问题中，经常提出诸如用料最省、成本最低、效益最大等问题，这就是所谓的最优化问题. 这类问题在数学上常归结为求一个函数(称为目标函数)的最大值或最小值问题.

若 $f(x)$ 在闭区间 $[a,b]$ 上连续，在开区间 (a,b) 内只有有限个驻点或导数不存在点，设其为 x_1，x_2，…，x_n，由闭区间上连续函数的最值定理知 $f(x)$ 在 $[a,b]$ 上必取得最大值和最小值. 若最值在区间内部取得，则最值一定也是极值. 最值也可能在区间端点 $x=a$ 或 $x=b$ 处达到. 而极值点只能是驻点或导数不存在的点，所以 $f(x)$ 在 $[a,b]$ 上的最大值为

$$\max_{x\in[a,b]} f(x)=\max\{f(a),f(x_1),f(x_2),\cdots,f(x_n),f(b)\};$$

最小值为

$$\min_{x\in[a,b]} f(x)=\min\{f(a),f(x_1),f(x_2),\cdots,f(x_n),f(b)\}.$$

求 $f(x)$ 在 $[a,b]$ 上的最大值和最小值的步骤：

(1) 求 $f(x)$ 在 $[a,b]$ 上的所有的驻点和不可导点；

(2) 求驻点和不可导点以及区间端点的函数值比较大小.

例 5.5.1　求 $f(x)=x^4-8x^2+8$ 在 $[-1,3]$ 上的最大值和最小值.

解　$f'(x)=4x^3-16x=4x(x-2)(x+2)$. 令 $f'(x)=0$，在 $(-1,3)$ 内得驻点 $x_1=0$，$x_2=2$. 计算 $f(-1)=1$，$f(0)=8$，$f(2)=-8$，$f(3)=17$. 所以

$$\max_{x\in[-1,3]} f(x)=f(3)=17,\quad \min_{x\in[-1,3]} f(x)=f(2)=-8.$$

例 5.5.2　设 $f(x)=xe^x$，求它在定义域上的最大值和最小值.

解　$f(x)$ 在定义域 $(-\infty,+\infty)$ 上连续可导，且 $f'(x)=(x+1)e^x$. 令 $f'(x)=0$，得驻点 $x=-1$. 当 $x<-1$ 时，$f'(x)<0$；当 $x>-1$ 时，$f'(x)>0$，所以 $x=-1$ 是 $f(x)$ 的极小值点. 又 $\lim\limits_{x\to-\infty} f(x)=\lim\limits_{x\to-\infty} xe^x=0$，$\lim\limits_{x\to+\infty} f(x)=\lim\limits_{x\to+\infty} xe^x=+\infty$，从而 $f(-1)=-\dfrac{1}{e}$ 是 $f(x)$ 的最小值，$f(x)$ 没有最大值.

下面两个结论在解决应用问题时特别有用.

(1) 若 $f(x)$ 在闭区间 $[a,b]$ 上连续，且在 (a,b) 内只有唯一的一个极值点 x_0，则当 $f(x_0)$ 为极大值时，它就是 $f(x)$ 在 $[a,b]$ 上的最大值；当 $f(x_0)$ 为极小值时，它就是 $f(x)$ 在 $[a,b]$ 上的最小值.

(2) 若 $f(x)$ 在闭区间 $[a,b]$ 上严格单调增加，则 $f(a)$ 为最小值，$f(b)$ 为最大值；若 $f(x)$ 在闭区间 $[a,b]$ 上严格单调减少，则 $f(a)$ 为最大值，$f(b)$ 为最小值.

例 5.5.3　铁路线上 AB 段的距离为 100km，工厂 C 距站 A 处为 20km，$AC\perp AB$，为运输需要，要在 AB 段上选定一点 D 向工厂修筑一条公路. 已知铁路运费与公路运费之比为 $3:5$，为使货物从供应站 B 运到工厂 C 的运费最省，问 D 点应选在何处?

解　设 $AD=x$ (km)，则 $DB=100-x$. 单位铁路运费为 $3k$，单位公路运费为 $5k$，总运费 y. 据题意有

$$y=3k\cdot(100-x)+5k\sqrt{20^2+x^2}\qquad (0\leqslant x\leqslant 100),$$

因此

$$y'=-3k+\frac{5kx}{\sqrt{400+x^2}}.$$

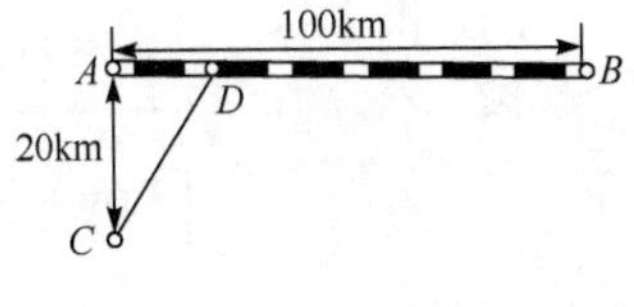

图 5.10

令 $y'=0$，得 $x=15$ (km). 比较

$$y|_{x=15}=380k,\quad y|_{x=0}=400k,\quad y|_{x=100}=500k\sqrt{1+\frac{1}{5^2}},$$

所以当 $AD=15$ km 时，总费用最省.

例 5.5.4　要制成一个体积为 V 的圆柱形罐头桶，问怎样设计才能使用料最省?

解　设圆柱的底面半径为 R，高为 h，则体积为

$$V=\pi R^2 h. \tag{5.5.1}$$

使用料最省，即为表面积最小，而表面积为

$$S=2\pi R^2+2\pi Rh. \tag{5.5.2}$$

由(5.5.1)得 $h=\dfrac{V}{\pi R^2}$，代入(5.5.2)有

$$S = 2\pi R^2 + 2\pi R\frac{V}{\pi R^2} = 2\pi R^2 + 2\frac{V}{R},$$

$$S' = 4\pi R - \frac{2V}{R^2},$$

令 $S'=0$，得 $R=\sqrt[3]{\frac{V}{2\pi}}$ (唯一驻点)，于是 $h=\sqrt[3]{\frac{4V}{\pi}}$. 所以当圆柱形罐头桶底面半径为 $R=\sqrt[3]{\frac{V}{2\pi}}$，高为 $h=\sqrt[3]{\frac{4V}{\pi}}$ 才能使用料最省.

例 5.5.5 注入人体血液的麻醉药浓度随注入时间的长短而变. 据临床观测，某麻醉药在某人血液中的浓度 C 与时间 t 的函数关系为

$$C(t) = 0.29483t + 0.04256t^2 - 0.00035t^3,$$

其中 C 的单位是毫克，t 的单位是秒. 现问：大夫为给这位患者做手术，这种麻醉药从注入人体开始，过多长时间其血液含该麻醉药的浓度最大?

解 我们的问题是要求出函数 $C(t)$ 当 $t>0$ 时的最大值. 则有

$$C'(t) = 0.29483 + 0.08506t - 0.00105t^2,$$

令 $C'(t)=0$，当 $t>0$ 时有唯一驻点 $t_0 = 84.34$. 又因为 $C''(t_0) = 0.08506 - 0.17711 < 0$，所以当该麻醉药注入患者体内 84.34 秒时，其血液里麻醉剂的浓度最大.

例 5.5.6 巴巴拉小姐得到纽约市隧道管理局一份工作，她的第一项任务是决定每辆汽车以多大速度通过隧道，可使车流量最大. 经观测，她找到了一个很好的描述平均车速 v(km/h) 与车流量 $f(v)$ (辆/秒)关系的数学模型

$$f(v) = \frac{35v}{1.6v + \frac{v^2}{22} + 31.1}.$$

试问：平均车速多大时，车流量最大? 最大车流量是多少?

解 令 $f'(v) = \dfrac{35\times 31.1 - \frac{35}{32}v^2}{\left(1.6v + \frac{v^2}{22} + 31.1\right)^2} = 0$，得唯一驻点 $v = 26.15\text{km/h}$. 由于这是一个实际问题，所以函数的最大值必存在. 从而可知，当车速 $v = 26.15\text{km/h}$ 时，车流量最大，且最大车流量为 $f(26.15) = 8.8$ (辆/秒).

习题 5-5

1. 求 $y = 2x^3 + 3x^2 - 12x + 14$ 在 $[-3,4]$ 上的最大值与最小值.

2. 求函数 $y = \sin 2x - x$ 在 $\left[-\frac{\pi}{2}, \frac{\pi}{2}\right]$ 上的最大值及最小值.

3. 某车间靠墙壁要盖一间长方形小屋，现有存砖只够砌 20m 长的墙壁，问应围成怎样的长方形才能使这间小屋的面积最大?

4. 一房地产公司有 50 套公寓要出租，当月租金定为 180 元时，公寓会全部租出去.当月租金每月增加 10 元时，就会多一套公寓租不出去，而租出去的公寓每月需花费 20 元维修费. 试问房租定为多少时可获得最大

收入.

5. 用一块半径为 R 的圆形铁皮，剪去一圆心角为 α 的扇形后，做成一个漏斗形容器，问 α 为何值时，容器的容积最大?

6. 求内接于椭圆 $\dfrac{x^2}{a^2}+\dfrac{y^2}{b^2}=1$ 而面积最大的矩形的各边之长.

5.6　曲线的凹凸性、曲线的拐点

5.6.1　曲线的凹凸性

考虑两个函数 $f(x)=x^2$ 和 $g(x)=\sqrt{x}$ ，它们在 $(0,+\infty)$ 内都是单调增加的(图 5-11)，但它们增长方式不同，从几何上来说，两条曲线弯曲方向不同，因而图形显著不同. 图形的弯曲方向，在几何上是用曲线的“凹凸性”来描述的. 下面我们就来研究曲线的凹凸性及其判别法.

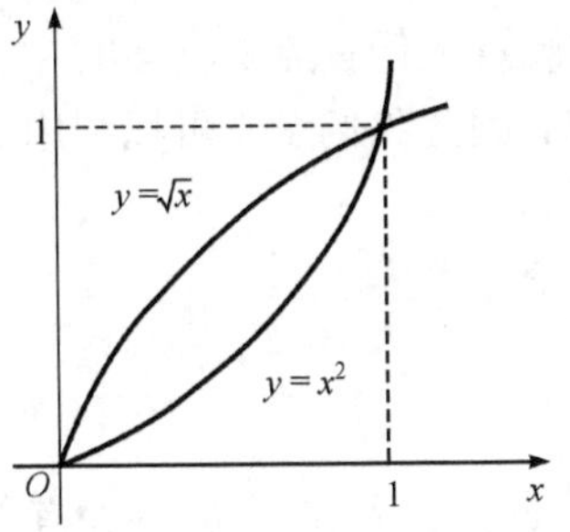

图 5-11

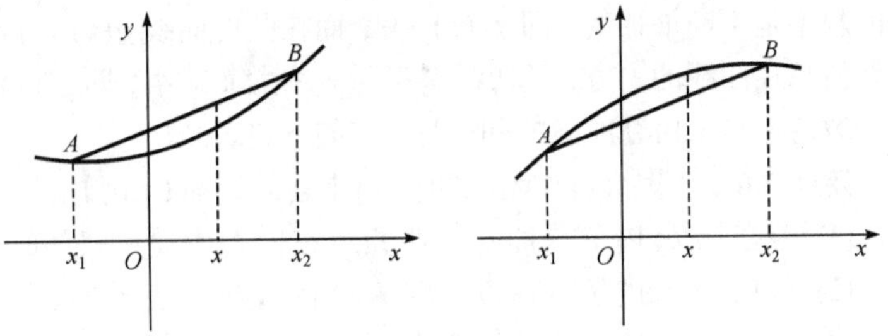

图 5-12

在曲线 $y=f(x)$ ($a\leqslant x\leqslant b$)上任取两点 A,B ，连接这两点间的曲线段称为弧，直线段称为弦(图 5-12). 若曲线 $y=f(x)$ ($a\leqslant x\leqslant b$)任意两点间的弧总在弦的下方，则称曲线 $y=f(x)$ ($a\leqslant x\leqslant b$)是**凹的**；若曲线 $y=f(x)$ ($a\leqslant x\leqslant b$)任意两点间的弧总在弦的上方，则称曲线 $y=f(x)$ ($a\leqslant x\leqslant b$)是**凸的**.

显然曲线 $f(x)=x^2$ ($x\in(0,+\infty)$)任意两点间的弧总在弦的下方，而曲线 $g(x)=\sqrt{x}$ ($x\in(0,+\infty)$)任意两点间的弧总在弦的上方，所以曲线 $f(x)=x^2$ ($x\in(0,+\infty)$)是凹的，曲线 $g(x)=\sqrt{x}$ ($x\in(0,+\infty)$)是凸的.

这样，关于曲线的凹凸性的直观描述(弧与弦的位置关系)，我们可以在曲线 $y=f(x)$ 上任取两点 (x_1,y_1) 和 (x_2,y_2) ，其中 $y_1=f(x_1)$ ， $y_2=f(x_2)$ ，不妨设 $x_1<x_2$ ，则连接这两点的弦可用下面的参数方程表示：两点的弦可用下面的参数方程表示：

$$\begin{cases} x=x_2+(x_1-x_2)t, \\ y=y_2+(y_1-y_2)t, \end{cases} \quad 0\leqslant t\leqslant 1.$$

对任意 $t\in[0,1]$ ，则可得区间 $[x_1,x_2]$ 内一点

$$x=x_2+(x_1-x_2)t=tx_1+(1-t)x_2 .$$

这时曲线上对应点的纵坐标为

$$y=f(tx_1+(1-t)x_2) ,$$

而弦上对应点的坐标为

$$y_2+(y_1-y_2)t=ty_1+(1-t)y_2.$$

从而，我们可给出如下关于曲线凹凸性的分析定义.

定义 5.6.1 设 $f(x)$ 在闭区间 $[a,b]$ 上连续，对任意 $x_1,x_2\in[a,b]$ ($x_1\neq x_2$)和任意 $t\in[0,1]$ ，若有

$$f(tx_1+(1-t)x_2)\leqslant tf(x_1)+(1-t)f(x_2), \tag{5.6.1}$$

则称 $y=f(x)$ 在 $[a,b]$ 上是**凹的**；若有

$$f(tx_1+(1-t)x_2)\geqslant tf(x_1)+(1-t)f(x_2), \tag{5.6.2}$$

则称 $y=f(x)$ 在 $[a,b]$ 上是**凸的**.

若上述不等式(5.6.1)(或(5.6.2))中的不等号“$\leqslant$”(或“$\geqslant$”)为严格的不等号“<”(或“>”)，则称 $y=f(x)$ 在 $[a,b]$ 上是**严格凹(或凸)的**.

直接利用定义来判断曲线的凹凸性是比较困难的. 下面我们仍以图 5-11 所示的两函数为考察对象. 不难发现：在在凹的曲线 $f(x)=x^2$ 图形上任一点处的切线总在曲线的下方，且切线的斜率是不断增加的，即 $f''(x)>0$ ；而在凸的曲线 $g(x)=\sqrt{x}$ 的图形上任一点处($x=0$ 除外)的切线总在曲线的上方，且切线斜率随 x 增大而减小，即 $g''(x)<0$. 因此我们发现可以利用二阶导数的符号来研究曲线的凹凸性. 有如下定理.

定理 5.6.1 设 $f(x)$ 在闭区间 $[a,b]$ 上连续，在 (a,b) 内具有二阶导数.

(1) 若在 (a,b) 内 $f''(x)>0$ ，则 $f(x)$ 在 $[a,b]$ 上是严格凹的；

(2) 若在 (a,b) 内 $f''(x)<0$ ，则 $f(x)$ 在 $[a,b]$ 上是严格凸的.

定理的证明从略，定理中的闭区间可以换成其他类型的区间. 此外，若在 (a,b) 内除有限个点上有 $f''(x)=0$ 外，其余点处均满足定理的条件，则定理的结论仍然成立. 例如，$y=x^4$ 在 $x=0$ 处有 $f''(x)=0$ ，但它在 $(-\infty,+\infty)$ 内是严格凹的.

例 5.6.1 $y=\mathrm{e}^x$ 在定义域内是严格凹的，$y=\ln x$ 在定义域内是严格凸的.

事实上，对函数 $y=\mathrm{e}^x$ 来说，在 $(-\infty,+\infty)$ 内，$y''=\mathrm{e}^x>0$ ；对函数 $y=\ln x$ 来说，在 $(0,+\infty)$ 内，$y''=-\dfrac{1}{x^2}<0$ ，故结论成立.

例 5.6.2 讨论曲线 $y=x^3$ 的凹凸性.

解 由 $y''=6x$ 知，当 $x>0$ 时，$y''>0$ ，当 $x<0$ 时，$y''<0$ ，因此 $y=x^3$ 在 $(0,+\infty)$ 内是凹的，在 $(-\infty,0)$ 内是凸的.

利用函数的凸性，可以证明一些不等式.

例 5.6.3 设 $n>1$ ，证明当 $x>0,y>0$ 且 $x\neq y$ 时有不等式 $\left(\dfrac{x+y}{2}\right)^n<\dfrac{x^n+y^n}{2}$.

证 令 $f(u)=u^n$ ，$(u>0)$ ，则 $f''(u)=n(n-1)u^{n-2}>0$ ，因此 $f(u)=u^n$ 在 $(0,+\infty)$ 时是严格凹的，在定义 5.6.1 的(5.6.1)式中取 $t=\dfrac{1}{2},u_1=x,u_2=y$ ，则有

$$\left(\frac{x+y}{2}\right)^n<\frac{x^n+y^n}{2}.$$

5.6.2　曲线的拐点

定义 5.6.2　设 $f(x)$ 在 x_0 的某个邻域内连续，若曲线 $y=f(x)$ 在点 $(x_0,f(x_0))$ 的左、右两侧凹凸性相反，则称点 $(x_0,f(x_0))$ 为曲线 $y=f(x)$ 的**拐点**.

由于曲线的凹凸性可由其二阶导数的符号来判断，故对于二阶可导函数 $y=f(x)$ 来说，先求出方程 $f''(x)=0$ 的根，再判别 $f''(x)$ 在这些点左、右两侧的符号是否改变，便可求出拐点.

例 5.6.4　讨论 $y=3x^4-4x^3+1$ 的凹凸性，并求拐点.

解　$y'=12x^3-12x^2$，$y''=36x^2-24x=12x(3x-2)$. 令 $y''=0$，得 $x_1=0$，$x_2=\dfrac{2}{3}$，这两个点将定义域 $(-\infty,+\infty)$ 分成三个部分区间. 列表考察各部分区间上二阶导数的符号，确定出曲线的凹凸性与曲线的拐点如下表：

x	$(-\infty,0)$	0	$\left(0,\dfrac{2}{3}\right)$	$\dfrac{2}{3}$	$\left(\dfrac{2}{3},+\infty\right)$
y''	+	0	−	0	+
y	∪[①]	有拐点	∩	有拐点	∪

可见，曲线在 $(-\infty,0)$ 及 $\left(\dfrac{2}{3},+\infty\right)$ 内是凹的，在 $\left(0,\dfrac{2}{3}\right)$ 内是凸的，拐点为 $(0,1)$ 及 $\left(\dfrac{2}{3},\dfrac{11}{27}\right)$.

例 5.6.5　讨论 $y=\sqrt[3]{x}$ 的凹凸性，并求拐点.

解　当 $x\neq 0$ 时，$y''=\dfrac{1}{3\sqrt[3]{x^2}}$，$y''=-\dfrac{2}{9x\sqrt[3]{x^2}}$. 方程 $y''=0$ 无实根. 在 $x=0$ 处，y'' 不存在，当 $x<0$ 时，$y''>0$，故曲线在 $(-\infty,0)$ 内为凹的；当 $x>0$ 时 $y''<0$，曲线在 $(0,+\infty)$ 内为凸的. 又函数 $y=\sqrt[3]{x}$ 在 $x=0$ 处连续，故 $(0,0)$ 是曲线的拐点.

由例 5.6.4、例 5.6.5 可以看出，若 $(x_0,f(x_0))$ 是曲线 $y=f(x)$ 的拐点，则 $f''(x_0)=0$ 或 $f''(x_0)$ 不存在，但要注意的是 $f''(x)=0$ 的根或 $f''(x)$ 不存在的点处不一定都能取得曲线的拐点. 例如 $f(x)=x^4$，由 $f''(x)=12x^2=0$，得 $x=0$，但在 $x=0$ 的两侧二阶导数的符号不变，即曲线的凹凸性不变，故 $(0,0)$ 不是拐点. 又如函数 $y=\sqrt[3]{x^2}$ 在 $x=0$ 处不可导，但 $(0,0)$ 也不是该曲线的拐点(详细讨论请读者完成).

习题 5-6

1. 讨论下列曲线的凹凸性，并求曲线的拐点：

(1) $y=x^2-x^3$；　　(2) $y=\ln(1+x^2)$；

(3) $y=xe^x$；　　(4) $y=(x+1)^4+e^x$；

① 通常使用符号“∪”表示凹，“∩”表示凸.

(5) $y=\dfrac{x}{(x+3)^2}$； (6) $y=e^{\arctan x}$.

2. 利用曲线的凹凸性证明下列不等式：

(1) $\dfrac{e^x+e^y}{2}>e^{\frac{x+y}{2}}$，$x\neq y$；

(2) $x\ln x+y\ln y>(x+y)\ln\dfrac{x+y}{2}$，$x,y>0$，且 $x\neq y$.

3. 当 a,b 为何值时，点 $(1,3)$ 为曲线 $y=ax^3+bx^2$ 的拐点.

5.7 渐近线、函数图形的描绘

5.7.1 曲线的渐近线

在中学，我们已学习过双曲线和渐近线的概念，下面我们对曲线的渐近线作进一步的讨论. 当 $x\to x_0$ 或 $x\to\infty$时，有些函数的图形会与某条直线无限地接近.

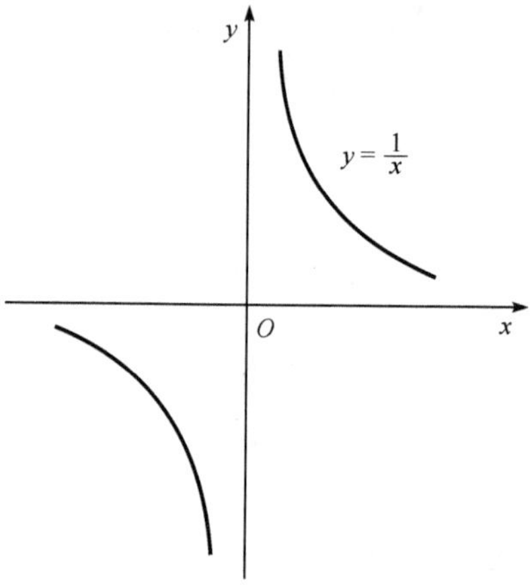

图 5-13

例如函数 $y=\dfrac{1}{x}$(图 5-13)，当 $x\to\infty$ 时，曲线上的点无限地接近于直线 $y=0$；当 $x\to 0$ 时，曲线上的点无限地接近于直线 $x=0$. 数学上把直线 $y=0$ 和 $x=0$ 分别称为曲线 $y=\dfrac{1}{x}$ 的水平渐近线和垂直渐近线. 下面给出一般定义.

1. 水平渐近线

定义 5.7.1 设函数 $y=f(x)$ 的定义域为无限区间，如果

$$\lim_{x\to-\infty}f(x)=A,\quad 或 \lim_{x\to+\infty}f(x)=A,\quad 或 \lim_{x\to\infty}f(x)=A\quad (A 为常数),$$

则称直线 $y=A$ 为曲线 $y=f(x)$ 的**水平渐近线**.

例 5.7.1 求曲线 $y=\arctan x$ 的水平渐近线.

解 因为 $\lim\limits_{x\to+\infty}\arctan x=\dfrac{\pi}{2}$，$\lim\limits_{x\to-\infty}\arctan x=-\dfrac{\pi}{2}$，所以曲线 $y=\arctan x$ 有水平渐近线 $y=\dfrac{\pi}{2}$ 和 $y=-\dfrac{\pi}{2}$ (图 5-14).

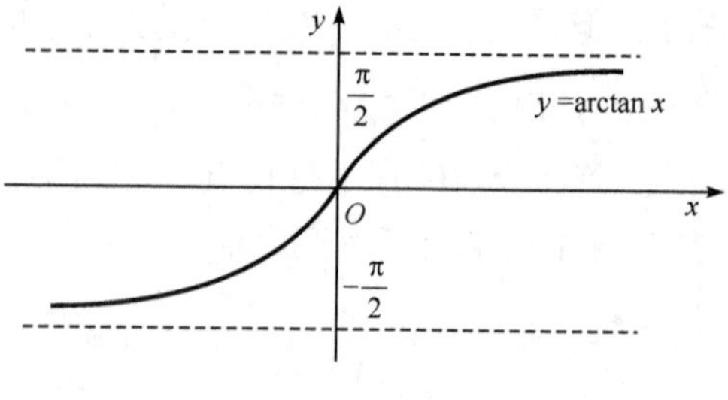

图 5-14

2. 垂直渐近线

定义 5.7.2 设函数 $y=f(x)$ 在点 x_0 处

$$\lim_{x\to x_0^-}f(x)=\infty,\ 或 \lim_{x\to x_0^+}f(x)=\infty,\ 或 \lim_{x\to x_0}f(x)=\infty,$$

则称直线 $x=x_0$ 为曲线 $y=f(x)$ 的**垂直渐近线**(也称**铅直渐近线、竖直渐近线**).

例 5.7.2　求曲线 $y=\dfrac{2}{x^2-2x-3}$ 的垂直渐近线.

解　因为 $y=\dfrac{2}{x^2-2x-3}=\dfrac{2}{(x+1)(x-3)}$ 有两个间断点 $x=3$ 和 $x=-1$ 而

$$\lim_{x\to3}y=\lim_{x\to3}\frac{2}{(x+1)(x-3)}=\infty,\quad \lim_{x\to-1}y=\lim_{x\to-1}\frac{2}{(x+1)(x-3)}=\infty,$$

所以曲线 $y=\dfrac{2}{x^2-2x-3}$ 有垂直渐近线 $x=3$ 和 $x=-1$.

3*. 斜渐近线

定义 5.7.3　设函数 $y=f(x)$ 的定义域为无限区间，且它与直线 $y=ax+b$ 有如下关系：

$$\lim_{x\to+\infty}[f(x)-(ax+b)]=0, \tag{5.7.1}$$

或

$$\lim_{x\to-\infty}[f(x)-(ax+b)]=0, \tag{5.7.2}$$

或

$$\lim_{x\to\infty}[f(x)-(ax+b)]=0, \tag{5.7.3}$$

则称直线 $y=ax+b$ 为曲线 $y=f(x)$ 的**斜渐近线**.

要求斜渐近线 $y=ax+b$，关键在于确定常数 a 和 b，下面介绍求 a,b 的方法.

由(5.7.1)式得 $\lim\limits_{x\to+\infty}\left[\dfrac{f(x)}{x}-a+\dfrac{b}{x}\right]x=0$，由于左边两式之积的极限存在，且当 $x\to+\infty$ 时，因子 x 是无穷大量，从而因子 $\dfrac{f(x)}{x}-a+\dfrac{b}{x}$ 必是无穷小量. 所以

$$a=\lim_{x\to+\infty}\frac{f(x)}{x}.$$

由(5.7.1)式得

$$\lim_{x\to+\infty}[(f(x)-ax)-b]=0,$$

将求出的 a 代入上式得

$$b=\lim_{x\to+\infty}(f(x)-ax).$$

对 $x\to-\infty$ 和 $x\to\infty$ 可作类似的讨论.

例 5.7.3　考察曲线 $y=\dfrac{x^2}{1+x}$ 的渐近线.

解　显见 $x=-1$ 为垂直渐近线，无水平渐近线. 因为

$$\lim_{x\to\infty}\frac{y}{x}=\lim_{x\to\infty}\frac{x}{1+x}=1,$$

所以 $a=1$. 又因为

$$\lim_{x\to\infty}(y-ax)=\lim_{x\to\infty}\left(\frac{x^2}{1+x}-x\right)=\lim_{x\to\infty}\frac{-x}{1+x}=-1,$$

所以 $b=-1$．因此曲线 $y=\dfrac{x^2}{1+x}$ 的斜渐近线为 $y=x-1$．

5.7.2　函数图形的描绘

我们借助于函数的一阶、二阶导数讨论了函数的单调性、极值、凹凸性及曲线的拐点等，利用函数的这些性态，我们可以比较准确地描绘函数的图形，现将描绘图形的一般步骤概括如下：

(1) 确定函数 $y=f(x)$ 的定义域；

(2) 讨论函数 $y=f(x)$ 的奇偶性、周期性等；

(3) 求出方程 $f'(x)=0$，$f''(x)=0$ 的根及使 $f'(x)$，$f''(x)$ 不存在的点，这些点把函数的定义域分成几个部分区间；

(4) 列表确定函数的单调区间和极值及曲线的凹凸区间和拐点；

(5) 确定曲线的渐近线；

(6) 算出方程 $f'(x)=0$，$f''(x)=0$ 的根所对应的函数值，定出图形上的相应点(有时需添加一些辅助点以便把曲线描绘得更精确)；

(7) 作图.

例 5.7.4　作函数 $y=3x-x^3$ 的图形.

解　(1) 定义域为 $(-\infty,+\infty)$；

(2) 函数是奇函数，所以函数的图形关于原点对称；

(3) 令 $y'=3-3x^2=3(1-x)(1+x)=0$，得驻点 $x_1=1$，$x_2=-1$，令 $y''=-6x=0$，得 $x_3=0$；

(4) 列表讨论，由于对称性，这里也可以只列 $(0,+\infty)$ 上的表格；

x	$(-\infty,-1)$	-1	$(-1,0)$	0	$(0,1)$	1	$(1,+\infty)$
y'	$-$	0	$+$	$+$	$+$	0	$-$
y''	$+$	$+$	$+$	0	$-$	$-$	$-$
y	↙ ①	极小值 -2	↗	拐点 $(0,0)$	↗	极大值 2	↘

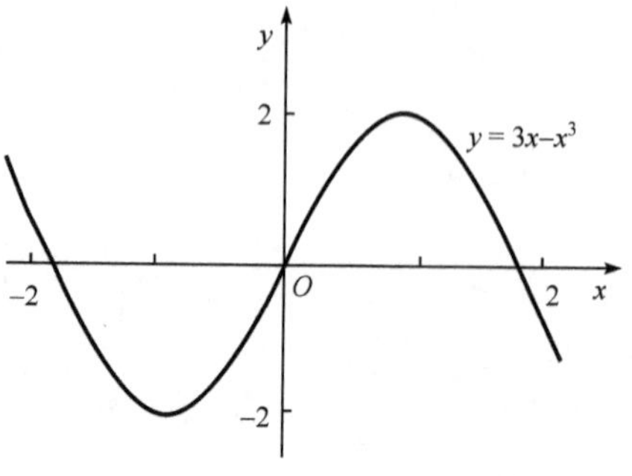

图 5-15

(5) 无渐近线；

(6) 已知点 $(0,0)$，$(1,2)$，辅助点 $(\sqrt{3},0)$，$(2,-2)$，再利用函数的图形关于原点的对称性，找出对称点 $(-1,-2)$，$(-\sqrt{3},0)$，$(-2,2)$；

(7) 描点作图(图 5-15).

例 5.7.5　描绘 $f(x)=\dfrac{1}{\sqrt{2\pi}}\mathrm{e}^{-\frac{x^2}{2}}$ 的图形.

解　(1) 函数的定义域为 $(-\infty,+\infty)$，且 $f(x)$ 在 $(-\infty,+\infty)$ 内连续．$f(x)$ 为偶函数，因此它关于 y 轴对

①表中记号“↘”表示下降凸的曲线；“↙”表示下降凹的曲线；“↗”表示上升凹的曲线；“↖”表示上升凸的曲线.

称，可以只讨论 $(0,+\infty)$ 上该函数的图形. 在定义域内 $f(x)=\frac{1}{\sqrt{2\pi}}e^{-\frac{x^2}{2}}>0$，所以 $f(x)$ 的图形位于 x 轴的上方.

(2) $f'(x)=-\frac{x}{\sqrt{2\pi}}e^{-\frac{x^2}{2}}$，$f''(x)=\frac{1}{\sqrt{2\pi}}e^{-\frac{x^2}{2}}(x^2-1)$. 令 $f'(x)=0$ 得 $x=0$；令 $f''(x)=0$ 得 $x=\pm1$.

(3) 列表如下：

x	0	(0,1)	1	$(1,+\infty)$
$f'(x)$	0	−	−	−
$f''(x)$	−	−	0	+
$f(x)$	极大值	↘	拐点	↙

(4) 因 $\lim_{x\to\infty}f(x)=\lim_{x\to\infty}\frac{1}{\sqrt{2\pi}}e^{-\frac{x^2}{2}}=0$，故有水平渐近线 $y=0$.

(5) $f(0)=\frac{1}{\sqrt{2\pi}}$，$f(1)=\frac{1}{\sqrt{2\pi e}}$，$f(2)=\frac{1}{\sqrt{2\pi}e^2}$，画出函数在 $[0,+\infty)$ 上的图形，再利用对称性便得到函数在 $(-\infty,0]$ 上的图形(图 5-16).

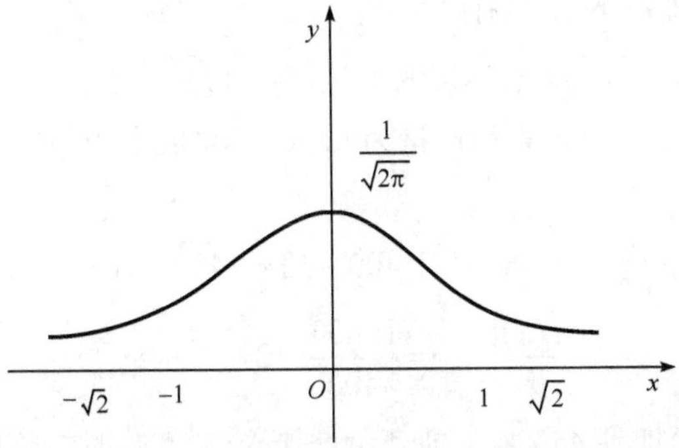

图 5-16

例 5.7.5 中的函数是概率论与数理统计中用到的标准正态分布的密度函数.

习题 5-7

1. 求下列曲线的渐近线：

(1) $y=\ln x$；　(2) $y=x-\operatorname{arccot}x$；

(3) $y=\frac{x}{3-x^2}$；　(4) $y=\frac{x^2}{2x-1}$.

2. 作出下列函数的图形：

(1) $f(x)=\frac{x}{1+x^2}$；　(2) $f(x)=x-2\arctan x$；

(3) $f(x)=2xe^{-x}$，$x\in(0,+\infty)$.

5.8* 导数与微分在经济中的简单应用

5.8.1 边际与边际分析

边际概念是经济学中的一个重要概念，通常指经济变量的变化率，即经济函数的导数称为边际. 而利用导数研究经济变量的边际变化的方法，就是边际分析方法.

1. 总成本、平均成本、边际成本

总成本是生产一定量的产品所需要的成本总额，通常由固定成本和可变成本两部分构成. 用$c(x)$表示，其中x表示产品的产量，$c(x)$表示当产量为x时的总成本.

不生产时，$x=0$，这时$c(x)=c(0)$，$c(0)$就是**固定成本**.

平均成本是平均每个单位产品的成本，若产量由x_0变化到$x_0+\Delta x$，则

$$\frac{c(x_0+\Delta x)-c(x_0)}{\Delta x}$$

称为$c(x)$在$(x_0,x_0+\Delta x)$内的**平均成本**，它表示总成本函数$c(x)$在$(x_0,x_0+\Delta x)$内的平均变化率. 而$\dfrac{c(x)}{x}$称为**平均成本函数**，表示在产量为x时平均每单位产品的成本.

例 5.8.1 设有某种商品的成本函数为：

$$c(x)=5000+13x+30\sqrt{x},$$

其中x表示产量(单位：吨)，$c(x)$表示产量为x吨时的总成本(单位：元)，当产量为 400 吨时的总成本及平均成本分别为

$$c(x)\big|_{x=400}=5000+13\times 400+30\times\sqrt{400}=10800\,(\text{元}),$$

$$\left.\frac{c(x)}{x}\right|_{x=400}=\frac{10800}{400}=27\,(\text{元/吨}).$$

如果产量由 400 吨增加到 450 吨，即产量增加$\Delta x=50$吨时，相应地总成本增加量为

$$\Delta c(x)=c(450)-c(400)=11468.4-10800=686.4,$$

$$\frac{\Delta c(x)}{\Delta x}=\left.\frac{c(x+\Delta x)}{\Delta x}\right|_{\substack{x=400\\ \Delta x=50}}=\frac{686.4}{50}=13.728,$$

这表示产量由 400 吨增加到 450 吨时，总成本的平均变化率，即产量由 400 吨增加到 450 吨时，平均每吨增加成本 13.728 元.

类似地计算可得：当产量为 400 吨时再增加 1 吨，即$\Delta x=1$时，总成本的变化为

$$\Delta c(x)=c(401)-c(400)=13.7495,$$

$$\left.\frac{\Delta c(x)}{\Delta x}\right|_{\substack{x=400\\ \Delta x=1}}=\frac{13.7495}{1}=13.7495,$$

表示在产量为 400 吨时，再增加 1 吨产量所增加的成本.

产量由 400 吨减少 1 吨，即$\Delta x=-1$时，总成本的变化为

$$\Delta c(x)=c(399)-c(400)=-13.7505,$$

$$\left.\frac{\Delta c(x)}{\Delta x}\right|_{\substack{x=400\\ \Delta x=-1}}=\frac{-13.7505}{-1}=13.7505,$$

表示产量在 400 吨时，减少 1 吨产量所减少的成本.

在经济学中，边际成本定义为产量增加或减少一个单位产品时所增加或减少的总成本. 即有如下定义：

定义 5.8.1　设总成本函数 $c=c(x)$，且其他条件不变，产量为 x_0 时，增加(减少)1 个单位产量所增加(减少)的成本称为产量为 x_0 时的**边际成本**. 即

$$\text{边际成本}=\frac{c(x_0+\Delta x)-c(x_0)}{\Delta x},$$

其中 $\Delta x=1$ 或 $\Delta x=-1$.

由例 5.8.1 的计算可知，在产量 $x_0=400$ 吨时，增加 1 吨($\Delta x=1$)的产量时，边际成本为 13.7495；减少 1 吨($\Delta x=-1$)的产量时，边际成本为 13.7505. 由此可见，按照上述边际成本的定义，在产量 $x_0=400$ 吨时的边际成本不是一个确定的数值. 这在理论和应用上都是一个缺点，需要进一步的完善.

注意到总成本函数中自变量 x 的取值，按经济意义产品的产量通常是取正整数. 如汽车的产量单位“辆”，机器的产量单位“台”，服装的产量单件“件”等，都是正整数. 因此，产量 x 是一个离散的变量，若在经济学中，假定产量的单位是无限可分的，就可以把产量 x 看作一个连续变量，从而可以引入极限的方法，用导数表示边际成本.

事实上，如果总成本函数 $c(x)$ 是可导函数，则有

$$c'(x)=\lim_{\Delta x\to 0}\frac{c(x_0+\Delta x)-c(x_0)}{\Delta x}.$$

由极限存在与无穷小量的关系可知

$$\frac{c(x_0+\Delta x)-c(x_0)}{\Delta x}=c'(x_0)+\alpha, \tag{5.8.1}$$

其中 $\lim\limits_{\Delta x\to 0}\alpha=0$，当 $|\Delta x|$ 很小时有

$$\frac{c(x_0+\Delta x)-c(x_0)}{\Delta x}\approx c'(x_0). \tag{5.8.2}$$

产品的增加 $|\Delta x|=1$ 时，相对于产品的总产量而言，已经是很小的变化了，故当 $|\Delta x|=1$ 时 (5.8.2)成立，其误差也满足实际问题的需要. 这表明可以用总成本函数在 x_0 处的导数近似地代替产量为 x_0 时的边际成本. 如在例 5.8.1 中，产量 $x_0=400$ 时的边际成本近似地为 $c'(x_0)$，即

$$c'(x)\big|_{x=400}=\left.\frac{\mathrm{d}c(x)}{\mathrm{d}x}\right|_{x=400}=\left.\left(13+\frac{15}{\sqrt{x}}\right)\right|_{x=400}=13.75,$$

误差为 0.05，这在经济上是一个很小的数，完全可以忽略不计. 而且函数在一点的导数如果存在就是唯一确定的. 因此，现代经济学把边际成本定义为总成本函数 $c(x)$ 在 x_0 处的导数，这样不仅克服了定义 5.8.1 边际成本不唯一的缺点，也使边际成本的计算更为简便.

定义 5.8.2　设总成本函数 $c(x)$ 为一可导函数，称

$$c'(x_0)=\lim_{\Delta x\to 0}\frac{c(x_0+\Delta x)-c(x_0)}{\Delta x}$$

为产量是 x_0 时的**边际成本**.

其经济意义是：$c'(x_0)$ 近似地等于产量为 x_0 时再增加(减少)一个单位产品所增加(减少)的总成本.

若成本函数 $c(x)$ 在区间 I 内可导，则 $c'(x)$ 为 $c(x)$ 在区间 I 内的**边际成本函数**，产量为 x_0 时的边际 $c'(x_0)$ 为边际成本函数 $c'(x)$ 在 x_0 处的函数值.

例 5.8.2　已知某商品的成本函数为

$$c(Q)=100+\frac{1}{4}Q^2 \quad (Q\text{ 表示产量}).$$

求(1)当 Q=10 时的平均成本及 Q 为多少时，平均成本最小？

(2) Q=10 时的边际成本并解释其经济意义.

解　(1) 由 $c(Q)=100+\frac{1}{4}Q^2$ 得平均成本函数为

$$\frac{c(Q)}{Q}=\frac{100+\frac{1}{4}Q^2}{Q}=\frac{100}{Q}+\frac{1}{4}Q.$$

当 Q=10 时，$\left.\frac{c(Q)}{Q}\right|_{Q=10}=\frac{100}{10}+\frac{1}{4}\times 10=12.5$.

记 $\bar{c}=\frac{c(Q)}{Q}$，则 $\bar{c}'=-\frac{100}{Q^2}+\frac{1}{4}$，$\bar{c}''=\frac{200}{Q^3}$，令 $\bar{c}'=0$，得 Q=20；而 $\bar{c}''(20)=\frac{200}{(20)^3}=\frac{1}{40}>0$，所以当 Q=20 时，平均成本最小.

(2) 由 $c(Q)=100+\frac{1}{4}Q^2$ 得边际成本函数为：$c'(Q)=\frac{1}{2}Q$，$c'(Q)\big|_{x=10}=\frac{1}{2}\times 10=5$，则当产量 Q=10 时的边际成本为 5，其经济意义为：当产量为 10 时，若再增加(减少)一个单位产品，总成本将近似地增加(减少)5 个单位.

2. 总收益、平均收益、边际收益

总收益是生产者出售一定量产品所得的全部收入，表示为 $R(x)$，其中 x 表示销售量(在以下的讨论中，我们总是假设销售量、产量、需求量均相等).

平均收益函数为 $\frac{R(x)}{x}$ 表示销售量为 x 时单位销售量的平均收益.

在经济学中，边际收益指生产者每多(少)销售一个单位产品所增加(减少)的销售总收入.

按照如上边际成本的讨论，可得如下定义.

定义 5.8.3　若总收益函数 $R(x)$ 可导，称

$$R'(x_0)=\lim_{\Delta x\to 0}\frac{R(x_0+\Delta x)-R(x_0)}{\Delta x}$$

为销售量为 x_0 时该产品的**边际收益**.

其经济意义为在销售量为 x_0 时，再增加(减少)一个单位的销售量，总收益将近似地增加(减少) $R'(x_0)$ 个单位.

$R'(x)$ 称为**边际收益函数**，且 $R'(x_0)=R'(x)\big|_{x=x_0}$.

3. 总利润、平均利润、边际利润

总利润是指销售 x 个单位的产品所获得的净收入，即总收益与总成本之差，记 $L(x)$ 为总利润，则 $L(x)=R(x)-c(x)$ (其中 x 表示销售量)，$\frac{L(x)}{x}$ 称为**平均利润函数**.

定义 5.8.4　若总利润函数 $L(x)$ 为可导函数，称

$$L'(x_0)=\lim_{\Delta x\to 0}\frac{L(x_0+\Delta x)-L(x_0)}{\Delta x}$$

为 $L(x)$ 在 x_0 处的**边际利润**.

其经济意义为在销售量为 x_0 时，再多(少)销售一个单位产品所增加(减少)的利润.

根据总利润函数、总收益函数、总成本函数的定义及函数取得最大值的必要条件与充分条件可得如下结论.

由定义，

$$L(x)=R(x)-c(x)\,,\quad L'(x)=R'(x)-c'(x)\,,$$

令 $L'(x)=0$，则 $R'(x)=c'(x)$.

结论 1　函数取得最大利润的必要条件是边际收益等于边际成本.

又由 $L(x)$ 取得最大值的充分条件：$L'(x)=0$ 且 $L''(x)<0$，可得

$$R''(x)<c''(x).$$

结论 2　函数取得最大利润的充分条件是边际收益等于边际成本且边际收益的变化率小于边际成本的变化率.

结论 1 与结论 2 称为**最大利润原则**.

例 5.8.3　某工厂生产某种产品，固定成本 20000 元，每生产一单位产品，成本增加 100 元. 已知总收益 R 为年产量 Q 的函数，且

$$R=R(Q)=\begin{cases}400Q-\frac{1}{2}Q^2, & 0\leqslant Q\leqslant 400,\\ 80000, & Q>400.\end{cases}$$

问每年生产多少产品时，总利润最大？此时总利润是多少？

解　由题意总成本函数为

$$c=c(Q)=20000+100Q\,,$$

从而可得利润函数为

$$\begin{aligned}L=L(Q)&=R(Q)-c(Q)\\&=\begin{cases}300Q-\frac{1}{2}Q^2-20000, & 0\leqslant Q\leqslant 400,\\ 60000-100Q, & Q>400.\end{cases}\end{aligned}$$

令 $L'(Q)=0$，得 $Q=300$，$L''(Q)\big|_{Q=300}=-1<0$. 所以 $Q=300$ 时总利润最大，此时 $L(300)=25000$，即当年产量为 300 个单位时，总利润最大，此时总利润为 25000 元.

若已知某产品的需求函数为 $P=P(x)$，P 为单位产品售价，x 为产品需求量，则需求与收益之间的关系为

$$R(x)=x\cdot P(x)\,,$$

这时 $R'(x)=P(x)+x\cdot P'(x)$. 其中 $P'(x)$ 为边际需求，表示当需求量为 x 时，再增加一个单位的需求量，产品价格近似地增加 $P'(x)$ 个单位. 关于其他经济变量的边际，这里不再赘述. 我们以一道例题结束边际的讨论.

例 5.8.4　设某产品的需求函数为 $x=100-5P$，其中 P 为价格，x 为需求量，求边际收入函数以及 $x=20$、50 和 70 时的边际收入，并解释所得结果的经济意义.

解　由题设有 $P=\frac{1}{5}(100-x)$，于是总收入函数为

$$R(x)=xP=x\cdot\frac{1}{5}(100-x)=20x-\frac{1}{5}x^2,$$

边际收入函数为

$$R'(x)=20-\frac{2}{5}x=\frac{1}{5}(100-2x),$$

$$R'(20)=12,\quad R'(50)=0,\quad R'(70)=-8.$$

由所得结果可知，当销售量(即需求量)为 20 个单位时，再增加销售可使总收入增加，多销售一个单位产品，总收入约增加 12 个单位；当销售量为 50 个单位时，总收入的变化率为零，这时总收入达到最大值，增加一个单位的销售量，总收入基本不变；当销售量为 70 个单位时，再多销售一个单位产品，反而使总收入约减少 8 个单位，或者说，再少销售一个单位产品，将使总收入少损失约 8 个单位.

5.8.2　弹性与弹性分析

弹性概念是经济学中的另一个重要概念，用来定量地描述一个经济变量对另一个经济变量变化的反映程度.

1. 问题的提出

设某商品的需求函数为 $Q=Q(P)$，其中 P 为价格. 当价格 P 获得一个增量 ΔP 时，相应地需求量获得增量 ΔQ，比值 $\frac{\Delta Q}{\Delta P}$ 表示 Q 对 P 的平均变化率，但这个比值是一个与度量单位有关的量.

比如，假定该商品价格增加 1 元，引起需求量降低 10 个单位，则

$$\frac{\Delta Q}{\Delta P}=\frac{-10}{1}=-10;$$

若以分为单位，即价格增加 100 分(1 元)，引起需求量降低 10 个单位，则

$$\frac{\Delta Q}{\Delta P}=\frac{-10}{100}=-\frac{1}{10}.$$

由此可见，当价格的计算单位不同时，会引起比值 $\frac{\Delta Q}{\Delta P}$ 的变化. 为了弥补这一缺点，采用价格与需求量的相对增量 $\frac{\Delta P}{P}$ 及 $\frac{\Delta Q}{Q}$，它们分别表示价格和需求量的相对改变量，这时无论价格

和需求量的计算单位怎样变化，比值 $\dfrac{\dfrac{\Delta Q}{Q}}{\dfrac{\Delta P}{P}}$ 都不会发生变化，它表示 Q 对 P 的平均相对变化率，反映了需求变化对价格变化的反应程度.

2. 弹性的定义

定义 5.8.5　设函数 $y=f(x)$ 在点 $x_0(x_0\neq 0)$ 的某邻域内有定义，且 $f(x_0)\neq 0$，如果极限

$$\lim_{\Delta x\to 0}\frac{\Delta y/f(x_0)}{\Delta x/x_0}=\lim_{\Delta x\to 0}\frac{[f(x_0+\Delta x)-f(x_0)]/f(x_0)}{\Delta x/x_0}$$

存在，则称此极限值为函数 $y=f(x)$ 在点 x_0 处的点弹性，记为 $\left.\dfrac{Ey}{Ex}\right|_{x=x_0}$；称比值

$$\frac{\Delta y/f(x_0)}{\Delta x/x_0}=\frac{[f(x_0+\Delta x)-f(x_0)]/f(x_0)}{\Delta x/x_0}$$

为函数 $y=f(x)$ 在点 x_0 与 $x_0+\Delta x$ 之间的**平均相对变化率**，经济上也称为点 x_0 与 $x_0+\Delta x$ 之间的**弧弹性**.

由定义可知：$\left.\dfrac{Ey}{Ex}\right|_{x=x_0}=\dfrac{x_0}{f(x_0)}\cdot\left.\dfrac{\mathrm{d}y}{\mathrm{d}x}\right|_{x=x_0}$，且当 $|\Delta x|\ll 1$ 时，有

$$\left.\frac{Ey}{Ex}\right|_{x=x_0}\approx\frac{\Delta y/f(x_0)}{\Delta x/x_0},$$

即点弹性近似地等于弧弹性.

如果函数 $y=f(x)$ 在区间 (a,b) 内可导，且 $f(x)\neq 0$，则称 $\dfrac{Ey}{Ex}=\dfrac{x}{f(x)}\cdot f'(x)$ 为函数 $y=f(x)$ 在区间 (a,b) 内的点弹性函数，简称为**弹性函数**.

函数 $y=f(x)$ 在点 x_0 处的点弹性与 $f(x)$ 在 x_0 与 $x_0+\Delta x$ 之间的弧弹性的数值可以是正数，也可以是负数，取决于变量 y 与变量 x 是同方向变化(正数)还是反方向变化(负数). 弹性数值绝对值的大小表示变量变化程度的大小，且弹性数值与变量的度量单位无关. 下面给出证明.

设 $y=f(x)$ 为一经济函数，变量 x 与 y 的度量单位发生变化后，自变量由 x 变为 x^*，函数值由 y 变为 y^*，且 $x^*=\lambda x$，$y^*=\mu y$，则 $\dfrac{Ey^*}{Ex^*}=\dfrac{Ey}{Ex}$.

证明　$$\frac{Ey^*}{Ex^*}=\frac{x^*}{y^*}\cdot\frac{\mathrm{d}y^*}{\mathrm{d}x^*}=\frac{\lambda x}{\mu y}\cdot\frac{\mathrm{d}(\mu y)}{\mathrm{d}(\lambda x)}=\frac{\lambda}{\mu}\cdot\frac{\mu}{\lambda}\cdot\frac{x}{y}\cdot\frac{\mathrm{d}y}{\mathrm{d}x}=\frac{x}{y}\cdot\frac{\mathrm{d}y}{\mathrm{d}x}=\frac{Ey}{Ex},$$

即弹性不变.

由此可见，函数的弹性(点弹性与弧弹性)与量纲无关，即与各有关变量所用的计量单位无关. 这使得弹性概念在经济学中得到广泛应用，因为经济中各种商品的计算单位是不尽相同的，比较不同商品的弹性时，可不受计量单位的限制.

下面介绍几个常用的经济函数的弹性.

3. 需求的价格弹性

需求指在一定价格条件下，消费者愿意购买并且有支付能力购买的商品量. 消费者对某种商品的需求受多种因素影响，如价格、个人收入、预测价格、消费嗜好等，而价格是主要因素. 因此在这里我们假设除价格以外的因素不变，讨论需求对价格的弹性.

定义 5.8.6 设某商品的市场需求量为 Q，价格为 P，需求函数 $Q=Q(P)$可导，则称

$$\frac{EQ}{EP}=\frac{P}{Q}\cdot\frac{\mathrm{d}Q}{\mathrm{d}P}$$

为该商品的**需求价格弹性**，简称为**需求弹性**，通常记为 ε_P.

需求弹性 ε_P 表示商品需求量 Q 对价格 P 变动的反映强度. 由于需求量与价格 P 反方向变动，即需求函数为价格的减函数，故需求弹性为负值，即 $\varepsilon_P<0$. 因此需求价格弹性表明当商品的价格上涨(下降)1%时，其需求量将减少(增加)约 $|\varepsilon_P|$%.

在经济学中，为了便于比较需求弹性的大小，通常取 ε_P 的绝对值 $|\varepsilon_P|$，并根据 $|\varepsilon_P|$ 的大小，将需求弹性化分为以下几个范围.

(1) 当 $|\varepsilon_P|=1$ (即 $\varepsilon_P=-1$)时，称为**单位弹性**，这时当商品价格增加(减少)1%时，需求量相应地减少(增加)1%，即需求量与价格变动的百分比相等.

(2) 当 $|\varepsilon_P|>1$ (即 $\varepsilon_P<-1$)时，称为**高弹性**(或**富于弹性**)，这时当商品的价格变动 1%时，需求量变动的百分比大于 1%，价格的变动对需求量的影响较大.

(3) 当 $|\varepsilon_P|<1$(即 $-1<\varepsilon_P<0$)时，称为**低弹性**(或**缺乏弹性**)，这时当商品的价格变动 1%，需求量变动的百分比小于 1%，价格的变动对需求量的影响不大.

(4) 当 $|\varepsilon_P|=0$(即 $\varepsilon_P=0$)时，称为**需求完全缺乏弹性**，这时，不论价格如何变动，需求量固定不变. 即需求函数的形式为 $Q=K$(K 为任何既定常数). 如果以纵坐标表示价格，横坐标表示需求量，则需求曲线是垂直于横坐标轴的一条直线(图 5-17) .

(5) 当 $|\varepsilon_P|=\infty$ (即 $\varepsilon_P=-\infty$)时，称为**需求完全富于弹性**. 表示在既定价格下，需求量可以任意变动. 即需求函数的形式是 $P=K$(K 为任何既定常数)，这时需求曲线是与横轴平行的一条直线(图 5-16).

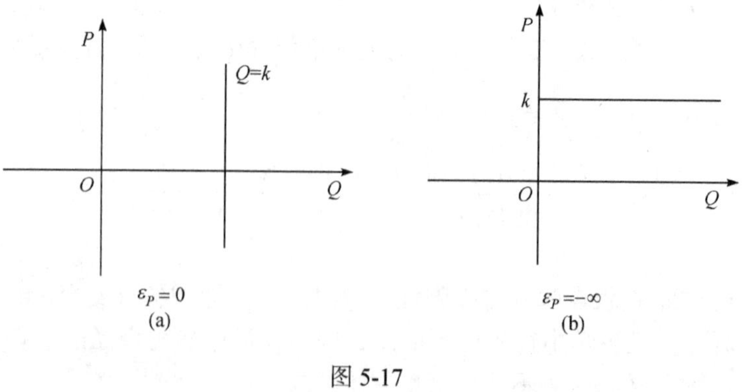

(a) (b)

图 5-17

在商品经济中，商品经营者关心的是提价($\Delta P>0$)或降价($\Delta P<0$)对总收益的影响. 下面我们就利用弹性的概念，来分析需求的价格弹性与销售者的收益之间的关系.

事实上，由于

$$\varepsilon_P=\frac{P}{Q}\cdot\frac{\mathrm{d}Q}{\mathrm{d}P}\quad 或\quad P\mathrm{d}Q=\varepsilon_P Q\mathrm{d}P,$$

可见，由价格 P 的微小变化($|\Delta P|$很小时)而引起的销售收益 $R=PQ$ 的改变量为

$$\Delta R\approx \mathrm{d}R=\mathrm{d}(PQ)=Q\mathrm{d}P+P\mathrm{d}Q=Q\mathrm{d}P+\varepsilon_P Q\mathrm{d}P=(1+\varepsilon_P)Q\mathrm{d}P.$$

由 $\varepsilon_P<0$ 可知，$\varepsilon_P=-|\varepsilon_P|$，于是

$$\Delta R\approx(1-|\varepsilon_P|)Q\mathrm{d}P.$$

当 $|\varepsilon_P|=1$ 时(单位弹性)，收益的改变量 ΔR 是较价格改变量 ΔP 的高阶无穷小，价格的变动对收益没有明显的影响. 当 $|\varepsilon_P|>1$ 时(高弹性)，需求量增加的幅度百分比大于价格下降(上浮)的百分比，降低价格($\Delta P<0$)需求量增加即购买商品的支出增加，即销售者总收益增加($\Delta R>0$)，可以采取薄利多销多收益的经济策略；提高价格($\Delta P>0$)会使消费者用于购买商品的支出减少，即销售收益减少($\Delta R<0$). 当 $|\varepsilon_P|<1$ 时(低弹性)，需求量增加(减少)的百分比低于价格下降(上浮)的百分比，降低价格($\Delta P<0$)会使消费者用于购买商品的支出减少，即销售收益减少($\Delta R<0$)；提高价格会使总收益增加($\Delta R>0$).

综上所述，总收益的变化受需求弹性的制约，随着需求弹性的变化而变化，其关系如图 5-18 所示.

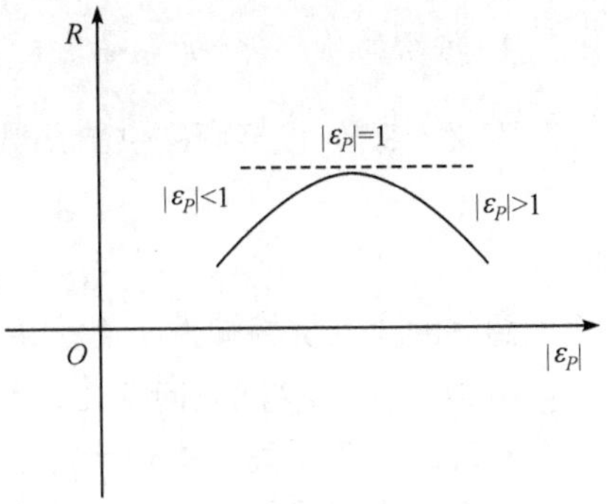

图 5-18

例 5.8.5　设某商品的需求函数为 $Q=f(P)=12-\frac{1}{2}P$.

(1) 求需求弹性函数及 P=6 时的需求弹性，并给出经济解释.

(2) 当 P 取什么值时，总收益最大？最大总收益是多少？

解　(1) $\varepsilon_P=\frac{EQ}{EP}=\frac{P}{Q}\cdot\frac{\mathrm{d}Q}{\mathrm{d}P}=\frac{P}{12-\frac{1}{2}}\cdot\left(-\frac{1}{2}\right)=-\frac{P}{24-P}$，$\varepsilon(6)=-\frac{6}{24-6}=-\frac{1}{3}$. $|\varepsilon(6)|=\frac{1}{3}<1$ 为低弹性，经济意义为当价格 P=6 时，若增加 1%，则需求量下降约 0.33%，而总收益增加($\Delta R>0$).

(2) $R=PQ=P\left(12-\frac{1}{2}P\right)$，$R'=12-P$，令 $R'=0$，则 $P=12$，$R(12)=72$. 且当 $P=12$ 时，$R''<0$，故当价格 $P=12$ 时，总收益最大，最大总收益为 72.

例 5.8.6　已知在某企业某种产品的需求弹性为 1.3—2.1，如果该企业准备明年将价格降低 10%，问这种商品的需求量预期会增加多少？总收益预期会增加多少？

解　由前面的分析可知

$$\frac{\Delta Q}{Q}\approx\varepsilon_P\cdot\frac{\Delta P}{P}\quad(由\ P\mathrm{d}Q\approx\varepsilon_P Q\mathrm{d}P),$$

$$\frac{\Delta R}{R}\approx(1-|\varepsilon_P|)\frac{\Delta P}{P}\quad(由\ \Delta R\approx(1-|\varepsilon_P|)Q\Delta P),$$

于是当 $|\varepsilon_P|=1.3$ 时，

$$\frac{\Delta Q}{Q} \approx (-1.3)\times(-0.1) = 13\%,$$

$$\frac{\Delta R}{R} \approx (1-1.3)\times(-0.1) = 3\%;$$

当$|\varepsilon_P| = 2.1$时，

$$\frac{\Delta Q}{Q} \approx (-2.1)\times(-0.1) = 21\%,$$

$$\frac{\Delta R}{R} \approx (1-2.1)\times(-0.1) = 11\%.$$

可见，明年降价 10%时，企业销售量预期将增加 13%—21%；总收益预期将增加 3%—11%.

4. 供给的价格弹性

定义 5.8.7　设某商品供给函数$Q = Q(P)$可导，其中P表示价格，Q表示供给量，则称

$$\frac{EQ}{EP} = \frac{P}{Q}\cdot\frac{\mathrm{d}Q}{\mathrm{d}P}$$

为该商品的**供给价格弹性**，简称**供给弹性**，通常用ε_s表示.

由于ΔP和ΔQ同方向变化，故$\varepsilon_s > 0$. 它表明当商品价格上涨 1%时，供给量将增加ε_s%.

对ε_s的讨论，完全类似于需求弹性ε_P，这里不再重复. 至于其他经济变量的弹性，读者可根据上面介绍的需求弹性与供给弹性，进行类似的讨论.

习题 5-8

1. 设某商品的需求函数和成本函数分别为

$$P + 0.1x = 80,$$

$$c(x) = 5000 + 20x,$$

其中x为销售量(产量)，P为价格. 求边际利润函数，并计算x=150 和x=400 时的边际利润，解释所得结果的经济意义.

2. 某种商品的需求量Q与价格P(单位：元)的关系式为：$Q = f(P) = 1600\left(\frac{1}{4}\right)^P$.

(1) 求需求弹性函数$\frac{EQ}{EP}$；

(2) 当价格P=10 元时，再增加 1%，该商品的需求量Q如何变化.

3. 设某种商品的销售额Q是价格P(单位：元)的函数，$Q = f(P) = 300P - 2P^2$. 分别求价格P=50 元及P=120 元时，销售额对价格P的弹性，并说明其经济意义.

4. 设某商品的需求弹性为 1.5—2.0，现打算明年将该商品的价格下调 12%，那么明年该商品的需求量和总收益将如何变化？变化多少？

5.9* 曲　　率

在生产实践和工程技术中，常常需要研究曲线的弯曲程度，例如，设计铁路、高速公路

的弯道时，就需要根据最高限速来确定弯道的弯曲程度，而曲率恰好反映了曲线的弯曲程度. 为此，本节将介绍曲率的概念及曲率的计算公式.

5.9.1　弧微分

作为曲率的预备知识，先介绍弧微分的概念.

1. 有向曲线与有向弧段的概念

设函数 $f(x)$ 在区间 (a,b) 内具有连续导数，在曲线 $y=f(x)$ 上取一固定点 $M_0(x_0,y_0)$ 作为度量弧长的基点.

规定　曲线的正向为依 x 增大的方向.

定义 5.9.1　对曲线上任一点 $M(x,y)$，弧段 $\overset{\frown}{M_0M}$ 称为有向弧段,它的值 s 规定如下：

(1) s 的绝对值 $|s|$ 等于该弧段的长度.

(2) 当有向弧段 $\overset{\frown}{M_0M}$ 的方向与曲线正向一致时，$s>0$ (即随 x 增加的方向取定的步长增大的为 $s>0$)，相反时 $s<0$ (图 5-19).

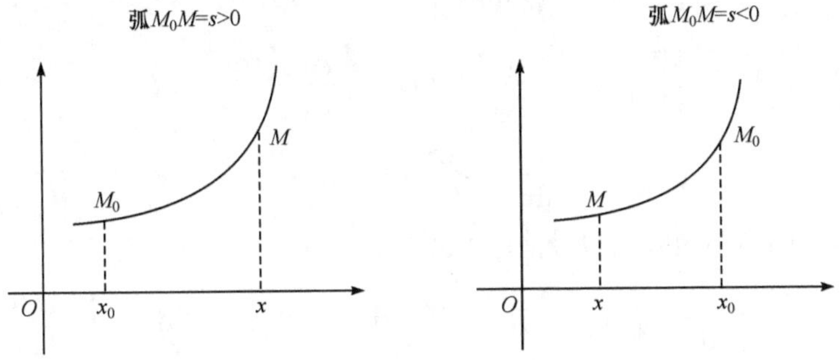

图 5-19

有向弧段 $\overset{\frown}{M_0M}$ 以后简称弧 s. 显然，弧 s 是 x 的函数，即 $s=s(x)$，而且是 x 的单调增加函数.

例 5.9.1　求曲线 $y=x$ 的弧 s.

解　如图 5-20 所示，选择 $M_0(0,0)$，对其上任一点 $M(x,y)$，弧 $\overset{\frown}{M_0M}$ 的长度是 $|s|=\sqrt{2}|x|$. 依弧 s 的规定有：

若 M 在 M_0 的右侧，即 $x>0$，则 $s>0$，应取 $s=\sqrt{2}x$；

若 M 在 M_0 的左侧，即 $x<0$，则 $s<0$，应取 $s=\sqrt{2}x$；

总之，$s=\sqrt{2}x$，显然弧 s 确为 x 的单增函数.

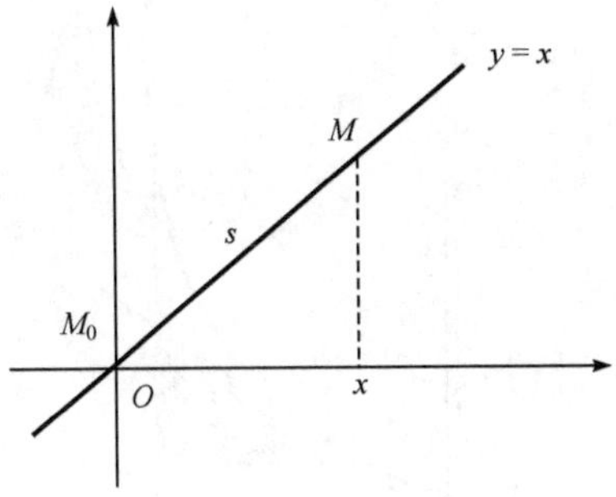

图 5-20

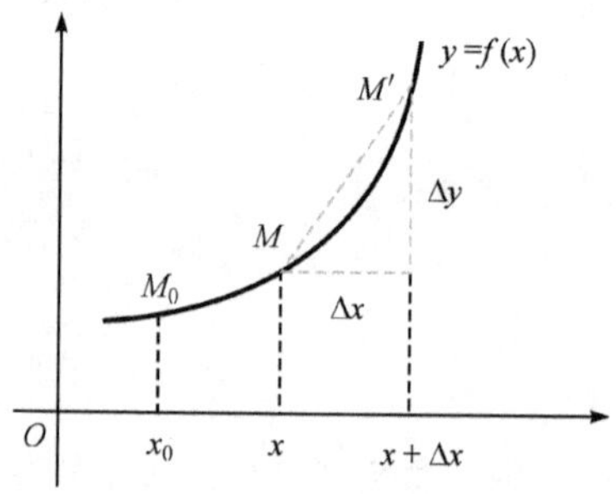

图 5-21

2. 求 $s=s(x)$ 的导数 $\dfrac{ds}{dx}$ 及微分 ds

如图 5-21 所示，设函数 $f(x)$ 的导函数 $f'(x)$ 在 (a,b) 上连续，又设 x，$x+\Delta x$ 为 (a,b) 内两点，在曲线上的对应点分别为 M 与 M'，取曲线上的一固定点为 M_0；再设对于 x 的增量 Δx，弧 s 的相应增量为 Δs，有

$$\Delta s=\overset{\frown}{M_0M'}-\overset{\frown}{M_0M}=\overset{\frown}{MM'},$$

$$\left(\frac{\Delta s}{\Delta x}\right)^2=\left(\frac{\overset{\frown}{MM'}}{\Delta x}\right)^2=\left(\frac{\overset{\frown}{MM'}}{\overline{MM'}}\right)^2\times\left(\frac{\overline{MM'}}{\Delta x}\right)^2=\left(\frac{\overset{\frown}{MM'}}{\overline{MM'}}\right)^2\times\frac{(\Delta x)^2+(\Delta y)^2}{(\Delta x)^2}=\left(\frac{\overset{\frown}{MM'}}{\overline{MM'}}\right)^2\times\left[1+\left(\frac{\Delta y}{\Delta x}\right)^2\right],$$

$$\frac{\Delta s}{\Delta x}=\pm\sqrt{\left(\frac{\overset{\frown}{MM'}}{\overline{MM'}}\right)^2\times\left[1+\left(\frac{\Delta y}{\Delta x}\right)^2\right]},$$

令 $\Delta x\to 0$，则 $M'\to M$，$\dfrac{\overset{\frown}{MM'}}{\overline{MM'}}\to 1$，$\dfrac{\Delta y}{\Delta x}\to f'(x)$，$\dfrac{\Delta s}{\Delta x}\to\dfrac{ds}{dx}$，故

$$\frac{ds}{dx}=\pm\sqrt{1+[f'(x)]^2}.$$

因 $s=s(x)$ 是 x 的单调函数，根号前应取正号，于是

$$\frac{ds}{dx}=\sqrt{1+[f'(x)]^2}\quad 或\quad ds=\sqrt{1+[f'(x)]^2}\,dx.$$

进一步地改写可得**弧微分公式**：

$$ds=\sqrt{1+\left(\frac{dy}{dx}\right)^2}\,dx\quad 或\quad ds=\sqrt{(dx)^2+(dy)^2}.$$

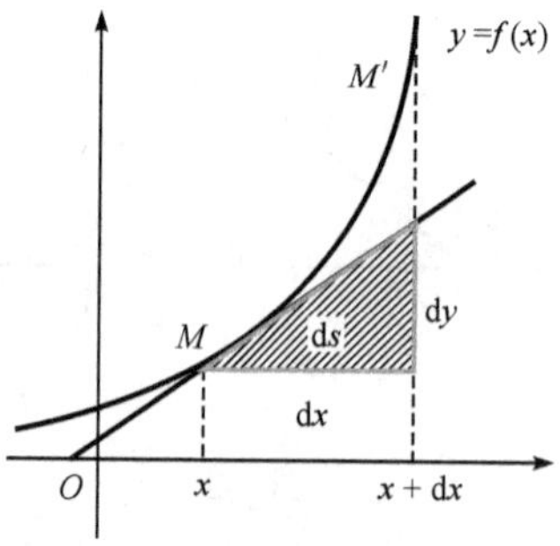

图 5-22

ds 所代表的几何意义如图 5-22 所示，图中三角形是著名的**莱布尼茨微分三角形**.

5.9.2　曲率及其计算公式

直觉与经验告诉我们：直线没有弯曲，圆周上每一处的弯曲程度是相同的，半径较小的圆弯曲得较半径较大的圆要厉害些，抛物线在顶点附近弯曲得比其他位置厉害些.

何为弯曲得厉害些？即用怎样的数学量来刻划曲线弯曲的程度呢？让我们先弄清曲线的弯曲与哪些因素有关.

由图 5-23 可看出，$\overset{\frown}{M_2M_3}$ 较 $\overset{\frown}{M_1M_2}$ 弯曲得厉害. 动点从 M_1 沿弧移动到 M_2 时，其切线转过的角度(转角)为 $\Delta\alpha_1$；当从 M_2 移动到 M_3 时，其切线的转角为 $\Delta\alpha_2$. 显然 $\Delta\alpha_1<\Delta\alpha_2$. 因此曲线的弯曲程度与转角有关.

由图 5-24 可看出，$\overset{\frown}{M_1M_2}$ 与弧 $\overset{\frown}{N_1N_2}$ 的转角相同. 短弧 $\overset{\frown}{N_1N_2}$ 较长弧 $\overset{\frown}{M_1M_2}$ 弯曲得厉害. 因此曲线弧段的弯曲程度与弧段的长度有关.

下面给出刻划曲线弯曲程度的数学量——曲率的定义. 首先给出光滑曲线的定义.

定义 5.9.2　光滑曲线是指具有连续旋转变动的切线，即有连续导数的曲线.

设曲线 C 是光滑的,在曲线 C 上选定一点 M_0 作为度量弧 s 的基点. 点 M 处切线倾角为 α，M' 处为 $\alpha+\Delta\alpha$，$\Delta\alpha$ 为切线转角. 设 $\overset{\frown}{M_0M}=s$，$\overset{\frown}{M_0M'}=s+\Delta s$，所以 $\overset{\frown}{MM'}$ 的长度为 $|\Delta s|$，动点从 M 移到 M' 时切线转过的角度为 $|\Delta\alpha|$.

如图 5-25 易知：①Δs 相同时，$\Delta\alpha$ 越大，弯曲程度越严重；②$\Delta\alpha$ 相同时，Δs 越大，弯曲程度越轻.

平均曲率 $\bar{k}$：$\bar{k}=\left|\dfrac{\Delta\alpha}{\Delta s}\right|$，即用单位弧段上切线转过的角度的大小来表达弧段 $\overset{\frown}{MM'}$ 的平均弯曲程度，记作 $\bar{k}$.

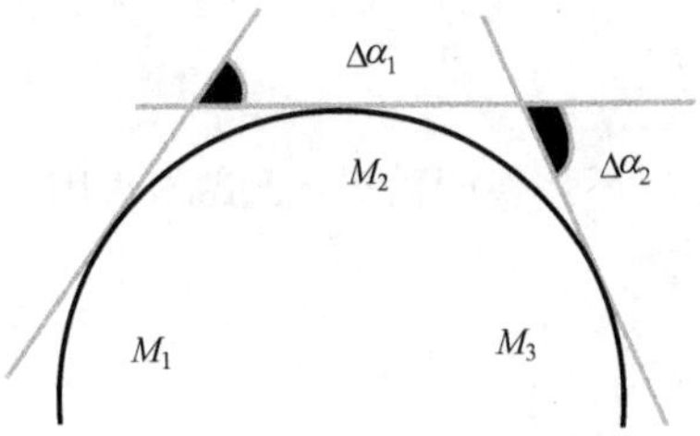

图 5-23

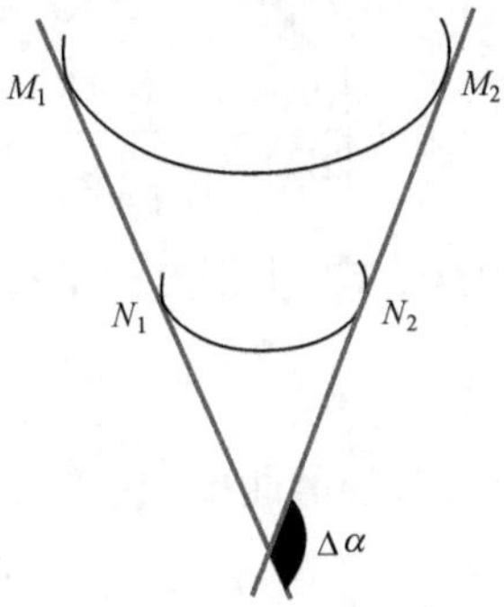

图 5-24

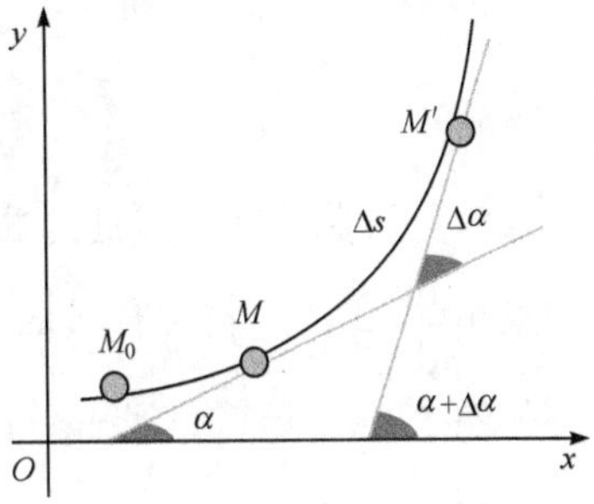

图 5-25

定义 5.9.3　当 $M'\to M$ 时，即 $\Delta s\to 0$ 时 $\lim\limits_{\Delta s\to 0}\left|\dfrac{\Delta\alpha}{\Delta s}\right|=k$ 称为曲线 C 在点 M 的**曲率**.

若 $\lim\limits_{\Delta s\to 0}\dfrac{\Delta\alpha}{\Delta s}=\dfrac{\mathrm{d}\alpha}{\mathrm{d}s}$ 存在，则 $k=\left|\dfrac{\mathrm{d}\alpha}{\mathrm{d}s}\right|$(即 $k>0$)，且 k 越大，弯曲程度越厉害.

例 5.9.2　(1) 若 C 为直线，则 s 变化 Δs 时，$\Delta\alpha=0$，如图 5-26 所示. 故 $k=0$，直线不弯曲.

(2) 若 C 为圆，如图 5-26 所示. M 点处切线倾角为 α，M' 点处切线倾角为 $\alpha+\Delta\alpha$，

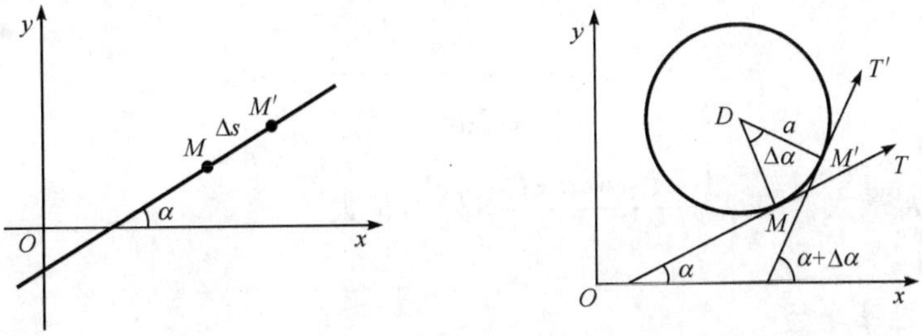

图 5-26

由图 5-26 知，$\angle M'DM=\Delta\alpha$，若半径为 a，则 $\angle M'DM=\dfrac{\overset{\frown}{MM'}}{a}=\dfrac{\Delta s}{a}$，故

$$\frac{\Delta\alpha}{\Delta s}=\frac{\Delta s}{\frac{a}{\Delta s}}=\frac{1}{a},$$

所以

$$k=\left|\frac{\mathrm{d}\alpha}{\mathrm{d}s}\right|=\frac{1}{a},$$

即圆上各点处的曲率都等于半径a的倒数$\frac{1}{a}$(各点处弯曲得一样，且半径越小，曲率越大，弯曲越厉害.

若曲线C方程为直角坐标方程：$y=f(x)$，且$f(x)$具有二阶导数，因$y'=\tan\alpha$，故

$$y''=\sec^2\alpha\cdot\frac{\mathrm{d}\alpha}{\mathrm{d}x}\Rightarrow\frac{\mathrm{d}\alpha}{\mathrm{d}x}=\frac{y''}{1+\tan^2 x}=\frac{y''}{1+y'^2}\Rightarrow\mathrm{d}\alpha=\frac{y''}{1+y'^2}\mathrm{d}x,$$

据$\mathrm{d}s=\sqrt{1+y'^2}\mathrm{d}x$得

$$K=\left|\frac{\mathrm{d}\alpha}{\mathrm{d}s}\right|=\frac{|y''|}{(1+y'^2)^{\frac{3}{2}}}.$$

此式为一般曲线在某点处的**曲率计算公式**,不论方程是参数方程还是隐函数等,此式均适用,即求出$\frac{\mathrm{d}y}{\mathrm{d}x}=y'$，$y''$，代入即可.

例 5.9.3　计算曲线$xy=1$在点$(1,1)$处的曲率.

解　$y=\frac{1}{x}\Rightarrow y'=-\frac{1}{x^2}$，$y''=\frac{2}{x^3}$，故

$$K=\frac{|y''|}{(1+y'^2)^{3/2}}=\left|\frac{2}{x^3}\cdot\frac{1}{\left(1+\frac{1}{x^4}\right)^{3/2}}\right|,$$

因此在点$(1,1)$处，$K=\frac{1}{\sqrt{2}}$.

例 5.9.4　抛物线$y=ax^2+bx+c$上哪点处曲率最大?

解　由$y'=2ax+b$，$y''=2a$，得

$$K=\frac{|2a|}{[1+(2ax+b)^2]^{\frac{3}{2}}},$$

故$x=-\frac{b}{2a}$时，K最大，即点$\left(-\frac{b}{2a},\frac{4ac-b^2}{4a}\right)$处$K$最大.

5.9.3　曲率圆与曲率半径

设曲线$y=f(x)$在点$M(x,y)$处的曲率为$k(k\neq0)$，在点M处的曲线的法线上，曲线凹的一侧取一点D，使$|DM|=\frac{1}{k}=\rho$，以D为圆心，ρ为半径作圆，称此圆为曲线在点M处的曲

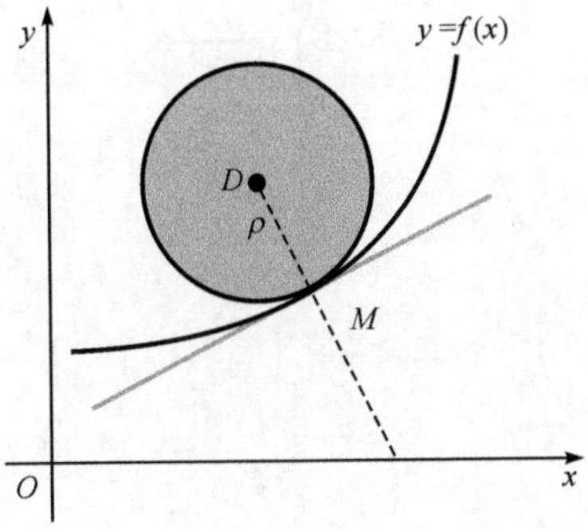

图 5-27

率圆，D 为曲线在点 M 处的曲率中心，ρ 为曲线在点 M 处的曲率半径.

(1) 曲率与曲率半径的关系为：$\rho=\dfrac{1}{k}$.

(2) 曲线与它的曲率圆在同一点处有相同的切线、曲率、凹向. 因此，可用曲率圆在点处的一段圆弧来近似地替代曲线弧.

例 5.9.5 设工件内表面的截线为抛物线 $y=0.4x^2$，现要用砂轮磨削其内表面，问选择多大的砂轮才比较合适？

解 因抛物线在顶点处的曲率最大，即曲率半径最小. 故只求抛物线 $y=0.4x^2$ 在顶点 $O(0,0)$ 的曲率半径. 又 $y'=0.8x, y''=0.8$, 则 $y'|_{x=0}=0, y''|_{x=0}=0.8$，代入得

$$K=\frac{|y''|}{(1+y'^2)^{3/2}}=0.8,$$

所以 $\rho=\dfrac{1}{K}=1.25$，即选用砂轮的半径不得超过1.25单位长.

习题 5-9

1. 求双曲线 $xy=1$ 的曲率半径 R，并分析何处 R 最小?

2. 求椭圆 $\begin{cases}x=a\cos t,\\ y=b\sin t\end{cases}$ 在点 $(0,b)$ 处的曲率及曲率半径.

3. 飞机沿抛物线 $y=\dfrac{x^2}{4000}$ (单位为米)俯冲飞行，原点处速度为 $v=400$ 米/秒，飞行员体重 70 千克. 求俯冲到原点时，飞行员对座椅的压力.

4. 设 $y=f(x)$ 为过原点的一条曲线，$f'(0), f''(0)$ 存在，已知有一条抛物线 $y=g(x)$ 与曲线 $y=f(x)$ 在原点相切，在该点处有相同的曲率，且在该点附近此二曲线有相同的凹向，求 $g(x)$.

复 习 题 5

1. 填空题

(1) 设 $f(x)=x^2$，则在 $x, x+\Delta x$ 之间满足拉格朗日中值定理结论的 $\xi=$__________.

(2) 设函数 $g(x)$ 在 $[a,b]$ 上连续，(a,b) 内可导，则至少存在一点 $\xi\in(a,b)$，使 $e^{g(b)}-e^{g(a)}=$ __________成立.

(3) $f(x)=x^n e^{-x}(n>0, x\geqslant 0)$ 的单调增加区间是__________，单调减少区间是__________.

(4) 若点 $\left(1,\dfrac{4}{3}\right)$ 为曲线 $y=ax^3-x^2+b$ 为拐点，则 $a=$__________，$b=$__________.

(5) 曲线 $y=\sqrt{\dfrac{x-1}{x+1}}$ 的水平渐近线为__________，垂直渐近线为__________.

2. 单选题

(1) 在 $[-1,1]$ 上满足罗尔定理的条件的函数是(　　).

(A) $\ln|x|$；　(B) e^x；　(C) $1-x^2$；　(D) $\dfrac{2}{1-x^2}$.

(2) 正确应用洛必达法则求极限的式子是(　　).

(A) $\lim\limits_{x\to0}\dfrac{\sin x}{e^x-1}=\lim\limits_{x\to0}\dfrac{\cos x}{e^x}=\lim\limits_{x\to0}\dfrac{-\sin x}{e^x}=0$；

(B) $\lim\limits_{x\to0}\dfrac{x+\sin x}{x}=\lim\limits_{x\to0}(1+\cos x)$ 不存在；

(C) $\lim\limits_{x\to0}\dfrac{1}{x}\left(\dfrac{1}{x}-\cot x\right)=\lim\limits_{x\to0}\dfrac{\sin x-x\cos x}{x^2\sin x}=\lim\limits_{x\to0}\dfrac{\sin x-x\cos x}{x^3}=\lim\limits_{x\to0}\dfrac{x\sin x}{3x^2}=\dfrac{1}{3}$；

(D) $\lim\limits_{x\to\infty}\dfrac{e^x-e^{-x}}{e^x+e^{-x}}=\lim\limits_{x\to\infty}\dfrac{e^{-x}(e^{2x}-1)}{e^{-x}(e^{2x}+1)}=\lim\limits_{x\to\infty}\dfrac{e^{2x}-1}{e^{2x}+1}=\lim\limits_{x\to\infty}\dfrac{2e^{2x}}{2e^{2x}}=1$.

(3) 方程 $e^x-x-1=0$(　　).

(A) 没有实根；　(B) 有且仅有一个实根；

(C) 有且仅有两个实根；　(D) 有三个不同实根.

(4) 函数 $y=f(x)$ 具有下列特征：$f(0)=1, f'(0)=0$, 当 $x\neq0$ 时，$f'(x)>0$，$f''(x)\begin{cases}<0, & x<0,\\ >0, & x>0,\end{cases}$ 则其图形为(　　).

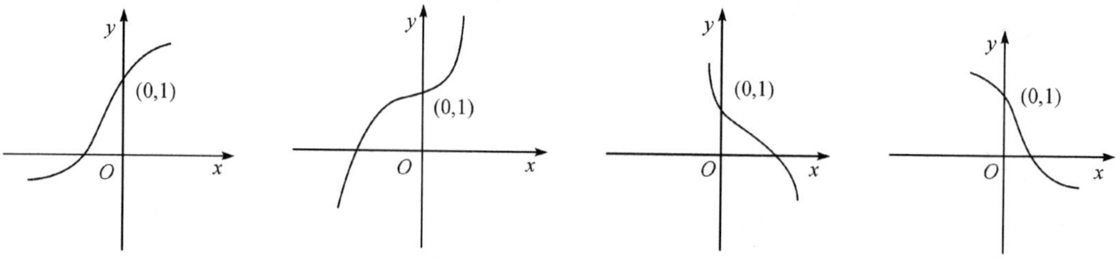

(A)　(B)　(C)　(D)

(5) 设 $f(x)$ 在 $[a,b]$ 上连续，$f(a)=f(b)$，且 $f(x)$ 不恒为常数，则在 (a,b) 内(　　).

(A) 必有最大值或最小值；　(B) 既有极大值又有极小值；

(C) 既有最大值又有最小值；　(D) 至少存在一点 ξ，使 $f'(\xi)=0$.

(6) 设 $\lim\limits_{x\to x_0}\dfrac{f(x)}{g(x)}$ 为未定型，则 $\lim\limits_{x\to x_0}\dfrac{f'(x)}{g'(x)}$ 存在是 $\lim\limits_{x\to x_0}\dfrac{f(x)}{g(x)}$ 存在的(　　).

(A) 必要条件；　(B) 充分条件；

(C) 充分必要条件；　(D) 既非充分也非必要条件.

(7) 已知 $f(x)$ 在 $[a,b]$ 上连续，在 (a,b) 内可导，且当 $x\in(a,b)$ 时，有 $f'(x)>0$，又已知 $f(a)<0$，则(　　).

(A) $f(x)$ 在 $[a,b]$ 上单调增加，且 $f(b)>0$；

(B) $f(x)$ 在 $[a,b]$ 上单调减少，且 $f(b)<0$；

(C) $f(x)$ 在 $[a,b]$ 上单调增加，且 $f(b)<0$；

(D) $f(x)$ 在 $[a,b]$ 上单调增加，但 $f(b)$ 正负号无法确定.

(8) 函数 $y=x\arctan x$ 的图形，在(　　).

(A) $(-\infty,+\infty)$ 处处是凸的　(B) $(-\infty,+\infty)$ 处处是凹的

(C) $(-\infty,0)$ 为凸的，在 $(0,+\infty)$ 为凹的　(D) $(-\infty,0)$ 为凹的，在 $(0,+\infty)$ 为凸的

(9) 若在区间 (a,b) 内，函数 $f(x)$ 的一阶导数 $f'(x)>0$，二阶导数 $f''(x)<0$，则函数 $f(x)$ 在此区间内是(　　).

(A) 单调减少，曲线是凹的　(B) 单调增加，曲线是凸的

(C) 单调减少，曲线是凸的　(D) 单调增加，曲线是凹的

(10) 曲线 $y=(x-5)^{\frac{5}{3}}+2$ (　　).

(A) 有极值点 $x=5$，但无拐点；

(B) 有拐点 $(5,2)$，但无极值点；

(C) $x=5$ 有极值点，且 $(5,2)$ 是拐点；

(D) 既无极值点，又无拐点.

3. 求极限：

(1) $\lim\limits_{x\to 0}\dfrac{e^x-(1+2x)^{\frac{1}{2}}}{\ln(1+x^2)}$；

(2) $\lim\limits_{x\to 0}\left(\dfrac{1}{x}-\dfrac{1}{e^x-1}\right)$；

(3) $\lim\limits_{x\to 0}\left(\dfrac{1}{x^2}-\dfrac{1}{x\tan x}\right)$；

(4) $\lim\limits_{x\to 0}\left(\dfrac{a^x+b^x}{2}\right)^{\frac{1}{x}}$ $(a>0,b>0)$.

4. 证明：当 $0<x<\dfrac{\pi}{2}$ 时，有 $\tan x+2\sin x>3x$ 成立.

5. 当 $x>0$ 时，证明 $x-\dfrac{x^3}{3}<\arctan x<x$.

6. 讨论函数 $y=2x^3-6x^2-18x+7$ 的单调性、凹凸性，并求极值与拐点.

7. 正方形的纸板边长为 $2a$，将其四角各剪去一个边长相等的小正方形，做成一个无盖的纸盒，问剪去的小正方形边长等于多少时，纸盒的容积最大?

8. 某工厂生产某产品，年产量为 x 百台，总成本为 c 万元，其中固定成本 2 万元，每生产 1 百台，成本增加 2 万元，市场上可销售此种商品 3 百台，其销售收入(单位：万元)

$$R(x)=\begin{cases}6x-x^2+1, & 0\leqslant x\leqslant 3,\\ 10, & x>3,\end{cases}$$

问每年生产多少台，总利润最大?

9. 糖果厂每周的销售量为 Q 千袋，每袋价格为 2 元，总成本函数为 $C(Q)=100Q^2+1300Q+1000$ (元). 试求(1)不盈不亏的销售量；(2)可取的利润的销售量；(3)取得最大利润的销售量和最大利润；(4)平均成本最小的产量.

自 测 题 5

一、单选题

1. $f(x)=x\sqrt{3-x}$ 在 $[0,3]$ 上满足罗尔定理的 ξ 是(　　).

(A) 0；　(B) 3；　(C) $\dfrac{3}{2}$；　(D) 2.

2. 下列求极限问题中能够使用洛必达法则的是(　　).

(A) $\lim\limits_{x\to 0}\dfrac{x^2\sin\frac{1}{x}}{\sin x}$；

(B) $\lim\limits_{x\to 1}\dfrac{1-x}{1-\sin x}$；

(C) $\lim\limits_{x\to 0}\dfrac{x-\sin x}{x\sin x}$；

(D) $\lim\limits_{x\to\infty}x\left(\dfrac{\pi}{2}-\arctan x\right)$.

3. 若 $f(x)$ 在 $x=a$ 点的邻域内有定义，且除点 $x=a$ 外恒有 $\dfrac{f(x)-f(a)}{(x-a)^2}>0$，则以下结论正确的是(　　).

(A) $f(x)$ 在点 a 的邻域内单调增加；

(B) $f(x)$ 在点 a 的邻域内单调减少；

(C) $f(a)$ 为 $f(x)$ 的极大值；

(D) $f(a)$ 为 $f(x)$ 的极小值.

4. 设 $y=f(x)$ 在 $[a,b]$ 上有二阶导数，则当(　　)成立时，曲线 $y=f(x)$ 在 (a,b) 内是凹的.

(A) $f''(a)>0$；　(B) $f''(b)>0$；

(C) 在 (a,b) 内 $f''(x)\neq 0$；　(D) $f''(a)>0$ 且 $f''(x)$ 在 (a,b) 内单调增加.

5. 但 $x\to 0$ 时，$f(x)=\sqrt{1+x}+ax+b$ 是关于 x 的二阶无穷小，则(　　).

(A) $a=-\dfrac{1}{2},b=-1$；　(B) $a=\dfrac{1}{2},b=1$；

(C) $a=\dfrac{1}{2},b=-1$；　(D) $a=-\dfrac{1}{2},b=1$.

6. 设 $f(x)$ 在 $(-\infty,+\infty)$ 连续，其导函数图形如图 5-28 所示，则 $f(x)$ 具有(　　).

(A) 两个极大值一个极小值；

(B) 两个极小值一个极大值；

(C) 两个极大值两个极小值；

(D) 三个极大值一个极小值.

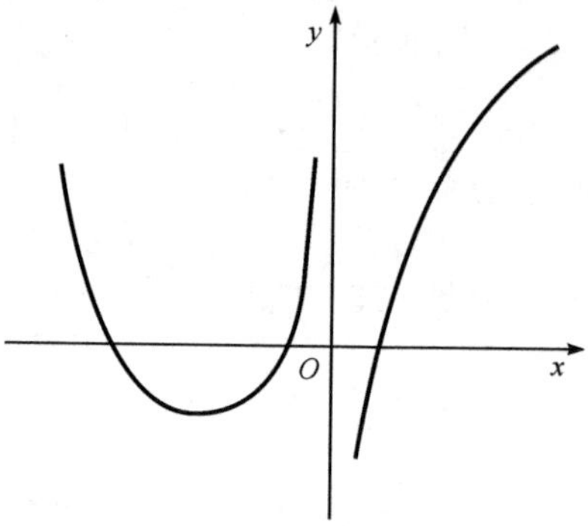

图 5-28

二、多选题

1. 下列函数在 $[-1,1]$ 上不满足拉格朗日中值定理条件的是(　　).

(A) $|x|$；　(B) $\ln(1+x^2)$；　(C) $\ln(1+x)$；　(D) $\dfrac{1}{x}$.

2. 曲线 $y=\dfrac{3x^3}{2x^3-5x^2+2x}$ (　　).

(A) 有水平渐近线 $y=\dfrac{3}{2}$；　(B) 有铅直渐近线 $x=\dfrac{1}{2}$ 和 $x=-2$；

(C) 有铅直渐近线 $x=0$；　(D) 既没有水平渐近线也没有铅直渐近线.

三、判断题

1. 函数 $y=\ln(x+1)$ 在 $[0,1]$ 上满足拉格朗日中值定理的 $\xi=\dfrac{1}{\ln 2}-1$.　(　　)

2. 设 $\alpha,\beta>1$，当 $x\to+\infty$ 时，$\lim\limits_{x\to+\infty}\dfrac{\ln^\alpha x}{x^\beta}=0$，$\lim\limits_{x\to+\infty}\dfrac{x^\beta}{\alpha^x}=0$.　(　　)

3. 设 $f(x)$ 和 $g(x)$ 可导，当 $x>0$ 时，$f'(x)>g'(x)$，且 $f(0)=g(0)$，则 $f(x)>g(x)$.　(　　)

4. 设 $f(x)$ 在 x_0 处二阶可导，且 $f'(x_0)=0$，$f''(x_0)\neq 0$，则 $f(x)$ 在 x_0 处取得极值.　(　　)

5. 设 $f(x)$ 在 x_0 处三阶可导，且 $f'(x_0)=f''(x)=0$，$f'''(x_0)\neq 0$，则 $f(x)$ 在 x_0 处取得拐点.　(　　)

四、计算题

1. $\lim\limits_{x\to 0}\dfrac{\sin x-x\cos x}{x\sin^2 x}$.

2. 利用三次泰勒多项式计算 $\sqrt{\mathrm{e}}$ 的近似值，并估计误差.

五、证明题

1. 证明：当 $x>0$ 时，$\ln(x+\sqrt{1+x^2})>\dfrac{x}{\sqrt{1+x^2}}$.

2. 证明：方程 $x^5+3x^3+x-3=0$ 只有一个正根.

六、讨论题

设 $f(x)$ 在 $(-\infty,+\infty)$ 内有连续的二阶导数，且 $f(0)=0,f'(0)=0,f''(0)=0$，$g(x)=\begin{cases}\dfrac{f(x)}{x}, & x\neq 0,\\ a, & x=0.\end{cases}$ a 取何值时，$g(x)$ 在 $(-\infty,+\infty)$ 内连续，并且求 $g'(x)$.

第 5 章　部分习题参考答案

课外阅读　数学家简介

罗尔(Rolle，1652—1719)，法国数学家，1652 年 4 月 21 日生于昂贝尔特，1719 年 11 月 8 日卒于巴黎. 罗尔出生于小店主家庭，只受过初等教育，且结婚过早，年轻时贫困潦倒，靠充当公证人与律师抄录员的微薄收入养家糊口. 他利用业余时间刻苦自学代数与丢番图的著作，并很有心得. 1682 年，他解决了数学家奥扎南提出的一个数论难题，受到了学术界的好评，从而声名鹊起，也使他的生活有了转机. 此后，他担任初等数学教师和陆军部行征官员. 1685 年，罗尔进入法国科学院，担任低级职务，到 1690 年才获得科学院发给的固定薪水. 此后他一直在科学院供职，直到 1719 年因中风去世.

罗尔在数学上的成就主要是在代数方面，专长于丢番图方程的研究. 罗尔所处的时代正当牛顿、莱布尼茨的微积分诞生不久，由于这一新生事物存在逻辑上的缺陷，从而遭受多方面的非议，其中也包括罗尔，并且他是反对派中最直言不讳的一员. 1700 年，在法国科学院发生了一场有关无穷小方法是否真实的论战. 在这场论战中，罗尔认为无穷小方法由于缺乏理论基础将导致谬误，并说“微积分是巧妙的谬论的汇集”. 与瓦里格农、索弗尔等人之间，展开了异常激烈的争论，约翰·伯努利还讽刺罗尔不懂微积分. 由于罗尔对此问题表现得异常激动，致使科学院不得不屡次出面干预. 直到 1706 年秋天，罗尔才向瓦里格农、索弗尔等人承认他已经放弃了自己的观点，并且充分认识到无穷小分析新方法的价值.

罗尔于 1691 年在题为《任意次方程的一个解法的证明》的论文中指出了：在多项式方程 $f(x)=0$ 的两个相邻的实根之间，方程 $f'(x)=0$ 至少有一个根. 一百多年后，即 1846 年，尤斯托·伯拉维提斯将这一定理推广到可微函数，并把此定理命名为罗尔定理.

拉格朗日(Lagrange，1736—1813)，法国著名数学家、物理学家，1736 年 1 月 25 日生于意大利都灵，1813 年 4 月 10 日卒于巴黎. 他在数学、力学和天文学三个学科领域中都有历史性的贡献，尤以数学方面的成就最为突出.

据拉格朗日本人回忆，幼年家境富裕，可能不会作数学研究，但到青年时代，在数学家雷维里(R-evelli)指导下学几何学后，激发了他的数学热情，17 岁开始专攻当时迅速发展的数学分析. 他的学术生涯可分为三个时期：都灵时期(1766 年以前)、柏林时期(1766—1786)、巴黎时期(1787—1813). 虽然拉格朗日在数学、力学和天文学三个学科中都有重大历史性的贡献，但他主要是数学家，研究力学和天文学的目的是表明数学分析的威力. 他的全部著作包括论文、学术报告记录、学术通讯等超过 500 篇.

拉格朗日的学术生涯主要在 18 世纪后半期. 当时数学、物理学和天文学是自然科学主体. 数学的主流是由微积分发展起来的数学分析，以欧洲大陆为中心；物理学的主流是力学；天文学的主流是天体力学. 数学分析的发展使力学和天体力学深化，而力学和天体力学的课题又成为数学分析发展的动力. 当时的自然科学代表人物都在此三个学科作出了历史性重大贡献.

拉格朗日最早研究的领域是变分法，以欧拉的思路和结果为依据，但从纯分析方法出发，得到更完善的结果. 他的第一篇论文《极大和极小的方法研究》是他研究变分法的序幕；他 1760 年发表的《关于确定不定积分式的极大极小的一种新方法》是用分析方法建立变分法制的代表作. 发表前他写信给欧拉，称此文中的方法为“变分方法”. 欧拉肯定了，并在他自己的论文中正式将此方法命名为“变分法”. 变分法这个分支才真正建立起来. 拉格朗日在微分方程理论研究中，特别是对变系数微分方程研究作出了重大成果，还是一阶偏微分方程理论的建立者. 在柏林期间，拉格朗日将大量时间花在代数方程和超越方程的解法上，他的想法已蕴含了置换群的概念，他的思想为后来的阿贝尔和伽罗瓦采用并发展，终于解决了高于四次的一般方程为何不能用代数方法求解的问题，他还提出了一种拉格朗日级数. 拉格朗日在 1772 年把欧拉 40 多年没有解决的费马另一猜想“一个正整数能表示为最多四个平方数的和”证明出来. 后来还证明了著名的定理：n是质数的充要条件为$(n-1)!+1$能被n整除. 同 18 世纪的其他数学家一样，拉格朗日也认为函数可以展开为无穷级数，而无穷级数是多项式的推广. 泰勒级数中的拉格朗日余项就是他在这方面的代表作之一.

拉格朗日还是分析力学的创立者. 拉格朗日在这方面的最大贡献是把变分原理和最小作用原理具体化，而且用纯分析方法进行推理，成为拉格朗日方法. 也是天体力学的奠基者，首先在建立天体运动方程上，他用他在分析力学中的原理，建议起各类天体的运动方程. 其中特别是根据他在微分方程解法的任意常数变异法，建立了以天体椭圆轨道根数为基本变量的运动方程，现在仍称作拉格朗日行星运动方程，并在广泛作用. 在天体运动方程解法中，拉格朗日的重大历史性贡献是发现三体问题运动方程的五个特解，即拉格朗日平动解.

总之，拉格朗日是 18 世纪的伟大科学家，在数学、力学和天文学三个学科中都有历史性重大贡献. 但他主要是数学家，最突出的贡献是在把数学分析的基础脱离几何与力学方面起了决定性的作用，使数学的独立性更为清楚，而不仅是其他学科的工具. 同时他在使天文学力学化、力学分析上也起了历史性的作用，促使力学和天文学(天体力学)更深入发展. 由于历史的局限，严密性不够妨碍着他取得更多成果.

洛必达(L’ Hôspital, 1661—1704)是法国数学家. 青年时期一度任骑兵军官，因眼睛近视自行告退，转向从事学术研究. 洛必达很早就显示出其数学才华，15 岁时就解决了帕斯卡所提出的一个摆线难题. 洛必达是莱布尼茨微积分的忠实信徒，并且是约翰·伯努利的高徒，成功地解答过伯努利提出的“最速降线”问题.

洛必达的最大功绩是撰写了世界上第一本系统的微积分教程《用于理解曲线的无穷小分析》. 这部著作出版于 1696 年，后来多次修订再版，为在欧洲大陆特别是在法国普及微积分起了重要作用. 这本书追随欧几里得和阿基米德古典范例，以定义和公理为出发点，同时得益于他的老师约翰·伯努利的著作，其经过是这样的：约翰·伯努利在 1691—1692 年间写了两篇关于微积分的短论，但未发表. 不久以后，他答应为年轻的洛必达讲授微积分，定期领取薪金. 作为答谢，他把自己的数学发现传授给洛必达，并允许他随时利用. 于是洛必达根据约翰·伯努利的传授和未发表的论著以及自己的学习心得，撰写了该书.

洛必达豁达大度，气宇不凡. 由于他与当时欧洲各国主要数学家都有交往，从而成为全欧洲传播微积分的著名人物.

泰勒(Taylor, 1685—1731)，英国数学家，1685 年 8 月 18 日生于英格兰德尔塞克斯郡的埃德蒙顿市，1731 年 12 月 29 日卒于伦敦.

泰勒出生于英格兰一个富有且有贵族血统的家庭. 父亲约翰来自肯特郡的比夫隆家庭. 泰勒是其长子. 进大学之前，泰勒一直在家里读书. 泰勒全家尤其是他的父亲，都喜欢音乐和艺术，经常在家里招待艺术家. 这对泰勒一生的工作造成极大的影响,这从他的两个主要科学研究课题：弦振动问题及透视画法，就可以看出来.

1701 年，泰勒进剑桥大学的圣约翰学院学习. 1709 年，他获得法学学士学位，1714 年获法学博士学位. 1712 年，他被选为英国皇家学会会员，同年进入牛顿和莱布尼茨发明微积分优先权争论的委员会. 从 1714 年起，他担任皇家学会第一秘书，1718 年以健康为由辞去这一职务.

泰勒后期的家庭生活是不幸的. 1721 年，因和一位据说是出身名门但没有财产的女人结婚，遭到父亲的严厉反对，只好离开家庭. 两年后，妻子在生产中死去，才又回到家里，1725 年，在征得父亲同意后，他第二次结婚，并于 1729 年继承了父亲在肯特郡的财产. 1730 年，第二个妻子也在生产中死去，不过这一次留下了一个女儿. 妻子的死深深地刺激了他，第二年他也去了，安葬在伦敦圣·安教堂墓地.

由于工作及健康上的原因，泰勒曾几次访问法国，并和法国数学家蒙莫尔多次通信讨论级数问题和概率论的问题. 1708 年，23 岁的泰勒得到了“振动中心问题”的解，引起了人们的注意，在这个工作中他用了牛顿的“瞬”的记号. 从 1714 年到 1719 年，是泰勒在高产的时期. 他的两本著作：《正的和反的增量方法》及《线性透视论》都出版于 1715 年，它们的第二版分别出于 1717 和 1719 年. 从 1712 到 1724 年，他在《哲学会报》上共发表了 13 篇文章，其中有些是通信和评论. 文章中还包含毛细管现象、磁学及温度计的实验记录.

在生命的后期，泰勒转向宗教和哲学的写作，他的第三本著作《哲学的沉思》在他死后由外孙 W. 杨于 1793 年出版.

泰勒以微积分学中将函数展开成无穷级数的定理著称于世. 这条定理大致可以叙述为：函数在一个点的邻域内的值可以用函数在该点的值及各阶导数值组成的无穷级数表示出来. 然而，在半个世纪里，数学家们并没有认识到泰勒定理的重大价值. 这一重大价值是后来由拉格朗日发现的，他把这一定理刻画为微积分的基本定理. 泰勒定理的严格证明是在定理诞生一个世纪之后，由柯西给出的.

麦克劳林(Maclaurin, 1689—1746)，数学家，1689 年 2 月生于苏格兰的基尔莫登，1746 年 1 月卒于爱丁堡.

麦克劳林是一位牧师的儿子，半岁丧父，9 岁丧母，由其叔父抚养成人. 叔父也是一位牧师. 麦克劳林是一个"神童"，为了当牧师，他 11 岁考入格拉斯哥大学学习神学，但入校不久却对数学发生了浓厚的兴趣，一年后转攻数学. 麦克劳林 17 岁取得了硕士学位，并为自己关于重力做功的论文作了精彩的公开答辩；19 岁担任阿伯丁大学的数学教授，并主持该校马里歇尔学院数学等工作；两年后被选为英国皇家学会会员；1722—1726 年在巴黎从事研究工作，并在 1724 年因写了物体碰撞的杰出论文而荣获法国科学院奖金，回国后任爱丁堡大学教授.

1719 年，麦克劳林在访问伦敦时见到了牛顿，从此便成为牛顿的门生. 1724 年，由于牛顿的大力推荐，他继续获得教授席位.

麦克劳林 21 岁时发表了第一本重要著作《构造几何》，在这本书中描述了作圆锥曲线的一些新的巧妙方法，精辟地讨论了圆锥曲线及高次平面曲线的种种性质.

1742 年麦克劳林撰写的《流数论》以泰勒级数作为基本工具，是对牛顿的流数法作出符合逻辑的系统解释的第一本书. 此书之意是为牛顿流数法提供一个几何框架，以答复贝克来大主教等人对牛顿的微积分学原理的攻击.

麦克劳林也是一位实验科学家，设计了很多精巧的机械装置. 他不但学术成就斐然，而且关心政治，1745 年参加了爱丁堡保卫战.

麦克劳林终生不忘牛顿对他的栽培，并为继承、捍卫、发展牛顿的学说而奋斗. 他曾打算写一本《关于伊萨克·牛顿爵士的发现说明》，但未能完成便去世了. 死后在他的墓碑上刻有"曾蒙牛顿推荐"，以表达他对牛顿的感激之情.

第6章

不定积分

Indefinite Integral

前面已经介绍了微分学的基本问题，即已知函数求其导数的问题. 但在科学技术及应用领域中，往往会遇到相反问题——已知导数求其函数，即求一个未知函数，使其导数恰好是某一已知函数. 这种由导数或微分求原来函数的逆运算称为不定积分. 本章将介绍不定积分的概念、性质及其计算方法.

6.1 不定积分——微分法则的逆运算

6.1.1 原函数的概念

定义 6.1.1 设 $f(x)$ 是定义在区间 I 上的函数，若存在函数 $F(x)$，使得对任意 $x\in I$，都有 $F'(x)=f(x)$ 或 $\mathrm{d}F(x)=f(x)\mathrm{d}x$，则 $F(x)$ 称为 $f(x)$ 的一个**原函数(primitive function)**.

例如，因为在 $(-\infty,+\infty)$ 上，$(\sin x)'=\cos x$，所以，$\sin x$ 是 $\cos x$ 的一个原函数，显然 $\sin x+1$，$\sin x-2$，$\sin x+C$ (C 为任意常数)等都是 $\cos x$ 的原函数，由此看出，$\cos x$ 的原函数之间只相差一个常数. 对于一般抽象函数是否也有同样的结论呢？下列定理回答了这个问题.

定理 6.1.1 设在区间 I 上，函数 $F(x)$，$\Phi(x)$ 都是 $f(x)$ 的一个原函数，则

$$\Phi(x)=F(x)+C\ (C\text{是常数}).$$

证明 设 $g(x)=\Phi(x)-F(x)$，因为函数 $F(x)$，$\Phi(x)$ 都是 $f(x)$ 的一个原函数，所以

$$F'(x)=f(x),\quad \Phi'(x)=f(x),$$

因此

$$g'(x)=\Phi'(x)-F'(x)=f(x)-f(x)=0,\quad x\in I.$$

所以在区间 I 上 $g(x)=C$ (C 为常数)，即 $\Phi(x)=F(x)+C$.

定理 6.1.1 可以说明，若函数 $F(x)$ 为 $f(x)$ 在区间 I 上的一个原函数，则 $f(x)$ 的全体原函数为 $F(x)+C$ (C 为任意常数).

定理 6.1.2① 如果函数 $f(x)$ 是区间 I 上的连续函数，则 $f(x)$ 在区间 I 上一定有原函数.

一切初等函数在其定义区间内都是连续函数，所以初等函数在其定义区间上的原函数一定存在.

6.1.2 不定积分的概念

定义 6.1.2 函数 $f(x)$ 在区间 I 上的全体原函数称为 $f(x)$ 在区间 I 上的**不定积分**

①证明见定积分中的原函数存在定理.

(indefinite integral)，记作 $\int f(x)\mathrm{d}x$，即

$$\int f(x)\mathrm{d}x = F(x) + C,$$

其中，符号 $\int$ 称为**积分号**，$f(x)$ 称为**被积函数**，$f(x)\mathrm{d}x$ 称为**被积表达式**，x 称为**积分变量**，$F(x)$ 为 $f(x)$ 在区间 I 上的一个**原函数**，C 为任意常数.

从不积分的定义知，求一个函数的不定积分只需求这个函数的一个原函数即可.

例 6.1.1　求下列不定积分：

(1) $\int x^2\mathrm{d}x$；　(2) $\int \sin x\mathrm{d}x$；　(3) $\int \frac{1}{1+x^2}\mathrm{d}x$；　(4) $\int \frac{1}{\cos^2 x}\mathrm{d}x$.

解　(1)因为 $\left(\frac{x^3}{3}\right)' = x^2$，所以 $\frac{x^3}{3}$ 是 x^2 的一个原函数，从而

$$\int x^2\mathrm{d}x = \frac{x^3}{3} + C \quad (C\text{ 为任意常数}).$$

(2) 因为 $(-\cos x)' = \sin x$，所以 $-\cos x$ 是 $\sin x$ 的一个原函数，从而

$$\int \sin x\mathrm{d}x = -\cos x + C \quad (C\text{ 为任意常数}).$$

(3) 因为 $(\arctan x)' = \frac{1}{1+x^2}$，所以 $\arctan x$ 是 $\frac{1}{1+x^2}$ 的一个原函数，从而

$$\int \frac{1}{1+x^2}\mathrm{d}x = \arctan x + C \quad (C\text{ 为任意常数}).$$

(4)　因为 $(\tan x)' = \frac{1}{\cos^2 x}$，所以 $\tan x$ 是 $\frac{1}{\cos^2 x}$ 的一个原函数，从而

$$\int \frac{1}{\cos^2 x}\mathrm{d}x = \tan x + C \quad (C\text{ 为任意常数}).$$

6.1.3　不定积分的几何意义

若 $F(x)$ 为 $f(x)$ 的一个原函数，则称 $y = F(x)$ 为 $f(x)$ 的一条**积分曲线(integral curve)**，称 $y = F(x) + C$ 为 $f(x)$ 的**积分曲线族**. 显然，族中的任意一条积分曲线可由另一条积分曲线沿 y 轴方向平移而得到，且族中各条曲线在横坐标相同的点 x_0 处的切线平行(图 6-1).

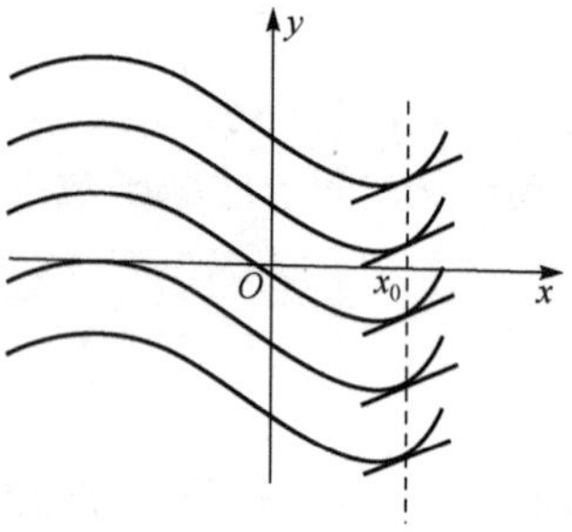

图 6-1

例 6.1.2　已知曲线 $y = f(x)$ 在任一点 x 处的切线斜率为 $2x$，且曲线通过点 $(1,2)$，求此曲线的方程.

解　根据题意知 $f'(x) = 2x$，即 $f(x)$ 是 $2x$ 的一个原函数，从而

$$f(x) = \int 2x\mathrm{d}x = x^2 + C.$$

又由曲线通过点 $(1,2)$ 得 $2 = 1^2 + C$，于是 $C = 1$. 故所求曲线方程为 $y = x^2 + 1$.

积分曲线 $y = x^2 + 1$ 由另一条积分曲线抛物线 $y = x^2$ 沿 y 轴方向向上平移 1 个单位得到(图 6-2).

6.1.4 基本积分表

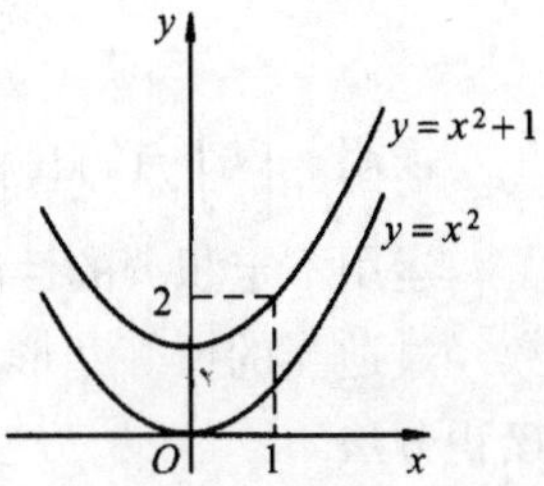

图 6-2

根据不定积分的定义，由导数或微分基本公式，即可得到不定积分的基本公式. 这里我们列出基本积分表，请读者务必熟记. 因为许多不定积分最终将归结为这些基本积分公式.

(1) $\int k\mathrm{d}x = kx + C$；(2) $\int x^{\alpha}\mathrm{d}x = \dfrac{x^{\alpha+1}}{\alpha+1} + C$；

(3) $\int \dfrac{1}{x}\mathrm{d}x = \ln|x| + C$；(4) $\int a^{x}\mathrm{d}x = \dfrac{a^{x}}{\ln a} + C$；

(5) $\int \mathrm{e}^{x}\mathrm{d}x = \mathrm{e}^{x} + C$；(6) $\int \sin x\mathrm{d}x = -\cos x + C$；

(7) $\int \cos x\mathrm{d}x = \sin x + C$；(8) $\int \sec^{2} x\mathrm{d}x = \tan x + C$；

(9) $\int \csc^{2} x\mathrm{d}x = -\cot x + C$；(10) $\int \sec x\tan x\mathrm{d}x = \sec x + C$；

(11) $\int \csc x\cot x\mathrm{d}x = -\csc x + C$；(12) $\int \dfrac{1}{\sqrt{1-x^{2}}}\mathrm{d}x = \arcsin x + C$；

(13) $\int \dfrac{1}{1+x^{2}}\mathrm{d}x = \arctan x + C$.

6.1.5 不定积分的性质

设 $\int f(x)\mathrm{d}x = F(x) + C$，由不定积分的定义 $F(x)$ 是 $f(x)$ 的原函数. 即

$$F'(x) = f(x).$$

所以有不定积分的如下性质.

性质 6.1.1 $\dfrac{\mathrm{d}}{\mathrm{d}x}\left[\int f(x)\mathrm{d}x\right] = f(x)$ 或 $\mathrm{d}\left[\int f(x)\mathrm{d}x\right] = f(x)\mathrm{d}x$.

又由于 $F(x)$ 是 $F'(x)$ 的原函数，故有

性质 6.1.2 $\int F'(x)\mathrm{d}x = F(x) + C$ 或 $\int \mathrm{d}F(x) = F(x) + C$.

注 由此可见，微分运算(以记号 d 表示)与求不定积分的运算(简称积分运算，以记号 $\int$ 表示)是互逆的. 当记号 $\int$ 与d 连在一起时，或者抵消，或者抵消后差一个常数.

利用微分运算法则和不定积分的定义，可得下列运算性质.

性质 6.1.3 设函数 $f(x)$ 及 $g(x)$ 的原函数存在，则

$$\int [f(x) \pm g(x)]\mathrm{d}x = \int f(x)\mathrm{d}x \pm \int g(x)\mathrm{d}x.$$

证明 $\left[\int f(x)\,\mathrm{d}x \pm \int g(x)\mathrm{d}x\right]' = \left[\int f(x)\,\mathrm{d}x\right]' \pm \left[\int g(x)\mathrm{d}x\right]' = f(x) \pm g(x).$

注 此性质可推广到有限多个函数之和的情形.

性质 6.1.4 设函数 $f(x)$ 的原函数存在，k 为非零常数，则

$$\int kf(x)\,\mathrm{d}x = k\int f(x)\mathrm{d}x \quad (k \neq 0).$$

证明 $\left[k\int f(x)\mathrm{d}x\right]' = k\left[\int f(x)\mathrm{d}x\right]' = kf(x) = \left[\int kf(x)\,\mathrm{d}x\right]'.$

运用不定积分的性质和基本公式可以直接求一些简单函数的不定积分，有时需将被积函数经过适当的恒等变形后，再利用不定积分的性质和基本公式求出结果. 这种积分法称为**直接积分法**.

例 6.1.3 计算不定积分 $\int \frac{\left(x-\sqrt{x}\right)^2}{x^3}\mathrm{d}x$.

解 $\int \frac{\left(x-\sqrt{x}\right)^2}{x^3}\mathrm{d}x = \int \frac{x^2-2x^{\frac{3}{2}}+x}{x^3}\mathrm{d}x = \int\left(\frac{1}{x}-2x^{-\frac{3}{2}}+\frac{1}{x^2}\right)\mathrm{d}x$

$= \ln|x| - 2\times(-2)x^{-\frac{1}{2}} - \frac{1}{x} + C$

$= \ln|x| + \frac{4}{\sqrt{x}} - \frac{1}{x} + C$.

例 6.1.4 求不定积分 $\int (3^x\mathrm{e}^x - 5\sin x)\,\mathrm{d}x$.

解 $\int (3^x\mathrm{e}^x - 5\sin x)\,\mathrm{d}x = \int (3\mathrm{e})^x\mathrm{d}x - \int 5\sin x\mathrm{d}x$

$= \frac{(3\mathrm{e})^x}{\ln(3\mathrm{e})} + 5\cos x + C = \frac{3^x\mathrm{e}^x}{1+\ln 3} + 5\cos x + C$.

例 6.1.5 求不定积分 $\int \frac{1+x+x^2}{x(1+x^2)}\mathrm{d}x$.

解 $\int \frac{1+x+x^2}{x(1+x^2)}\mathrm{d}x = \int \frac{x+(1+x^2)}{x(1+x^2)}\mathrm{d}x = \int\left(\frac{1}{1+x^2}+\frac{1}{x}\right)\mathrm{d}x = \int \frac{1}{1+x^2}\mathrm{d}x + \int \frac{1}{x}\mathrm{d}x$

$= \arctan x + \ln|x| + C$.

例 6.1.6 求不定积分 $\int \tan^2 x\mathrm{d}x$.

解 $\int \tan^2 x\mathrm{d}x = \int (\sec^2 x - 1)\mathrm{d}x = \int \sec^2 x\mathrm{d}x - \int 1\mathrm{d}x = \tan x - x + C$.

习题 6-1

1. 设 $f(x) = (2x+1)\mathrm{e}^{-x^2}$，则 $\int f'(x)\mathrm{d}x =$____________.

2. 设 $\sin x$ 是 $f(x)$ 的一个原函数，则 $\int f(x)\mathrm{d}x =$____________.

3. 求下列不定积分:

(1) $\int \left(1-\sqrt[3]{x^2}\right)^2\mathrm{d}x$；　　(2) $\int\left(\frac{x}{2}-\frac{1}{x}+\frac{4}{x^3}\right)\mathrm{d}x$；

(3) $\int\left(2^x+x^2+\frac{3}{x}\right)\mathrm{d}x$；　　(4) $\int\left(\frac{1}{x}-\frac{3}{\sqrt{1-x^2}}\right)\mathrm{d}x$；

(5) $\int \frac{dx}{x^2(1+x^2)}$；　　(6) $\int \frac{1+2x^2}{x^2(1+x^2)}dx$；

(7) $\int 2^x e^{-x}dx$；　　(8) $\int \frac{e^{2x}-1}{e^x-1}dx$；

(9) $\int \cot^2 x dx$；　　(10) $\int \frac{2\cdot 3^x-5\cdot 2^x}{3^x}dx$；

(11) $\int \sin^2\frac{x}{2}dx$；　　(12) $\int \frac{\cos 2x}{\cos x-\sin x}dx$；

(13) $\int \frac{dx}{1+\cos 2x}$；　　(14) $\int \frac{1+\cos^2 x}{1+\cos 2x}dx$.

4. 一曲线通过点$\left(e^2,3\right)$，且在任一点处的切线的斜率等于该点横坐标的倒数，求该曲线的方程.

5. 对任意 $x\in\mathbf{R}$，$f'(\sin^2 x)=\cos^2 x$，且 $f(1)=1$，求 $f(x)$.

6. 已知 $F'(x)=\frac{\cos 2x}{\sin^2 2x}$，且 $F\left(\frac{\pi}{4}\right)=-1$，求 $F(x)$.

6.2　不定积分的换元积分法

能直接利用或通过适当的变形后利用积分的基本公式计算的不定积分是十分有限的. 将复合函数的求导法则反过来用于不定积分，通过适当的变量替换(换元)，把某些不定积分化为基本积分公式表中所列的形式，再计算出所求的不定积分——这就是本节介绍的**换元积分法** **(integration by substitution)**.

6.2.1　第一类换元积分法(凑微分法)

定理 6.2.1(第一类换元积分法)　设 $f(u)$ 具有原函数 $F(u)$，且 $u=\varphi(x)$ 可导，则有换元公式

$$\int f[\varphi(x)]\varphi'(x)dx=\int f(u)du=F(u)\Big|_{u=\varphi(x)}+C=F[\varphi(x)]+C.$$

证明　因为 $F(u)$ 是 $f(u)$ 的原函数，所以 $F'(u)=f(u)$. 根据复合函数的求导法则有

$$\left[F\left(\varphi(x)\right)\right]'=F'(u)\varphi'(x)=f(u)\varphi'(x)=f[\varphi(x)]\varphi'(x),$$

再根据不定积分的定义有 $\int f[\varphi(x)]\varphi'(x)dx=F[\varphi(x)]+C$.

注　在第一类换元积分法中，通过选择新的积分变量 $u=\varphi(x)$，把被积表达式分成两部分，一部分是关于 u 的函数 $f(u)$，另一部分是凑成关于 u 的微分 du，因而转化成比较容易计算的关于 u 的函数 $f(u)$ 的积分，因而也把第一类换元积分法称为**凑微分法**.

例 6.2.1　求不定分 $\int \cos 2x dx$.

解　设 $u=2x$，则 $du=2dx$，于是

$$\int \cos 2x dx=\frac{1}{2}\int \cos 2x\cdot 2dx=\frac{1}{2}\int \cos u\, du=\frac{1}{2}\sin u+C=\frac{1}{2}\sin 2x+C.$$

例 6.2.2　求不定分 $\int \frac{1}{2+3x}dx$.

解　设 $u=2+3x$，则 $du=3dx$，于是

$$\int\frac{1}{2+3x}\mathrm{d}x=\frac{1}{3}\int\frac{1}{2+3x}\cdot 3\mathrm{d}x=\frac{1}{3}\int\frac{1}{u}\mathrm{d}u=\frac{1}{3}\ln|u|+C=\frac{1}{3}\ln|2+3x|+C.$$

注　一般情形 $\int f(ax+b)\mathrm{d}x \xlongequal[\mathrm{d}u=a\mathrm{d}x]{u=ax+b} \frac{1}{a}\int f(u)\mathrm{d}u$.

例 6.2.3　不定积分 $\int x\mathrm{e}^{x^2}\mathrm{d}x$.

解　$\int x\mathrm{e}^{x^2}\mathrm{d}x=\frac{1}{2}\int \mathrm{e}^{x^2}2x\mathrm{d}x=\frac{1}{2}\int \mathrm{e}^{x^2}\mathrm{d}(x^2)=\frac{1}{2}\mathrm{e}^{x^2}+C$.

注　一般情形 $\int x^{n-1}f(x^n)\mathrm{d}x \xlongequal[\mathrm{d}u=nx^{n-1}\mathrm{d}x]{u=x^n} \frac{1}{n}\int f(u)\mathrm{d}u$.

例 6.2.4　求不定积分 $\int\tan x\mathrm{d}x$.

解　$\int\tan x\mathrm{d}x=\int\frac{\sin x}{\cos x}\mathrm{d}x=-\int\frac{1}{\cos x}\mathrm{d}\cos x=-\ln|\cos x|+C$.

类似地可求得

$$\int\cot x\mathrm{d}x=\ln|\sin x|+C.$$

例 6.2.5　求不定积分 $\int\frac{1}{x(1+3\ln x)}\mathrm{d}x$.

解　$\int\frac{1}{x(1+3\ln x)}\mathrm{d}x=\frac{1}{3}\int\frac{1}{1+3\ln x}\mathrm{d}(1+3\ln x)=\frac{1}{3}\ln|1+3\ln x|+C$.

注　一般情形 $\int f(\ln x)\frac{1}{x}\mathrm{d}x=\int f(\ln x)\,\mathrm{d}(\ln x)$.

例 6.2.6　求不定积分 $\int\frac{1}{\sqrt{a^2-x^2}}\mathrm{d}x\quad(a>0)$.

解　$\int\frac{1}{\sqrt{a^2-x^2}}\mathrm{d}x=\int\frac{1}{a}\cdot\frac{1}{\sqrt{1-\left(\frac{x}{a}\right)^2}}\mathrm{d}x=\int\frac{1}{\sqrt{1-\left(\frac{x}{a}\right)^2}}\mathrm{d}\left(\frac{x}{a}\right)=\arcsin\frac{x}{a}+C$.

例 6.2.7　求下列不定积分:

(1) $\int\frac{1}{a^2+x^2}\mathrm{d}x\quad(a\neq 0)$;　　(2) $\int\frac{1}{x^2-6x+13}\mathrm{d}x$.

解　(1) $\int\frac{1}{a^2+x^2}\mathrm{d}x=\int\frac{1}{a^2}\cdot\frac{1}{1+\left(\frac{x}{a}\right)^2}\mathrm{d}x=\frac{1}{a}\int\frac{1}{1+\left(\frac{x}{a}\right)^2}\mathrm{d}\left(\frac{x}{a}\right)=\frac{1}{a}\arctan\frac{x}{a}+C$.

(2)
$$\int\frac{1}{x^2-6x+13}\mathrm{d}x=\int\frac{1}{(x-3)^2+4}\mathrm{d}x=\int\frac{1}{(x-3)^2+4}\mathrm{d}(x-3)$$
$$=\frac{1}{2}\arctan\frac{x-3}{2}+C.$$

例 6.2.8　求不定积分 $\int\frac{1}{x^2-a^2}\mathrm{d}x\ (a\neq 0)$.

解　由于 $\frac{1}{x^2-a^2}=\frac{1}{2a}\left(\frac{1}{x-a}-\frac{1}{x+a}\right)$，所以

$$\int\frac{1}{x^2-a^2}\mathrm{d}x=\frac{1}{2a}\int\left(\frac{1}{x-a}-\frac{1}{x+a}\right)\mathrm{d}x=\frac{1}{2a}\left(\int\frac{1}{x-a}\mathrm{d}x-\int\frac{1}{x+a}\mathrm{d}x\right)$$

$$=\frac{1}{2a}\left[\int\frac{1}{x-a}\mathrm{d}(x-a)-\int\frac{1}{x+a}\mathrm{d}(x+a)\right]$$

$$=\frac{1}{2a}(\ln|x-a|-\ln|x+a|)+C=\frac{1}{2a}\ln\left|\frac{x-a}{x+a}\right|+C.$$

例 6.2.9　求下列不定积分：

(1) $\int\csc x\mathrm{d}x$；　(2) $\int\sec x\mathrm{d}x$.

解　(1) $$\int\csc x\,\mathrm{d}x=\int\frac{\mathrm{d}x}{\sin x}=\int\frac{\mathrm{d}x}{2\sin\frac{x}{2}\cos\frac{x}{2}}=\int\frac{1}{\tan\frac{x}{2}\cos^2\frac{x}{2}}\mathrm{d}\left(\frac{x}{2}\right)$$

$$=\int\frac{1}{\tan\frac{x}{2}}\mathrm{d}\left(\tan\frac{x}{2}\right)=\ln\left|\tan\frac{x}{2}\right|+C.$$

因为

$$\tan\frac{x}{2}=\frac{\sin\frac{x}{2}}{\cos\frac{x}{2}}=\frac{2\sin^2\frac{x}{2}}{\sin x}=\frac{1-\cos x}{\sin x}=\csc x-\cot x,$$

所以 $\int\csc x\,\mathrm{d}x=\ln|\csc x-\cot x|+C$.

(2) $$\int\sec x\,\mathrm{d}x=\int\frac{\mathrm{d}x}{\cos x}=\int\frac{\mathrm{d}\left(x+\frac{\pi}{2}\right)}{\sin\left(x+\frac{\pi}{2}\right)}=\ln\left|\csc\left(x+\frac{\pi}{2}\right)-\cot\left(x+\frac{\pi}{2}\right)\right|+C$$

$$=\ln|\sec x+\tan x|+C.$$

例 6.2.10　求下列不定积分：

(1) $\int\sin^3x\mathrm{d}x$；　(2) $\int\sin^2x\cdot\cos^5x\mathrm{d}x$.

解　(1) $$\int\sin^3x\,\mathrm{d}x=\int\sin^2x\sin x\mathrm{d}x=-\int(1-\cos^2x)\,\mathrm{d}(\cos x)=-\int\mathrm{d}(\cos x)+\int\cos^2x\,\mathrm{d}(\cos x)$$

$$=-\cos x+\frac{1}{3}\cos^3x+C.$$

(2) $$\int\sin^2x\cos^5x\mathrm{d}x=\int\sin^2x\cos^4x\mathrm{d}(\sin x)=\int\sin^2x(1-\sin^2x)^2\mathrm{d}(\sin x)$$

$$=\frac{1}{3}\sin^3x-\frac{2}{5}\sin^5x+\frac{1}{7}\sin^7x+C.$$

注　当被积函数是三角函数的奇数次幂时，拆开奇次项去凑微分.

例 6.2.11　求下列不定积分：

(1) $\int\cos^2x\mathrm{d}x$；　(2) $\int\cos^4x\mathrm{d}x$.

解　(1) $\int \cos^2 x\,\mathrm{d}x = \int \frac{1+\cos 2x}{2}\mathrm{d}x = \frac{1}{2}\left(\int \mathrm{d}x + \int \cos 2x\mathrm{d}x\right) = \frac{1}{2}\int \mathrm{d}x + \frac{1}{4}\int \cos 2x\mathrm{d}(2x)$

$$= \frac{x}{2} + \frac{\sin 2x}{4} + C.$$

(2) 因为

$$\cos^4 x = (\cos^2 x)^2 = \left(\frac{1+\cos 2x}{2}\right)^2 = \frac{1}{4}\left(1 + 2\cos 2x + \cos^2 2x\right)$$
$$= \frac{1}{4}\left(1 + 2\cos 2x + \frac{1+\cos 4x}{2}\right) = \frac{1}{8}(3 + 4\cos 2x + \cos 4x),$$

所以

$$\int \cos^4 x\mathrm{d}x = \frac{1}{8}\int (3 + 4\cos 2x + \cos 4x)\,\mathrm{d}x = \frac{1}{8}(\int 3\mathrm{d}x + \int 4\cos 2x\mathrm{d}x + \int \cos 4x\mathrm{d}x)$$
$$= \frac{1}{8}\left[3x + 2\int \cos 2x\mathrm{d}(2x) + \frac{1}{4}\int \cos 4x\mathrm{d}(4x)\right]$$
$$= \frac{3}{8}x + \frac{1}{4}\sin 2x + \frac{1}{32}\sin 4x + C.$$

注　当被积函数是三角函数的偶数次幂时，常用倍角公式降低幂次后再计算.

例 6.2.12　求不定积分 $\int \sec^6 x\mathrm{d}x$.

解　$\int \sec^6 x\,\mathrm{d}x = \int (\sec^2 x)^2 \sec^2 x\,\mathrm{d}x = \int (1+\tan^2 x)^2 \mathrm{d}(\tan x)$

$$= \int (1 + 2\tan^2 x + \tan^4 x)\,\mathrm{d}(\tan x) = \tan x + \frac{2}{3}\tan^3 x + \frac{1}{5}\tan^5 x + C.$$

例 6.2.13　求不定积分 $\int \sin 4x\cos 3x\mathrm{d}x$.

解　由 $\sin A\cos B = \frac{1}{2}[\sin(A+B) + \sin(A-B)]$，得

$$\sin 4x\cos 3x = \frac{1}{2}(\sin 7x + \sin x),$$

所以

$$\int \sin 4x\cos 3x\mathrm{d}x = \frac{1}{2}\int (\sin 7x + \sin x)\,\mathrm{d}x = \frac{1}{2}\left[\frac{1}{7}\int \sin 7x\mathrm{d}(7x) + \int \sin x\mathrm{d}x\right]$$
$$= -\frac{1}{14}\sin 7x - \frac{1}{2}\sin x + C.$$

常用的凑微分形式：

(1) $\int f(ax+b)\,\mathrm{d}x = \frac{1}{a}\int f(ax+b)\,\mathrm{d}(ax+b)\ \ (a \neq 0)$；

(2) $\int f(x^\mu)x^{\mu-1}\mathrm{d}x = \frac{1}{\mu}\int f(x^\mu)\,\mathrm{d}(x^\mu)\ \ (\mu \neq 0)$；

(3) $\int f(\ln x)\cdot\frac{1}{x}\mathrm{d}x = \int f(\ln x)\,\mathrm{d}(\ln x)$；

(4) $\int f(\mathrm{e}^x)\cdot\mathrm{e}^x\mathrm{d}x = \int f(\mathrm{e}^x)\mathrm{d}\mathrm{e}^x$；

(5) $\int f(a^x)\cdot a^x\mathrm{d}x=\dfrac{1}{\ln a}\int f(a^x)\mathrm{d}a^x$;

(6) $\int f(\sin x)\cdot\cos x\mathrm{d}x=\int f(\sin x)\,\mathrm{d}\sin x$;

(7) $\int f(\cos x)\cdot\sin x\mathrm{d}x=-\int f(\cos x)\,\mathrm{d}\cos x$;

(8) $\int f(\tan x)\sec^2 x\mathrm{d}x=\int f(\tan x)\,\mathrm{d}\tan x$;

(9) $\int f(\cot x)\csc^2 x\mathrm{d}x=-\int f(\cot x)\,\mathrm{d}\cot x$;

(10) $\int f(\arctan x)\dfrac{1}{1+x^2}\mathrm{d}x=\int f(\arctan x)\,\mathrm{d}\,(\arctan x)$;

(11) $\int f(\arcsin x)\dfrac{1}{\sqrt{1-x^2}}\mathrm{d}x=\int f(\arcsin x)\,\mathrm{d}\,(\arcsin x)$.

不定积分的基本公式是最简单的也是最重要的公式，因为任何一个可积函数的积分最终都得转化为基本公式获得解决，所以我们必须牢记基本公式. 但是单纯记住这些基本公式还不够. 我们必须把这简单公式加以推广，而推广的方法之一就是把这些具体、简单的公式化为抽象的复杂的公式，把一个变成一类，具体作法是把简单具体函数用满足条件的一般抽象函数来替换.

例如，设 $\varphi(x)$ 可导，在基本公式中有

(1) $\int\cos x\mathrm{d}x=\sin x+C$ ，而 $\int\cos x\mathrm{d}x$ 可以进行推广，

$$\int\cos x\mathrm{d}x\overset{\text{推广}}{\Rightarrow}\int\cos\varphi(x)\,\mathrm{d}\varphi(x)=\int\cos\varphi(x)\cdot\varphi'(x)\,\mathrm{d}x\ ;$$

(2) $\int\dfrac{1}{1+x^2}\mathrm{d}x=\arctan x+C$ ，而 $\int\dfrac{1}{1+x^2}\mathrm{d}x$ 可以进行推广

$$\int\frac{1}{1+x^2}\mathrm{d}x\overset{\text{推广}}{\Rightarrow}\int\frac{1}{1+\varphi^2(x)}\,\mathrm{d}\varphi(x)=\int\frac{\varphi'(x)}{1+\varphi^2(x)}\mathrm{d}x\ ;$$

(3) $\int x^\alpha\mathrm{d}x=\dfrac{x^{\alpha+1}}{\alpha+1}+C\ (\alpha\neq-1)$，而 $\int x^\alpha\mathrm{d}x$ 可以进行推广，

$$\int x^\alpha\mathrm{d}x\overset{\text{推广}}{\Rightarrow}\int\varphi^\alpha(x)\mathrm{d}\varphi(x)=\int\varphi^\alpha(x)\cdot\varphi'(x)\mathrm{d}x\ .$$

其他基本积分公式也可作类似推广. 可以看出每个例子中左端的基本公式是一个具体的，而右端则是半抽象公式是一个特殊类，它是第一类换元积分法的特殊情况，但它比第一类换元更实用.

例 6.2.14 求 $\int\cos(x\mathrm{e}^x)\cdot(x+1)\mathrm{e}^x\mathrm{d}x$.

解 设 $\varphi(x)=x\mathrm{e}^x$ ，则 $\mathrm{d}\varphi(x)=\mathrm{d}(x\mathrm{e}^x)=(x+1)\mathrm{e}^x\mathrm{d}x$.

$$\int\cos(x\mathrm{e}^x)\cdot(x+1)\mathrm{e}^x\mathrm{d}x=\int\cos(x\mathrm{e}^x)\,\mathrm{d}\,(x\mathrm{e}^x)=\sin(x\mathrm{e}^x)+C\ .$$

下面我们把上述推广的基本公式再进一步对外层函数抽象得到

(1) $\int\cos\varphi(x)\,\mathrm{d}\varphi(x)=\int\cos\varphi(x)\cdot\varphi'(x)\,\mathrm{d}x$

$$\underset{\text{抽象}}{\overset{\text{外层函数}}{\Rightarrow}}\int f[\varphi(x)]\,\mathrm{d}\varphi(x)=\int f[\varphi(x)]\cdot\varphi'(x)\,\mathrm{d}x\ ;$$

(2) $\int \frac{1}{1+\varphi^2(x)}\,\mathrm{d}\varphi(x)=\int \frac{\varphi'(x)}{1+\varphi^2(x)}\,\mathrm{d}x$

$$\overset{\text{外层函数}}{\underset{\text{抽象}}{\Rightarrow}} \int f[\varphi(x)]\,\mathrm{d}\varphi(x)=\int f[\varphi(x)]\cdot\varphi'(x)\,\mathrm{d}x\ ;$$

(3) $\int \varphi^{\alpha}(x)\,\mathrm{d}\varphi(x)=\int \varphi^{\alpha}(x)\cdot\varphi'(x)\,\mathrm{d}x$

$$\overset{\text{外层函数}}{\underset{\text{抽象}}{\Rightarrow}} \int f[\varphi(x)]\,\mathrm{d}\varphi(x)=\int f[\varphi(x)]\cdot\varphi'(x)\,\mathrm{d}x\ .$$

最终都归结到第一类换元积分公式是基本公式推广抽象化的结果，而不定积分基本公式则是第一类换元公式的特殊情况.

6.2.2 第二类换元积分法

有些不定积分的被积表达式要凑成某函数的微分是很困难的，但可以通过适当的变量代换 $x=\varphi(t)$，将积分 $\int f(x)\,\mathrm{d}x$ 化为 $\int f[\varphi(t)]\varphi'(t)\,\mathrm{d}t$，而求 $\int f[\varphi(t)]\varphi'(t)\,\mathrm{d}t$ 很容易，由此有如下定理:

定理 6.2.2(第二类换元积分法)　设 $x=\varphi(t)$ 是单调、可导的函数，并且 $\varphi'(t)\neq 0$，又设 $F(t)$ 是 $f[\varphi(t))]\varphi'(t)$ 的一个原函数，则有换元积分公式

$$\int f(x)\,\mathrm{d}x=\int f[\varphi(t))]\varphi'(t)\,\mathrm{d}t=F(t)+C=F[\psi(x)]+C\ ,$$

其中 $t=\psi(x)$ 是 $x=\varphi(t)$ 的反函数.

证明　因为 $F(t)$ 是 $f[\varphi(t))]\varphi'(t)$ 的一个原函数，所以 $\frac{\mathrm{d}F(t)}{\mathrm{d}t}=f[\varphi(t)]\varphi'(t)$. 于是

$$\frac{\mathrm{d}F[\psi(x)]}{\mathrm{d}x}=\frac{\mathrm{d}F(t)}{\mathrm{d}t}\cdot\frac{\mathrm{d}t}{\mathrm{d}x}=f[\varphi(t)]\varphi'(t)\cdot\frac{1}{\varphi'(t)}=f[\varphi(t)]=f(x)$$

因此 $\int f(x)\,\mathrm{d}x=F[\psi(x)]+C$.

例 6.2.15　求不定积分 $\int\sqrt{a^2-x^2}\,\mathrm{d}x\quad(a>0)$.

解　令 $x=a\sin t$，$t\in\left(-\frac{\pi}{2},\frac{\pi}{2}\right)$. 则 $\mathrm{d}x=a\cos t\mathrm{d}t$，$\sqrt{a^2-x^2}=\sqrt{a^2-a^2\sin^2 t}=a\cos t$，于是

$$\int\sqrt{a^2-x^2}\,\mathrm{d}x=\int a\cos t\cdot a\cos t\mathrm{d}t=a^2\int\cos^2 t\mathrm{d}t=a^2\int\frac{1+\cos 2t}{2}\mathrm{d}t$$

$$=\frac{a^2}{2}\left(t+\frac{1}{2}\sin 2t\right)+C=\frac{a^2}{2}(t+\sin t\cdot\cos t)+C.$$

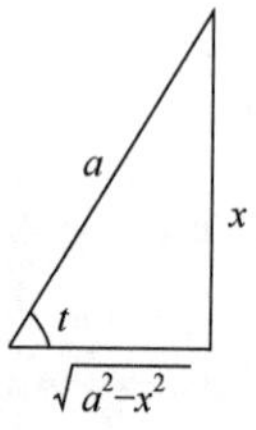

图 6-3

由 $x=a\sin t$，即 $\sin t=\frac{x}{a}$，作直角三角形(图 6-3)，由图可得 $\cos t=\frac{\sqrt{a^2-x^2}}{a}$. 因此

$$\int\sqrt{a^2-x^2}\,\mathrm{d}x=\frac{a^2}{2}\left[\frac{x}{a}\cdot\frac{\sqrt{a^2-x^2}}{a}+\arcsin\frac{x}{a}\right]+C$$

$$=\frac{x}{2}\cdot\sqrt{a^2-x^2}+\frac{a^2}{2}\arcsin\frac{x}{a}+C.$$

例 6.2.16　求不定积分 $\int\frac{1}{\sqrt{x^2+a^2}}\mathrm{d}x\quad(a>0)$.

解　令 $x=a\tan t$，$t\in\left(-\frac{\pi}{2},\frac{\pi}{2}\right)$，则 $\mathrm{d}x=a\sec^2t\mathrm{d}t$，于是

$$\int\frac{1}{\sqrt{x^2+a^2}}\mathrm{d}x=\int\frac{1}{a\sec t}\cdot a\sec^2t\mathrm{d}t=\int\sec t\mathrm{d}t=\ln|\sec t+\tan t|+C_1.$$

由 $x=a\tan t$，即 $\tan t=\frac{x}{a}$，作直角三角形(图 6-4)，由图可得 $\sec t=\frac{\sqrt{x^2+a^2}}{a}$，因此

$$\int\frac{1}{\sqrt{x^2+a^2}}\mathrm{d}x=\ln\left|\frac{x}{a}+\frac{\sqrt{x^2+a^2}}{a}\right|+C_1=\ln\left|x+\sqrt{x^2+a^2}\right|+C.$$

其中，$C=C_1-\ln a$.

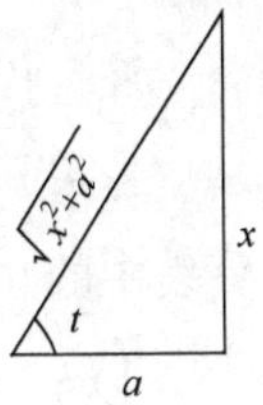

图 6-4

例 6.2.17　求不定积分 $\int\frac{1}{\sqrt{5+2x+x^2}}\mathrm{d}x$.

解　利用例 6.2.16 的结果，得

$$\int\frac{1}{\sqrt{5+2x+x^2}}\mathrm{d}x=\int\frac{1}{\sqrt{(x+1)^2+4}}\mathrm{d}(x+1)=\ln\left|x+1+\sqrt{(x+1)^2+4}\right|+C,$$

即

$$\int\frac{1}{\sqrt{5+2x+x^2}}\mathrm{d}x=\ln\left|x+1+\sqrt{5+2x+x^2}\right|+C.$$

例 6.2.18　求不定积分 $\int\frac{1}{\sqrt{x^2-a^2}}\mathrm{d}x\quad(a>0)$.

解　令 $x=a\sec t$，$t\in\left(0,\frac{\pi}{2}\right)$，则 $\mathrm{d}x=a\sec t\cdot\tan t\,\mathrm{d}t$，于是

$$\int\frac{1}{\sqrt{x^2-a^2}}\mathrm{d}x=\int\frac{a\sec t\cdot\tan t}{a\tan t}\mathrm{d}t=\int\sec t\,\mathrm{d}t=\ln|\sec t+\tan t|+C_1.$$

由 $x=a\sec t$，即 $\sec t=\frac{x}{a}$，作直角三角形(图 6-5)，由图可得 $\tan t=\frac{\sqrt{x^2-a^2}}{a}$，因此

$$\int\frac{1}{\sqrt{x^2-a^2}}\mathrm{d}x=\ln\left|\frac{x}{a}+\frac{\sqrt{x^2-a^2}}{a}\right|+C_1=\ln\left|x+\sqrt{x^2-a^2}\right|+C.$$

其中，$C=C_1-\ln a$.

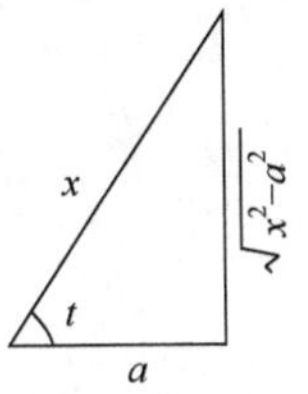

图 6-5

注　以上几例所使用的均为三角代换，三角代换的目的是化掉根式，其一般规律如下：若当被积函数中含有

(1) $\sqrt{a^2-x^2}$，可令 $x=a\sin t$；

(2) $\sqrt{a^2+x^2}$，可令 $x=a\tan t$；

(3) $\sqrt{x^2-a^2}$，可令 $x=a\sec t$.

例 6.2.19　求不定积分 $\int \frac{1}{x(x^7+2)}\mathrm{d}x$.

解　令 $x=\frac{1}{t}$，则 $\mathrm{d}x=-\frac{1}{t^2}\mathrm{d}t$，于是

$$\int \frac{1}{x(x^7+2)}\mathrm{d}x=\int \frac{t}{\left(\frac{1}{t}\right)^7+2}\cdot\left(-\frac{1}{t^2}\right)\mathrm{d}t=-\int \frac{t^6}{1+2t^7}\mathrm{d}t$$

$$=-\frac{1}{14}\ln\left|1+2t^7\right|+C=-\frac{1}{14}\ln\left|2+x^7\right|+\frac{1}{2}\ln|x|+C.$$

注　代换 $x=\frac{1}{t}$ 称为**倒代换**，当有理分式函数中分母的阶较高时常使用.

在本节的例题中，有几个结果也可以当作公式使用. 这样常用的积分公式，除了基本积分表中的几个外，再添加下面几个：

$\int \tan x\mathrm{d}x=-\ln|\cos x|+C$；　　$\int \cot x\mathrm{d}x=\ln|\sin x|+C$；

$\int \csc x\mathrm{d}x=\ln|\csc x-\cot x|+C$；　　$\int \sec x\mathrm{d}x=\ln|\sec x+\tan x|+C$；

$\int \frac{1}{\sqrt{a^2-x^2}}\mathrm{d}x=\arcsin\frac{x}{a}+C$；　　$\int \frac{1}{a^2+x^2}\mathrm{d}x=\frac{1}{a}\arctan\frac{x}{a}+C$；

$\int \frac{1}{x^2-a^2}\mathrm{d}x=\frac{1}{2a}\ln\left|\frac{x-a}{x+a}\right|+C$；　　$\int \frac{1}{\sqrt{x^2+a^2}}\mathrm{d}x=\ln\left|x+\sqrt{x^2+a^2}\right|+C$；

$\int \sqrt{a^2-x^2}\mathrm{d}x=\frac{x}{2}\cdot\sqrt{a^2-x^2}+\frac{a^2}{2}\arcsin\frac{x}{a}+C$；

$\int \frac{1}{\sqrt{x^2-a^2}}\mathrm{d}x=\ln\left|x+\sqrt{x^2-a^2}\right|-C$.

习题 6-2

1. 填空题

(1) $\mathrm{d}x=$ ________ $\mathrm{d}(5x+2)$；　(2) $\cos 3x\ \mathrm{d}x=$ ________ $\mathrm{d}\sin 3x$；

(3) $x^9\mathrm{d}x=$ ________ $\mathrm{d}(2x^{10}-5)$；　(4) $\mathrm{e}^{3x}\mathrm{d}x=$ ________ $\mathrm{d}\mathrm{e}^{3x}$；

(5) $\frac{1}{x^2}\mathrm{d}x=$ ________ $\mathrm{d}\left(\frac{2}{x}\right)$；　(6) $\frac{1}{\sqrt{1-9x^2}}\mathrm{d}x=$ ________ $\mathrm{d}(\arcsin 3x)$；

(7) $\frac{1}{2x+1}\mathrm{d}x=$ ________ $\mathrm{d}[7\ln(2x+1)]$；　(8) $\frac{\mathrm{d}x}{\cos^2 2x}=$ ________ $\mathrm{d}(\tan 2x)$；

(9) $\frac{\mathrm{d}x}{1+9x^2}=$ ________ $\mathrm{d}(\arctan 3x)$.

2. 求下列不定积分:

(1) $\int (3-2x)^{10}\mathrm{d}x$；　(2) $\int \frac{\mathrm{d}x}{\sqrt[3]{2-3x}}$；　(3) $\int \mathrm{e}^{3x-1}\mathrm{d}x$；

(4) $\int \frac{1}{1-5x}\mathrm{d}x$；　(5) $\int \frac{1}{x^2}\mathrm{e}^{-\frac{1}{x}}\mathrm{d}x$；　(6) $\int \frac{\sin\sqrt{t}}{\sqrt{t}}\mathrm{d}t$；

(7) $\int \frac{dx}{x\ln x \ln\ln x}$； (8) $\int x\cos(x^2)dx$； (9) $\int \frac{xdx}{\sqrt{2-3x^2}}$；

(10) $\int \frac{1-\tan x}{1+\tan x}dx$； (11) $\int \frac{dx}{e^x+e^{-x}}$； (12) $\int \frac{3x^3}{1-x^4}dx$；

(13) $\int \frac{dx}{x(2+5\ln x)}$； (14) $\int \frac{\arccos^2 x}{\sqrt{1-x^2}}dx$； (15) $\int \frac{6^x}{4^x+9^x}dx$；

(16) $\int \frac{\sin x}{\cos^3 x}dx$； (17) $\int \cos^3 x dx$； (18) $\int \frac{10^{\arctan x}}{1+x^2}dx$；

(19) $\int \frac{1}{1+e^x}dx$； (20) $\int \frac{x+1}{\sqrt{2-x-x^2}}dx$； (21) $\int \frac{dx}{(\arcsin x)^2\sqrt{1-x^2}}$；

(22) $\int \frac{1+\ln x}{(x\ln x)^2}dx$； (23) $\int \frac{\sin x\cos x}{1+\sin^4 x}dx$； (24) $\int \frac{x^2dx}{(x-1)^{100}}$；

(25) $\int \frac{dx}{1+\sqrt{1-x^2}}$； (26) $\int \frac{\sqrt{x^2-9}}{x}dx$； (27) $\int \frac{dx}{x^2\sqrt{x^2+1}}$；

(28) $\int \frac{\sqrt{a^2-x^2}}{x^2}dx$； (29) $\int \frac{dx}{(x^2+a^2)^{\frac{3}{2}}}$； (30) $\int \sqrt{5-4x-x^2}dx$.

6.3 分部积分法

前面利用复合函数微分法则的逆运算得到了换元积分法. 下面我们利用乘积微分法则的逆运算，推导出求不定积分的另一种非常重要的方法——**分部积分法(integration by parts)**.

设函数 $u=u(x), v=v(x)$ 都有连续导数，则

$$d(uv)=udv+vdu ,$$

移项得

$$udv=d(uv)-vdu ,$$

对上式两边求不定积分得

$$\int udv=uv-\int vdu , \tag{6.3.1}$$

或

$$\int uv'dx=uv-\int u'vdx , \tag{6.3.2}$$

公式(6.3.1)和(6.3.2)称为**分部积分公式.**

通常我们将 $\int f(x)dx$ 中的 $f(x)dx$ 化为 $uv'dx$ 或 udv ，然后再使用分部积分公式进行计算. 而使用分部积分公式的关键是正确选择 u 和 v' . 选择 u 和 v' 时，一般原则是：①v 要容易求出(最好是通过观察能够看出)；② $\int u'vdx$ 要比 $\int uv'dx$ 容易求得. 假如被积函数是两类基本初等函数的乘积，那么经验告诉我们，在很多情况下可以采用如下原则：选择 u 和 v' 时，可按照反三角函数、对数函数、幂函数、三角函数、指数函数的顺序(简记为“反、对、幂、三、指”)，把排在前面的那类函数选作 u ，而把排在后面的那类函数选作 v' .

例 6.3.1 求不定积分 $\int x\cos x dx$.

解 如果令 $u=\cos x, \mathrm{d}v = x\mathrm{d}x = \mathrm{d}\left(\dfrac{x^2}{2}\right)$，则根据分部积分公式有

$$\int x\cos x\mathrm{d}x = \int \cos x\mathrm{d}\left(\frac{x^2}{2}\right) = \frac{x^2}{2}\cos x + \int \frac{x^2}{2}\sin x\mathrm{d}x,$$

显然 $\int v\mathrm{d}u$ 要比 $\int u\mathrm{d}v$ 更难，所以说明 $u, \mathrm{d}v$ 选择不当. 于是，令 $u=x$， $\mathrm{d}v=\cos x\mathrm{d}x=\mathrm{d}\sin x$，得

$$\int x\cos x\mathrm{d}x = \int x\mathrm{d}\sin x = x\sin x - \int \sin x\mathrm{d}x = x\sin x + \cos x + C.$$

例 6.3.2 求不定积分 $\int x^2\mathrm{e}^{-x}\mathrm{d}x$.

解 令 $u=x^2, \mathrm{d}v=\mathrm{e}^{-x}\mathrm{d}x=\mathrm{d}(-\mathrm{e}^{-x})$，则根据分部积分公式有

$$\begin{aligned}\int x^2\mathrm{e}^{-x}\mathrm{d}x &= \int x^2\mathrm{d}(-\mathrm{e}^{-x}) = -x^2\mathrm{e}^{-x} + 2\int x\mathrm{e}^{-x}\mathrm{d}x = -x^2\mathrm{e}^{-x} + 2\int x\mathrm{e}^{-x}\mathrm{d}x \\ &= -x^2\mathrm{e}^{-x} + 2\int x\mathrm{d}(-\mathrm{e}^{-x}) \\ &= -x^2\mathrm{e}^{-x} - 2x\mathrm{e}^{-x} - 2\mathrm{e}^{-x} + C.\end{aligned}$$

注 被积函数是幂函数(指数为正整数)与指数函数或正(余)弦函数的乘积，可设幂函数为 u，而将其余部分凑微分进入微分号，使得应用分部积分公式后，幂函数的幂次降低一次.

例 6.3.3 求不定积分 $\int x^2\ln x\mathrm{d}x$.

解 令 $u=\ln x, \mathrm{d}v = x^2\mathrm{d}x = \mathrm{d}\left(\dfrac{x^3}{3}\right)$，则有

$$\int x^2\ln x\mathrm{d}x = \int \ln x\mathrm{d}\left(\frac{x^3}{3}\right) = \frac{1}{3}x^3\ln x - \frac{1}{3}\int x^2\mathrm{d}x = \frac{1}{3}x^3\ln x - \frac{1}{9}x^3 + C.$$

例 6.3.4 求不定积分 $\int \arcsin x\mathrm{d}x$.

解 令 $u=\arcsin x, \mathrm{d}v=\mathrm{d}x$，则

$$\begin{aligned}\int \arcsin x\mathrm{d}x &= x\arcsin x - \int x\mathrm{d}(\arcsin x) = x\arcsin x - \int x\cdot\frac{1}{\sqrt{1-x^2}}\mathrm{d}x \\ &= x\arcsin x + \frac{1}{2}\int\frac{1}{\sqrt{1-x^2}}\mathrm{d}(1-x^2) = x\arcsin x + \sqrt{1-x^2} + C.\end{aligned}$$

例 6.3.5 求不定积分 $\int x\arctan x\mathrm{d}x$.

解 令 $u=\arctan x, \mathrm{d}v = x\mathrm{d}x = \mathrm{d}\left(\dfrac{x^2}{2}\right)$，

$$\begin{aligned}\int x\arctan x\mathrm{d}x &= \int \arctan x\mathrm{d}\left(\frac{x^2}{2}\right) = \frac{x^2}{2}\arctan x - \int\frac{x^2}{2}\mathrm{d}(\arctan x) \\ &= \frac{x^2}{2}\arctan x - \int\frac{x^2}{2}\cdot\frac{1}{1+x^2}\mathrm{d}x = \frac{x^2}{2}\arctan x - \int\frac{1}{2}\left(1-\frac{1}{1+x^2}\right)\mathrm{d}x \\ &= \frac{x^2}{2}\arctan x - \frac{1}{2}(x-\arctan x) + C.\end{aligned}$$

注 若被积函数是幂函数与对数函数或反三角函数的乘积，可设对数函数或反三角

函数为u，而将幂函数凑微分进入微分号，使得应用分部积分公式后，对数函数或反三角函数消失.

例 6.3.6 求不定积分$\int e^x \cos x dx$.

解
$$\int e^x \cos x dx = \int e^x d(\sin x) = e^x \sin x - \int e^x \sin x dx$$
$$= e^x \sin x - \int e^x d(-\cos x)$$
$$= e^x \sin x + e^x \cos x - \int e^x \cos x dx,$$
$$\int e^x \cos x dx = \frac{e^x}{2}(\sin x + \cos x) + C.$$

注 若被积函数是指数函数与正(余)弦函数的乘积，u, dv可随意选取，但在两次分部积分中，必须选用同类型的函数为u，以便经过两次分部积分后产生循环式，从而解出所求积分.

例 6.3.7 求不定积分$\int \sec^3 x dx$.

解
$$\int \sec^3 x dx = \int \sec x d\tan x = \sec x \tan x - \int \sec x \tan^2 x dx$$
$$= \sec x \tan x - \int \sec x(\sec^2 x - 1) dx = \sec x \tan x - \int \sec^3 x dx + \int \sec x dx$$
$$= \sec x \tan x + \ln|\sec x + \tan x| - \int \sec^3 x dx,$$

由于上式右端的第三项就是所求的积分$\int \sec^3 x dx$，把它移到等号左端，两端各除以 2，得
$$\int \sec^3 x dx = \frac{1}{2}(\sec x \tan x + \ln|\sec x + \tan x|) + C.$$

例 6.3.8 求不定积分$I_n = \int \frac{dx}{(x^2+a^2)^n}$，其中$n$为正整数.

解 用分部积分法，有
$$\int \frac{dx}{(x^2+a^2)^n} = \frac{x}{(x^2+a^2)^n} + 2n\int \frac{x^2}{(x^2+a^2)^{n+1}} dx$$
$$= \frac{x}{(x^2+a^2)^n} + 2n\int \left[\frac{1}{(x^2+a^2)^n} - \frac{a^2}{(x^2+a^2)^{n+1}}\right] dx,$$

即
$$I_n = \frac{x}{(x^2+a^2)^n} + 2n(I_n - a^2 I_{n+1}),$$

于是
$$I_{n+1} = \frac{1}{2na^2}\left[\frac{x}{(x^2+a^2)^n} + (2n-1)I_n\right],$$

因此，当$n>1$时，

$$I_n = \frac{1}{2(n-1)a^2}\left[\frac{x}{(x^2+a^2)^{n-1}} + (2n-3)I_{n-1}\right].$$

以此作递推公式，并由 $I_1 = \frac{1}{a}\arctan\frac{x}{a} + C$，即可得 I_n.

例 6.3.9　求不定积分 $\int e^{\sqrt{x}} dx$.

解　令 $t=\sqrt{x}$，则 $x=t^2$，$dx = 2tdt$，于是

$$\int e^{\sqrt{x}} dx = 2\int e^t t dt = 2\int t de^t = 2te^t - 2\int e^t dt$$
$$= 2te^t - 2e^t + C = 2e^t(t-1) + C = 2e^{\sqrt{x}}(\sqrt{x}-1) + C.$$

分部积分法实质上就是求两函数乘积的导数(或微分)的逆运算. 一般地，对下列类型的被积函数求不定积分常考虑应用分部积分法(其中 m,n 都是正整数).

$x^n \sin mx$，$x^n \cos mx$，$e^{nx}\sin mx$，$e^{nx}\cos mx$，$x^n e^{mx}$，$x^n(\ln x)$，$x^n \arcsin mx$，$x^n \arccos mx$，$x^n \arctan mx$ 等.

习题 6-3

1. 求下列不定积分.

(1) $\int x\cos 2x dx$；　(2) $\int xe^{-x}dx$；　(3) $\int \ln(x^2+1)dx$；

(4) $\int \arccos x dx$；　(5) $\int \arctan x dx$；　(6) $\int \ln^2 x dx$；

(7) $\int x\cos^2 x dx$；　(8) $\int x\ln(x-1)\,dx$；　(9) $\int \cos\ln x dx$；

(10) $\int e^{\sqrt{2x+1}}dx$；　(11) $\int e^x \sin^2 x dx$；　(12) $\int (\arcsin x)^2 dx$；

(13) $\int \frac{\ln\sin x}{\sin^2 x}dx$；　(14) $\int \frac{\ln(1+x)}{(2-x)^2}dx$；　(15) $\int \frac{x\arcsin x}{\sqrt{1-x^2}}dx$.

2. 设 $f(x)$ 的一个原函数为 $\frac{\sin x}{x}$，求 $\int xf'(x)\,dx$.

6.4　有理函数的积分

我们已经学习了求不定积分的换元积分法和分部积分法这两种最基本的方法. 本节我们还要介绍一些比较简单的特殊类型函数的不定积分，包括有理函数的积分以及可化为有理函数的积分，如三角函数有理式、简单无理函数的积分等.

6.4.1　有理函数的积分

两个多项式商的函数称为**有理函数**，即

$$R(x) = \frac{P(x)}{Q(x)} = \frac{a_0x^n + a_1x^{n-1} + \cdots + a_n}{b_0x^m + b_1x^{m-1} + \cdots + b_m},$$

其中 m,n 是非负整数，$a_0,a_2,\cdots,a_n,b_0,b_1,\cdots,b_m$ 是常数，且 $a_0\neq 0, b_0\neq 0$. 当 $m\leqslant n$ 时，$R(x)$ 称为有理函数假分式；当 $m>n$ 时，$R(x)$ 称为有理函数真分式.

例如，$\frac{x^3+1}{x^2+1}$是假分式，而$\frac{x^3+1}{x^2+1}=\frac{(x^3+x)-(x-1)}{x^2+1}=x-\frac{x-1}{x^2+1}$.

上例说明，任何一个有理假分式都可以化为多项式与有理真分式的和. 又因为多项式的积分很容易，所以，可以将有理函数的不定积分转化为有理真分式的积分问题. 理论上已证明，任何真分式总能分解为部分分式和，分解方法如下：

设$R(x)=\frac{P(x)}{Q(x)}$为真分式，多项式$Q(x)$总能在实数范围内分解为一次因式和二次真因式的乘积，不妨设

$$Q(x)=b_0(x-a)^k\cdots(x^2+px+q)^e\cdots,$$

其中$p^2-4q<0$. 于是真分式$R(x)$必能分解为如下形式的部分分式之和：

$$R(x)=\frac{P(x)}{Q(x)}=\frac{A_1}{(x-a)^k}+\frac{A_2}{(x-a)^{k-1}}+\cdots+\frac{A_k}{(x-a)}+\cdots+\frac{M_1x+N_1}{(x^2+px+q)^e}$$
$$+\frac{M_2x+N_2}{(x^2+px+q)^{e-1}}+\cdots+\frac{M_ex+N_e}{(x^2+px+q)}+\cdots,$$

其中诸函数中$A_1,A_2,\cdots,A_k$，$M_1,M_2,\cdots,M_e$，$N_1,N_2,\cdots,N_e$等在具体问题中用**待定系数法**求出.

一般地，求有理真分式的不定积分的步骤：

(1) 将有理真分式分解为部分分式和；

(2) 求出各部分分式的原函数.

例 6.4.1 求不定积分$\int\frac{3x+1}{x^2+3x-10}\mathrm{d}x$.

解 因为$Q(x)=x^2+3x-10=(x-2)(x-5)$，于是设

$$\frac{3x+1}{x^2+3x-10}=\frac{A}{x-2}+\frac{B}{x+5},$$

其中A,B为待定系数，比较上面等式两端，根据分子相等，有

$$3x+1=A(x+5)+B(x-2)=(A+B)x+(5A-2B),$$

再由$A+B=3$，$5A-2B=1$，解得$A=1,B=2$. 于是

$$\frac{3x+1}{x^2+3x-10}=\frac{1}{x-2}+\frac{2}{x+5},$$

所以

$$\int\frac{3x+1}{x^2+3x-10}\mathrm{d}x=\int\left(\frac{1}{x-2}+\frac{2}{x+5}\right)\mathrm{d}x=\ln|x-2|+2\ln|x+5|+C$$
$$=\ln\left|(x-2)(x+5)^2\right|+C.$$

例 6.4.2 求不定积分$\int\frac{1}{x(x-1)^2}\mathrm{d}x$.

解 设$\frac{1}{x(x-1)^2}=\frac{A}{x}+\frac{B}{(x-1)^2}+\frac{C}{x-1}$，其中$A,B,C$为待定系数，两端比较，得

$$1=A(x-1)^2+Bx+Cx(x-1),$$

令$x=0$得$A=1$；令$x=1$得$B=1$；令$x=2$得$C=-1$，即

$$\frac{1}{x(x-1)^2}=\frac{1}{x}+\frac{1}{(x-1)^2}-\frac{1}{x-1}.$$

所以

$$\int\frac{1}{x(x-1)^2}\mathrm{d}x=\int\left(\frac{1}{x}+\frac{1}{(x-1)^2}-\frac{1}{x-1}\right)\mathrm{d}x=\ln|x|-\frac{1}{x-1}-\ln|x-1|+C.$$

例 6.4.3　求不定积分 $\int\frac{5}{(1+2x)(1+x^2)}\mathrm{d}x$.

解　设 $\frac{5}{(1+2x)(1+x^2)}=\frac{A}{1+2x}+\frac{Bx+C}{1+x^2}$，于是有

$$5=A(1+x^2)+(Bx+C)(1+2x),$$

整理得

$$5=(A+2B)x^2+(B+2C)x+C+A,$$

即 $A+2B=0,B+2C=0,A+C=5$，解得 $A=4,B=-2,C=1$, 即

$$\frac{5}{(1+2x)(1+x^2)}=\frac{4}{1+2x}+\frac{-2x+1}{1+x^2}.$$

所以

$$\begin{aligned}\int\frac{5}{(1+2x)(1+x^2)}\mathrm{d}x&=\int\left(\frac{4}{1+2x}+\frac{-2x+1}{1+x^2}\right)\mathrm{d}x\\&=\int\frac{4}{1+2x}\mathrm{d}x-\int\frac{2x}{1+x^2}\mathrm{d}x+\int\frac{1}{1+x^2}\mathrm{d}x\\&=2\int\frac{1}{1+2x}\mathrm{d}(1+2x)-\int\frac{1}{1+x^2}\mathrm{d}(1+x^2)+\int\frac{1}{1+x^2}\mathrm{d}x\\&=2\ln|1+2x|-\ln(1+x^2)+\arctan x+C.\end{aligned}$$

6.4.2　可化为有理函数的积分

1. 简单无理函数的积分

对简单无理函数的积分，其基本思想是利用适当的变换将其有理化，转化为有理函数的积分. 下面我们通过例子来说明.

例 6.4.4　求不定积分 $\int\frac{4x}{\sqrt[3]{2x+1}}\mathrm{d}x$.

解　令 $t=\sqrt[3]{3x+1}$，则 $x=\frac{t^3-1}{2},\mathrm{d}x=\frac{3t^2}{2}\mathrm{d}t$, 从而

$$\begin{aligned}\int\frac{4x}{\sqrt[3]{3x+1}}\mathrm{d}x&=4\int\frac{t^3-1}{2t}\frac{3t^2}{2}\mathrm{d}t=3\int(t^4-t)\mathrm{d}t\\&=3\left(\frac{t^5}{5}-\frac{t^2}{2}\right)+C=\frac{3}{5}(3x+1)^{5/3}-\frac{3}{2}(3x+1)^{2/3}+C.\end{aligned}$$

例 6.4.5　求不定积分 $\int\frac{1}{\sqrt{x}+\sqrt[3]{x}}\mathrm{d}x$.

解 令 $\sqrt[6]{x}=t$，则 $x=t^6$，所以 $\mathrm{d}x=6t^5\mathrm{d}t$，从而

$$\begin{aligned}\int\frac{1}{\sqrt{x}+\sqrt[3]{x}}\mathrm{d}x&=\int\frac{6t^5}{t^3+t^2}\mathrm{d}t=\int\frac{6t^3}{t+1}\mathrm{d}t=6\int\frac{t^3+1-1}{t+1}\mathrm{d}t\\&=6\int\left(t^2-t+1-\frac{1}{t+1}\right)\mathrm{d}t=6\left(\frac{t^3}{3}-\frac{t^2}{2}+t-\ln|t+1|\right)+C\\&=6\left(\frac{\sqrt{x}}{3}-\frac{\sqrt[3]{x}}{2}+\sqrt[6]{x}-\ln\left|\sqrt[6]{x}+1\right|\right)+C.\end{aligned}$$

例 6.4.6 求不定积分 $\int\frac{1}{\sqrt{1+\mathrm{e}^x}}\mathrm{d}x$.

解 令 $t=\sqrt{1+\mathrm{e}^x}$，则 $\mathrm{e}^x=t^2-1$，$x=\ln(t^2-1)$，$\mathrm{d}x=\frac{2t\mathrm{d}t}{t^2-1}$，所以

$$\begin{aligned}\int\frac{1}{\sqrt{1+\mathrm{e}^x}}\mathrm{d}x&=\int\frac{2}{t^2-1}\mathrm{d}t=\int\left(\frac{1}{t-1}-\frac{1}{t+1}\right)\mathrm{d}t=\ln\left|\frac{t-1}{t+1}\right|+C\\&=2\ln(\sqrt{1+\mathrm{e}^x}-1)-x+C.\end{aligned}$$

2. 三角函数有理式的积分

由 $\sin x$, $\cos x$ 和常数经过有限次四则运算构成的函数称为三角有理函数，记为 $R(\sin x,\cos x)$. 被积函数是三角有理函数时，可通过变换 $u=\tan\frac{x}{2}$，则

$$\sin x=\frac{2\tan\frac{x}{2}}{1+\tan^2\frac{x}{2}}=\frac{2u}{1+u^2},\quad \cos x=\frac{1-\tan^2\frac{x}{2}}{1+\tan^2\frac{x}{2}}=\frac{1-u^2}{1+u^2},$$

并由 $x=2\arctan u$，得 $\mathrm{d}x=\frac{2}{1+u^2}\mathrm{d}u$，将上面三式代入积分表达式，就可得到关于 u 的有理函数的积分.

例 6.4.7 求不定积分 $\int\frac{\mathrm{d}x}{2+3\cos x}$.

解 令 $\tan\frac{x}{2}=t$, 于是 $\sin x=\frac{2t}{1+t^2}$, $\cos x=\frac{1-t^2}{1+t^2}$, $\mathrm{d}x=\frac{2\mathrm{d}t}{1+t^2}$, 代入可得

$$\int\frac{\mathrm{d}x}{2+3\cos x}=\int\frac{2\mathrm{d}t}{2(1+t^2)+3(1-t^2)}=\int\frac{2\mathrm{d}t}{5-t^2}=\frac{1}{\sqrt{5}}\ln\left|\frac{\sqrt{5}+t}{\sqrt{5}-t}\right|+C=\frac{1}{\sqrt{5}}\ln\left|\frac{\sqrt{5}+\tan\frac{x}{2}}{\sqrt{5}-\tan\frac{x}{2}}\right|+C.$$

在三角有理函数积分中，并非一定要设 $u=\tan\frac{x}{2}$，根据具体问题，有时会设 $u=\sin x$，$u=\cos x$ 或 $u=\tan x$ 从而化为有理函数的积分.

本章介绍了求不定积分的方法，从各类方法的使用中我们看到，求函数的不定积分与求函数的导数不同. 求一个函数的导数总可以循着一定的规则和方法去做，而求一个函数的不定积分却无统一的规则可循，需要具体问题具体分析，灵活运用各类积分方法和技巧. 最后

还要指出：对于初等函数，在其定义区间内，它的原函数一定存在，但并非都能用初等函数表示出来，如：$\int e^{-x^2}dx$，$\int \frac{\sin x}{x}dx$，$\int \frac{1}{\ln x}dx$，$\int \frac{1}{\sqrt{1+x^4}}dx$.

习题 6-4

1. 求下列不定积分.

(1) $\int \frac{6x+5}{x^2+4}dx$；

(2) $\int \frac{2x+3}{x^2+8x+16}dx$；

(3) $\int \frac{xdx}{(x+2)(x+3)^2}$；

(4) $\int \frac{xdx}{(x+1)(x+2)(x+3)}$；

(5) $\int \frac{dx}{x^3-8}$；

(6) $\int \frac{1}{x(x^2+1)}dx$；

(7) $\int \frac{2x^2-3x+1}{(x^2+1)(x^2+x)}dx$；

(8) $\int \frac{dx}{x(x^6+4)}$；

(9) $\int \frac{dx}{x^8(1-x^2)}$；

(10) $\int \frac{\sqrt{x+2}}{x+3}dx$；

(11) $\int \frac{dx}{\sqrt{x}+\sqrt[4]{x}}$；

(12) $\int \sqrt{\frac{a+x}{a-x}}dx$；

(13) $\int \frac{\sqrt{x+1}-1}{\sqrt{x+1}+1}dx$；

(14) $\int \frac{dx}{1+3\cos^2 x}$；

(15) $\int \frac{dx}{2+\sin x}$.

复习题 6

1. 填空题

(1) 已知 $\varphi(x)=2x+e^{-x}$ 是 $f(x)$ 的原函数，是 $g(x)$ 的导函数，且 $g(0)=1$，则 $f(x)=$__________，$g(x)=$__________.

(2) 若 $f''(x)$ 连续，则 $\int xf''(x)\,dx=$__________.

(3) 若 $d(\cos x)=f(x)dx$，则 $\int xf(x)\,dx=$__________.

(4) 若 $f(x)$ 可导，则 $\int f(x)\,dx$ 一定__________.

(5) 若 $f(x)$ 的某个原函数为常数，则 $f(x)=$__________.

2. 选择题

(1) 若 $\int f(x)\,dx=x^2e^{2x}+C$，则 $f(x)=($　　$)$.

(A) $2xe^{2x}$；　(B) $2x^2e^{2x}$；　(C) $4xe^{2x}$；　(D) $2xe^{2x}(1+x)$.

(2) 若 $f(x)$ 的一个原函数是 $\frac{\ln x}{x}$，则 $\int f'(x)dx=($　　$)$.

(A) $\frac{\ln x}{x}+C$；　(B) $\frac{1}{2}\ln^2 x+C$；　(C) $\ln|\ln x|+C$；(D) $\frac{1-\ln x}{x^2}+C$.

(3) 原函数族 $f(x)+C$ 可写成(　　)形式.

(A) $\int f'(x)\,dx$； (B) $\left[\int f(x)\,dx\right]'$； (C) $d\int f(x)\,dx$； (D) $\int F'(x)dx$.

(4) 若 $f'(x^2)=\frac{1}{x}(x>0)$，则 $f(x)=($ $)$.

(A) $2x+C$； (B) $\ln|x|+C$； (C) $2\sqrt{x}+C$； (D) $\frac{1}{\sqrt{x}+C}$.

(5) 若 $F'(x)=\frac{1}{\sqrt{1-x^2}}$，$F(1)=\frac{3}{2}\pi$，则 $F(x)=$ ( ).

(A) $\arcsin x$； (B) $\arcsin x+\frac{\pi}{2}$； (C) $\arccos x+\pi$； (D) $\arcsin x+\pi$.

3. 若 $\int f'(e^x)dx=e^{2x}+C$，求 $f(x)$.

4. 设 $f(x)=e^{-x}$, 求 $\int\frac{f'(\ln x)}{x}dx$.

5. 设 $\int xf(x)\,dx=\arcsin x+C$，求 $\int\frac{dx}{f(x)}$.

6. 设 $f(x^2-1)=\ln\frac{x^2}{x^2-2}$, 且 $f(\varphi(x))=\ln x$，求 $\int\varphi(x)dx$.

7. 求不定积分：$\int\left[\frac{f(x)}{f'(x)}-\frac{f^2(x)f''(x)}{f'^3(x)}\right]dx$.

8. 已知 $f'(e^x)=1+x$, 求 $f(x)$.

9. 设 $f(\ln x)=\frac{\ln(x+1)}{x}$，求 $\int f(x)\,dx$.

10. 求下列不定积分：

(1) $\int\frac{x+\arccos x}{\sqrt{1-x^2}}dx$； (2) $\int\frac{x^2}{4+9x^2}dx$； (3) $\int x(1+x)^{100}\,dx$；

(4) $\int\frac{e^{-1/x^2}}{x^3}dx$； (5) $\int\frac{2}{e^x+e^{-x}}dx$； (6) $\int\frac{x}{\sqrt{x^2+1}-x}dx$；

(7) $\int\frac{2^x3^x}{9^x-4^x}dx$； (8) $\int\frac{dx}{x(2+x^{10})}$； (9) $\int\frac{7\cos x-3\sin x}{5\cos x+2\sin x}dx$；

(10) $\int\frac{dx}{x\sqrt{4-x^2}}$； (11) $\int\frac{\sqrt{x^2-4}}{x}dx$； (12) $\int\frac{dx}{x\sqrt{1+x^4}}$；

(13) $\int\frac{\ln(1+x^2)}{x^3}dx$； (14) $\int\frac{x^2}{1+x^2}\arctan x\,dx$； (15) $\int\frac{\ln\ln x}{x}dx$；

(16) $\int\ln\left(x+\sqrt{1+x^2}\right)dx$； (17) $\int\frac{xe^x}{\sqrt{e^x-3}}dx$； (18) $\int\frac{e^x(1+\sin x)}{1+\cos x}dx$；

(19) $\int\frac{3x-1}{x^2-4x+8}dx$； (20) $\int\frac{x^{11}dx}{x^8+3x^4+2}$； (21) $\int\frac{1-x^8}{x(1+x^8)}dx$；

(22) $\int\frac{x}{(x^2+1)(x^2+4)}dx$； (23) $\int\frac{dx}{(x^2+1)(x^2+x+1)}$； (24) $\int\frac{\sqrt{x(x+1)}}{\sqrt{x}+\sqrt{x+1}}dx$；

(25) $\int\frac{1}{(x-1)\sqrt{x^2-2}}dx$； (26) $\int\cos\sqrt{3x+2}dx$； (27) $\int\frac{\sqrt{x}}{\sqrt[4]{x^3}+1}dx$；

(28) $\int\frac{\sqrt{1+\ln x}}{x\ln x}dx$； (29) $\int\frac{\arcsin\sqrt{x}+\ln x}{\sqrt{x}}dx$.

11. 设$I_n=\int \tan^n x\mathrm{d}x$，求证：$I_n=\frac{1}{n-1}\tan^{n-1}x-I_{n-2}$，并求$\int \tan^5 x\mathrm{d}x$.

12. 设$f(\sin^2 x)=\frac{x}{\sin x}$，求$\int \frac{\sqrt{x}}{\sqrt{1-x}}f(x)\,\mathrm{d}x$.

13. 设$f(x)$的一个原函数$F(x)>0$,且$F(0)=1$，当$x\geqslant 0$时，$f(x)F(x)=\sin^2 2x$，求$f(x)$.

自 测 题 6

一、单选题

1. 设$f(x)$是连续函数，且$\int f(x)\,\mathrm{d}x=F(x)+C$，则下列各式正确的是(   ).

(A) $\int f(x^2)\,\mathrm{d}x=F(x^2)+C$； (B) $\int f(3x+2)\,\mathrm{d}x=F(3x+2)+C$；

(C) $\int f(\mathrm{e}^x)\,\mathrm{d}x=F(\mathrm{e}^x)+C$； (D) $\int f(\ln 2x)\frac{1}{x}\,\mathrm{d}x=F(\ln 2x)+C$.

2. 若$f'(x)=g'(x)$，则下列式子一定成立的是(   ).

(A) $f(x)=g(x)$； (B) $\int \mathrm{d}f(x)=\int \mathrm{d}g(x)$；

(C) $\left(\int f(x)\,\mathrm{d}x\right)'=\left(\int g(x)\,\mathrm{d}x\right)'$； (D) $f(x)=g(x)+C$.

3.下列各式计算正确的是(   ).

(A) $\int \frac{1}{1-x}\mathrm{d}x=\int \frac{1}{1-x}\mathrm{d}(1-x)=\ln|1-x|+C$；

(B) $\int \cos 2x\mathrm{d}x=\sin 2x+C$；

(C) $\int \frac{1}{1+\mathrm{e}^x}\mathrm{d}x=\ln(1+\mathrm{e}^x)+C$；

(D) $\int \frac{\tan^2 x}{1-\sin^2 x}\mathrm{d}x=\int \tan^2 x\mathrm{d}\tan x=\frac{1}{3}\tan^3 x+C$.

4. 设$f'(\mathrm{e}^x)=1+x$，则$f(x)=$(   ).

(A) $1+\ln x+C$； (B) $x\ln x+C$；

(C) $x+\frac{1}{2}x^2+C$； (D) $x\ln x-x+C$.

二、多选题

1. 下列函数是$f(x)=\frac{1}{\sqrt{x(1-x)}}$的原函数是(   ).

(A) $\arcsin(2x-1)$； (B) $2\arctan\sqrt{\frac{x}{1-x}}$；

(C) $\arcsin\sqrt{x}$； (D) $2\operatorname{arccot}\sqrt{\frac{1-x}{x}}$.

2. 设$f'(\sin^2 x)=\cos 2x+\tan^2 x, g'(\cos^2 x)=\cos 2x+\tan^2 x$，则当$0<x<1$时，有(   ).

(A) $f(x)+g(x)=\ln\frac{x}{1-x}-2x+C$；

(B) $f(x)+g(x)=\sin 2x+2\tan x-2x+C$；

(C) $f(x)-g(x)=-2x^2-\ln x(1-x)+2x+C$；

(D) $f(x)=g(x)$.

三、判断题

1. 一切初等函数在其定义域内都有原函数.　(　)

2. 初等函数的原函数一定是初等函数.　(　)

3. 若 $f(x) \leqslant g(x)$，则 $\int f(x)\mathrm{d}x \leqslant \int g(x)\,\mathrm{d}x$.　(　)

4. 若 $\int \cos x f(x)\mathrm{d}x = \sin^2 x$，则 $f(x) = 2\sin x$.　(　)

四、计算题

1. $\int \mathrm{e}^{\sqrt{ax+b}}\mathrm{d}x \ (a \neq 0)$；　2. $\int \arctan\sqrt{x}\mathrm{d}x$；.

3. $\int \frac{1}{x\sqrt{1+x^2}}\mathrm{d}x$；　4. $\int \sin(\ln x)\,\mathrm{d}x$.

五、应用题

曲线通过点 $(1,3)$，且在任一点的切线的斜率等于该点的横坐标，求该曲线的方程.

第 6 章　部分习题参考答案

课外阅读　数学家简介

约翰·伯努利(Johann Bernoulli,1667—1748)瑞士数学家，是尼古拉·伯努利(Nikolaus Bernoulli，1623—1708)的第三个儿子，雅各布·伯努利的弟弟．幼年他父亲像要求雅各布一样，试图要他去学经商，他认为自己不适宜从事商业，拒绝了父亲的劝告．约翰 1683 年进入巴塞尔大学学习，1685 年通过逻辑论文答辩，获得艺术硕士学位．接着他攻读医学，1690 年获医学硕士学位，1694 年又获博士学位．约翰在巴塞尔大学学习期间，怀着对数学的热情，跟其哥哥雅各布秘密学习数学，并开始研究数学．两人都对无穷小产生了浓厚的兴趣，他们首先熟悉了莱布尼茨的不易理解的关于微积分的简略论述．正是在莱布尼茨的思想影响和激励下，约翰走上了研究和发展微积分的道路．

1691 年，约翰在《教师学报》上发表论文，解决了雅各布提出的关于悬链线的问题．这篇论文的发表，使他加入了惠更斯、莱布尼茨和牛顿等数学家的行列．当年秋，约翰到达巴黎．在巴黎期间他会见了洛必达，并于 1691—1692 年为其讲授微积分．二人成为亲密的朋友，并建立了长达数十年之久的通信联系．洛必达以后成为法国最有才能的数学家之一．此间约翰写了世界上第一本关于微积分的教科书，积分学部分于 1742 年出版，微分学部分直到 1924 年才出版．

1693 年，约翰开始与莱布尼茨建立了通信联系，信中就一些数学问题交换意见．约翰是莱布尼茨的忠实拥护者，以至被卷入了莱布尼茨与牛顿关于微积分优先权的争论，他极力为莱布尼茨辩护，并猛烈地批评甚至嘲笑英国人．1695 年，约翰获得荷兰格罗宁根大学数学教授的职务. 他接受职务后，工作特别努力，一边认真教学，一边在微积分方面作出了许多新的贡献. 1705 年，约翰的哥哥雅各布去世，他去巴塞尔大学继任数学教授的职务，致力于数学教学，直到 1748 年去世.

由于约翰长期的教学活动和他对数学的贡献，受到当时科学界的高度评价. 约翰 1699 年被选为巴黎科学院的国外院士；1701 年被接受为柏林科学协会(即后来的柏林科学院)的会员；1712 年被选为英国皇家学会的会员；1724 年被选为意大利波伦亚科学院的国外院士；1725 年被选为彼得堡科学院的国外院士. 他还在巴塞尔担任名誉官职，是地方教育委员会的成员，成为当时巴塞尔的知名人物.

约翰由于在力学、天体力学、流体力学方面的研究成果，曾分别于 1724 年、1730 年和 1735 年三次获得巴黎科学院的奖赏. 特别是 1735 年与他的儿子丹尼尔•伯努利共同完成的关于行星轨道理论的获奖文章，受到人们的高度重视.

约翰生活在 17 世纪下半叶到 18 世纪上半叶. 这一时期数学上最突出的成就就是微积分的发明与发展. 由微积分的创立，又产生了数学的一些重要分支，如微分方程、无穷级数、微分几何、变分法等. 18 世纪数学家的主要任务是致力于这些学科分支的发展，而要完成这些任务，首先必须发展、完善微积分本身. 约翰就是一个对微积分和与其相关的许多数学分支都作过重要贡献的人，是 18 世纪分析学的重要奠基者之一.

约翰首先使用“变量”这个词，并且使函数概念公式化. 1698 年，他从解析的角度提出了函数的概念. 约翰对一些具体函数进行过研究，除一般的代数函数外，他还引入了超越函数，即三角函数、对数函数、指数函数、变量的无理数次幂函数及某些用积分表达的函数. 指出对数函数是指数函数的反函数. 约翰对微积分的贡献主要是对积分法的发展. 他曾采用变量替换来求某些函数的积分，在 1699 年的《教师学报》上给出了用变量替换计算积分，约翰还提出了现在微积分中的一个著名定理——洛必达定理(或法则). 这个定理是由他的学生洛必达在 1696 年编写的一本非常有影响的微积分教材《无穷小分析》中引入的，后称为洛必达法则. 这个法则实际上是 1694 年约翰给洛必达的信中告诉洛必达的. 1742 年，约翰出版了他的著作《积分学教程》，在这本书中约翰汇集了他在微积分方面的研究成果，他不仅给出了各种不同的积分方法的例子，还给出了曲面的求积、曲线的求长和不同类型的微分方程的解法，使微积分更加系统化. 这部著作成为微积分学发展中的一本重要著作，在当时对于推动微积分的发展和普及微积分的知识都起了积极的作用. 微积分的迅速发展和应用，必然导致了微分方程这门新学科的诞生. 其实微分方程的发展是与微积分的发展交织在一起的，约翰在这方面也是一位开拓者. 此外，约翰还在数学其他方向和物理学作出了重要贡献.

约翰·伯努利是 17—18 世纪在欧洲有影响的数学家. 约翰在他的科学生涯中，采用通信等方式与其他科学家建立了广泛的联系，交流学术成果，讨论和辩论一些问题，这是他学术活动的一大特点. 他与 110 位学者有通信联系，进行学术讨论的信件大约有 2500 封，这大大促进了学术的发展. 约翰一生另一特点是致力于教学和培养人才的工作，他培养出一批出色的数学家，其中包括 18 世纪数学界中心人物欧拉，这不能不说是约翰·伯努利的功绩之一.

达朗贝尔 (d'Alembert，1717—1783)法国数学家、物理学家. 达朗贝尔少年时被父亲送入一个教会学校，主要学习古典文学、修辞学和数学. 他对数学特别有兴趣，为后来成为著名数理科学家打下了基础. 达朗贝尔没有受过正规的大学教育，靠自学掌握了牛顿和当代著名数理科学家们的著作. 1739 年 7 月，他完成第一篇学术论文，以后两年内又向巴黎科学院提交了 5 篇学术报告，这些报告由 A. C. 克莱洛院士回复. 经过几次联系后，达朗贝尔于 1746 年提升为数学副院士；1754 年提升为终身院士.

达朗贝尔的研究工作和论文写作都以快速闻名. 他进入科学院后，就以克莱洛作为竞争对手，克莱洛研究的每一个课题，达朗贝尔几乎都要研究，而且尽快发表. 多数情况下，达朗贝尔胜过克莱洛. 这种竞争一直到克莱洛去世(1765)为止.

达朗贝尔终生未婚，但长期与沙龙女主人勒皮纳斯在一起. 他的生活与当时哲学家们一样，从上午到下午工作，晚上去沙龙活动. 1765 年，达朗贝尔因病离开养父母的家，住到勒皮纳斯小姐处. 在她精心照料下恢复了健康，以后就继续住在那里. 1776 年，勒皮纳斯小姐去世，达朗贝尔非常悲痛；再加上工作的不顺利，他的晚年是在失望中度过的，达朗贝尔去世后被安葬在巴黎市郊墓地，由于他的反宗教表现，巴黎市政府拒绝为他举行葬礼.

达朗贝尔是多产科学家，他对力学、数学和天文学的大量课题进行了研究；论文和专著很多，还有大量学术通信. 仅 1805 年和 1821 年在巴黎出版的《达朗贝尔文集》就有 23 卷.

同 18 世纪其他数学家一样，他认为求解物理问题是数学的目标. 正如他在《百科全书》序言中所说：科学处于从 17 世纪的数学时代到 18 世纪的力学时代的转变，力学应该是数学家的主要兴趣. 他对力学的发展作出了重大贡献，也是数学分析中一些重要分支的开拓者.

第7章

定 积 分

Definite Integral and Its ApplicationsApplications

积分有两个基本问题：不定积分和定积分. 不定积分是一元函数微分的逆运算，同时也是计算定积分的工具. 本章主要介绍定积分的定义、性质、计算方法和定积分的应用.

7.1 定积分——求总量的数学模型

7.1.1 引例

定积分的概念起源于计算诸如由曲线所围成平面图形的面积、变速直线运动的路程、变力做功等问题，它是一种计算具有可加性整量的方法. 下面我们就通过求曲线所围图形的面积等上述实际问题，给出定积分的概念.

1. 曲线所围图形的面积

在现实生活中，我们经常遇到计算各种曲线所围图形的面积问题. 这是一个未知求面积问题，根据我们解决问题常用的基本思路就是通过类比的思想，把未知转化为已知. 所谓类比思考，就是把未知与已知类似的事物进行比较，把已知解决问题的思想方法推广到未知当中去，而已知求面积问题我们只会求直线所围图形面积的问题. 现回忆求直线所围图形面积的方法，首先求出最简单的直线所围图形的面积，即三角形的面积和矩形面积，然后再把任意直线多边形图形的面积用分割的方法转化为三角形的面积来求得(图 7-1).

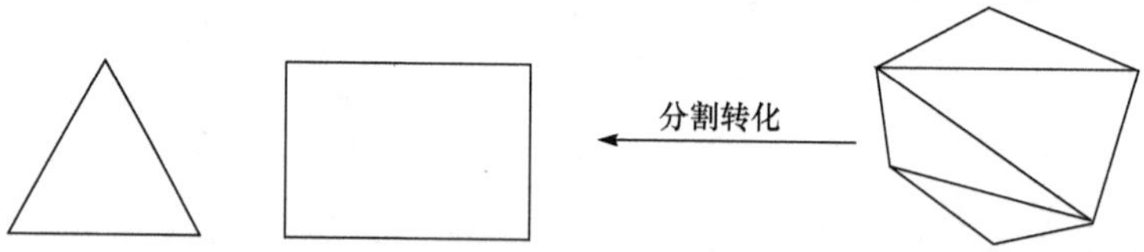

图 7-1

现在我们要计算由曲线所围图形的面积，需要用计算由直线段所围成图形的方法. 我们首先必须找到具有类似于三角形和矩形功能的曲线所围成的图形，即应具备两个方面：一是最简单；二是任何一个曲线所围图形都可用该种简单图形所表示.

由直线所围成的最简单图形即三角形和矩形把一个边换成曲线，显然可得最简单曲线所围成的封闭图形曲边三角形和曲线梯形，如图 7-2 所示.

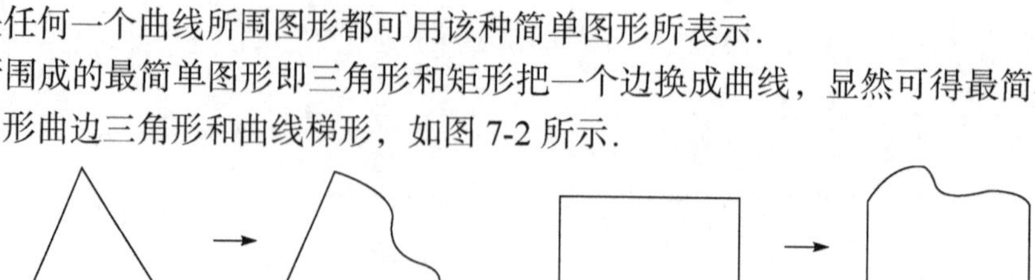

图 7-2

并且从图 7-3 可看出任何一个曲线所围成的图形都可用直线围成的简单图形曲边三角形和曲边梯形表示出来.

而曲边三角形是曲边梯形的特殊情形，故只要能计算出曲边梯形的面积，就可求出由曲线所围图形的面积. 这就是为什么所有高等数学教材中，在引进定积分的概念时，只求曲边梯形的面积的原因.

设函数 $f(x)$ 在 $[a,b]$ 上连续，且 $f(x)\geqslant 0$，称由曲线 $y=f(x)$，直线 $x=a$，$x=b\ (b>a)$ 和 $y=0$ 围成的平面图形为**曲边梯形(curvilinear trapezoid)**(图 7-4).

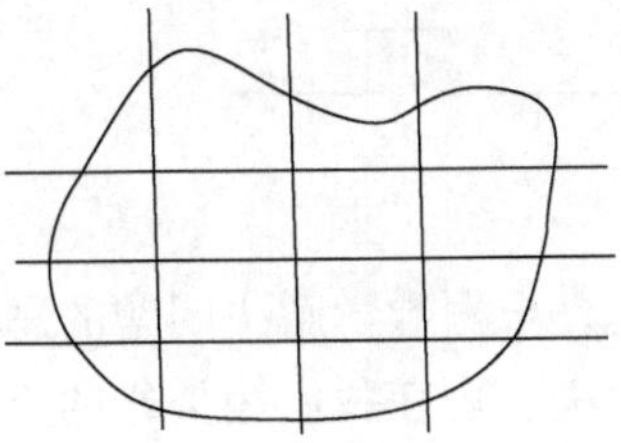

图 7-3

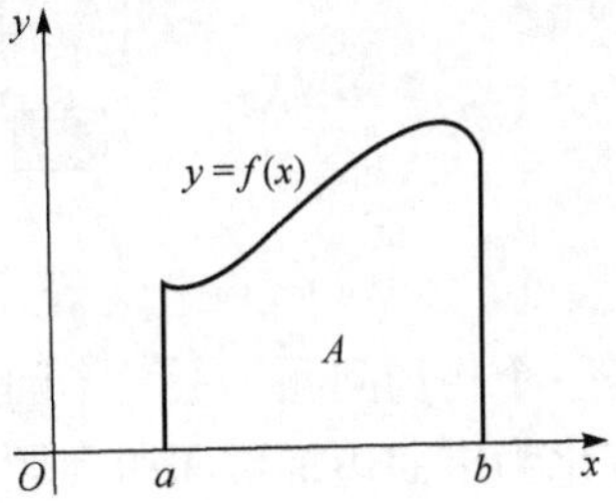

图 7-4

如何求曲边梯形的面积? 具体思想是：将曲边梯形分成许多小竖条(图 7-5)，即小曲边梯形，每一小曲边梯形的面积用相应的矩形的面积来代替，把这些矩形的面积加起来就得到曲边梯形面积 A 的近似值. 当小竖条分得越细时，近似程度就越好，具体方法如下.

(1) 分割：在 $[a,b]$ 中任意插入 $n-1$ 个分点，

$a=x_0<x_1<x_2<\cdots<x_{i-1}<x_i<\cdots<x_{n-1}<x_n=b$，

把区间 $[a,b]$ 分割成 n 个小区间

$$[x_0,x_1],[x_1,x_2],\cdots,[x_{i-1},x_i],\cdots,[x_{n-1},x_n],$$

各小区间的长度依次为

$\Delta x_1=x_1-x_0,\Delta x_2=x_2-x_1,\cdots,\Delta x_i=x_i-x_{i-1},\cdots,\Delta x_n=x_n-x_{n-1}$.

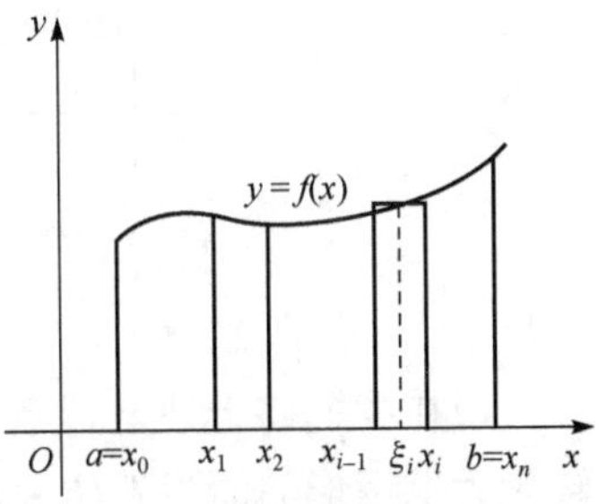

图 7-5

(2) 近似代替：经过每一个分点作平行于 y 轴的直线段，把曲边梯形分成 n 个窄的小曲边梯形. 设它们的面积依次为 $\Delta A_i\ (i=1,2,\cdots,n)$，在第 i 个小区间 $[x_{i-1},x_i]$ 上任取一点 $\xi_i\in[x_{i-1},x_i]\ (i=1,2,\cdots,n)$，用以 Δx_i 为底，$f(\xi_i)$ 为高的矩形的面积 $f(\xi_i)\Delta x_i$ 近似代替第 i 个小曲边梯形的面积 ΔA_i，即 $\Delta A_i\approx f(\xi_i)\Delta x_i\ \ (i=1,2,\cdots,n)$.

(3) 求和：把这些矩形的面积 $f(\xi_i)\Delta x_i\ (i=1,2,\cdots,n)$ 相加，用其和近似地表示曲边梯形的面积 A，即

$$A=\sum_{i=1}^{n}\Delta A_i\approx\sum_{i=1}^{n}f(\xi_i)\Delta x_i .$$

(4) 求极限：由于划分越细，用矩形的面积 $\sum\limits_{i=1}^{n}f(\xi_i)\Delta x_i$ 代替曲边梯形的面积 A 就越精确，记 $\lambda=\max\{\Delta x_1,\Delta x_2,\cdots,\Delta x_i,\cdots,\Delta x_n\}$，当 $\lambda\to 0$ (这时分段数无限增多)，即 $\lambda\to\infty$ 时，上式右端取极限，其极限值就为曲边梯形的面积 A，

$$A=\lim_{\lambda\to 0}\sum_{i=1}^{n}f(\xi_i)\Delta x_i .$$

2. 变力沿直线所做的功

设物体在一个与位移平行的常力(力的大小和方向都不变) F 作用下，沿力的方向移动了距离 s，则力 F 对物体所做的功是 $W = Fs$.

若物体在变力 F 的作用下沿 Ox 轴运动，力 F 的方向不变，始终沿 Ox 轴(也称力 F 为平行力)，力 F 的大小是位移 x 的连续函数 $F = F(x)$. 当物体在变力 $F(x)$ 的作用下，沿 Ox 轴从点 a 移动到点 b (如图 7-6)，求变力 $F(x)$ 所做的功 W .

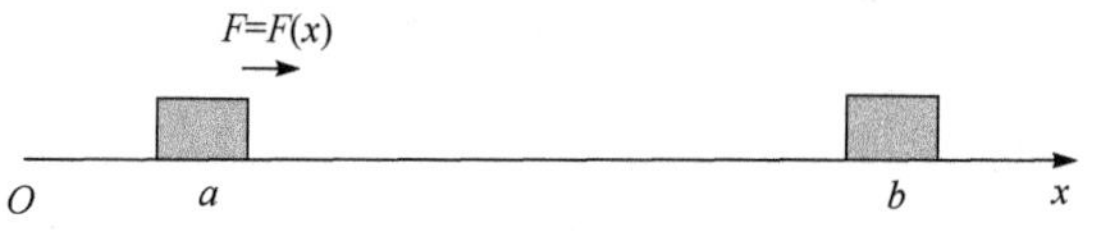

图 7-6

这是一个物理问题，上一个问题是一个几何问题，根据数学解决问题的思路，如果能将该问题转化为求曲边梯形面积问题，则问题就获得解决. 现在我们用类比的方法来说明该问题，若 $F(x)=C$ ，即 $F(x)$ 为常量，则问题就转化为求矩形的面积 $c(b-a)$. 若 $F(x)$ 为曲线，这问题就是求曲边梯形的面积，如图 7-7 所示.

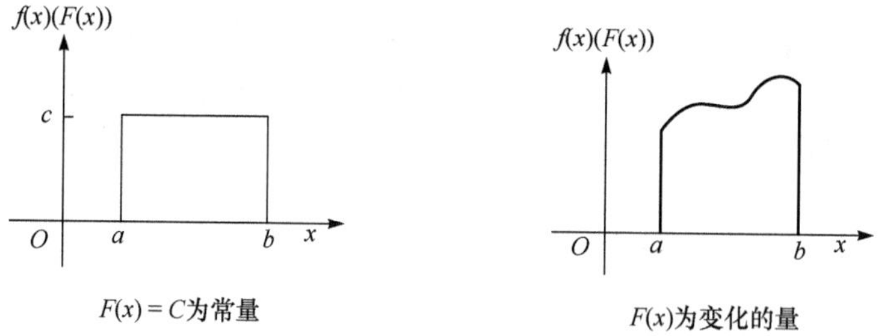

图 7-7

现在我们将上述坐标系中 $f(x)$ 轴用 $F(x)$ 表示，则若 $F(x) = F_0$ ，即力为不变力时问题就转化为求矩形的面积 $F_0(b-a)$ ，若 $F(x)$ 是变力，则问题就转化为求曲边梯形的面积，到此问题转化为已知.

3. 变速直线运动的路程

设某物体作直线运动，已知速度 $v(t)$ 是时间间隔 $[T_1,T_2]$ 上的一个连续函数，且 $v(t) \geqslant 0$ ，求物体在这段时间 $[T_1,T_2]$ 内所经过的路程.

总体思路：把整段时间分割成若干小段，每小段上速度看成不变，求出各小段的路程再相加，便得到路程的近似值，最后通过对时间的无限细分求得路程的精确值，具体做法如下.

(1) 分割：在 $[T_1,T_2]$ 中任意插入 $n-1$ 个分点，

$$T_1 = t_0 < t_1 < t_2 < \cdots < t_{i-1} < t_i < \cdots < t_{n-1} < t_n = T_2 ,$$

把区间 $[T_1,T_2]$ 分割成 n 个小区间

$$[t_0,t_1],[t_1,t_2],\cdots,[t_{i-1},t_i],\cdots,[t_{n-1},t_n] ,$$

各小区间的长度依次为

$$\Delta t_1 = t_1 - t_0, \Delta t_2 = t_2 - t_1, \cdots, \Delta t_i = t_i - t_{i-1}, \cdots, \Delta t_n = t_n - t_{n-1} .$$

(2) 近似代替：在第i个小时间间隔$[t_{i-1},t_i]$上任取一点$\tau_i\in[t_{i-1},t_i](i=1,2,\cdots,n)$，以$\tau_i$点的速度$v(\tau_i)$作为平均速度，用$v(\tau_i)$与第$i$个小时间间隔$\Delta t_i$的乘积$v(\tau_i)\Delta t_i$近似代替第$i$个小时间间隔内物体走过的路程$\Delta s_i$，即

$$\Delta s_i\approx v(\tau_i)\Delta t_i\quad(i=1,2,\cdots,n).$$

(3) 求和：把这些小时间间隔内走过的路程$\Delta s_i(i=1,2,\cdots,n)$相加，用其和近似地表示物体在时间$[T_1,T_2]$内所经过的路程$s$，即

$$s=\sum_{i=1}^{n}\Delta s_i\approx\sum_{i=1}^{n}v(\tau_i)\Delta t_i .$$

(4) 取极限：由于时间间隔分得越细，用$\sum\limits_{i=1}^{n}v(\tau_i)\Delta t_i$代替物体在时间$[T_1,T_2]$内所经过的路程$s$就越精确，记$\lambda=\max\{\Delta t_1,\Delta t_2,\cdots,\Delta t_i,\cdots,\Delta t_n\}$，当$\lambda\to0$(这时分段数无限的增多)，即$n\to\infty$时，上式右端取极限，其极限值就为物体在时间$[T_1,T_2]$内所经过的路程$s$的精确值，即

$$s=\lim_{\lambda\to0}\sum_{i=1}^{n}v(\tau_i)\Delta t_i .$$

也可类似于变力沿直线所做的功的做法，将其转化为求曲边梯形的面积.

上面的三个例子从表面上看一个是几何问题，两个是物理问题，是三个不同的实际问题. 但是解决的方法是相同的，都是对一个函数在一个区间上分割、近似代替、求和、取极限的过程，从而抽象出定积分的定义.

7.1.2 定积分的定义

定义 7.1.1 设$f(x)$在$[a,b]$上有界，在$[a,b]$中任意插入$n-1$个分点

$$a=x_0<x_1<x_2<\cdots<x_{i-1}<x_i<\cdots<x_{n-1}<x_n=b ,$$

把区间$[a,b]$分割成n个小区间$[x_0,x_1],[x_1,x_2],\cdots,[x_{i-1},x_i],\cdots,[x_{n-1},x_n]$，各小区间的长度依次为$\Delta x_1=x_1-x_0,\Delta x_2=x_2-x_1,\cdots,\Delta x_i=x_i-x_{i-1},\cdots,\Delta x_n=x_n-x_{n-1}$，在每个小区间$[x_{i-1},x_i]$上任取一点$\xi_i\ (x_{i-1}\leqslant\xi_i\leqslant x_i)$，作函数值$f(\xi_i)$与小区间长度$\Delta x_i$的乘积$f(\xi_i)\Delta x_i(i=1,2,\cdots,n)$，并作和式

$$S_n=\sum_{i=1}^{n}f(\xi_i)\Delta x_i ,$$

记$\lambda=\max\{\Delta x_1,\Delta x_2,\cdots,\Delta x_n\}$，如果不论对$[a,b]$怎样的分法，也不论在小区间$[x_{i-1},x_i]$上点$\xi_i$怎样取法，只要当$\lambda\to0$时，和$S_n$总趋于确定的极限$I$，那么称函数$f(x)$在区间$[a,b]$上**可积**，称这个极限$I$为函数$f(x)$在区间$[a,b]$上的**定积分(definite integral)**，记为$\int_a^b f(x)\mathrm{d}x$，即

$$\int_a^b f(x)\mathrm{d}x=I=\lim_{\lambda\to0}\sum_{i=1}^{n}f(\xi_i)\Delta x_i ,$$

其中$f(x)$称为**被积函数**，$f(x)\mathrm{d}x$称为**被积表达式**，x称为**积分变量**，a称为**积分下限(lower limit)**，b称为**积分上限(upper limit)**，$[a,b]$称为**积分区间**.

前三个例子就可以用定积分表示为

(1) 曲边梯形的面积为 $A=\int_a^b f(x)\mathrm{d}x$；

(2) 变力沿直线所做的功 $W=\int_a^b F(x)\mathrm{d}x$；

(3) 变速直线运动的路程 $s=\int_{T_1}^{T_2} v(t)\mathrm{d}t$.

注　(1)定积分是极限这个工具把函数分出具有特殊性态的新的函数类，它是一种特殊的极限，这种极限既不同于数列极限，也不同于函数的极限．它是一种复杂的和式极限，其复杂和式的构成由于区间 $[a,b]$ 的分法 $[x_{i-1},x_i]$ $(i=1,2,\cdots,n)$ 有无穷多种，且对每一个分法，取点 $\xi_i\in[x_{i-1},x_i]$，$(i=1,2,\cdots,n)$ 也无有穷多种取法，故对于任意的分法 $[x_{i-1},x_i]$，$(i=1,2,\cdots,n)$ 和任意取点 $\xi_i\in[x_{i-1},x_i]$ 的积分和式 $\sum_{i=1}^{n} f(\xi_i)\Delta x_i$ 也有无穷多个值．但对于任意的分法 $[x_{i-1},x_i]$，$(i=1,2,\cdots,n)$ 和任意取点 $\xi_i\in[x_{i-1},x_i]$ 的积分和 $\sum_{i=1}^{n} f(\xi_i)\Delta x_i$ 在 $\lambda=\max\limits_{1\leqslant i\leqslant n}\{\Delta x_i\}$ 趋于 0 时的极限是存在且相等的．

(2) 定义中对区间 $[a,b]$ 上的函数 $f(x)$ 的定积分 $\int_a^b f(x)\mathrm{d}x=\lim\limits_{\lambda\to 0}\sum_{i=1}^{n} f(\xi_i)\Delta x_i$ 的 $\lambda\to 0$ 是指对积分区间 $[a,b]$ 无限细分．当积分区间 $[a,b]$ 无限细分时，小区间 $[x_{i-1},x_i]$，$(i=1,2,\cdots,n)$ 的个数 n 一定趋于 ∞；但反过来，当小区间 $[x_{i-1},x_i]$，$(i=1,2,\cdots,n)$ 的个数 $n\to\infty$ 时，并不能保证积分区间 $[a,b]$ 无限细分．

(3) 决定 $f(x)$ 在区间 $[a,b]$ 上的积分和 $\sum_{i=1}^{n} f(\xi_i)\Delta x_i$ 的值，具有四个因素：①函数 $f(x)$；②区间 $[a,b]$；③区间 $[a,b]$ 的分法；④ $\xi_i\in[x_{i-1},x_i]$ 的取法．因此 $\lim\limits_{\lambda\to 0}\sum_{i=1}^{n} f(\xi_i)\Delta x_i$ 存在时，积分 $\int_a^b f(x)\mathrm{d}x$ 是一个数值，且该数值与区间 $[a,b]$ 的分法及 ξ_i 的取法无关，仅与被积函数及积分区间有关，而与积分变量的字母无关，即

$$\int_a^b f(x)\mathrm{d}x=\int_a^b f(t)\mathrm{d}t=\int_b^a f(u)\mathrm{d}u .$$

(4) 规定：当 $a=b$ 时，$\int_a^b f(x)\mathrm{d}x=0$；当 $a>b$ 时，$\int_a^b f(x)\mathrm{d}x=-\int_a^b f(x)\mathrm{d}x$.

7.1.3　可积的条件

在定积分的概念中，和 $\sum_{i=1}^{n} f(\xi_i)\Delta x_i$ 称为 $f(x)$ 的**积分和**．如果 $f(x)$ 在区间 $[a,b]$ 上的定积分存在，则称 $f(x)$ 在区间 $[a,b]$ 上**可积**，否则称 $f(x)$ 在区间 $[a,b]$ 上**不可积**．对于一个定积分来说，有这样一个问题：函数在区间 $[a,b]$ 上满足怎样的条件时，$f(x)$ 在区间 $[a,b]$ 上一定可积？对此问题，我们不作证明，只给出结论．

定理 7.1.1　设 $f(x)$ 在区间 $[a,b]$ 上连续，则 $f(x)$ 在区间 $[a,b]$ 上可积．

定理 7.1.2　设 $f(x)$ 在区间 $[a,b]$ 上有界，且只有有限个间断点，则 $f(x)$ 在区间 $[a,b]$ 上可积．

例 7.1.1　利用定积分的定义计算定积分 $\int_0^1 x^2\mathrm{d}x$.

解　因函数 $f(x)=x^2$ 在 $[0,1]$ 上连续，故可积．从而定积分的值与区间 $[0,1]$ 的分法及 ξ_i 的取法无关．为便于计算，将 $[0,1]$ n 等分，

$$\left[0,\frac{1}{n}\right],\left[\frac{1}{n},\frac{2}{n}\right],\cdots,\left[\frac{i-1}{n},\frac{i}{n}\right],\cdots,\left[\frac{1}{n},\frac{2}{n}\right].$$

取每个小区间的右端点 ξ_i，则 $\xi_i=\dfrac{i}{n}(i=1,2,\cdots,n)$，且 $\lambda=\Delta x_i=\dfrac{1}{n}$，

$$\lim_{\lambda\to 0}\sum_{i=1}^{n}f(\xi_i)\Delta x_i=\lim_{\lambda\to 0}\sum_{i=1}^{n}\xi_i^2\Delta x_i=\lim_{0\to\infty}\sum_{i=1}^{n}\left(\frac{i}{n}\right)^2\cdot\frac{1}{n}=\lim_{0\to\infty}\frac{1}{n^3}\sum_{i=1}^{n}i^2,$$

于是当 $\lambda\to 0$ 时，即 $n\to\infty$ 时，有

$$\begin{aligned}\int_0^1 x^2\mathrm{d}x&=\lim_{\lambda\to 0}\sum_{i=1}^{n}f(\xi_i)\Delta x_i=\lim_{n\to\infty}\frac{1}{n^3}\sum_{i=1}^{n}i^2=\lim_{n\to\infty}\frac{1}{n^3}(1^2+2^2+3^2+\cdots+n^2)\\&=\lim_{n\to\infty}\frac{1}{n^3}\cdot\frac{n(n+1)(2n+1)}{6}=\lim_{n\to\infty}\frac{1}{6}\left(1+\frac{1}{n}\right)\left(2+\frac{1}{n}\right)=\frac{1}{3}.\end{aligned}$$

7.1.4　定积分的几何意义

当被积函数 $f(x)\geqslant 0$，定积分 $\int_a^b f(x)\mathrm{d}x$ 表示曲线 $y=f(x)$，直线 $x=a$，$x=b\ (b>a)$ 和 x 轴围成的平面图形的面积；

当被积函数 $f(x)\leqslant 0$，定积分 $\int_a^b f(x)\mathrm{d}x$ 表示曲线 $y=f(x)$，直线 $x=a$，$x=b\ (b>a)$ 和 x 轴围成的平面图形的面积的负值；

所以定积分 $\int_a^b f(x)\mathrm{d}x$ 的几何意义是表示曲线 $y=f(x)$，直线 $x=a$，$x=b\ (b>a)$ 和 x 轴围成的平面图形的面积的代数和．如图 7-8 所示，有

$$\int_a^b f(x)\mathrm{d}x=A_1-A_2+A_3.$$

例 7.1.1 的定积分 $\int_0^1 x^2\mathrm{d}x$ 表示抛物线 $y=x^2$，直线 $x=1$ 和 x 轴围成的平面图形的面积．

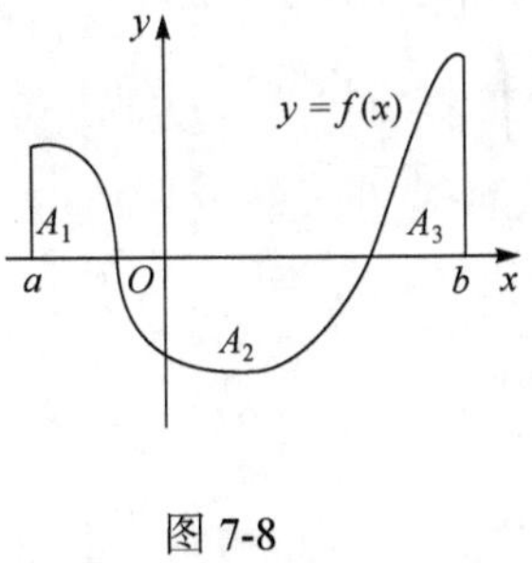

图 7-8

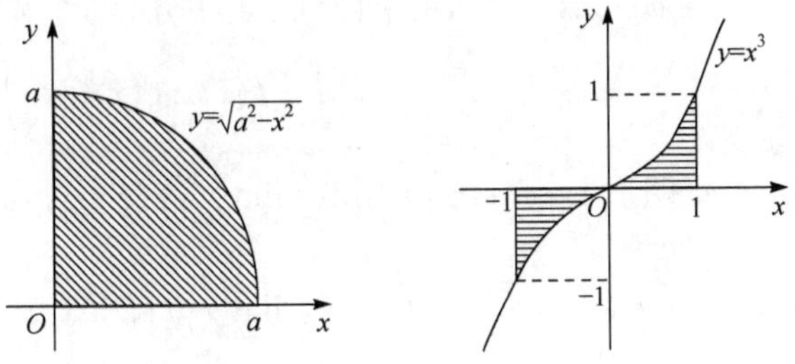

图 7-9

例 7.1.2　利用定积分的几何意义，计算下列定积分(如图 7-9)：

(1) $\int_0^a\sqrt{a^2-x^2}\,\mathrm{d}x\ (a>0)$；　　　　(2) $\int_{-1}^{1}x^3\mathrm{d}x$．

解　(1) 定积分 $\int_0^a\sqrt{a^2-x^2}\,\mathrm{d}x$ 表示上半个圆周 $y=\sqrt{a^2-x^2}$ 与两坐标轴围成的图形在第一象限部分的面积，则

$$\int_0^a\sqrt{a^2-x^2}\,\mathrm{d}x=\frac{\pi a^2}{4}.$$

(2) 定积分$\int_{-1}^{1} x^3 \mathrm{d}x$表示曲线$y=x^3$与$x=1$，$x=-1$以及$x$轴围成面积的代数和，因为曲线$y=x^3$关于坐标原点对称，所以在第一象限和在第三象限围成的面积相等，故

$$\int_{-1}^{1} x^3 \mathrm{d}x = 0 .$$

习题　7-1

1. 利用定积分的定义，试求下列定积分：

(1) $\int_0^1 2x\mathrm{d}x$；　　(2) $\int_0^1 \mathrm{e}^x \mathrm{d}x$.

2. 利用定积分的几何意义，计算下列定积分：

(1) $\int_0^{2\pi} \sin x\mathrm{d}x$；　　(2) $\int_{-1}^{1} \ln\left(x+\sqrt{1+x^2}\right)\mathrm{d}x$；

(3) $\int_{-1}^{1} |x| \mathrm{d}x$；　　(4) $\int_{\frac{\sqrt{2}}{2}}^{1} \sqrt{1-x^2}\mathrm{d}x$.

3. 利用定积分表示下列极限：

(1) $\lim\limits_{n\to\infty}\dfrac{1}{n}\left[\sin\dfrac{\pi}{n}+\sin\dfrac{2\pi}{n}+\cdots+\sin\dfrac{(n-1)\pi}{n}\right]$；

(2) $\lim\limits_{n\to\infty}\dfrac{1}{n}\left[\ln\left(1+\dfrac{1}{n}\right)+\ln\left(1+\dfrac{2}{n}\right)+\cdots+\ln\left(1+\dfrac{n-1}{n}\right)\right]$.

7.2　定积分的性质

直接用定积分的定义(求积分和的极限方法)计算定积分是很不方便的，在很多情况下是难以求出的，为了更进一步讨论定积分的理论与计算，本节介绍定积分的性质．下列性质中，均假设所讨论的定积分是存在的，并且对积分上下限的大小不加限制．

性质 7.2.1　函数的和(差)的定积分等于它们的定积分的和(差)，即

$$\int_a^b [f(x)\pm g(x)]\mathrm{d}x=\int_a^b f(x)\mathrm{d}x \pm \int_a^b g(x)\mathrm{d}x .$$

证明　$\int_a^b [f(x)\pm g(x)]\mathrm{d}x=\lim\limits_{\lambda\to 0}\sum\limits_{i=1}^{n}[f(\xi_i)\pm g(\xi_i)]\Delta x_i$

$$=\lim_{\lambda\to 0}\sum_{i=1}^{n} f(\xi_i)\Delta x_i \pm \lim_{\lambda\to 0}\sum_{i=1}^{n} g(\xi_i)\Delta x_i$$

$$=\int_a^b f(x)\mathrm{d}x \pm \int_a^b g(x)\mathrm{d}x .$$

注　性质 7.2.1 可推广到有限个函数代数和的积分．

性质 7.2.2　被积函数的常数因子可以提到积分号的外面，即

$$\int_a^b kf(x)\mathrm{d}x=k\int_a^b f(x)\mathrm{d}x \quad (k \text{ 为常数}).$$

证明　$\int_a^b kf(x)\mathrm{d}x=\lim\limits_{\lambda\to 0}\sum\limits_{i=1}^{n} kf(\xi_i)\Delta x_i = k\lim\limits_{\lambda\to 0}\sum\limits_{i=1}^{n} f(\xi_i)\Delta x_i=k\int_a^b f(x)\mathrm{d}x$.

注　性质 7.2.1 和性质 7.2.2 可组合成定积分的**线性性质**，即

$$\int_a^b \left[k_1 f(x) + k_2 f(x)\right] \mathrm{d}x = k_1 \int_a^b f(x)\mathrm{d}x + k_2 \int_a^b g(x)\mathrm{d}x ,$$

其中 k_1, k_2 是常数，并且 $k_1^2 + k_2^2 \neq 0$.

性质 7.2.3　$\int_a^b f(x)\mathrm{d}x = \int_a^c f(x)\mathrm{d}x + \int_c^b f(x)\mathrm{d}x$.

证明　当 $a < c < b$ 时，因为函数 $f(x)$ 在区间 $[a,b]$ 上可积，所以不论 $[a,b]$ 怎样分，积分和的极限总是不变的，因此，我们在分区间时，可以使 c 始终作为一个分点，那么，$[a,b]$ 上的积分和等于 $[a,c]$ 上的积分和加上 $[c,b]$ 上的积分和，即

$$\sum_{[a,b]} f(\xi_i)\Delta x_i = \sum_{[a,c]} f(\xi_i)\Delta x_i + \sum_{[c,b]} f(\xi_i)\Delta x_i .$$

令 $\lambda \to 0$ ，上式两端同时取极限得

$$\int_a^b f(x)\mathrm{d}x = \int_a^c f(x)\mathrm{d}x + \int_c^b f(x)\mathrm{d}x .$$

若 c 在区间 $[a,b]$ 之外，不妨设 $a < b < c$ ，则由上面已证的结论有

$$\int_a^c f(x)\mathrm{d}x = \int_a^b f(x)\mathrm{d}x + \int_b^c f(x)\mathrm{d}x ,$$

即

$$\int_a^b f(x)\mathrm{d}x = \int_a^c f(x)\mathrm{d}x - \int_b^c f(x)\mathrm{d}x = \int_a^c f(x)\mathrm{d}x + \int_c^b f(x)\mathrm{d}x .$$

注　性质 7.2.3 表明定积分对积分区间具有**可加性**，因此该性质称为**区间可加性**.

性质 7.2.4　如果在 $[a,b]$ 上 $f(x) \equiv 1$ ，则 $\int_a^b f(x)\mathrm{d}x = \int_a^b 1 \cdot \mathrm{d}x = \int_a^b \mathrm{d}x = b - a$.

由定积分的几何意义可知，定积分 $\int_a^b \mathrm{d}x$ 表示直线 $y = 1$ ，$x = a$ ，$x = b$ 以及 x 轴围成的面积，即底为 $b - a$ ，高为 1 的矩形的面积.

性质 7.2.5　若函数 $f(x)$ 在区间 $[a,b]$ 上可积，且 $f(x) \geqslant 0$ ，则 $\int_a^b f(x)\mathrm{d}x \geqslant 0$.

证明　因为 $f(x) \geqslant 0$ ，所以 $f(\xi_i) \geqslant 0$ ，而 $\Delta x_i > 0$ ，于是 $\sum_{i=1}^{n} f(\xi_i)\Delta x_i \geqslant 0$ ，再由极限的保号性得 $\lim_{\lambda \to 0} \sum_{i=1}^{n} f(\xi_i)\Delta x_i \geqslant 0$ ，即 $\int_a^b f(x)\mathrm{d}x \geqslant 0$.

推论 7.2.1　若在区间 $[a,b]$ 上有 $f(x) \leqslant g(x)$ ，则 $\int_a^b f(x)\mathrm{d}x \leqslant \int_a^b g(x)\mathrm{d}x$.

证明　设 $h(x)=g(x) - f(x)$ ，因为在区间 $[a,b]$ 上有 $f(x) \leqslant g(x)$ ，所以 $h(x) \geqslant 0$. 再由性质 7.2.5 有

$$\int_a^b h(x)\mathrm{d}x = \int_a^b \left[g(x) - h(x)\right]\mathrm{d}x \geqslant 0 ,$$

即

$$\int_a^b f(x)\mathrm{d}x \leqslant \int_a^b g(x)\mathrm{d}x .$$

例 7.2.1　比较积分值 $\int_0^{-2} \mathrm{e}^x \mathrm{d}x$ 和 $\int_0^{-2} x\mathrm{d}x$ 的大小.

解　当 $x\in[-2,0]$ 时，$e^x>x$，所以 $\int_{-2}^{0}e^x dx>\int_{-2}^{0}x dx$．于是

$$\int_{0}^{-2}e^x dx<\int_{0}^{-2}x dx$$

推论 7.2.2　$\left|\int_a^b f(x)dx\right|\leqslant\int_a^b|f(x)|dx\quad(a<b)$．

证明　因为在区间在 $[a,b]$ 上，$-|f(x)|\leqslant f(x)\leqslant|f(x)|$，所以由推论 7.2.1 得

$$-\int_a^b|f(x)|dx\leqslant\int_a^b f(x)dx\leqslant\int_a^b|f(x)|dx,$$

即

$$\left|\int_a^b f(x)dx\right|\leqslant\int_a^b|f(x)|dx.$$

性质 7.2.6　设 M 及 m 分别是函数 $f(x)$ 在区间 $[a,b]$ 上的最大值和最小值，则

$$m(b-a)\leqslant\int_a^b f(x)dx\leqslant M(b-a).$$

证明　因为 M 及 m 分别是函数 $f(x)$ 在区间 $[a,b]$ 上的最大值和最小值，即 $m\leqslant f(x)\leqslant M$，再由推论 7.2.1 得

$$m\int_a^b dx\leqslant\int_a^b f(x)dx\leqslant M\int_a^b dx,$$

即

$$m(b-a)\leqslant\int_a^b f(x)dx\leqslant M(b-a).$$

注　性质 7.2.6 说明根据被积函数在积分区间上的最大值和最小值，可以估计积分值的大致范围，故性质 7.2.6 称为**积分估值定理**．

例 7.2.2　估计积分 $\int_{\frac{\pi}{4}}^{\frac{\pi}{2}}(1+\sin^2 x)dx$ 的值．

解　因为 $f(x)=1+\sin^2 x$ 在区间 $\left[\frac{\pi}{4},\frac{\pi}{2}\right]$ 上单调递增，故

$$\frac{3}{2}\leqslant 1+\sin^2 x\leqslant 2,$$

所以

$$\frac{3\pi}{8}\leqslant\int_{\frac{\pi}{4}}^{\frac{\pi}{2}}(1+\sin^2 x)dx\leqslant\frac{\pi}{2}.$$

性质 7.2.7(积分中值定理)　如果函数 $f(x)$ 在闭区间 $[a,b]$ 上连续，则在 $[a,b]$ 上至少存在一个点 ξ，使

$$\int_a^b f(x)dx=f(\xi)(b-a).$$

证明　因为函数 $f(x)$ 在闭区间 $[a,b]$ 上连续，所以函数 $f(x)$ 在区间 $[a,b]$ 上的最大值 M 和最小值 m，根据性质 7.2.6 得

$$m(b-a)\leqslant\int_a^b f(x)dx\leqslant M(b-a),$$

即

$$m \leqslant \frac{\int_a^b f(x)\mathrm{d}x}{b-a} \leqslant M .$$

又函数 $f(x)$ 在闭区间 $[a,b]$ 上连续，由介值性定理可知，在 $[a,b]$ 上至少存在一个点 ξ，使

$$\frac{\int_a^b f(x)\mathrm{d}x}{b-a}=f(\xi),$$

从而有

$$\int_a^b f(x)\mathrm{d}x = f(\xi)(b-a) .$$

注 性质 7.2.7 表明，当 $f(x) \geqslant 0$ 时，积分中值定理具有简单的几何意义，即总存在一个高为 $f(\xi)$，底为 $b-a$ 的矩形，使得该矩形的面积等于 $\int_a^b f(x)\mathrm{d}x$ 所表示的曲边梯形的面积(图 7-10). 称 $f(\xi)$ 为曲边梯形的平均高度，而称 $\frac{\int_a^b f(x)dx}{b-a}$ 为连续函数 $f(x)$ 在区间 $[a,b]$ 上的积分平均值.

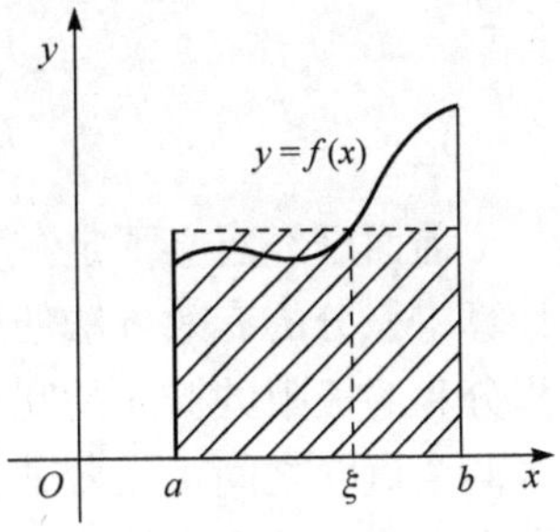

图 7-10

例 7.2.3 设 $f(x)$ 在 $[0,1]$ 上可微，且满足 $f(1)=2\int_0^{\frac{1}{2}} xf(x)\mathrm{d}x$，证明存在 $\xi \in (0,1)$，使得

$$f(\xi)+\xi f'(\xi)=0 .$$

证明 设 $F(x)=xf(x)$，则由积分中值定理可知，存在 $\eta \in \left[0,\frac{1}{2}\right]$，使得

$$2\int_0^{\frac{1}{2}} xf(x)\mathrm{d}x=2\times\frac{1}{2}\eta f(\eta)=\eta f(\eta)=F(\eta),$$

因此 $F(1)=f(1)=F(\eta)$. 再由罗尔定理可知，存在 $\xi \in (\eta,1) \subset (0,1)$，使 $F'(\xi)=0$，即

$$f(\xi)+\xi f'(\xi)=0 .$$

习题 7-2

1. 比较以下各组定积分的大小：

(1) $\int_0^1 x^2\mathrm{d}x$ 与 $\int_0^1 x^3\mathrm{d}x$；　　(2) $\int_3^4 (\ln x)^2\mathrm{d}x$ 与 $\int_3^4 (\ln x)^3\mathrm{d}x$；

(3) $\int_0^1 \mathrm{e}^x\mathrm{d}x$ 与 $\int_0^1 \mathrm{e}^{x^2}\mathrm{d}x$；　　(4) $\int_0^{\frac{\pi}{2}} x\mathrm{d}x$ 与 $\int_0^{\frac{\pi}{2}} \sin x\mathrm{d}x$.

2. 估计以下定积分的值：

(1) $\int_1^4 (x^2+1)\mathrm{d}x$；　　(2) $\int_0^{\pi} (1+\sin x)\mathrm{d}x$；

(3) $\int_0^2 \mathrm{e}^{x^2-x}\mathrm{d}x$；　　(4) $\int_0^1 \frac{x^2+3}{x^2+2}\mathrm{d}x$；

(5) $\int_0^1 \sqrt{2x-x^2}\mathrm{d}x$；　　(6) $\int_0^{\pi} \frac{1}{3+\sin^3 x}\mathrm{d}x$.

3. 证明：$\lim\limits_{n\to\infty}\int_0^{\frac{1}{2}}\frac{x^n}{1+x}\mathrm{d}x=0$.

4. 设函数 $f(x)$ 在 $[0,1]$ 上连续，在 $[0,1]$ 内可导，且 $k\int_{1-\frac{1}{k}}^{1}f(x)\mathrm{d}x=f(0), k>1$，证明：存在 $\xi\in[0,1]$，使 $f'(\xi)=0$.

5. 设 $f(x)$ 在 $[a,b]$ 上连续，证明：

(1) 若在 $[a,b]$ 上，$f(x)\geqslant 0$，且 $\int_a^b f(x)\mathrm{d}x=0$，则在 $[a,b]$ 上 $f(x)\equiv 0$；

(2) 若在 $[a,b]$ 上，$f(x)\geqslant 0$，且 $f(x)$ 不恒等于零，则 $\int_a^b f(x)\mathrm{d}x>0$.

7.3　微积分基本公式

前面已经定义了定积分，如果用定义来计算定积分，那将是十分困难的. 因此寻求一种计算定积分的有效方法便成为积分学发展的关键. 不定积分作为原函数的概念与定积分作为积分和的极限的概念是完全不相干的两个概念. 但是，牛顿和莱布尼茨不仅发现而且找到了这两个概念之间存在着的深刻的内在联系，即所谓的“微积分基本定理”，并由此巧妙地开辟了求定积分的新途径——牛顿-莱布尼茨公式，从而使积分学与微分学一起构成变量数学的基础学科——微积分学. 牛顿和莱布尼茨也因此作为微积分学的奠基人而被载入史册.

7.3.1　变速直线运动中位置函数与速度函数之间的联系

有一物体在一直线上运动，在这直线上取定原点、正方向及长度单位，使它成一数轴. 设时刻 t 时物体所在位置为 $s(t)$，速度为 $v(t)$（为了讨论方便，可以设 $v(t)\geqslant 0$）.

由 7.1 节知道：物体在时间间隔 $[T_1,T_2]$ 内经过路程可以用速度函数 $v(t)$ 在 $[T_1,T_2]$ 上的积分

$$\int_{T_1}^{T_2}v(t)\mathrm{d}t$$

来表示；另一方面，这段路程又可以通过位置函数 $s(t)$ 在区间 $[T_1,T_2]$ 上的增量 $s(T_2)-s(T_1)$ 来表达. 由此可见，位置函数 $s(t)$ 与速度函数 $v(t)$ 之间有如下关系：

$$\int_{T_1}^{T_2}v(t)\mathrm{d}t=s(T_2)-s(T_1). \tag{7.3.1}$$

因为 $s'(t)=v(t)$，即位置函数 $s(t)$ 是速度函数 $v(t)$ 的原函数，所以式(7.3.1)表示，速度函数 $v(t)$ 在区间 $[T_1,T_2]$ 上的定积分等于 $v(t)$ 的原函数 $s(t)$ 在区间 $[T_1,T_2]$ 上的增量

$$s(T_2)-s(T_1).$$

上述从变速直线运动的路程这个特殊问题中得出来的关系，是否具有普遍性呢？如果有，其被积函数应该满足什么条件呢？这就是我们下面所要讨论的问题. 事实上，如果函数 $f(x)$ 在区间 $[a,b]$ 上连续，那么 $f(x)$ 在区间 $[a,b]$ 上的定积分就等于 $f(x)$ 的原函数(设为 $F(x)$)在区间 $[a,b]$ 上的增量.

7.3.2　积分上限函数及其导数

我们已知道定积分是一个实数值，且是满足一定条件的实数. 根据以往求满足一定条件的数值时，我们用的是函数思想，即把数值与一类具有特殊性质的函数建立联系，构造辅助函数方法，根据 7.3.1 具体实例，首先给定的被积函数 $f(x)$ 应在区间 $[a,b]$ 上具有连续性，由

连续必然可积，和连续函数在其子区间上连续的特点，我们可构造如下积分变上限函数，具体构造如下：

设函数 $f(x)$ 在区间 $[a,b]$ 上连续，并且设 x 为 $[a,b]$ 上的一点，现在来考查 $f(x)$ 在区间 $[a,x]$ 上的定积分

$$\int_a^x f(x)\mathrm{d}x,$$

由于 $f(x)$ 在区间 $[a,x]$ 上仍旧连续，因此这个定积分存在，这时 x 既表示定积分的上限，又表示积分变量，因为定积分与积分变量的记法无关，所以，为了明确起见，可以把积分变量改用其他符号，例如用 t 表示，则上面的定积分可以写成

$$\int_a^x f(t)\mathrm{d}t.$$

当上限 x 在区间 $[a,b]$ 上任意变动时，对于每一个取定的 x 值，定积分有一个对应值，所以，它在 $[a,b]$ 上定义了一个函数，记作 $\Phi(x)$，即

$$\Phi(x)=\int_a^x f(t)\mathrm{d}t \quad (a \leqslant x \leqslant b), \tag{7.3.2}$$

称该函数为**积分上限函数(functions with upper limit of integral)**或**变上限积分**.

函数 $\Phi(x)$ 具有如下重要性质.

定理 7.3.1　如果函数 $f(x)$ 在区间 $[a,b]$ 上连续，则积分上限的函数

$$\Phi(x)=\int_a^x f(t)\mathrm{d}t$$

在 $[a,b]$ 上可导，且导数为

$$\Phi'(x)=\frac{\mathrm{d}}{\mathrm{d}x}\int_a^x f(t)\mathrm{d}t=f(x) \quad (a \leqslant x \leqslant b). \tag{7.3.3}$$

证明　若 $x\in(a,b)$，设 x 获得增量 Δx，其绝对值足够得小，使得 $x+\Delta x\in(a,b)$，则 $\Phi(x)$ (图 7-11 中 $\Delta x>0$)在 $x+\Delta x$ 处的函数值为

$$\Phi(x+\Delta x)=\int_a^{x+\Delta x} f(t)\mathrm{d}t,$$

由此得函数的增量

$$\begin{aligned}\Delta\Phi&=\Phi(x+\Delta x)-\Phi(x)=\int_a^{x+\Delta x} f(t)\mathrm{d}t-\int_a^x f(t)\mathrm{d}t\\&=\int_a^x f(t)\mathrm{d}t+\int_x^{x+\Delta x} f(t)\mathrm{d}t-\int_a^x f(t)\mathrm{d}t=\int_x^{x+\Delta x} f(t)\mathrm{d}t.\end{aligned}$$

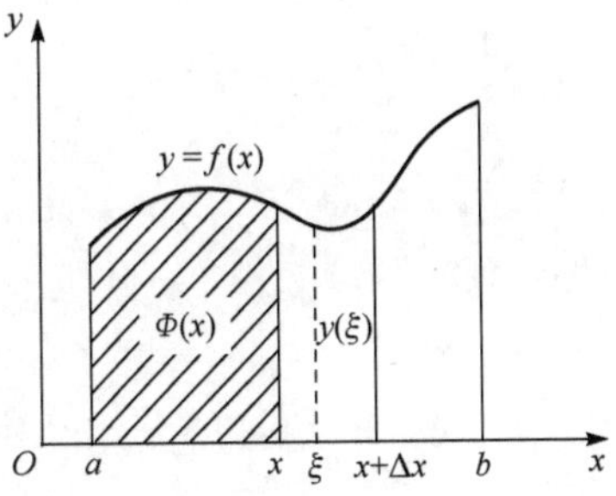

图 7-11

再应用积分中值定理，即有等式

$$\Delta\Phi=f(\xi)\Delta x,$$

其中 ξ 介于 x 与 $x+\Delta x$ 之间. 上式两端同时除以 Δx，得函数增量与自变量增量的比值

$$\frac{\Delta\Phi}{\Delta x}=f(\xi). \tag{7.3.4}$$

由于假设 $f(x)$ 在 $[a,b]$ 上连续，而 $\Delta x\to 0$ 时，$\xi\to x$，所以 $\lim\limits_{\Delta x\to 0} f(\xi)=f(x)$. 于是，令 $\Delta x\to 0$ 对式(7.3.4)两端取极限时，左端的极限也应该存在且等于 $f(x)$. 这就是说，函数 $\Phi(x)$ 的导数存在，并且 $\Phi'(x)=f(x)$. 若 $x=a$，取 $\Delta x>0$，则同理可证 $\Phi'_+(a)=f(a)$；若 $x=b$，取 $\Delta x<0$，则同理可证 $\Phi'_-(b)=f(b)$.

这个定理指出了一个重要结论：对连续函数 $f(t)$ 取变上限 x 的定积分然后求导，其结果还原为 $f(x)$ 本身. 联想到原函数的定义，就可以从定理 7.3.1 推知 $\Phi(x)$ 是连续函数 $f(x)$ 的一个原函数. 于是得到如下的原函数的存在定理.

定理 7.3.2 如果函数 $f(x)$ 在区间 $[a,b]$ 上连续，则函数

$$\Phi(x)=\int_a^x f(t)\mathrm{d}t$$

是 $f(x)$ 在 $[a,b]$ 上的一个原函数.

例 7.3.1 求下列函数的导数：

(1) $\displaystyle\int_0^x \frac{t\sin t}{1+\cos^2 t}\mathrm{d}t$；　　(2) $\displaystyle\int_0^{\sqrt{x}} \cos t^2\mathrm{d}t$；

(3) $\displaystyle\int_{2x}^1 \sin(1+t^2)\,\mathrm{d}t$；　　(4) $\displaystyle\int_{x^2}^{x^3} \frac{\mathrm{d}t}{\sqrt{1+t^2}}$.

解 (1) $\displaystyle\frac{\mathrm{d}}{\mathrm{d}x}\int_0^x \frac{t\sin t}{1+\cos^2 t}\mathrm{d}t=\frac{x\sin x}{1+\cos^2 x}$.

(2) 设 $u=\sqrt{x}$，则 $F(u)=\displaystyle\int_0^u \cos t^2\mathrm{d}t$，即 $\displaystyle\int_0^{\sqrt{x}} \cos t^2\mathrm{d}t$ 可以看成关于 u 为中间变量的复合函数，根据复合函数的求导法则，有

$$\frac{\mathrm{d}}{\mathrm{d}x}\int_0^{\sqrt{x}} \cos t^2\mathrm{d}t=\frac{\mathrm{d}}{\mathrm{d}u}\int_0^u \cos t^2\mathrm{d}t\cdot\frac{\mathrm{d}u}{\mathrm{d}x}=\cos u^2\cdot\frac{1}{2\sqrt{x}}=\frac{\cos x}{2\sqrt{x}}.$$

(3) 因为

$$\int_{2x}^1 \sin(1+t^2)\mathrm{d}t=-\int_1^{2x} \sin(1+t^2)\mathrm{d}t,$$

所以

$$\frac{\mathrm{d}}{\mathrm{d}x}\int_{2x}^1 \sin(1+t^2)\mathrm{d}t=-\frac{\mathrm{d}}{\mathrm{d}x}\int_1^{2x} \sin(1+t^2)\mathrm{d}t=-\sin(1+4x^2)\cdot 2=-2\sin(1+4x^2).$$

(4) 因为

$$\int_{x^2}^{x^3}\frac{\mathrm{d}t}{\sqrt{1+t^2}}=\int_a^{x^3}\frac{\mathrm{d}t}{\sqrt{1+t^2}}-\int_a^{x^2}\frac{\mathrm{d}t}{\sqrt{1+t^2}},$$

所以

$$\frac{\mathrm{d}}{\mathrm{d}x}\int_{x^2}^{x^3}\frac{\mathrm{d}t}{\sqrt{1+t^2}}=\frac{3x^2}{\sqrt{1+x^6}}-\frac{2x}{\sqrt{1+x^4}}.$$

例 7.3.2 求 $\displaystyle\lim_{x\to 0}\frac{\int_0^{x^2}\ln(1+2t)\mathrm{d}t}{x^4}$.

解 $\displaystyle\lim_{x\to 0}\frac{\int_0^{x^2}\ln(1+2t)\mathrm{d}t}{x^4}=\lim_{x\to 0}\frac{2x\cdot\ln(1+2x^2)}{4x^3}=\lim_{x\to 0}\frac{2x\cdot 2x^2}{4x^3}=1$.

利用复合函数的求导法则及定积分区间的可加性可以得到如下公式：

(1) $\displaystyle\left(\int_a^{v(x)} f(t)\mathrm{d}t\right)'=f[v(x)]v'(x)$；

(2) $\left(\int_{u(x)}^{b} f(t)\mathrm{d}t\right)' = -f[u(x)]u'(x)$；

(3) $\left(\int_{u(x)}^{v(x)} f(t)\mathrm{d}t\right)' = f[v(x)]v'(x) - f[u(x)]u'(x)$；

(4) $\left(\int_{a}^{v(x)} u(x)\cdot f(t)dt\right)' = u'(x)\cdot\int_{a}^{v(x)} f(t)\mathrm{d}t + f[v(x)]\cdot u(x)\cdot v'(x)$.

定理 7.3.2 的重要意义是：一方面肯定了连续函数的原函数是存在的，另一方面初步地揭示了积分学中的定积分与原函数之间的联系．因此，通过原函数来计算定积分成为可能．

7.3.3　牛顿–莱布尼茨公式

定理 7.3.3　若函数 $F(x)$ 是连续函数 $f(x)$ 在区间 $[a,b]$ 上的一个原函数，则

$$\int_{a}^{b} f(x)\mathrm{d}x = F(b) - F(a). \tag{7.3.5}$$

公式(7.3.5)称为**牛顿–莱布尼茨**(Newton–Leibniz)**公式**．

证明　已知函数 $F(x)$ 是连续函数 $f(x)$ 的一个原函数，又根据定理 7.3.2 知道，积分上限的函数 $\Phi(x)=\int_{a}^{x} f(t)\mathrm{d}t$ 也是 $f(x)$ 的一个原函数．于是这两个原函数之差 $\Phi(x) - F(x)$ 在 $[a,b]$ 上必定是某一个常数 C (定理 6.1.1)，即

$$\Phi(x) - F(x) = C \quad (a \leqslant x \leqslant b),$$

或

$$\int_{a}^{x} f(t)\mathrm{d}t = F(x) + C.$$

令 $x = a$，得 $\int_{a}^{a} f(t)\mathrm{d}t = F(a) + C$，即 $0 = F(a) + C$，故 $C = -F(a)$，因此

$$\int_{a}^{x} f(t)\mathrm{d}t = F(x) - F(a).$$

令 $x = b$，得

$$\int_{a}^{b} f(t)\mathrm{d}t = F(b) - F(a).$$

将上式积分变量 t 改为 x 得公式(7.3.5)，于是定理得证．

为了方便，以后把 $F(b) - F(a)$ 记成 $F(x)\Big|_{a}^{b}$，于是式(7.3.5)又可写成

$$\int_{a}^{b} f(x)\mathrm{d}x = F(x)\Big|_{a}^{b}.$$

公式(7.3.5)进一步揭示了定积分与被积函数的原函数或不定积分之间的联系．它表明：一个连续函数在区间 $[a,b]$ 上的定积分等于它的任一原函数在区间 $[a,b]$ 上的增量．这就给定积分提供了一个有效而简便的计算方法，大大简化了定积分的计算．

通常，公式(7.3.5)也称为**微积分基本公式**．

下面我们举几个应用公式(7.3.5)来计算定积分的简单例子．

例 7.3.3　求下列不定积分：

(1) $\int_{-1}^{1}\frac{dx}{1+x^2}$；　　(2) $\int_0^{\pi}\sin x dx$；

(3) $\int_1^4\frac{1}{x}dx$；　　(4) $\int_0^{\frac{\pi}{4}}\frac{dx}{\cos^2 x}$.

解 (1) $\int_{-1}^{1}\frac{dx}{1+x^2}=\arctan\Big|_{-1}^{1}=\arctan 1-\arctan(-1)=\frac{\pi}{4}-\left(-\frac{\pi}{4}\right)=\frac{\pi}{2}$.

(2) $\int_0^{\pi}\sin x dx=(-\cos x)\Big|_{-1}^{1}=-[\cos\pi-\cos 0]=1-(-1)=2$.

(3) $\int_1^4\frac{1}{x}dx=\ln x\Big|_1^4=\ln 4-0=2\ln 2$.

(4) $\int_0^{\frac{\pi}{4}}\frac{dx}{\cos^2 x}=\tan x\Big|_0^{\frac{\pi}{4}}=\tan\frac{\pi}{4}-\tan 0=1-0=1$.

例 7.3.4　求定积分 $\int_0^2|x-1|\,dx$.

解　因为 $|x-1|=\begin{cases}1-x, & x\leqslant 1,\\ x-1, & x>1,\end{cases}$ 所以

$$\int_0^2(x-1)dx=\int_0^1(1-x)dx+\int_1^2(x-1)dx=\left(x-\frac{x^2}{2}\right)\Big|_0^1+\left(\frac{x^2}{2}-x\right)\Big|_1^2=1.$$

例 7.3.5　求定积分 $\int_0^{\pi}\sqrt{1+\cos 2xdx}$.

解　$\int_0^{\pi}\sqrt{1+\cos 2x}dx=\int_0^{\pi}\sqrt{1+\cos 2x}dx=\int_0^{\pi}\sqrt{2\cos^2 x}dx=\sqrt{2}\int_0^{\pi}|\cos x|\,dx$

$$=\sqrt{2}\left(\int_0^{\frac{\pi}{2}}\cos x dx-\int_{\frac{\pi}{2}}^{\pi}\cos x dx\right)=\sqrt{2}\left(\sin x\Big|_0^{\frac{\pi}{2}}-\sin x\Big|_{\frac{\pi}{2}}^{\pi}\right)=2\sqrt{2}.$$

习题 7-3

1. 求下列函数的导数：

(1) $\int_0^x\sin e^t dt$；　　(2) $\int_0^x e^{-t^2}dt$；

(3) $\int_{\sin x}^{\cos x}\cos(\pi t^2)dt$；　　(4) $\int_0^x xf(t)\,dt$.

2. 求由 $\int_0^y e^t dt+\int_0^x\cos t dt=0$ 所决定的隐函数对 x 的导数 $\frac{dy}{dx}$.

3. 求由参数表达式 $x=\int_0^t\sin u du, y=\int_0^t\cos u du$ 所给定的函数 y 对 x 的导数 $\frac{dy}{dx}$.

4. 求下列极限.

(1) $\lim\limits_{x\to 0}\frac{\int_0^x\arctan t dt}{x^2}$；　　(2) $\lim\limits_{x\to 0}\frac{\int_{\cos x}^{1}e^{-t^2}dt}{x^2}$；

(3) $\lim\limits_{x\to 0}\dfrac{\int_0^{\sin x}\sin t\mathrm{d}t}{x^2}$； (4) $\lim\limits_{x\to\infty}\dfrac{\int_0^x(\arctan t)^2\mathrm{d}t}{\sqrt{1+x^2}}$.

5. 求下列函数的定积分.

(1) $\int_{-1}^{8}\left(\sqrt[3]{x}+\dfrac{1}{x^2}\right)\mathrm{d}x$； (2) $\int_{\frac{1}{\sqrt{3}}}^{\sqrt{3}}\dfrac{1}{1+x^2}\mathrm{d}x$；

(3) $\int_{-\frac{1}{2}}^{\frac{1}{2}}\dfrac{\mathrm{d}x}{\sqrt{1-x^2}}$； (4) $\int_0^1|2x-1|\mathrm{d}x$；

(5) $\int_0^{2\pi}|\sin x|\mathrm{d}x$； (6) $\int_0^{\frac{\pi}{4}}\tan^2 x\mathrm{d}x$.

6. 设 $f(x)=\begin{cases}x+1, & x\leqslant 1,\\ \dfrac{1}{2}x^2, & x>1,\end{cases}$ 求 $\int_0^2 f(x)\mathrm{d}x$.

7. 设 $f(x)=\begin{cases}x^2, & 0\leqslant x\leqslant 1,\\ 2-x, & 1<x\leqslant 2,\end{cases}$ 求 $\Phi(x)=\int_0^x f(t)\mathrm{d}t\ (0\leqslant x\leqslant 2)$.

8. 设 $f(x)$ 连续，且 $f(x)=x+2\int_0^1 f(t)\mathrm{d}t$，求 $f(x)$.

9. 设 $f(x)=\begin{cases}x+1, & x<0,\\ x, & x\geqslant 0,\end{cases}$ $F(x)=\int_{-1}^x f(t)\mathrm{d}t$，讨论 $F(x)$ 在 $x=0$ 处的连续性与可导性.

10. 设 $f(x)$ 在 $[a,b]$ 上连续且 $f(x)>0$，$F(x)=\int_a^x f(t)\mathrm{d}t+\int_b^x\dfrac{1}{f(t)}\mathrm{d}t$，证明：

(1) $F'(x)\geqslant 2$； (2) 方程 $F(x)=0$ 在 (a,b) 内有且只有一个根.

7.4 换元法积分法和分部积分法

根据微积分学的基本公式，求定积分 $\int_a^b f(x)\mathrm{d}x$ 的问题可以转化为求被积函数 $f(x)$ 在区间 $[a,b]$ 上的增量 $F(b)-F(a)$ 问题，即求被积函数 $f(x)$ 在区间 $[a,b]$ 上的一个原函数 $F(x)$. 而在求不定积分时，可以应用换元法和分部积分法求原函数 $F(x)$，所以求定积分也有相应的换元法积分法和分部积分法.

7.4.1 换元积分法

由于不定积分 $\int f(x)\mathrm{d}x$ 是 $f(x)$ 的原函数，因此，当函数 $f(x)$ 在积分区间 $[a,b]$ 上连续时，按牛顿-莱布尼茨公式有

$$\int_a^b f(x)\mathrm{d}x=\left[\int f(x)\mathrm{d}x\right]_a^b.$$

据此，由不定积分的换元公式即可得到定积分的换元公式.

不定积分第一换元法的公式为

$$\int f[\varphi(x)]\varphi'(x)\mathrm{d}x=\int f(t)\mathrm{d}t\Big|_{t=\varphi(x)},$$

因此，当 $f[\varphi(x)]$，$\varphi'(x)$ 在 $[a,b]$ 上连续时，有

$$\begin{aligned}\int_a^b f[\varphi(x)]\varphi'(x)\mathrm{d}x&=\left[\int f(t)\mathrm{d}t\Big|_{t=\varphi(x)}\right]_a^b\\&=\left[\int f(t)\mathrm{d}t\right]_{\varphi(a)}^{\varphi(b)}=\int_{\varphi(a)}^{\varphi(b)}f(t)\mathrm{d}t,\end{aligned}$$

这便是**定积分的第一换元积分公式**. 若记 $\varphi(a)=\alpha$，$\varphi(b)=\beta$，则上式为

$$\int_a^b f[\varphi(x)]\varphi'(x)\mathrm{d}x=\int_\alpha^\beta f(t)\mathrm{d}t.\tag{7.4.1}$$

公式(7.4.1)表明，用 $\varphi(x)=t$ 把原来的积分变量 x 换成新变量 t 时，原来的积分限要换成新变量 t 的积分限，然后计算新的定积分.

例 7.4.1　计算 $\int_0^{\frac{\pi}{2}}\cos^5 x\sin x\mathrm{d}x$.

解　设 $t=\cos x$，则 $\mathrm{d}t=-\sin x\mathrm{d}x$，且当 $x=0$ 时，$t=1$；当 $x=\frac{\pi}{2}$ 时，$t=0$. 于是

$$\int_0^{\frac{\pi}{2}}\cos^5 x\sin x\mathrm{d}x=\int_1^0 t^5(-\mathrm{d}t)=\int_0^1 t^5\mathrm{d}t=\frac{1}{6}t^6\Big|_0^1=\frac{1}{6}.$$

在例 7.4.1 的解法中，如果不明显地写出新变量 t，那么定积分的上、下限就不要改变. 现在用这种记法写出计算过程如下：

$$\int_0^{\frac{\pi}{2}}\cos^5 x\sin x\mathrm{d}x=-\int_0^{\frac{\pi}{2}}\cos^5 x\mathrm{d}\cos x=-\left[\frac{\cos^6 x}{6}\right]_0^{\frac{\pi}{2}}=\frac{1}{6}.$$

例 7.4.2　计算 $\int_1^{\mathrm{e}^3}\frac{\mathrm{d}x}{x\sqrt{\ln x+1}}$.

解　令 $t=\ln x+1$，则 $\mathrm{d}t=\frac{1}{x}\mathrm{d}x$，且当 $x=1$，$t=1$；当 $x=\mathrm{e}^3$ 时，$t=4$. 于是

$$\int_1^{\mathrm{e}^3}\frac{\mathrm{d}x}{x\sqrt{\ln x+1}}=\int_1^4\frac{\mathrm{d}t}{\sqrt{t}}=2\sqrt{t}\Big|_1^4=2.$$

注　例 7.4.2 中，如果不明显写出新变量 t 则定积分的上、下限就不要变，重新计算如下：

$$\int_1^{\mathrm{e}^3}\frac{\mathrm{d}x}{x\sqrt{\ln x+1}}=\int_1^{\mathrm{e}^3}\frac{\mathrm{d}(\ln x+1)}{\sqrt{\ln x+1}}=2\sqrt{\ln x+1}\Big|_1^{\mathrm{e}^3}=2.$$

例 7.4.3　计算 $\int_0^R x\sqrt{R^2-x^2}\mathrm{d}x$.

解　由于 $x\mathrm{d}x=\frac{1}{2}\mathrm{d}(x^2)=-\frac{1}{2}\mathrm{d}(R^2-x^2)$. 所以

$$\begin{aligned}\int_0^R x\sqrt{R^2-x^2}\mathrm{d}x&=-\frac{1}{2}\int_0^R\sqrt{R^2-x^2}\mathrm{d}(R^2-x^2)\\&=-\frac{1}{2}\cdot\frac{2}{3}\left[(R^2-x^2)^{\frac{3}{2}}\right]_0^R=-\frac{1}{3}(0-R^3)=\frac{R^3}{3}.\end{aligned}$$

例 7.4.4　求定积分 $\int_0^{\pi}\sqrt{\sin^3 x-\sin^5 x}\mathrm{d}x$.

解　因为 $\sqrt{\sin^3 x-\sin^5 x}=|\cos x|(\sin x)^{\frac{3}{2}}$，所以

$$\begin{aligned}\int_0^{\pi}\sqrt{\sin^3 x-\sin^5 x}\,\mathrm{d}x&=\int_0^{\pi}|\cos x|(\sin x)^{\frac{3}{2}}\mathrm{d}x\\&=\int_0^{\frac{\pi}{2}}\cos x(\sin x)^{\frac{3}{2}}\mathrm{d}x-\int_{\frac{\pi}{2}}^{\pi}\cos x(\sin x)^{\frac{3}{2}}\mathrm{d}x\\&=\int_0^{\frac{\pi}{2}}(\sin x)^{\frac{3}{2}}\mathrm{d}\sin x-\int_{\frac{\pi}{2}}^{\pi}(\sin x)^{\frac{3}{2}}\mathrm{d}\sin x\\&=\frac{2}{5}(\sin x)^{\frac{5}{2}}\Big|_0^{\frac{\pi}{2}}-\frac{2}{5}(\sin x)^{\frac{5}{2}}\Big|_{\frac{\pi}{2}}^{\pi}=\frac{4}{5}.\end{aligned}$$

注　如果忽略 $\cos x$ 在 $\left[\frac{\pi}{2},\pi\right]$ 上非正，而按计算

$$\sqrt{\sin^3 x-\sin^5 x}=\cos x(\sin x)^{\frac{3}{2}}$$

计算，将导致错误.

把公式(7.4.1)反过来使用，即用变换 $t=\varphi(x)$ 把公式(7.4.1)右端化为左端，即得与不定积分第二换元积分法相应的定积分换元公式

$$\int_{\alpha}^{\beta}f(t)\,\mathrm{d}t=\int_a^b f[\varphi(x)]\varphi'(x)\,\mathrm{d}x .$$

如果把记号 α,β,t 依次和 a,b,x 交换，则上式记为

$$\int_a^b f(x)\,\mathrm{d}x=\int_{\alpha}^{\beta}f[\varphi(t)]\varphi'(t)\,\mathrm{d}t .$$

我们把上述结果叙述成下面定理.

定理 7.4.1　设函数 $f(x)$ 在闭区间 $[a,b]$ 上连续，函数 $x=\varphi(t)$ 满足条件：

(1) $\varphi(\alpha)=a,\ \varphi(\beta)=b$, 且 $a\leqslant\varphi(t)\leqslant b$;

(2) $\varphi(t)$ 在 $[\alpha,\beta]$ (或 $[\beta,\alpha]$)上具有连续导数，则有

$$\int_a^b f(x)\,\mathrm{d}x=\int_{\alpha}^{\beta}f[\varphi(t)]\varphi'(t)\,\mathrm{d}t . \tag{7.4.2}$$

公式(7.4.2)称为定积分的**换元公式**.

证明　由假设知，上式两边的被积函数都是连续的. 因此，不仅上式两边的定积分都存在，而且由定理 7.3.2 知，被积函数的原函数也都存在. 所以，式(7.4.2)两边的定积分都可应用牛顿–莱布尼茨公式. 假设 $F(x)$ 是 $f(x)$ 的一个原函数，则

$$\int_a^b f(x)\mathrm{d}x=F(b)-F(a) .$$

另一方面，$\Phi(t)=F[\varphi(t)]$ 可看作是由 $F(x)$ 与 $x=\varphi(t)$ 复合而成的一个原函数. 因此由复合函数求导法则，得

$$\Phi'(t)=\frac{\mathrm{d}F}{\mathrm{d}x}\cdot\frac{\mathrm{d}x}{\mathrm{d}t}=f(x)\varphi'(t)=f[\varphi(t)]\varphi'(t) .$$

这表明 $\Phi(t)$ 是 $f[\varphi(t)]\varphi'(t)$ 的一个原函数，因此有

$$\int_{\alpha}^{\beta} f[\varphi(t)]\varphi'(t)\mathrm{d}t = \Phi(\beta)-\Phi(\alpha).$$

又由 $\Phi(t)=F[\varphi(t)]$ 及 $\varphi(\alpha)=a,\ \varphi(\beta)=b$，可知

$$\Phi(\beta)-\Phi(\alpha)=F[\varphi(\beta)]-F[\varphi(\alpha)]=F(b)-F(a).$$

注 定积分的换元公式与不定积分的换元公式很类似. 但是，在应用定积分的换元公式时应注意以下两点：

(1) 用 $x=\varphi(t)$ 把变量 x 换成新变量 t 时，积分限也要换成相应于新变量 t 的积分限，且上限对应于上限，下限对应于下限；

(2) 求出 $f[\varphi(t)]\varphi'(t)$ 的一个原函数 $\Phi(t)$ 后，不必象计算不定积分那样再把 $\Phi(t)$ 变换成原变量 x 的函数，而只要把新变量 t 的上、下限分别代入 $\Phi(t)$ 然后相减就行了.

例 7.4.5 求定积分 $\int_0^a \sqrt{a^2-x^2}\mathrm{d}x\ (a>0)$.

解 令 $x=a\sin t$，则 $\mathrm{d}x=a\cos t\mathrm{d}t$，且当 $x=0$ 时，$t=0$；当 $x=a$ 时，$t=\dfrac{\pi}{2}$. 由换元积分公式得

$$\int_0^a \sqrt{a^2-x^2}\mathrm{d}x = a^2\int_0^{\frac{\pi}{2}}\cos^2 t\mathrm{d}t = a^2\int_0^{\frac{\pi}{2}}\frac{1+\cos 2t}{2}\mathrm{d}t$$

$$=\frac{a^2}{2}\int_0^{\frac{\pi}{2}}(1+\cos 2t)\mathrm{d}t=\frac{a^2}{2}\left(t+\frac{1}{2}\sin 2t\right)\Bigg|_0^{\frac{\pi}{2}}=\frac{\pi a^2}{4}.$$

注 根据定积分的几何意义，$\int_0^a \sqrt{a^2-x^2}\mathrm{d}x$ 的值为圆 $x^2+y^2=a^2$ 面积 πa^2 的 $\dfrac{1}{4}$，与本题得到相同的结果.

例 7.4.6 求定积分 $\int_0^8 \dfrac{1}{1+\sqrt[3]{x}}\mathrm{d}x$.

解 令 $t=\sqrt[3]{x}$, 则 $x=t^3$, $\mathrm{d}x=3t^2\mathrm{d}t$, 当 $x=0$ 时，$t=0$；当 $x=8$ 时，$t=2$. 从而

$$\int_0^8 \frac{1}{1+\sqrt[3]{x}}\mathrm{d}x=\int_0^2 \frac{1}{1+t}3t^2\mathrm{d}t=3\int_0^2 \frac{t^2-1+1}{1+t}\mathrm{d}t=3\int_0^2\left(t-1+\frac{1}{1+t}\right)\mathrm{d}t$$

$$=3\left[\frac{t^2}{2}-t+\ln(1+t)\right]\Bigg|_0^2=3\ln 3.$$

例 7.4.7 证明：若 $f(x)$ 在 $[-a,a]$ 上连续，则

(1) 当 $f(x)$ 为偶函数时，有 $\int_{-a}^a f(x)\mathrm{d}x=2\int_0^a f(x)\mathrm{d}x$；

(2) 当 $f(x)$ 为奇函数时，有 $\int_{-a}^a f(x)\mathrm{d}x=0$.

证明 $\int_{-a}^a f(x)\mathrm{d}x=\int_{-a}^0 f(x)\mathrm{d}x+\int_0^a f(x)\mathrm{d}x$，该式右端第一项中令 $x=-t$，则

$$\int_{-a}^0 f(x)\mathrm{d}x=-\int_a^0 f(-t)\mathrm{d}t=\int_0^a f(-t)\mathrm{d}t=\int_0^a f(-x)\mathrm{d}x.$$

(1) 若 $f(x)$ 为偶函数，即 $f(-x)=f(x)$，则

$$\int_{-a}^{a} f(x)\mathrm{d}x = \int_{-a}^{0} f(x)\mathrm{d}x + \int_{0}^{a} f(x)\mathrm{d}x = 2\int_{0}^{a} f(x)\mathrm{d}x .$$

(2) 若 $f(x)$ 为奇函数，即 $f(-x) = -f(x)$，则

$$\int_{-a}^{a} f(x)\mathrm{d}x = \int_{-a}^{0} f(x)\mathrm{d}x + \int_{0}^{a} f(x)\mathrm{d}x = 0 .$$

例 7.4.8　计算 $\int_{-1}^{1}(|x| + \sin x)x^2\mathrm{d}x$.

解　因为积分区间关于原点对称，且 $|x|x^2$ 为偶函数，$\sin x \cdot x^2$ 为奇函数，所以

$$\int_{-1}^{1}(|x| + \sin x)x^2\mathrm{d}x = \int_{-1}^{1}|x|x^2\mathrm{d}x = 2\int_{0}^{1}x^3\mathrm{d}x = 2\cdot\frac{x^4}{4}\bigg|_0^1 = \frac{1}{2} .$$

例 7.4.9　若 $f(x)$ 在 $[0,1]$ 上连续，证明：

(1) $\int_{0}^{\frac{\pi}{2}} f(\sin x)\mathrm{d}x = \int_{0}^{\frac{\pi}{2}} f(\cos x)\mathrm{d}x$;

(2) $\int_{0}^{\pi} xf(\sin x)\mathrm{d}x = \frac{\pi}{2}\int_{0}^{\pi} f(\sin x)\mathrm{d}x$，由此计算 $\int_{0}^{\pi}\frac{x\sin x}{1+\cos^2 x}\mathrm{d}x$.

证明 (1) 设 $x = \frac{\pi}{2} - t$，则 $\mathrm{d}x = -\mathrm{d}t$，当 $x = 0$ 时，$t = \frac{\pi}{2}$；当 $x = \frac{\pi}{2}$ 时，$t = 0$．于是

$$\int_{0}^{\frac{\pi}{2}} f(\sin x)\mathrm{d}x = -\int_{\frac{\pi}{2}}^{0} f\left[\sin\left(\frac{\pi}{2} - t\right)\right]\mathrm{d}t = \int_{0}^{\frac{\pi}{2}} f(\cos t)\mathrm{d}t = \int_{0}^{\frac{\pi}{2}} f(\cos x)\mathrm{d}x .$$

(2) 设 $x = \pi - t$，则 $\mathrm{d}x = -\mathrm{d}t$，当 $x = 0$ 时，$t = \pi$；当 $x = \pi$ 时，$t = 0$．于是

$$\begin{aligned}\int_{0}^{\pi} xf(\sin x)\mathrm{d}x &= -\int_{\pi}^{0}(\pi - t)f[\sin(\pi - t)]\mathrm{d}t = \int_{0}^{\pi}(\pi - t)f(\sin t)\mathrm{d}t \\ &= \pi\int_{0}^{\pi} f(\sin t)\mathrm{d}t - \int_{0}^{\pi} tf(\sin t)\mathrm{d}t = \pi\int_{0}^{\pi} f(\sin x)\mathrm{d}x - \int_{0}^{\pi} xf(\sin x)\mathrm{d}x .\end{aligned}$$

所以

$$\int_{0}^{\pi} xf(\sin x)\mathrm{d}x = \frac{\pi}{2}\int_{0}^{\pi} f(\sin x)\mathrm{d}x .$$

由于 $g(x) = \frac{\sin x}{1+\cos^2 x}$ 是关于 $\sin x$ 的函数，因此

$$\begin{aligned}\int_{0}^{\pi}\frac{x\sin x}{1+\cos^2 x}\mathrm{d}x &= \frac{\pi}{2}\int_{0}^{\pi}\frac{\sin x}{1+\cos^2 x}\mathrm{d}x = -\frac{\pi}{2}\int_{0}^{\pi}\frac{1}{1+\cos^2 x}\mathrm{d}(\cos x) \\ &= -\frac{\pi}{2}\arctan(\cos x)\bigg|_0^{\pi} = -\frac{\pi}{2}\left(-\frac{\pi}{4} - \frac{\pi}{4}\right) = \frac{\pi^2}{4}.\end{aligned}$$

7.4.2　定积分的分部积分法

设函数 $u(x), v(x)$ 在区间 $[a,b]$ 上具有连续导数，按不定积分的分部积分法，有

$$\int u(x)v'(x)\mathrm{d}x = u(x)v(x) - \int u'(x)v(x)\mathrm{d}x .$$

从而

$$\int_{a}^{b} u(x)v'(x)\mathrm{d}x = \left[u(x)v(x) - \int u'(x)v(x)\mathrm{d}x\right]_a^b ,$$

即

$$\int_a^b u(x)v'(x)\mathrm{d}x = \left[u(x)v(x)\right]\Big|_a^b - \int_a^b u'(x)v(x)\mathrm{d}x ,$$

或简记为

$$\int_a^b u(x)\mathrm{d}v(x) = \left[u(x)v(x)\right]\Big|_a^b - \int_a^b v(x)\mathrm{d}u(x) .$$

这就是**定积分的分部积分公式**. 公式表面原函数已经求出的部分可以先用上、下限代入，而不必等到整个原函数全求出后再代入上、下限.

例 7.4.10 求定积分 $\int_0^1 x\mathrm{e}^{-x}\mathrm{d}x$.

解 $\int_0^1 x\mathrm{e}^{-x}\mathrm{d}x = -\int_0^1 x\mathrm{d}(\mathrm{e}^{-x}) = -[(x\mathrm{e}^{-x})\big|_0^1 - \int_0^1 \mathrm{e}^{-x}\mathrm{d}x] = -[(\mathrm{e}^{-1}-0) + \int_0^1 \mathrm{e}^{-x}\mathrm{d}(-x)]$

$$= -(\mathrm{e}^{-1} + \mathrm{e}^{-x}\big|_0^1) = -[\mathrm{e}^{-1} + (\mathrm{e}^{-1}-1)] = 1 - 2\mathrm{e}^{-1} .$$

例 7.4.11 求 $\int_0^1 \arctan x\mathrm{d}x$.

解 设 $u = \arctan x$ ， $\mathrm{d}v = \mathrm{d}x$ ，则 $\mathrm{d}u = \dfrac{\mathrm{d}x}{1+x^2}$ ， $v = x$ ，于是

$$\int_0^1 \arctan x\mathrm{d}x = (x\arctan x)\big|_0^1 - \int_0^1 \frac{x\mathrm{d}x}{1+x^2} = \frac{\pi}{4} - \frac{1}{2}\int_0^1 \frac{\mathrm{d}(1+x^2)}{1+x^2}$$
$$= \frac{\pi}{4} - \frac{1}{2}[\ln(1+x^2)]\big|_0^1 = \frac{\pi}{4} - \frac{1}{2}\ln 2.$$

例 7.4.12 求 $\int_0^4 \mathrm{e}^{\sqrt{x}}\mathrm{d}x$.

解 设 $\sqrt{x} = t$ ，则 $\mathrm{d}x = 2t\mathrm{d}t$ ，且当 $x = 0$ 时， $t = 0$ ；则当 $x = 4$ 时， $t = 2$. 于是

$$\int_0^4 \mathrm{e}^{\sqrt{x}}\mathrm{d}x = 2\int_0^2 t\mathrm{e}^t\mathrm{d}t = 2\int_0^2 t\mathrm{d}\mathrm{e}^t = 2(t\mathrm{e}^t)\big|_0^2 - 2\int_0^2 \mathrm{e}^t\mathrm{d}t$$
$$= 4\mathrm{e}^2 - 2\mathrm{e}^t\big|_0^2 = 2(\mathrm{e}^2+1).$$

例 7.4.13 导出 $I_n = \int_0^{\frac{\pi}{2}} \sin^n x\mathrm{d}x$ (n 为非负整数)的递推公式.

解 易见 $I_0 = \int_0^{\frac{\pi}{2}} \mathrm{d}x = \dfrac{\pi}{2}$ ， $I_1 = \int_0^{\frac{\pi}{2}} \sin x\mathrm{d}x = 1$ ，当 $n \geqslant 2$ 时

$$I_n = \int_0^{\frac{\pi}{2}} \sin^n x\mathrm{d}x = -\int_0^{\frac{\pi}{2}} \sin^{n-1} x\,\mathrm{d}\cos x$$
$$= (-\sin^{n-1}x\cos x)\big|_0^{\frac{\pi}{2}} + (n-1)\int_0^{\frac{\pi}{2}} \sin^{n-2}x\cos^2 x\mathrm{d}x$$
$$= (n-1)\int_0^{\frac{\pi}{2}} \sin^{n-2}x(1-\sin^2 x)\mathrm{d}x$$
$$= (n-1)\int_0^{\frac{\pi}{2}} \sin^{n-2}x\mathrm{d}x - (n-1)\int_0^{\frac{\pi}{2}} \sin^n x\mathrm{d}x$$
$$= (n-1)I_{n-2} - (n-1)I_n,$$

从而得到递推公式

$$I_n = \frac{n-1}{n} I_{n-2}.$$

反复用此公式直到下标为 0 或 1，得

$$I_n = \begin{cases} \dfrac{2m-1}{2m} \cdot \dfrac{2m-3}{2m-2} \cdot \cdots \cdot \dfrac{5}{6} \cdot \dfrac{3}{4} \cdot \dfrac{1}{2} \cdot \dfrac{\pi}{2}, & n = 2m, \\ \dfrac{2m}{2m+1} \cdot \dfrac{2m-2}{2m-1} \cdot \cdots \cdot \dfrac{6}{7} \cdot \dfrac{4}{5} \cdot \dfrac{2}{3}, & n = 2m+1, \end{cases}$$

其中 m 为自然数.

注 根据例 7.4.9 的结果，有 $\int_0^{\frac{\pi}{2}} \sin^n x \mathrm{d}x = \int_0^{\frac{\pi}{2}} \cos^n x \mathrm{d}x$.

习题 7-4

1. 计算下列定积分：

(1) $\int_0^{\sqrt{2}} \sqrt{2-x^2} \mathrm{d}x$ ； (2) $\int_0^1 x^2\sqrt{1-x^2} \mathrm{d}x$ ；

(3) $\int_1^{\sqrt{3}} \frac{\mathrm{d}x}{x^2\sqrt{1+x^2}}$ ； (4) $\int_{-1}^1 \frac{x\mathrm{d}x}{\sqrt{5-4x}}$ ；

(5) $\int_0^4 \frac{x+2}{\sqrt{2x+1}} \mathrm{d}x$ ； (6) $\int_0^{\pi} \cos^4 x \sin x \mathrm{d}x$ ；

(7) $\int_0^1 t\mathrm{e}^{-t^2} \mathrm{d}t$ ； (8) $\int_1^{\mathrm{e}} \frac{1+\ln x}{x} \mathrm{d}x$ ；

(9) $\int_0^{\pi} \sqrt{\sin^2 x - \sin^4 x} \mathrm{d}x$ ； (10) $\int_0^1 \frac{\mathrm{d}x}{\mathrm{e}^x + \mathrm{e}^{-x}}$.

2. 设 $f(x) = \begin{cases} x\mathrm{e}^{-x^2}, & x \geqslant 0, \\ \dfrac{1}{1+\cos x}, & -1 < x < 0, \end{cases}$ 求 $\int_1^4 f(x-2) \mathrm{d}x$.

3. 利用函数的奇偶性计算下列定积分：

(1) $\int_{-5}^{5} \frac{x^3 \sin^2 x}{x^4 + 2x^2 + 1} \mathrm{d}x$; ； (2) $\int_{-\frac{1}{2}}^{\frac{1}{2}} \frac{(\arcsin x)^2}{\sqrt{1-x^2}} \mathrm{d}x$ ；

(3) $\int_{-1}^1 \frac{2x^2 + x\cos x}{1+\sqrt{1-x^2}} \mathrm{d}x$ ； (4) $\int_{-2}^{2} \frac{x+|x|}{2+x^2} \mathrm{d}x$.

4. 计算下列定积分：

(1) $\int_0^{\frac{\pi}{2}} x^2 \sin x \mathrm{d}x$ ； (2) $\int_1^{\mathrm{e}} x \ln x \mathrm{d}x$ ；

(3) $\int_0^1 x \arctan x \mathrm{d}x$ ； (4) $\int_0^{\frac{1}{2}} \mathrm{acr}\sin x \mathrm{d}x$ ；

(5) $\int_0^{\frac{\pi}{4}} \frac{x\mathrm{d}x}{1+\cos 2x}$ ； (6) $\int_{\frac{1}{\mathrm{e}}}^{\mathrm{e}} |\ln t| \mathrm{d}t$ ；

(7) $\int_1^{\mathrm{e}} \sin(\ln x) \mathrm{d}x$ ； (8) $\int_0^1 \frac{x\mathrm{e}^x}{(1+x)^2} \mathrm{d}x$.

5. 讨论函数 $y = \int_0^x t\mathrm{e}^{-t^2} \mathrm{d}t$ 的极值点与拐点.

6. 已知 $f(x)$ 连续且满足方程 $f(x) = x\mathrm{e}^{-x} + 2\int_0^1 f(t) \mathrm{d}t$ ，求 $f(x)$.

7. 设 $f(x)$ 在 $[a,b]$ 上连续，证明 $\int_a^b f(x)\mathrm{d}x=(b-a)\int_0^1 f\left[a+(b-a)x\right]\mathrm{d}x$.

8. 证明 $\int_0^1 x^m(1-x)^n\mathrm{d}x=\int_0^1 x^n(1-x)^m\mathrm{d}x$.

9. 证明 $\int_0^{\frac{\pi}{2}}\frac{\sin^3 x}{\sin x+\cos x}\mathrm{d}x=\int_0^{\frac{\pi}{2}}\frac{\cos^3 x}{\sin x+\cos x}\mathrm{d}x$ ，并求出积分值.

10. 若 $f(t)$ 连续且为奇函数，证明 $\int_0^x f(t)\mathrm{d}t$ 是偶函数；若 $f(t)$ 连续且为偶函数，证明 $\int_0^x f(t)\mathrm{d}t$ 是奇函数.

11. 若 $f''(x)$ 在 $\left[0,\pi\right]$ 连续， $f(0)=2$ ， $f(\pi)=1$ ，证明： $\int_0^{\pi}\left[f(x)+f''(x)\right]\sin x\mathrm{d}x=3$.

7.5* 反 常 积 分

前面的定积分有两个前提：一个是积分区间是有限的，另一个是被积函数是有界的. 但在某些实际问题中，常常需要突破这两个前提条件. 因此在定积分的计算中，也要研究无穷区间上的积分和无界函数的积分. 这两类积分通称为**反常积分**或**广义积分**，相应地，前面的定积分则称为**正常积分**或**常义积分**.

7.5.1 无穷限的反常积分

定义 7.5.1 设对于任何大于 a 的实数 b ，函数 $f(x)$ 在 $[a,b]$ 上可积，则称极限

$$\lim_{b\to+\infty}\int_a^b f(x)\mathrm{d}x$$

为 $f(x)$ 在无穷区间 $[a,+\infty)$ 上的**反常积分(improper integral)**，或**广义积分**，记为

$$\int_a^{+\infty} f(x)\mathrm{d}x ,$$

即

$$\int_a^{+\infty} f(x)\mathrm{d}x=\lim_{b\to+\infty}\int_a^b f(x)\mathrm{d}x .$$

当此极限存在时，则称反常积分 $\int_a^{+\infty} f(x)\mathrm{d}x$ **收敛**，否则称反常积分 $\int_a^{+\infty} f(x)\mathrm{d}x$ **发散**.

类似地，设对于任何小于 b 的实数 a ，函数 $f(x)$ 在 $[a,b]$ 上可积，则称极限

$$\lim_{a\to-\infty}\int_a^b f(x)\mathrm{d}x$$

为 $f(x)$ 在无穷区间 $(-\infty,b]$ 上的**反常积分(improper integral)**，或**广义积分**，记为

$$\int_{-\infty}^b f(x)\mathrm{d}x ,$$

即

$$\int_{-\infty}^b f(x)\mathrm{d}x=\lim_{a\to-\infty}\int_a^b f(x)\mathrm{d}x .$$

当此极限存在时，则称反常积分 $\int_{-\infty}^b f(x)\mathrm{d}x$ **收敛**，否则称反常积分 $\int_{-\infty}^b f(x)\mathrm{d}x$ **发散**.

设函数 $f(x)$ 在 $(-\infty,+\infty)$ 上的任意子区间 $[a,b]$ 上可积，则规定

$$\int_{-\infty}^{+\infty} f(x)\mathrm{d}x = \int_{-\infty}^{c} f(x)\mathrm{d}x + \int_{c}^{+\infty} f(x)\mathrm{d}x,$$

其中 c 为任一有限数. 反常积分 $\int_{-\infty}^{+\infty} f(x)\mathrm{d}x$ 收敛的充要条件是 $\int_{-\infty}^{c} f(x)\mathrm{d}x$ 与 $\int_{c}^{+\infty} f(x)\mathrm{d}x$ 同时收敛.

上述反常积分统称为**无穷限的反常积分**.

例 7.5.1 计算反常积分 $\int_{0}^{+\infty} \frac{\mathrm{d}x}{1+x^2}$.

解 $\int_{0}^{+\infty} \frac{\mathrm{d}x}{1+x^2} = \lim\limits_{b\to+\infty}\int_{0}^{b} \frac{\mathrm{d}x}{1+x^2} = \lim\limits_{b\to+\infty} \arctan x\Big|_0^b = \lim\limits_{b\to+\infty}\arctan b = \frac{\pi}{2}.$

反常积分 $\int_{0}^{+\infty} \frac{\mathrm{d}x}{1+x^2}$ 的几何意义是位于曲线 $y=\frac{1}{1+x^2}$ 下方，x 轴上方以及 y 轴右方，并向右延伸至无穷的阴影部分的面积且面积为 $\frac{\pi}{2}$ (图 7-12).

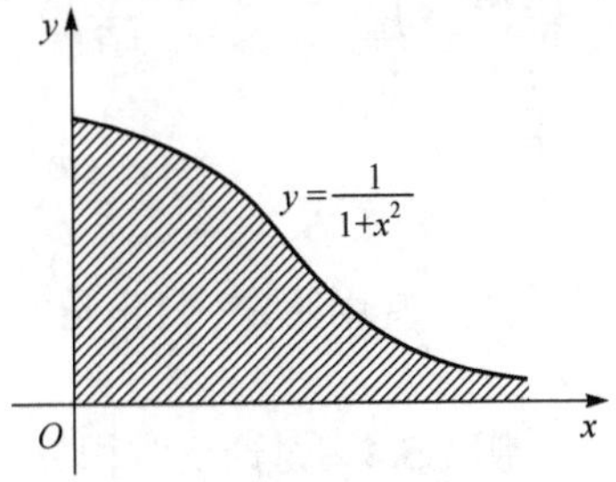

图 7-12

定理 7.5.1 设 $F(x)$ 为 $f(x)$ 在 $[a,+\infty)$ 上的一个原函数. 若 $\lim\limits_{x\to+\infty} F(x)$ 存在，则反常积分

$$\int_{a}^{+\infty} f(x)\mathrm{d}x = \lim_{x\to+\infty} F(x) - F(a);$$

若 $\lim\limits_{x\to+\infty} F(x)$ 不存在，则反常积分 $\int_{a}^{+\infty} f(x)\mathrm{d}x$ 发散.

证明 因为

$$\int_{a}^{b} f(x)\mathrm{d}x = F(b) - F(a),$$

所以极限 $\lim\limits_{b\to+\infty}\int_{a}^{b} f(x)\mathrm{d}x$ 与 $\lim\limits_{b\to+\infty} F(b)$ (即 $\lim\limits_{x\to+\infty} F(x)$)同时收敛或发散. 因此当 $\lim\limits_{x\to+\infty} F(x)$ 存在时,

$$\int_{a}^{+\infty} f(x)\mathrm{d}x = \lim_{x\to+\infty} F(x) - F(a);$$

当 $\lim\limits_{x\to+\infty} F(x)$ 不存在时，$\int_{a}^{+\infty} f(x)\mathrm{d}x$ 发散.

如果记 $F(+\infty) = \lim\limits_{x\to+\infty} F(x)$，$\left[F(x)\right]_0^{+\infty} = F(+\infty) - F(a)$，则有：当 $F(+\infty)$ 存在时,

$$\int_{a}^{+\infty} f(x)\mathrm{d}x = \left[F(x)\right]_0^{+\infty} = F(+\infty) - F(a);$$

当 $F(+\infty)$ 不存在时，反常积分 $\int_{a}^{+\infty} f(x)\mathrm{d}x$ 发散.

类似地，若在 $(-\infty,b]$ 上，$F'(x)=f(x)$，则当 $F(-\infty)$ 存在时,

$$\int_{-\infty}^{b} f(x)\mathrm{d}x = \left[F(x)\right]_{-\infty}^{b} = F(b) - F(-\infty);$$

当 $F(-\infty)$ 不存在时，反常积分 $\int_{-\infty}^{b} f(x)\mathrm{d}x$ 发散.

若在 $(-\infty,+\infty)$ 上，$F'(x)=f(x)$，则当 $F(-\infty)$ 和 $F(+\infty)$ 都存在时,

$$\int_{-\infty}^{+\infty} f(x)\mathrm{d}x = \left[F(x)\right]_{-\infty}^{+\infty} = F(+\infty) - F(-\infty);$$

当 $F(-\infty)$ 和 $F(+\infty)$ 至少有一个不存在时，反常积分 $\int_{-\infty}^{+\infty} f(x)\mathrm{d}x$ 发散.

因此，例 7.5.1 计算过程可叙述为

$$\int_0^{+\infty} \frac{\mathrm{d}x}{1+x^2} = [\arctan x]_0^{+\infty} = \frac{\pi}{2}.$$

例 7.5.2 讨论反常积分 $\int_{-\infty}^{1} \frac{x}{1+x^2}\mathrm{d}x$ 的敛散性.

解 $\int_{-\infty}^{1} \frac{x}{1+x^2}\mathrm{d}x = \frac{1}{2}\int_{-\infty}^{1} \frac{\mathrm{d}(1+x^2)}{1+x^2} = \frac{1}{2}\ln(1+x^2)\Big|_{-\infty}^{1} = -\infty$.

例 7.5.3 计算反常积分 $\int_0^{+\infty} t\mathrm{e}^{-pt}\mathrm{d}t$ (p 是常数，且 $p>0$ 时收敛).

解

$$\begin{aligned}\int_0^{+\infty} t\mathrm{e}^{-pt}\mathrm{d}t &= -\frac{1}{p}\int_0^{+\infty} t\mathrm{d}\mathrm{e}^{-pt} = -\frac{1}{p}t\mathrm{e}^{-pt}\Big|_0^{+\infty} + \frac{1}{p}\int_0^{+\infty}\mathrm{e}^{-pt}\mathrm{d}t \\ &= -\frac{1}{p}t\mathrm{e}^{-pt}\Big|_0^{+\infty} - \frac{1}{p^2}\mathrm{e}^{-pt}\Big|_0^{+\infty} = -\frac{1}{p}\lim_{t\to+\infty} t\mathrm{e}^{-pt} + 0 - \frac{1}{p^2}(0-1) = \frac{1}{p^2}.\end{aligned}$$

注 其中不定式 $\lim\limits_{t\to+\infty} t\mathrm{e}^{-pt} = \lim\limits_{t\to+\infty}\frac{t}{\mathrm{e}^{pt}} = \lim\limits_{t\to+\infty}\frac{1}{p\mathrm{e}^{pt}} = 0$.

例 7.5.4 讨论反常积分 $\int_1^{+\infty}\frac{1}{x^p}\mathrm{d}x$ 的敛散性.

解 (1) 当 $p=1$ 时，$\int_1^{+\infty}\frac{1}{x^p}\mathrm{d}x = \int_1^{+\infty}\frac{1}{x}\mathrm{d}x = \ln x\Big|_1^{+\infty} = +\infty$；

(2) 当 $p\neq 1$ 时，$\int_1^{+\infty}\frac{1}{x^p}\mathrm{d}x = \frac{x^{1-p}}{1-p}\Big|_1^{+\infty} = \begin{cases} +\infty, & p<1, \\ \dfrac{1}{p-1}, & p>1. \end{cases}$

因此，当 $p>1$ 时，反常积分 $\int_1^{+\infty}\frac{1}{x^p}\mathrm{d}x$ 收敛，其值为 $\frac{1}{p-1}$；当 $p\leqslant 1$ 时，反常积分 $\int_1^{+\infty}\frac{1}{x^p}\mathrm{d}x$ 发散.

7.5.2 无界函数的反常积分

下面再把定积分推广到无界函数的情形.

如果函数 $f(x)$ 在点 a 的任一邻域内都无界，那么 a 称为**函数 $f(x)$ 的瑕点(**也称**无界间断点**)，无界函数的反常积分也称为**瑕积分**.

定义 7.5.2 设函数 $f(x)$ 在 $[a,b)$ 上连续，b 为瑕点. 称极限

$$\lim_{x\to b^-}\int_a^b f(x)\mathrm{d}x$$

为无界函数 $f(x)$ 在 $[a,b)$ 上的**反常函数(或瑕积分)**，记为 $\int_a^b f(x)\mathrm{d}x$，即

$$\int_a^b f(x)\mathrm{d}x = \lim_{x\to b^-}\int_a^b f(x)\mathrm{d}x.$$

当这个极限存在时，则称反常积分 $\int_a^b f(x)\mathrm{d}x$ 收敛；若极限不存在，则称反常积分 $\int_a^b f(x)\mathrm{d}x$ 发散.

类似地，设函数 $f(x)$ 在 $(a,b]$ 上连续，且 a 为瑕点．称极限

$$\lim_{x\to a^+}\int_a^b f(x)\mathrm{d}x$$

为无界函数 $f(x)$ 在 $(a,b]$ 上的**反常函数(或瑕积分)**，记为 $\int_a^b f(x)\mathrm{d}x$，即

$$\int_a^b f(x)\mathrm{d}x=\lim_{x\to a^+}\int_a^b f(x)\mathrm{d}x .$$

当这个极限存在时，则称反常积分 $\int_a^b f(x)\mathrm{d}x$ 收敛；若极限不存在，则称反常积分 $\int_a^b f(x)\mathrm{d}x$ 发散.

若函数 $f(x)$ 在 $[a,c)$，$(c,b]$ 内连续，$x=c$ 为 $f(x)$ 的瑕点，则规定

$$\int_a^b f(x)\mathrm{d}x=\int_a^c f(x)\mathrm{d}x+\int_c^b f(x)\mathrm{d}x .$$

反常积分 $\int_a^b f(x)\mathrm{d}x$ 收敛的充要条件是 $\int_a^c f(x)\mathrm{d}x$ 与 $\int_c^b f(x)\mathrm{d}x$ 同时收敛.

同样可把微积分基本公式应用到这类反常积分的计算中来.

定理 7.5.2　设 $F(x)$ 为 $f(x)$ 在 $(a,b]$ 上的一个原函数，若 $\lim\limits_{x\to a^+}F(x)$ 存在，则反常积分

$$\int_a^b f(x)\mathrm{d}x=F(b)-\lim_{x\to a^+}F(x)=F(b)-F(a^+) ;$$

若 $\lim\limits_{x\to a^+}F(x)$ 不存在，则反常积分 $\int_a^b f(x)\mathrm{d}x$ 发散.

证明与无穷区间上的反常积分的情形类似，这里从略．仍用记号 $\left[F(x)\right]_{a^+}^b$ 表示 $F(b)-F(a^+)$，从而形式上仍有

$$\int_a^b f(x)\mathrm{d}x=\left[F(x)\right]_a^b=F(b)-F(a^+) .$$

类似地，若在 $[a,b)$ 上，$F'(x)=f(x)$，则当 $\lim\limits_{x\to b^-}F(x)$ 存在时，反常积分

$$\int_a^b f(x)\mathrm{d}x=\left[F(x)\right]_a^b=F(b^-)-F(a) ;$$

当 $\lim\limits_{x\to b^-}F(x)$ 不存在时，反常积分 $\int_a^b f(x)\mathrm{d}x$ 发散.

例 7.5.5　计算反常积分 $\int_0^a\dfrac{\mathrm{d}x}{\sqrt{a^2-x^2}}\ (a>0)$.

解　因为 $\lim\limits_{x\to a^-}\dfrac{1}{\sqrt{a^2-x^2}}=+\infty$，所以 a 为瑕点.

$$\int_0^a\frac{\mathrm{d}x}{\sqrt{a^2-x^2}}=\left[\arcsin\frac{x}{a}\right]_0^a=\frac{\pi}{2} .$$

反常积分 $\int_0^a\dfrac{\mathrm{d}x}{\sqrt{a^2-x^2}}$ 的几何意义是：位于 $y=\dfrac{1}{\sqrt{a^2-x^2}}$ 下方，x 轴上方，直线 $x=0$ 与 $x=a$ 之间的图形的面积(图 7-13).

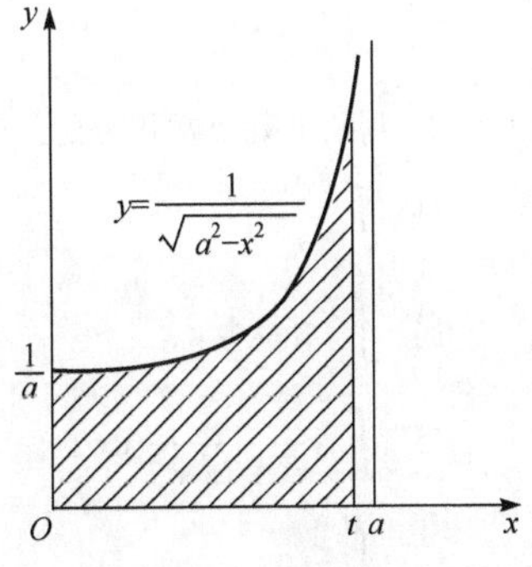

图 7-13

例 7.5.6　讨论反常积分 $\int_{-1}^1\dfrac{1}{x^2}\mathrm{d}x$ 的敛散性.

解　被积函数 $f(x)=\dfrac{1}{x^2}$ 在区间 $[-1,1]$ 上除 $x=0$ 外连续，且 $\lim\limits_{x\to0}\dfrac{1}{x^2}=+\infty$．由于

$$\int_{-1}^{0}\frac{1}{x^2}\mathrm{d}x=\left[-\frac{1}{x}\right]_{-1}^{0}=+\infty,$$

即广义积分 $\int_{-1}^{0}\frac{1}{x^2}\mathrm{d}x$ 发散，所以广义积分

$$\int_{-1}^{1}\frac{1}{x^2}\mathrm{d}x=\int_{-1}^{0}\frac{1}{x^2}\mathrm{d}x+\int_{0}^{1}\frac{1}{x^2}\mathrm{d}x$$

发散.

注　一般而言，判断无穷区间上的反常积分，一目了然，而瑕积分与定积分容易混淆．例7.5.6 中如果忽略了 $\dfrac{1}{x^2}$ 在 $x=0$ 处无界而按定积分计算，则有错误结果，

$$\int_{-1}^{1}\frac{1}{x^2}\mathrm{d}x=-\frac{1}{x}\bigg|_{-1}^{1}=-1-1=-2.$$

另外，定积分的计算方法与性质，不能随意地直接应用到反常积分中，否则会出错．如

$$\int_{-\infty}^{+\infty}\frac{x}{1+x^2}\mathrm{d}x$$

是发散的，若此积分是对称区间上的奇函数，就会得出此积分为零的错误结果.

例 7.5.7　讨论反常积分 $\int_{0}^{1}\frac{1}{x^q}\mathrm{d}x\ (q>0)$ 的敛散性.

证明　被积函数在积分区间上有瑕点 $x=0$．

(1) 当 $q=1$ 时，$\int_{0}^{1}\frac{1}{x^q}\mathrm{d}x=\int_{0}^{1}\frac{1}{x}\mathrm{d}x=\ln x\Big|_{0}^{1}=+\infty$；

(2) 当 $q\neq1$ 时，$\int_{0}^{1}\frac{1}{x^q}\mathrm{d}x=\dfrac{x^{1-q}}{1-q}\bigg|_{0}^{1}=\begin{cases}+\infty, & q>1,\\ \dfrac{1}{1-q}, & 0<q<1.\end{cases}$

因此，当 $0<q<1$ 时，反常积分 $\int_{0}^{1}\frac{1}{x^q}\mathrm{d}x$ 收敛，其值为 $\dfrac{1}{1-q}$；当 $q\geqslant1$ 时，反常积分 $\int_{0}^{1}\frac{1}{x^q}\mathrm{d}x$ 发散.

习题 7-5

1. 判断下列反常积分的敛散性：

(1) $\int_{1}^{+\infty}\frac{\mathrm{d}x}{x^4}$；　　(2) $\int_{0}^{+\infty}\mathrm{e}^{-x}\mathrm{d}x$；

(3) $\int_{0}^{+\infty}\sin x\mathrm{d}x$；　　(4) $\int_{-\infty}^{0}\frac{\mathrm{e}^x}{1+\mathrm{e}^x}\mathrm{d}x$；

(5) $\int_{-\infty}^{+\infty}\frac{1}{x^2+2x+2}\mathrm{d}x$；　　(6) $\int_{1}^{+\infty}\frac{1}{x(1+x^2)}\mathrm{d}x$；

(7) $\int_{-1}^{1}\frac{1}{x}\mathrm{d}x$；　　(8) $\int_{0}^{1}\frac{\ln x}{x}\mathrm{d}x$；

(9) $\int_{0}^{1}\frac{x}{\sqrt{1-x^2}}\mathrm{d}x$；　　(10) $\int_{-\frac{\pi}{2}}^{\frac{\pi}{2}}\frac{1}{\cos^2 x}\mathrm{d}x$.

2. 已知 $\lim\limits_{x\to\infty}\left(\dfrac{1+x}{x}\right)^{ax}=\int_{-\infty}^{a} te^t \mathrm{d}t \quad (a>0)$，求常数 a .

3. 当 λ 为何值时，反常积分 $\int_2^{+\infty}\dfrac{\mathrm{d}x}{x(\ln x)^{\lambda}}$ 收敛？当 λ 为何值时，该反常积分发散？

4. 计算积分 $\int_1^{+\infty}\dfrac{\arctan x}{x^2}\mathrm{d}x$.

7.6　定积分的应用——建立求总量模型的简便方法——微元法

定积分在自然科学和实际生活中有着广泛的应用，有许多实际问题最后归结为定积分问题．本节主要讲定积分的应用，如定积分在几何学、物理学、经济学中的应用．在讨论定积分的应用之前，先介绍利用定积分解决实际问题时所用的方法——微元法．

先回顾 7.1 节中讨论过的求曲边梯形面积的几个步骤．

(1) 分割：用一组分点将区间 $[a,b]$ 任意分成长度为 $\Delta x_i (i=1,2,\cdots,n)$ 的 n 个小区间．相应地把曲边梯形分割成 n 个窄曲边梯形，第 i 个窄曲边梯形的面积为 ΔA_i，于是 $A=\sum\limits_{i=1}^{n}\Delta A_i$.

(2) 作近似代替：计算 ΔA_i 的近似值 $\Delta A_i \approx f(\xi_i)\Delta x_i (x_{i-1}\leqslant \xi_i \leqslant x_i)$.

(3) 求和：得 A 的近似值 $A\approx\sum\limits_{i=1}^{n} f(\xi_i)\Delta x_i$.

(4) 取极限：得 A 的精确值 $A=\lim\limits_{\lambda\to 0}\sum\limits_{i=1}^{n} f(\xi_i)\Delta x_i=\int_a^b f(x)\mathrm{d}x (f(x)\geqslant 0)$.

在上述问题中注意到以下几点：

(1) 所求量(面积 A)与区间 $[a,b]$ 有关；

(2) 所求量对于区间 $[a,b]$ 具有可加性．如果把区间分成多个小区间，则所求量相应地分成许多部分量(如 ΔA_i)，而所求量等于所有部分量之和(如 $A=\sum\limits_{i=1}^{n}\Delta A_i$)；

(3) 以 $f(\xi_i)\Delta x_i$ 近似代替部分量 ΔA_i 时，它们只相差一个 Δx_i 高阶的无穷小；

(4) 在满足上述条件后，所求量 A 即可表示为定积分 $A=\int_a^b f(x)\mathrm{d}x$.

在引出 A 的积分表达式的四个步骤中，主要是第(3)步，得到 ΔA_i 的近似值 $f(\xi_i)\Delta x_i$，使得

$$A=\lim_{\lambda\to 0}\sum_{i=1}^{n} f(\xi_i)\Delta x_i=\int_a^b f(x)\mathrm{d}x .$$

为了简便，省略下标 i，用 ΔA 表示任一小区间 $[x,x+\mathrm{d}x]$ 上窄曲边梯形的面积，取 $[x,x+\mathrm{d}x]$ 得左端点 x 为 ξ，以 $f(x)$ 为高、$\mathrm{d}x$ 为底的矩形的面积 $f(x)\mathrm{d}x$ 作为 ΔA 的近似值(图 7-14)，即

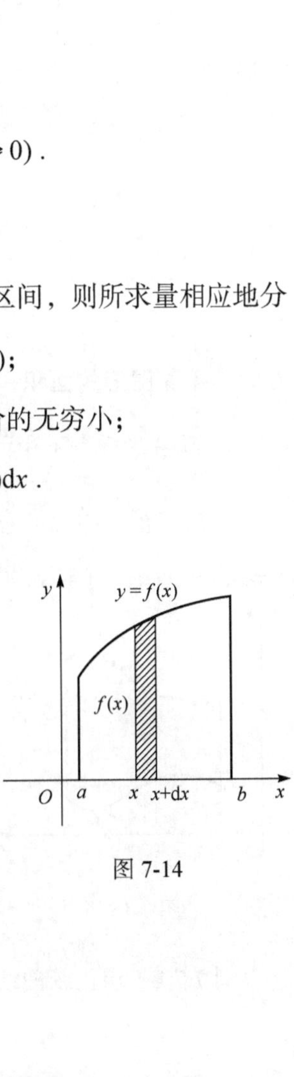

图 7-14

$$\Delta A\approx f(x)\mathrm{d}x ,$$

上式右端 $f(x)\mathrm{d}x$ 叫做面积微元，事实上就是面积微分，记作

$$\mathrm{d}A=f(x)\mathrm{d}x ,$$

则 $A=\int_a^b f(x)\mathrm{d}x$.

一般地，在实际问题中，将所求量U (**总量**)表示为定积分的方法称为**微元法**，其主要步骤如下：

(1) 由分割写出微元：根据具体问题，选取一个积分变量，例如x为积分变量，并确定它的变化区间$[a,b]$，任取$[a,b]$的一个区间微元$[x,x+\mathrm{d}x]$，求出相应于这个区间微元上部分量ΔU的近似值，即求出所求总量U的**微元**

$$\mathrm{d}U=f(x)\mathrm{d}x .$$

(2) 由微元写出积分：根据$\mathrm{d}U=f(x)\mathrm{d}x$写出表示总量$U$的定积分

$$U=\int_a^b \mathrm{d}U=\int_a^b f(x)\mathrm{d}x .$$

应用微元法解决实际问题时，应注意如下两点：

(1) 所求总量U关于区间$[a,b]$应具有可加性，即如果把区间$[a,b]$分成许多部分区间，则U相应地分成许多部分量，而U等于所有部分量ΔU之和．这一要求是由定积分概念本身所决定的；

(2) 使用微元法的关键是正确给出部分量ΔU的近似表达式$f(x)\mathrm{d}x$，即使得

$$f(x)\mathrm{d}x=\mathrm{d}U\approx\Delta U .$$

在通常情况下，要检验$\Delta U-f(x)\mathrm{d}x$是否为$\mathrm{d}x$的高阶无穷小并非易事，因此，在实际应用要注意$\mathrm{d}U=f(x)\mathrm{d}x$的合理性.

7.7　定积分在几何上的应用

7.7.1　平面图形的面积

1. 直角坐标系下平面图形的面积

根据定积分的几何意义，我们知道，当$f(x)\geqslant 0$时，$\int_a^b f(x)\mathrm{d}x$表示曲线$y=f(x)$及直线$x=a,x=b$ $(a<b)$与x轴所围成的曲边梯形的面积.

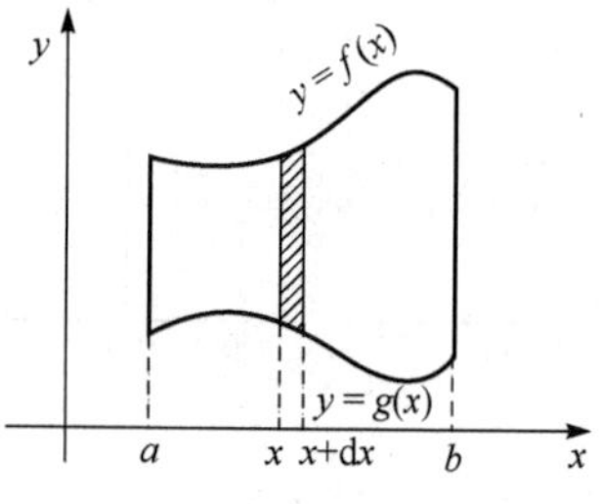

图 7-15

如果函数$y=f(x)$，$y=g(x)$以及直线$x=a,x=b$之间图形的面积微元素(图 7-15 中阴影部分)为$\mathrm{d}A=[f(x)-g(x)]\mathrm{d}x$，则此图形的面积为

$$A=\int_a^b [f(x)-g(x)]\mathrm{d}x . \tag{7.7.1}$$

类似地，如果曲线$x=\psi(y)$位于曲线$x=\varphi(y)$的右边，那么由这两条曲线以及直线$y=c,y=d$所围成平面图形的面积为

$$A=\int_c^d [\psi(y)-\varphi(y)]\mathrm{d}y .$$

例 7.7.1　求正弦曲线$y=\sin x$在区间$[0,\pi]$上的一段与x轴所围成的平面图形的面积.

解 画出草图(图 7-16)，根据公式(7.7.1)，这里 $g(x)=0$ (即 x 轴)，所求面积

$$A=\int_0^{\pi}\sin x\mathrm{d}x=-\cos x\Big|_0^{\pi}=2$$

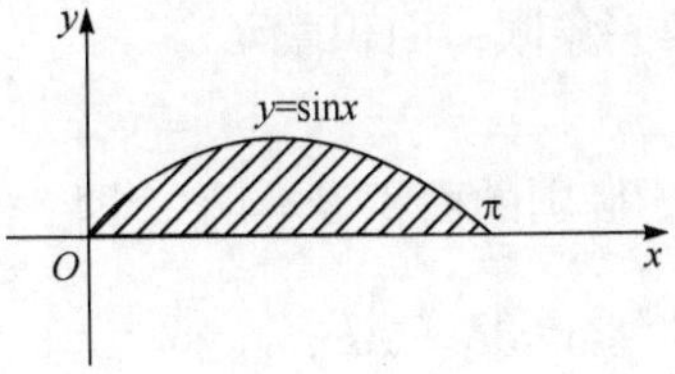

图 7-16

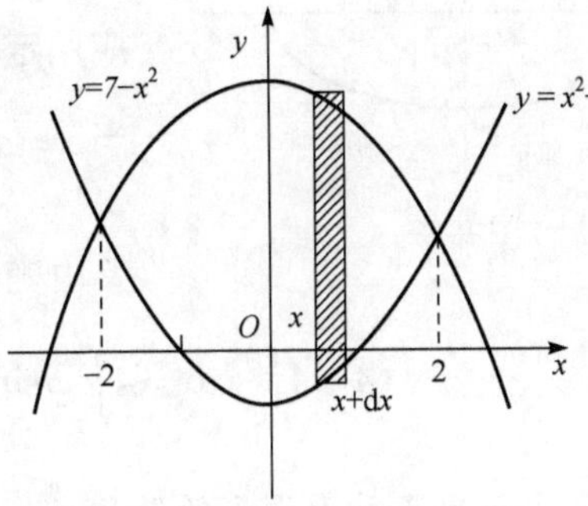

图 7-17

例 7.7.2 求曲线 $y=x^2-1$ 与 $y=7-x^2$ 所围成的面积.

解 画出草图(图 7-17)，由方程组 $\begin{cases}y=x^2-1,\\ y=7-x^2,\end{cases}$ 解得两曲线的交点为 $(-2,3)$, $(2,3)$. 取 x 为积分变量，则 x 的变化范围是 $[-2,2]$，任取其上的一个区间微元 $[x,x+\mathrm{d}x]$，则可得到相应面积微元

$$\mathrm{d}A=[(7-x^2)-(x^2-1)]\mathrm{d}x=2(4-x^2)\mathrm{d}x .$$

从而所求面积

$$A=2\int_{-2}^{2}(4-x^2)\mathrm{d}x=4\int_0^2(4-x^2)\mathrm{d}x=\frac{64}{3} .$$

例 7.7.3 求由 $y^2=2x$ 和 $y=x-4$ 所围成的图形的面积.

解 画出草图(图 7-18)，由方程组 $\begin{cases}y^2=2x,\\ y=x-4,\end{cases}$ 解得它们的交点为 $(2,-2)$, $(8,4)$. 选 y 为积分变量，则 y 的变化范围是 $[-2,4]$，任取其上的一个区间微元 $[y,y+\mathrm{d}y]$，则可得到相应面积微元

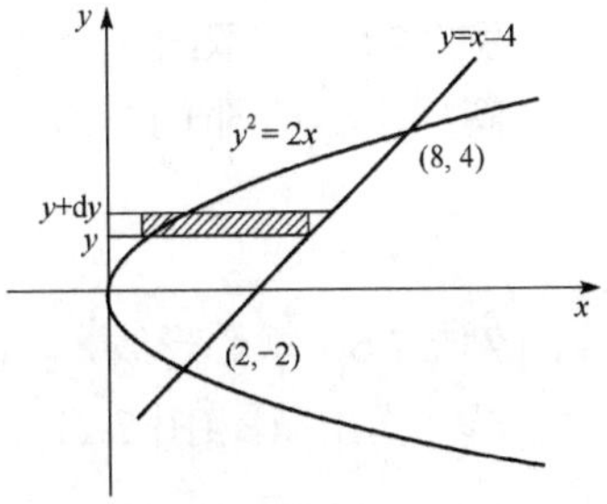

图 7-18

$$\mathrm{d}A=\left(y+4-\frac{y^2}{2}\right)\mathrm{d}y .$$

于是所求面积

$$A=\int_{-2}^{4}\mathrm{d}A=\int_{-2}^{4}\left(y+4-\frac{y^2}{2}\right)\mathrm{d}y=18 .$$

注 本题如果选 x 为积分变量，则计算过程将会复杂很多，

$$A=\int_0^2[\sqrt{2x}-(-\sqrt{2x})]\mathrm{d}x+\int_2^8[\sqrt{2x}-(x-4)]\mathrm{d}x=18 .$$

因此，在实际应用中，应根据具体情况合理地选择积分变量以达到简化计算的目的.

例 7.7.4 求椭圆 $\dfrac{x^2}{a^2}+\dfrac{y^2}{b^2}=1$ 所围成的面积.

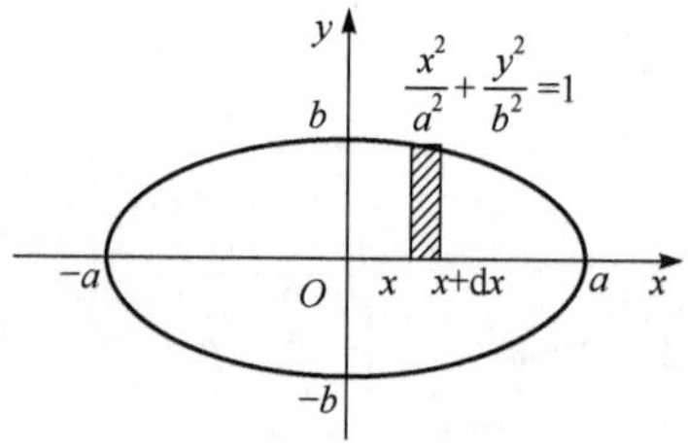

图 7-19

解　画出草图(图 7-19)，根据椭圆的参数方程

$$\begin{cases} x = a\cos t, \\ y = b\sin t. \end{cases}$$

应用定积分的微元法，由 $x = a\cos t$ 得：当 $x=0$ 时，$t=\dfrac{\pi}{2}$；当 $x=a$ 时，$t=0$．在第一象限，面积微元

$$\mathrm{d}A_1 = y\mathrm{d}x .$$

又由椭圆的对称性可知，椭圆的面积 $A = 4A_1$，即

$$A = 4\int_0^a y\mathrm{d}x = 4\int_{\frac{\pi}{2}}^0 b\sin t\mathrm{d}(a\cos t) = 4ab\int_0^{\frac{\pi}{2}} \sin^2 t\mathrm{d}t = \pi ab .$$

2. 极坐标系下平面图形的面积

设曲线的极坐标方程为 $r = r(\theta)$，且 $r(\theta) \geqslant 0$ 连续．下面来求 $r = r(\theta)$ 与射线 $\theta = \alpha$ 和 $\theta = \beta$ $(\alpha < \beta)$ 所围成的曲边扇形的面积 A (图 7-20).

在 $[\alpha,\beta]$ 上任取一个子区间 $[\theta,\theta+\Delta\theta]$，则对应的小曲边扇形的面积 ΔA 就近似地等于以 $r(\theta)$ 为半径的小圆扇形的面积

$$\Delta A \approx \mathrm{d}A = \frac{1}{2}[r(\theta)]^2\mathrm{d}\theta .$$

于是所求曲边扇形的面积

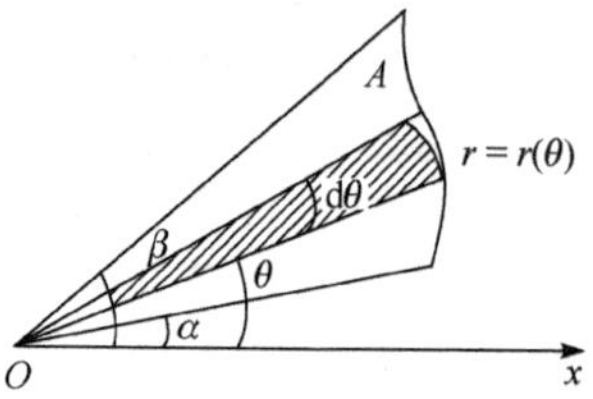

图 7-20

$$A = \frac{1}{2}\int_\alpha^\beta r^2(\theta)\mathrm{d}\theta . \tag{7.7.2}$$

例 7.7.5　求双纽线 $r^2 = a^2\cos 2\theta$ 所围平面图形的面积.

解　作出草图(图 7-21)，由对称性及公式(7.7.2)得

$$A = 4\int_0^{\frac{\pi}{4}}\mathrm{d}A = 4\int_0^{\frac{\pi}{4}}\frac{1}{2}a^2\cos 2\theta\mathrm{d}\theta = a^2 .$$

例 7.7.6　求心形线 $r = a(1+\cos\theta)$ 所围平面图形的面积 $(a>0)$.

解　作出草图(图 7-22)，由对称性及公式(7.7.2)得

$$\begin{aligned} A &= 2\int_0^\pi \mathrm{d}A = a^2\int_0^\pi (1+2\cos\theta+\cos^2\theta)\,\mathrm{d}\theta \\ &= a^2\left(\frac{3\theta}{2}+2\sin\theta+\frac{1}{4}\sin 2\theta\right)\bigg|_0^\pi = \frac{3}{2}\pi a^2 \end{aligned}$$

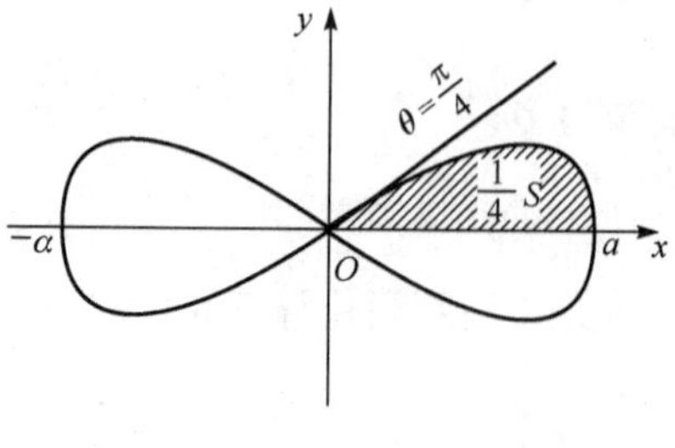

图 7-21

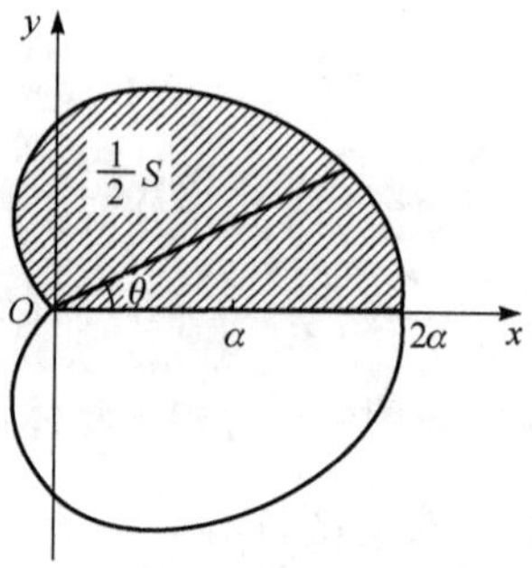

图 7-22

7.7.2 旋转体的体积

旋转体就是由一个平面图形绕着平面内一条直线旋转一周而成的立体. 这条直线叫做**旋转轴**. 圆柱、圆锥、圆台、球体可以分别看成是由矩形绕它的一条边、直角三角形绕它的直角边、直角梯形绕它的直角腰、半圆绕它的直径旋转一周而成的立体，所以它们都是旋转体.

上述旋转体都可以看作是由连续曲线 $y=f(x)$，直线 $x=a,x=b$ 及 x 轴所围成的曲边梯形绕 x 轴旋转一周而成的体积.

取 x 为积分变量，它的变化区间为 $[a,b]$，相应于 $[a,b]$ 上的任一小区间 $[x,x+\mathrm{d}x]$ 的窄曲边梯形绕 x 轴旋转而成的薄片的体积近似等于以 $f(x)$ 为底半径、以 $\mathrm{d}x$ 为高的扁圆柱体的体积(图 7-23)，即体积微元

$$\mathrm{d}V=\pi[f(x)]^2\,\mathrm{d}x,$$

于是旋转体的体积

$$V=\pi\int_a^b[f(x)]^2\,\mathrm{d}x.$$

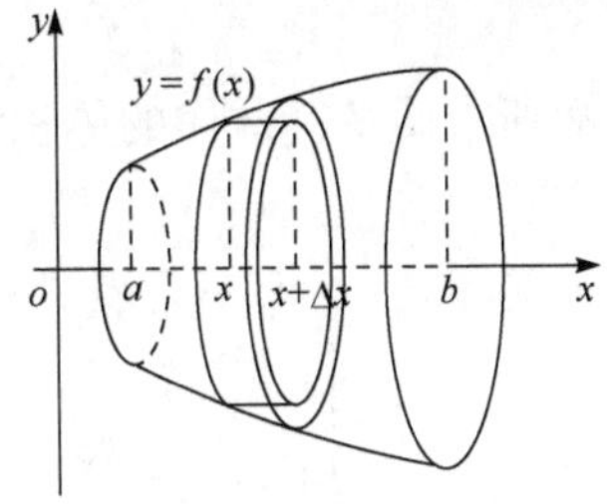

图 7-23

用类似的方法可以推出：由曲线 $x=\phi(y)$ 和直线 $y=c,y=d(c<d)$ 及 y 轴所围成图形，绕 y 轴旋转一周所成的旋转体的体积为

$$V=\pi\int_a^b[\phi(y)]^2\,\mathrm{d}y.$$

例 7.7.7 连接坐标原点 O 及点 $P(h,r)$ 的直线、直线 $x=h$ 及 x 轴围成一个直角三角形，将它绕 x 轴旋转构成一个半径为 r，高为 h 的圆锥体，计算圆锥体的体积.

解 取 x 轴为旋转轴，建立如图 7-24 所示的坐标系，则过原点 O 及点 $p(h,r)$ 的直线方程为 $y=\frac{r}{h}x$，取 x 为积分变量，它的变化区间为 $[0,h]$. 圆锥体中相对应于 $[0,h]$ 上的任一小区间 $[x,x+\mathrm{d}x]$ 的薄片的体积近似等于 $\frac{r}{h}x$ 为底半径、以 $\mathrm{d}x$ 为高的扁圆柱体的体积，即体积微元

$$\mathrm{d}V=\pi\left(\frac{r}{h}x\right)^2\mathrm{d}x,$$

所求体积

$$V=\int_0^h\pi\left(\frac{r}{h}x\right)^2\mathrm{d}x=\frac{\pi r^2}{h^2}\left[\frac{x^3}{3}\right]_0^h=\frac{\pi hr^2}{3}.$$

例 7.7.8 计算由椭圆 $\frac{x^2}{a^2}+\frac{y^2}{b^2}=1$ 围成的平面图形绕 x 轴旋转而成的旋转椭球体的体积(图 7-25).

解 该旋转体可视为由上半椭圆 $y=\frac{b}{a}\sqrt{a^2-x^2}$ 及 x 轴所围成的图形绕 x 轴旋转而成的立体. 取 x 为自变量，其变化区间为 $[-a,a]$，任取其上一区间微元 $[x,x+\mathrm{d}x]$，相应于该区间微

元的小薄片的体积，近似等于底半径为 $\frac{b}{a}\sqrt{a^2-x^2}$ ，高为 dx 的扁圆柱体的体积，即体积微元

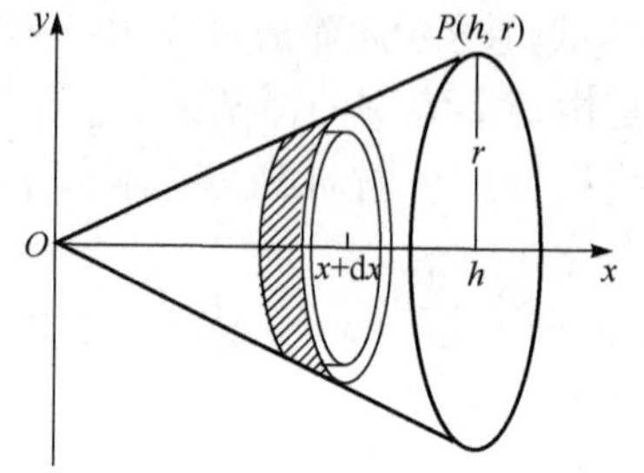

图 7-24

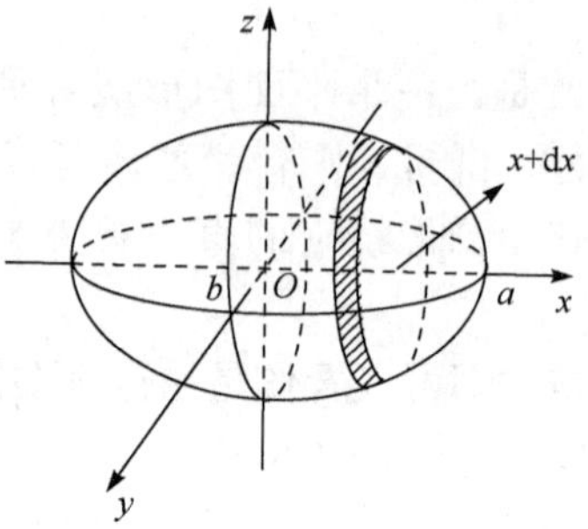

图 7-25

$$\mathrm{d}V=\pi\frac{b^2}{a^2}(a^2-x^2)\mathrm{d}x ,$$

故所求旋转椭球体的体积为

$$V=\int_{-a}^{a}\mathrm{d}V=\int_{-a}^{a}\pi\frac{b^2}{a^2}(a^2-x^2)\mathrm{d}x=2\pi\frac{b^2}{a^2}\int_{0}^{a}(a^2-x^2)\mathrm{d}x$$

$$=2\pi\frac{b^2}{a^2}\left(a^2x-\frac{x^3}{3}\right)\Bigg|_0^a=\frac{4}{3}\pi ab^2.$$

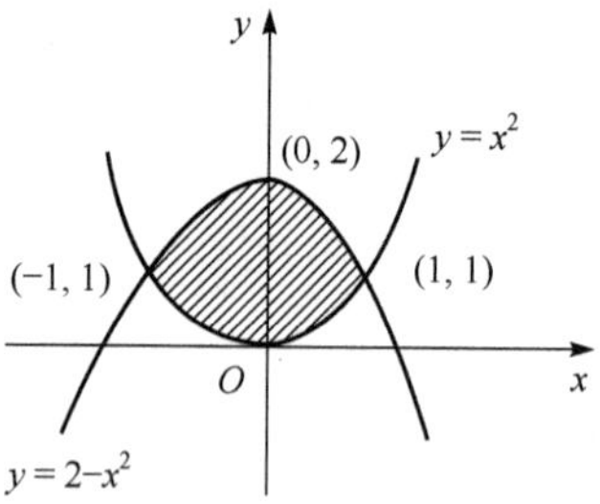

图 7-26

特别地，当 $a=b=R$ 时，可得半径为 R 的球体的体积 $V=\frac{4}{3}\pi R^3$.

例 7.7.9 求由曲线 $y=x^2$ 及 $y=2-x^2$ 所围成的图形分别绕 x 轴和 y 轴旋转而成的旋转体的体积.

解 作草图 7-26，并求得曲线 $y=x^2$ 及 $y=2-x^2$ 的交点坐标分别为 $(-1,1)$ 及 $(1,1)$. 则有

$$V_x=2\pi\int_0^1[(2-x^2)^2-x^4]\mathrm{d}x=8\pi\left(x-\frac{1}{3}x^3\right)\Bigg|_0^1=\frac{16}{3}\pi .$$

$$V_y=\pi\int_0^1(\sqrt{y})^2\mathrm{d}y+\pi\int_1^2(\sqrt{2-y})^2\mathrm{d}y=\pi\left(\frac{1}{2}y^2\right)\Bigg|_0^1+\pi\left(2y-\frac{1}{2}y^2\right)\Bigg|_1^2=\pi .$$

7.7.3 平行截面面积为已知的立体的体积

从计算旋转体体积的过程可以看出，如果一个立体不是旋转体，但知道该立体上垂直于一定轴的各个截面的面积，那么，这个立体的体积也可以用定积分来计算.

如图 7-27 所示，取上述定轴为 x 轴，并设该立体在过点 $x=a, x=b$ 且垂直于 x 轴的两个平面之间，以 $A(x)$ 表示过点 x 且垂直于 x 轴的截面面积，假定 $A(x)$ 为 x 的已知的连续函数. 这时，取 x 为积分变量，它的变化区间为 $[a,b]$；立体中相应于 $[a,b]$ 上的任一小区间 $[x,x+\mathrm{d}x]$ 的一薄片的体积，近似等于以 $A(x)$ 为底面积、以 dx 为高的扁圆柱体的体积，体积微元

$$\mathrm{d}V=A(x)\mathrm{d}x .$$

以 $A(x)\mathrm{d}x$ 为被积表达式，在闭区间 $[a,b]$ 上作定积分，于是所求立体的体积为

$$V=\int_a^b A(x)\mathrm{d}x\ .$$

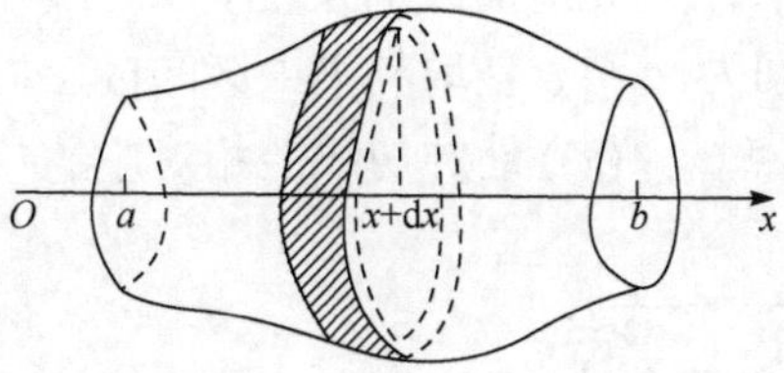

图 7-27

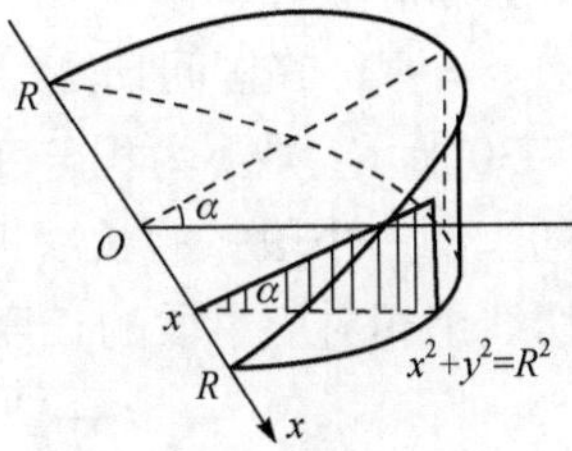

图 7-28

例 7.7.10 一平面经过半径为 R 的圆柱体的底圆中心，并与底面交成角 α (图 7-28)，计算这平面截圆柱体所得立体的体积.

解 截面面积 $A(x)=\dfrac{1}{2}(R^2-x^2)\tan\alpha$，体积微元 $\mathrm{d}V=A(x)\mathrm{d}x$，所求体积

$$V=\frac{1}{2}\int_{-R}^{R}(R^2-x^2)\tan\alpha\mathrm{d}x=\frac{2}{3}R^3\tan\alpha\ .$$

7.7.4 平面曲线弧长

1. 平面曲线弧长

我们知道，圆的周长可以利用圆的内接正多边形的周长当边数无限增多时的极限来确定. 现在用类似的方法来建立平面的连续曲线弧长的概念，从而应用定积分来计算弧长.

设 A，B 是曲线弧长上的两个端点. 在弧 AB 上依次任取分点 $A=M_0$，M_1，M_2，…，M_{i-1}，M_i，…，M_{n-1}，$M_n=B$，并依次连接相邻的分点得一内接折线(图 7-29). 当分点的数目无限增加且每个小段 $\overline{M_{i-1}M_i}$ 都缩向一点时，如果此折线的长 $\sum\limits_{i=1}^{n}\left|M_{i-1}M_i\right|$ 的极限存在，则称此极限为曲线弧 AB 的弧长，并称此曲线弧 AB 是可求长的.

对光滑的曲线弧①，我们有如下结论：

定理 7.7.1 光滑的曲线弧是可求长的.

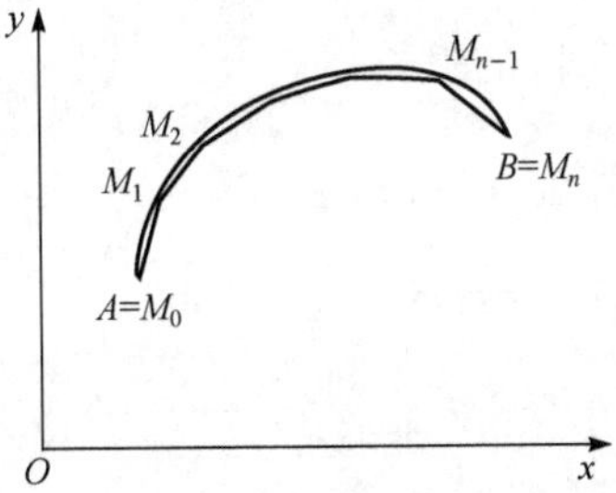

图 7-29

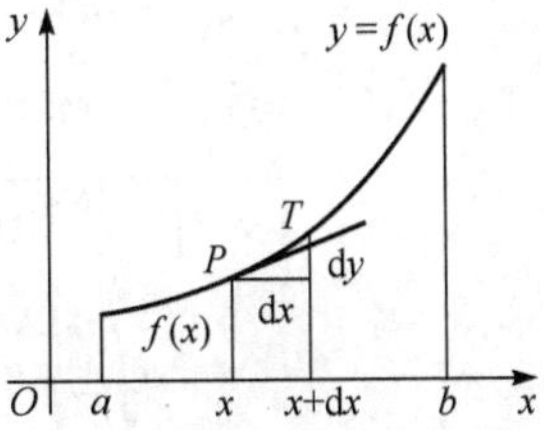

图 7-30

①当曲线上每一点处都有切线，且切线随切点的移动而连续移动，这样的曲线称为光滑曲线.

2. 平面曲线的弧长的计算

1)直角坐标情形

设函数 $y=f(x)$ 在区间 $[a,b]$ 上有一阶连续导数，求此光滑曲线的弧长 s.

如图 7-30 所示，取 x 为积分变量，它的变化区间为 $[a,b]$，任取其上一区间 $[x,x+\mathrm{d}x]$，相应于该区间上的一小段弧的长度近似等于该曲线在点 $(x,f(x))$ 处的切线上相对应的一小段的长度．而切线上相对应小段的长度为

$$PT=\sqrt{(\mathrm{d}x)^2+(\mathrm{d}y)^2}=\sqrt{1+(y')^2}\,\mathrm{d}x .$$

从而得到弧长微元(弧微分)为

$$\mathrm{d}s=\sqrt{1+y'^2}\,\mathrm{d}x .$$

所求光滑曲线的弧长为

$$s=\int_a^b\sqrt{1+y'^2}\,\mathrm{d}x \qquad (a<b) .$$

例 7.7.11　求曲线 $y=\frac{2}{3}x^{\frac{3}{2}}$ 上相应于 x 从 0 到 8 的一段弧的长度.

解　因为 $y'=x^{\frac{1}{2}}$，弧长微元为

$$\mathrm{d}s=\sqrt{1+y'^2}\,\mathrm{d}x=\sqrt{1+x}\,\mathrm{d}x ,$$

所求弧长为

$$s=\int_0^8\sqrt{1+y'^2}\,\mathrm{d}x=\int_0^8\sqrt{1+x}\,\mathrm{d}x=\left[\frac{2}{3}(1+x)^{\frac{3}{2}}\right]_0^8=18\frac{2}{3} .$$

2)参数方程情形

如果曲线弧长 L 由参数方程 $\begin{cases}x=\varphi(t),\\ y=\psi(t),\end{cases}$ $(\alpha\leqslant t\leqslant\beta)$ 给出，其中 $\varphi(t)$，$\psi(t)$ 在 $[a,b]$ 上具有一阶连续导数，则弧长微元 $\mathrm{d}s=\sqrt{(\mathrm{d}x)^2+(\mathrm{d}y)^2}=\sqrt{[\varphi'(t)]^2+[\psi'(t)]^2}\,\mathrm{d}t$，所求光滑曲线的弧长

$$s=\int_\alpha^\beta\sqrt{[\varphi'(t)]^2+[\psi'(t)]^2}\,\mathrm{d}t \qquad (a<b) .$$

例 7.7.12　求摆线 $\begin{cases}x=a(t-\sin t),\\ y=a(1-\cos t)\end{cases}$ $(a>0,0\leqslant t\leqslant 2\pi)$ 一段的弧长.

解　由于 $x'(t)=a(1-\cos t), y'(t)=a\sin t$．由弧长计算公式，得

$$s=\int_0^{2\pi}\sqrt{[x'(t)]^2+[y'(t)]^2}\,\mathrm{d}t=\int_0^{2\pi}a\sqrt{2(1-\cos t)}\,\mathrm{d}t$$

$$=2a\int_0^{2\pi}\left|\sin\frac{t}{2}\right|\mathrm{d}t=2a\int_0^{\pi}\sin\frac{t}{2}\,\mathrm{d}t-2a\int_\pi^{2\pi}\sin\frac{t}{2}\,\mathrm{d}t=8a.$$

3)极坐标情形

如果曲线由极坐标方程 $r=r(\theta)$ $(\alpha\leqslant\theta\leqslant\beta)$ 给出，其中 $r(\theta)$ 在 $[\alpha,\beta]$ 上具有连续导数，此时可把极坐标方程化为参数方程

$$\begin{cases} x = r(\theta)\cos\theta, \\ y = r(\theta)\sin\theta, \end{cases} \quad (\alpha \leqslant \theta \leqslant \beta),$$

并注意到

$$dx = [r'(\theta)\cos\theta - r(\theta)\sin\theta]d\theta, \quad dy = [r'(\theta)\sin\theta - r(\theta)\cos\theta]d\theta$$

代入弧长的微元得

$$PT = \sqrt{(dx)^2 + (dy)^2}.$$

则所求光滑曲线的弧长为

$$s=\int_\alpha^\beta \sqrt{r^2(\theta)+[r'(\theta)]^2}\,d\theta.$$

例 7.7.13　求心形线 $r = a(1+\cos\theta)$ 的周长.

解　此心形线关于极轴对称.

$$s=\int_0^\pi \sqrt{[a(1+\cos\theta)]^2 + (-a\sin\theta)^2}\,d\theta=2a\int_0^\pi \sqrt{2(1+\cos\theta)}\,d\theta$$

$$=4a\int_0^\pi \cos\frac{\theta}{2}\,d\theta=8a\sin\frac{\theta}{2}\Big|_0^\pi=8a.$$

习题 7-7

1. 求下列曲线所围图形的面积：

(1) $y = 8-2x^2$ 与 $y=0$；　　(2) $y=\sqrt{x}$ 与 $y=x$；

(3) $y=x^2$ 与 $y=2x+3$；　　(4) $y=\dfrac{1}{x}, y=x$ 与 $x=2$；

(5) $y=\ln x$，y 轴与 $y=\ln a$，$y=\ln b$ $(b>a>0)$；

(6) $y=e^x, y=e^{-x}$ 与 $x=1$.

2. 曲线 $y=x^2$ 在 $(1,1)$ 处的切线与 $x=y^2$ 所围成图形的面积.

3. 求下列极坐标表示的曲线所围图形的面积：

(1) $r=2a\cos\theta$；　　(2) $r=2a(2+\cos\theta)$；

(3) $r=3\cos\theta$ 与 $r=1+\cos\theta$ 所围图形的公共部分.

4. 求下列已知曲线所围成的图形，按指定的轴旋转所产生的旋转体的体积：

(1) $y=x^2, x=y^2$，分别绕 x，y 轴；

(2) $y=x^3, x=2, y=0$，分别绕 x，y 轴；

(3) $y=x^3, x=2, y=\dfrac{1}{x}$，分别绕 x，y 轴；

(4) $y=0, x=\dfrac{\pi}{2}, y=\sin x$，分别绕 x，y 轴.

5. 计算由摆线 $\begin{cases} x=a(t-\sin t), \\ y=a(1-\cos t) \end{cases}$ $(a>0, 0\leqslant t\leqslant 2\pi)$ 的一拱，直线 $y=0$ 所围成的图形分别绕 x 轴和 y 轴旋转而成的旋转体的体积.

6. 求以半径为 R 的圆为底、平行且等于底圆直径的线段为顶、高为 h 的正劈锥体的体积(图 7-31).

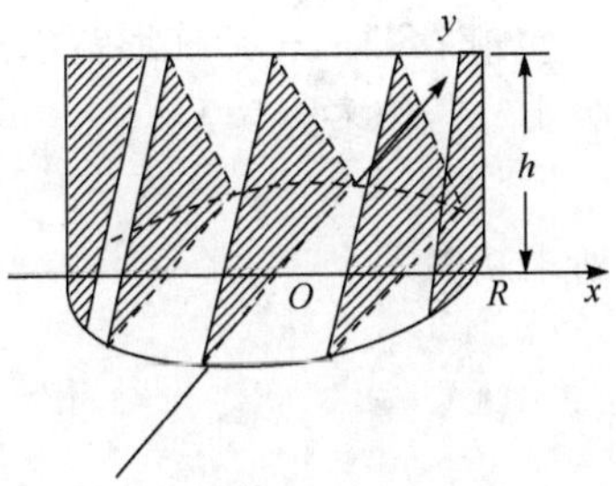

图 7-31

7. 求曲线 $y=\ln x$ 上相应于 $\sqrt{3}\leqslant x\leqslant\sqrt{8}$ 的一段弧的长度.

8. 已知星形线的参数方程为$\begin{cases} x = a\cos^3 t, \\ y = a\sin^3 t \end{cases}$ $(a>0)$，试求：(1)它所围的面积；(2)它绕 x 轴旋转而成的旋转体的体积；(3)全长.

9. 求极坐标系下曲线$r = a\left(\sin\dfrac{\theta}{3}\right)^3$ $(a>0, 0\leqslant\theta\leqslant 3\pi)$的长.

10. 证明：由平面图形 $0\leqslant a\leqslant x\leqslant b, 0\leqslant y\leqslant f(x)$ 绕 y 轴旋转所得旋转体的体积为

$$V = 2\pi\int_a^b xf(x)\mathrm{d}x .$$

7.8* 定积分在物理学上的应用

7.8.1 变力沿直线所作的功

从物理学知道,如果物体在直线运动的过程中有一个常力作用在这个物体上，且 F 的方向与运动的方向一致，那么当物体有位移 S 时，力 F 对物体所做的功为

$$W = F\cdot S .$$

如果物体在运动的过程中所受的力是变化的，那么这就是变力做功问题.

设物体在变力 $F(x)$ 的作用下，求沿 x 轴由 a 移动到 b 所做的功. 这里假设 $F(x)$ 在 $[a,b]$ 上连续，在 $[a,b]$ 上任取一子区间 $[x,x+\mathrm{d}x]$，相应的功为 ΔW，由于 $F(x)$ 连续，故在小区间 $[x,x+\mathrm{d}x]$ 内也可以近似地看作恒力 $F(x)$ 做功，移动的位移为 $\mathrm{d}x$，$\Delta W\approx \mathrm{d}W = F(x)\mathrm{d}x$，$\mathrm{d}W$ 为功的微元，于是 $F(x)$ 在 $[a,b]$ 上所做的功为

$$W = \int_a^b F(x)\mathrm{d}x .$$

例 7.8.1 现有一弹簧拉长 0.02m 用 9.8N 的力，求把弹簧拉长 0.10m 所做的功.

解 根据胡克定理，有 $F(x)=kx$，弹簧拉长 0.02m 用 9.8N 的力，即 $9.8 = 0.02k$，解得 $k=490$，于是 $F(x)=490x$. 在 $[0,0.10]$ 上任取一子区间 $[x,x+\mathrm{d}x]$，将长度为 $\mathrm{d}x$ 的小段弹性恢复力看作是恒力 $F(x)$，弹簧拉长 $\mathrm{d}x$，则功的元素为

$$\mathrm{d}W = F(x)\mathrm{d}x = 490x\mathrm{d}x ,$$

在 $[0,0.10]$ 上积分，得弹簧拉长 0.10m 所做的功为

$$W = \int_0^{0.10} F(x)\mathrm{d}x = \int_0^{0.10} 490x\mathrm{d}x = 490\times\left.\frac{x^2}{2}\right|_0^{0.10} = 2.45\mathrm{J} .$$

例 7.8.2 一圆柱形蓄水池高为 5m，底半径为 3m，池内盛满了水. 问要把池内的水全部吸出，需作多少功?

$$\mathrm{d}W = 88.2\pi\cdot x\cdot \mathrm{d}x .$$

所求功为

$$W=\int_0^5 88.2\pi\cdot x\cdot\mathrm{d}x = 88.2\pi\left.\left(\frac{x^2}{2}\right)\right|_0^5 \approx 3462\,(\text{千焦}).$$

解　建立如图 7-32 所示的坐标系，取 x 为积分变量，$x\in[0,5]$，任取一小区间 $[x,x+\mathrm{d}x]$，这一薄层水的重力为 $9.8\pi\cdot 3^2\mathrm{d}x$，功微元为

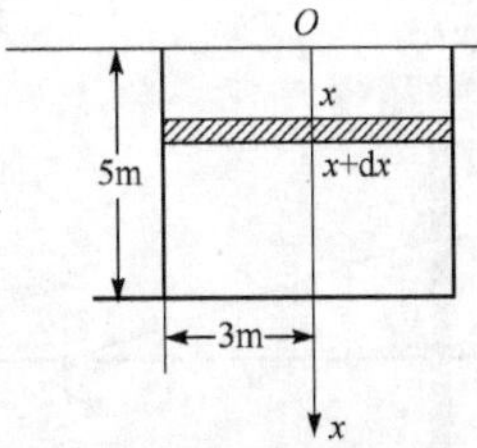

图 7-32

7.8.2　水压力

从物理学知道，在液体深为 h 处的压强为 $p=\rho h$，这里 ρ 为液体的比重．如果将一面积为 A 的平板水平放置在液体深为 h 处，那么平板一侧所受液体的压力为 $P=p\cdot A$．

如果平板铅直地放置在液体中，由于深度不同处得压强 p 不相等，因此平板一侧所受的液体的压力就不能用上述方法计算．下面举例说明它的计算方法．

例 7.8.3　有一等腰形闸门，其上底长 10m，下底长 6m，高为 20m,该闸门所在的平面与水平面垂直，且上底与水平面相齐，求该闸门一侧所受到的静水压力．

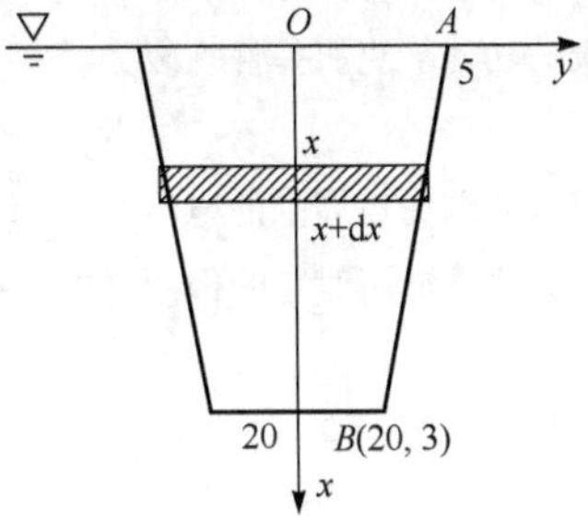

图 7-33

解　建立坐标系(图 7-33)，则直线段 AB 的方程为

$$y=5-\frac{x}{10}.$$

任取 $[0,20]$ 上一子区间 $[x,x+\mathrm{d}x]$，该子区间所对应的闸门上的水平细条可近似地看作是宽度为 $2y$，高为 $\mathrm{d}x$ 的小矩形，其上各点到水面距离可近似地看作 x，于是细条所受水的压力的微元为

$$\mathrm{d}P=\rho gx\cdot 2y\mathrm{d}x=2\rho gx\left(5-\frac{x}{10}\right)\mathrm{d}x.$$

于是所求静水压力为

$$P=\int_0^{20}\mathrm{d}P=\int_0^{20}2\rho gx\left(5-\frac{x}{10}\right)\mathrm{d}x=\frac{44}{3}\times 10^6\,\mathrm{N},$$

其中 $\rho=10^3\,\mathrm{kg/m^3}$．

7.8.3　引力

从物理学知道，质量分别为 m_1,m_2，相距为 r 的两质点的引力的大小为

$$F=G\frac{m_1m_2}{r^2},$$

其中 G 为引力常数，引力的方向沿着两质点的连线方向．

如果将其中一质点换为一物体，而物体可视为质点构成，其上的各质点的距离不同，引力的方向也是变化的，所以不能直接用上面的公式来计算引力．当物体有不同的几何形状时，就涉及不同的处理方法，这里就最简单情形举例说明引力的计算方法．

例 7.8.4　假设有一长度为 l、线密度为 ρ 的均匀细棒，在其中垂线上距棒 a 单位处有一质量为 m 的质点 M，试计算该棒对质点 M 的引力．

$$\mathrm{d}F_x\approx -k\frac{am\rho\mathrm{d}y}{(a^2+y^2)^{\frac{3}{2}}},$$

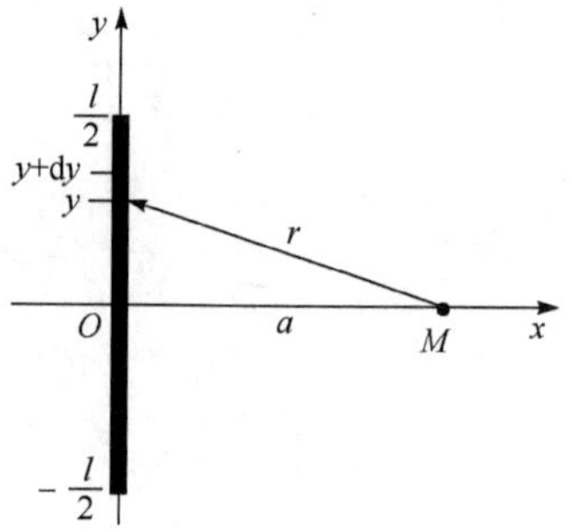

图 7-34

$$F_x = -\int_{-\frac{l}{2}}^{\frac{l}{2}} k\frac{am\rho \mathrm{d}y}{(a^2+y^2)^{\frac{3}{2}}} = \frac{-2km\rho l}{a(4a^2+l^2)^{\frac{1}{2}}},$$

由对称性，在铅直方向分力为

$$F_y = 0 .$$

解　建立坐标系(图 7-34)，取 y 为积分变量 $y\in\left[-\frac{l}{2},\frac{l}{2}\right]$，任取一微元 $[y, y+\mathrm{d}y]$，小段与质点的距离为 $r=\sqrt{a^2+y^2}$，小段对质点的引力 $\Delta F \approx k\frac{m\rho \mathrm{d}y}{a^2+y^2}$，水平方向的分力微元

习题 7-8

1. 设 40 牛的力使弹簧从自然长度 10 厘米拉长成 15 厘米，问需要做多大的功才能克服弹性恢复力，将伸长的弹簧从 15 厘米处再拉长 3 厘米?

2. 把一个带+q 电量的点电荷放在 r 轴上坐标原点处，它产生一个电场，这个电场对周围的电荷有作用力. 由物理学知道，如果一个单位正电荷放在这个电场中距离原点为 r 的地方，那么电场对它的作用力的大小为

$$F = k\frac{q}{r^2}\quad (k \text{ 是常数}).$$

当这个单位正电荷在电场中从 $r=a$ 处沿 r 轴移动到 $r=b$ 处时，计算电场力 F 对它所作的功.

3. 设有一圆锥形贮水池，深 15m，口径 20m，盛满水，现将该水池中的水吸出池外，问需作功多少?

4. 设有一直径为 20m 的半球形水池，池内贮满水，若要把水抽尽，问至少作多少功.

5. 在底面积为 S 的圆柱形容器中盛有一定量的气体. 在等温条件下，由于气体的膨胀，把容器中的一个活塞(面积为 S)从点 a 处推移到 b 处. 计算在移动过程中，气体压力所做的功.

6. 一个横放着的圆柱形水桶，桶内盛有半桶水，设桶的底半径为 R，水的比重为 γ，计算桶的一端面上所受的压力.

7. 高 100cm 的铅直水闸，其形状是上底宽 200cm，下底宽 100cm 的梯形，当水深 50cm 时，求水闸上的压力.

8. 设有一长度为 l，线密度为 ρ 的均匀细棒，在与棒的一端垂直距离为 a 的单位处有一质量为 m 的质点 M，试求这细棒对质点 M 的引力.

7.9* 定积分在经济分析中的应用

7.9.1 由边际函数求原经济函数

在经济学中，把一个函数的导函数称为它的边际函数. 因此在经济问题中，由边际函数求原来的经济函数，可用积分来解决.

已知某一经济函数 $F(x)$(如需求函数 $Q(P)$、总成本函数 $C(x)$、总收入函数 $R(x)$ 和利润函数 $L(x)$ 等)，它的边际函数就是它的导数 $F'(x)$. 作为导数(微分)的逆运算，若对已知的边际函数 $F'(x)$ 求不定积分，则可求得**原经济函数**

$$F(x)=\int F'(x)\,\mathrm{d}x\,,$$

也利用所给的条件可以通过定积分,

$$F(x)-F(x_0)=\int_{x_0}^{x}F'(x)\,\mathrm{d}x\,.$$

即

$$F(x)=\int_{x_0}^{x}F'(x)\,\mathrm{d}x+F(x_0)\,,$$

求得**原经济函数**.

例 7.9.1　已知某产品生产 x 件时, 边际成本 $C'(x)=0.4x-12$ (元/件), 固定成本 50 元.

(1) 求其成本函数; (2) 求产量为多少时, 平均成本最低.

解　(1) 由已知条件得

$$C'(x)=0.4x-12,\quad C(0)=50\,.$$

因此生产 x 件商品的总成本为

$$C(x)=\int_0^x C'(t)\,\mathrm{d}t+C(0)=\int_0^x(0.4t-12)\,\mathrm{d}t+50=0.2x^2-12x+50\,(\text{元}).$$

(2) $\overline{C}(x)=0.2x-12+\dfrac{50}{x},\overline{C'}(x)=0.2-\dfrac{50}{x^2}$. 令 $\overline{C'}(x)=0$, 得 x_1=50(x_2=−50舍).

因此, $\overline{C}(x)$ 仅有一个驻点 $x_1=50$, 再由实际问题可知 $\overline{C}(x)$ 有最小值. 故当产量为 50 吨时, 平均成本最低.

例 7.9.2　设生产某产品的固定成本为 60, 产量为 x 单位时的边际收入函数为

$$R'(x)=100-2x\,,$$

边际成本函数为

$$C'(x)=x^2-14x+111\,.$$

(1) 求总收益函数、总成本函数、总利润函数;

(2) 求当产量为多少时利润最大并求最大利润.

解　(1) 总收益函数

$$R(x)=\int_0^x(100-2t)\,\mathrm{d}t=100x-x^2\,,$$

总成本函数

$$C'(x)=\int_0^x(t^2-14t+111)\,\mathrm{d}t+C(0)=\frac{1}{3}x^3-7x^2+111x+60\,,$$

总利润函数

$$\begin{aligned}L(x)&=R(x)-C(x)=100x-x^2-\left(\frac{1}{3}x^3-7x^2+111x+60\right)\\&=-\frac{1}{3}x^3-6x^2-11x-60.\end{aligned}$$

(2) 令 $L'(x)=R'(x)-C'(x)=0$, 得 $x_1=1,x_2=11$. 又因为

$$L''(x)=R''(x)-C''(x)=-2-2x+14=12-2x\,,$$

于是 $L''(1)=10>0$, $L''(11)=-8<0$，所以当 $x=11$ 时利润最大，最大利润为

$$L(x)=-\frac{1}{3}\times 11^3+6\times 11^2-11-60\approx 111.3 .$$

例 7.9.3 设生产某种机器的固定成本为 1.2 万元，每月生产 x 台的边际成本为 $C'(x)=0.6x-0.2$ (万元)，每台售价为 1.6 万元，问每月生产多少台时利润最大，最大利润是多少？

解 设总成本函数、总收益函数、总利润函数分别为 $C(x)$，$R(x)$，$L(x)$，则

$$C(x)=\int_0^x (0.6t-0.2)\,\mathrm{d}t+C(0)=0.3x^2-0.2+1.2 ,$$

$$R(x)=1.6x ,$$

$$L(x)=R(x)-C(x)=1.6x-(0.3x^2-0.2x+1.2)=-0.3x^2+1.8x-1.2 .$$

令 $L'(x)=0.6x+1.8=0$，得 $x=3$，又因 $L''(3)=-0.6<0$，所以每月生产 3 台时利润最大，最大利润为

$$L(3)=-0.3\times 3^2+1.8\times 3-1.2=1.5\ (\text{万元}).$$

7.9.2 资本现值与投资问题

设有 P 元货币，若按年利率 r 作连续复利计算，则 t 年后的价值为 $P\mathrm{e}^{rt}$ 元；反之，若 t 年后要有货币 P 元，则按连续复利计算，现应有 $P\mathrm{e}^{-rt}$ 元，称此为**资本现值**.

我们设在时间区间 $[0,T]$ 内 t 时刻的单位时间收入为 $f(t)$，称此为**收入率**，若按年利率 r 作连续复利计算，则在时间区间 $[t,t+\Delta t]$ 内的收入现值为 $f(t)\mathrm{e}^{-rt}\mathrm{d}t$. 按照定积分的微元法的思想，则在 $[0,T]$ 内的到得总收入现值为

$$y=\int_0^T f(t)\mathrm{e}^{-rt}\mathrm{d}t ,$$

若收入率 $f(t)=a$ (a 为常数)，称其为**均匀收入率**，若年利率 r 也为常数，则总收入的现值为

$$y=\int_0^T a\mathrm{e}^{-rt}\mathrm{d}t=a\cdot\frac{-1}{r}\mathrm{e}^{-rt}\Big|_0^T=\frac{a}{r}(1-\mathrm{e}^{-rT}) .$$

例 7.9.4 现对某企业给予一笔投资 A，经测算，该企业在 T 年中可以按每年 a 元的均匀收入率获得收入，若年利润为 r，试求：

(1) 该投资的纯收入贴现值；

(2) 收回该笔投资的时间为多少？

解 (1) 求投资纯收入的贴现值：因收入率为 a, 年利润为 r, 故投资后的 T 年中获总收入的现值为

$$y=\int_0^T a\mathrm{e}^{-rt}\mathrm{d}t=\frac{a}{r}(1-\mathrm{e}^{-rT}) ,$$

从而投资所获得的纯收入的贴现值为

$$R=y-A=\frac{a}{r}(1-\mathrm{e}^{-rT})-A .$$

(2) 求收回投资的时间：收回投资，即为总收入的现值等于投资，

$$\frac{a}{r}(1-\mathrm{e}^{-rT})=A ,$$

于是

$$T = \frac{1}{r}\ln\frac{a}{a - Ar}.$$

即收回投资的时间为

$$T = \frac{1}{r}\ln\frac{a}{a - Ar}.$$

例如，若对某企业投资 $A = 800$ (万元)，年利率为 5%，设在 20 年中的均匀收入率为 $a = 200$ (万元/年)，则有投资回收期为

$$T = \frac{1}{0.05}\ln\frac{200}{200 - 800 \times 0.05} = 20\ln 1.25 \approx 4.46\,(\text{年}).$$

由此可知，该投资在 20 年中可得纯利润为 1728.2 万元，投资回收期约为 4.46 年.

习题 7-9

1. 某企业生产 x 吨产品时的边际成本为 $C'(x) = \frac{1}{50}x + 30$ (元/吨)，且固定成本为 900 元，试求产量为多少时平均成本最低?

2. 若一企业生产某产品的边际成本是产量 x 的函数 $C'(x) = 2e^{0.2x}$，固定成本 $C_0 = 90$，求总成本函数.

3. 已知某产品生产 x 件时，边际成本 $C'(x) = 0.4x - 12$ (元/件)，固定成本 200 元.

(1) 求其成本函数;

(2) 若此种商品的售价为 20 元且可全部售出，求其利润函数 $L(x)$，并求产量为多少时所获得的利润最大.

4. 某种商品的成本函数为 $C(x)$ (万元)，其边际成本为 $C'(x) = 1$，边际收益是生产量 x (百台)的函数，即 $R'(x) = 5 - x$.

(1) 求生产量为多少时，总利润最大?

(2) 从利润量最大的生产量又生产了 100 台，总利润减少了多少?

5. 已知对某商品的需求量是价格 P 的函数，且边际需求 $Q'(P) = -4$，该商品的最大需求量为 80(即 $P = 0$ 时，$Q = 80$)，求需求量与价格的函数关系.

6. 现购买一栋别墅价值 300 万元，若首付 50 万元，以后分期付款，每年付款数目相同，10 年付清，年利率为 6%，按连续复利计算，问每年应付款多少?（$e^{-0.6} \approx 0.5448$）

7. 有一个大型投资项目，投资成本为 $A = 10000$ (万元)，投资年利率为 5%，每年的均匀收入率为 $a = 2000$ (万元)，求该投资为无限期时的纯收入的贴现值(或称为投资的资本价值).

复 习 题 7

1. 填空题

(1) 设 $f(x)$ 为连续函数，则 $\int_2^3 f(x)dx + \int_3^1 f(u)du + \int_1^2 f(t)dt =$ __________;

(2) $\lim\limits_{x\to 0}\frac{\int_0^x \sin^2 t dt}{x^3} =$ __________;

(3) 函数 $F(x) = \int_1^x \left(1 - \ln\sqrt{t}\right)dt\ (x > 0)$ 的单调减少区间为__________;

(4) 已知$\int_0^1 f(x)\mathrm{d}x=1, f(1)=0$，则$\int_0^1 xf'(x)\mathrm{d}x=$__________；

(5) 设$\lim\limits_{x\to+\infty} f(x)=1$，$a$为常数，$\lim\limits_{x\to+\infty}\int_x^{x+a} f(x)\,\mathrm{d}x=$__________.

2. 单选题

(1) 在下列积分中，其值为0的是(　　).

(A) $\int_{-1}^1 |\sin 2x|\,\mathrm{d}x$　(B) $\int_{-1}^1 \cos 2x\mathrm{d}x$ (C) $\int_{-1}^1 x\sin x\mathrm{d}x$ (D) $\int_{-1}^1 \sin 2x\mathrm{d}x$

(2) 设$f(x)$在$[a,b]$上非负，在(a,b)内$f''(x)>0, f'(x)<0$．$I_1=\dfrac{b-a}{2}[f(b)+f(a)]$，$I_2=\int_a^b f(x)\mathrm{d}x$，$I_3=(b-a)f(b)$，则$I_1$，$I_2$，$I_3$的大小关系为(　　).

(A) $I_1\leqslant I_2\leqslant I_3$；　(B) $I_2\leqslant I_3\leqslant I_1$；　(C) $I_1\leqslant I_3\leqslant I_2$；　(D) $I_3\leqslant I_2\leqslant I_1$.

(3) 设$\Phi(x)=\int_0^x \sin(x-t)\,\mathrm{d}t$，则$\Phi'(x)$等于(　　).

(A) $\cos x$；　(B) $-\sin x$；　(C) $\sin x$；　(D) 0.

(4) 定积分$\int_{-1}^1 x^{2002}\left(\mathrm{e}^x-\mathrm{e}^{-x}\right)\mathrm{d}x$的值为(　　).

(A) 0;　(B) $2002!\left(\mathrm{e}-\dfrac{1}{\mathrm{e}}\right)$;　(C) $2003!\left(\mathrm{e}-\dfrac{1}{\mathrm{e}}\right)$;　(D) $2001!\left(\mathrm{e}-\dfrac{1}{\mathrm{e}}\right)$.

(5) 设$f(x)=\int_0^{\sin x}\sin t^2\mathrm{d}t$，$g(x)=x^3+x^4$，则当$x\to 0$时，$f(x)$是$g(x)$的(　　)无穷小量.

(A) 等价;　(B) 同阶但非等价;　(C) 高阶;　(D) 低阶.

3. 求极限:

(1) $\lim\limits_{n\to\infty}\sum\limits_{k=1}^n \dfrac{n}{n^2+3k^2}$；　(2) $\lim\limits_{n\to\infty}\dfrac{1}{n}\sum\limits_{i=1}^n\sqrt{1+\dfrac{i}{n}}$；

(3) $\lim\limits_{x\to a}\dfrac{x}{x-a}\int_a^x f(t)\,\mathrm{d}t$，其中$f(x)$连续;　(4) $\lim\limits_{x\to 0}\dfrac{\int_{2x}^0 \mathrm{e}^{-t^2}\mathrm{d}t}{\mathrm{e}^x-1}$.

4. 估计积分$\int_{\pi/4}^{\pi/2}\dfrac{\sin x}{x}\mathrm{d}x$的值.

5. 求下列函数的导数:

(1) $\dfrac{\mathrm{d}}{\mathrm{d}x}\int_0^x \sin(x-t)^2\mathrm{d}t$；

(2) $\dfrac{\mathrm{d}}{\mathrm{d}x}\int_0^x tf(x^2-t^2)\mathrm{d}t$，其中$f(x)$是连续函数;

6. 设函数$y=y(x)$由方程$\int_0^{y^2}\mathrm{e}^{-t}\mathrm{d}t+\int_x^0\cos t^2\mathrm{d}t=0$所确定，求$\dfrac{\mathrm{d}y}{\mathrm{d}x}$.

7. 设$f(x)$连续，且满足$\int_0^{x^2(1+x)} f(t)\mathrm{d}t=x$，求$f(2)$.

8. 已知$f(x)=x^2-x\int_0^2 f(x)\mathrm{d}x+2\int_0^1 f(x)\mathrm{d}x$，求$f(x)$.

9. 设$F(x)=\int_0^x \mathrm{e}^{-\frac{t^2}{2}}\mathrm{d}t$，$x\in(-\infty,+\infty)$，求曲线$y=F(x)$在拐点处的切线方程.

10. 设$f(x)$和$g(x)$均为$[a,b]$上的连续函数，证明：至少存在一点$\xi\in(a,b)$，使

$$f(\xi)\int_\xi^b g(x)\,\mathrm{d}x=g(\xi)\int_a^\xi f(x)\,\mathrm{d}x.$$

11. 设 $f(x)$ 在 $(-\infty,+\infty)$ 内连续，且 $f(x)>0$．证明函数 $F(x)=\dfrac{\int_0^x tf(t)\mathrm{d}t}{\int_0^x f(t)\mathrm{d}t}$ 在 $(0,+\infty)$ 内为单调增加函数.

12. 求下列定积分：

(1) $\int_0^{\pi}(\sin^2 x-\sin^3 x)\,\mathrm{d}x$；　(2) $\int_0^3\dfrac{\mathrm{d}x}{(1+x)\sqrt{x}}$；

(3) $\int_{-\sqrt{2}}^{\sqrt{2}}\sqrt{8-2x^2}\,\mathrm{d}x$；　(4) $\int_0^1\dfrac{\ln(1+x)}{(2-x)^2}\,\mathrm{d}x$．

13. 设 $\int_0^{\pi}\dfrac{\cos x}{(x+2)^2}\,\mathrm{d}x=A$，求 $\int_0^{\frac{\pi}{2}}\dfrac{\sin x\cos x}{x+1}\,\mathrm{d}x$．

14. 设 $f(x)$ 在 $[0,2a]$ 上连续，则 $\int_0^{2a}f(x)\,\mathrm{d}x=\int_0^a[f(x)+f(2a-x)]\mathrm{d}x$．

15. 证明 $\int_x^1\dfrac{\mathrm{d}t}{1+t^2}=\int_1^{\frac{1}{x}}\dfrac{\mathrm{d}t}{1+t^2}\ (x>0)$．

16. 设 $f(x),g(x)$ 在区间 $[-a,a](a>0)$ 上连续，$g(x)$ 为偶函数，且 $f(x)$ 满足条件

$$f(x)+f(-x)=A\quad(A\text{ 为常数}).$$

(1) 证明：$\int_{-a}^a f(x)g(x)\mathrm{d}x=A\int_0^a g(x)\mathrm{d}x$；

(2) 利用(1)结论计算定积分 $\int_{-\frac{\pi}{2}}^{\frac{\pi}{2}}|\sin x|\arctan \mathrm{e}^x\mathrm{d}x$．

17. 设 $f(x)$ 是以 T 为周期的连续函数，证明对任意实数 a，有 $\int_a^{a+T}f(x)\mathrm{d}x=\int_0^T f(x)\mathrm{d}x$．并计算 $\int_0^{100\pi}\sqrt{1-\cos 2x}\mathrm{d}x$．

18. 设 $f(x)$ 是以 π 为周期的连续函数，证明：

$$\int_0^{2\pi}(\sin x+x)f(x)\,\mathrm{d}x=\int_0^{\pi}(2x+\pi)f(x)\mathrm{d}x\ .$$

19. 已知 $\int_0^{+\infty}\dfrac{\sin x}{x}\mathrm{d}x=\dfrac{\pi}{2}$，求 $\int_0^{+\infty}\dfrac{\sin^2 x}{x^2}\mathrm{d}x$．

20. 判断积分 $\int_{2/\pi}^{+\infty}\dfrac{1}{x^2}\sin\dfrac{1}{x}\mathrm{d}x$ 的收敛性.

21. 判断积分 $\int_0^3\dfrac{\mathrm{d}x}{(x-1)^{2/3}}$ 的收敛性.

22. 求抛物线 $y=-x^2+4x-3$ 及其在点 $(0,-3)$ 和 $(3,0)$ 处的切线所围成的图形的面积.

23. 求曲线 $y=-x^3+x^2+2x$ 与 x 轴所围成的图形的面积.

24. 求位于曲线 $y=\mathrm{e}^x$ 下方，该曲线过原点的切线的左方以及 x 轴上方之间的图形的面积.

25. 求由下列已知曲线所围成的图形，按指定的轴旋转所产生的旋转体的体积：

(1) $y=\mathrm{e}^x$ 与 $x=1$，$y=1$ 所围成的图形，分别绕 x 轴，y 轴；

(2) $x^2+(y-5)^2\leqslant 16$，绕 x 轴.

26. 求曲线 $y=4-x^2$ 及 $y=0$ 所围成的图形绕直线 $x=3$ 旋转所得旋转体的体积.

27. 设抛物线 $L:y=-bx^2+a(a>0,b>0)$，确定常数 a，b 的值，使得

(1) L 与直线 $y=x+1$ 相切；

(2) L 与 x 轴所围图形绕 y 轴旋转所得旋转体的体积最大.

28. 证明：正弦线 $y=a\sin x(0\leqslant x\leqslant 2\pi)$ 的弧长等于椭圆

$$\begin{cases} x = \cos t, \\ y = \sqrt{1+a^2}\sin t \end{cases} \quad (0 \leqslant t \leqslant 2\pi)$$

的周长.

29. 将直角边各为 a 及 $2a$ 的直角三角形薄板垂直地浸入水中，斜边朝下，直角边的长边与水面平行，且该边到水面的距离恰等于该边的边长，求薄板所受的侧压力.

30. 已知生产某产品 x 单位时的边际收入为 $R'(x)=100-2x$ (元/单位)，求生产 40 单位时的总收入及平均收入，并求再增加生产 10 个单位时所增加的总收入.

31. 已知某产品的边际收入 $R'(x)=25-2x$，边际成本 $C'(x)=13-4x$，固定成本为 $C_0=10$，求当 $x=5$ 时的毛利和纯利.

32. 已知需求函数 $D(Q)=(Q-5)^2$ 和消费函数 $S(Q)=Q^2+Q+3$，

(1) 求平衡点；

(2) 求平衡点处的消费者剩余；

(3) 求平衡点处的生产者剩余.

自 测 题 7

一、单选题

1. $\int_{-\frac{\pi}{2}}^{\frac{\pi}{2}} |\sin x|\,dx = ($　　$)$.

(A) 0;　　(B) π;　　(C) $\frac{\pi}{2}$;　　(D) 2.

2. 已知 $F'(x)=f(x)$，则 $\int_a^x f(t+a)\,dt = ($　　$)$.

(A) $F(x)-F(a)$;　　(B) $F(t)-F(a)$;

(C) $F(x+a)-F(2a)$;　　(D) $F(t+a)-F(2a)$.

3. $\int_0^1 \frac{1}{\arccos x}\,dx = ($　　$)$.

(A) $\int_{\pi}^{0} \frac{1}{x}\,dx$;　　(B) $\int_{\frac{\pi}{2}}^{0} \frac{\sin x}{x}\,dx$;

(C) $-\int_{\frac{\pi}{2}}^{0} \frac{\sin x}{x}\,dx$;　　(D) $\int_0^{\frac{\pi}{2}} \frac{1}{x}\,dx$.

4. 函数 $f(x)$ 在 $[a,b]$ 上有界是 $f(x)$ 可积的(　　).

(A) 必要条件;　　(B) 充分条件;

(C) 充要条件;　　(D) 即非充分也非必要条件.

5.设 $M=\int_{-\frac{\pi}{2}}^{\frac{\pi}{2}} \frac{\sin x}{1+x^2}\cos^4 x\,dx$, $N=\int_{-\frac{\pi}{2}}^{\frac{\pi}{2}} (\sin^3 x+\cos^4 x)\,dx$, $P=\int_{-\frac{\pi}{2}}^{\frac{\pi}{2}} (x^2\sin^3 x-\cos^4 x)\,dx$, 则有(　　).

(A) $N<P<M$;　　(B) $M<P<N$;

(C) $N<M<P$;　　(D) $P<M<N$.

6. 设 $f(x)$ 在 $[a,b]$ 上连续，则由曲线 $y=f(x)$ 与直线 $x=a, x=b, y=0$ 所围成的平面图像的面积为(　　).

(A) $\int_a^b f(x)\,\mathrm{d}x$;　　(B) $\left|\int_a^b f(x)\,\mathrm{d}x\right|$;

(C) $\int_a^b |f(x)|\,\mathrm{d}x$;　　(D) $f(\xi)(b-a)\quad a<\xi<b$.

二、多选题

1. 下列关于 $f(x)$ 的性质叙述正确的是(　　).

(A) 若 $f(x)$ 在 $[a,b]$ 上可导，则 $f(x)$ 在 $[a,b]$ 上可积;

(B) 若 $f(x)$ 在 $[a,b]$ 上可积，则 $f(x)$ 在 $[a,b]$ 上连续;

(C) 若 $f(x)$ 在 $[a,b]$ 上连续，则 $f(x)$ 在 $[a,b]$ 上可积;

(D) 若 $f(x)$ 在 $[a,b]$ 上连续，则 $f(x)$ 在 $[a,b]$ 上可导.

2. 根据定积分的几何意义，下列各式中正确的是(　　).

(A) $\int_0^1 \sqrt{1-x^2}\,\mathrm{d}x=\frac{\pi}{4}$;　　(B) $\int_{-\frac{\pi}{2}}^0 \cos x\mathrm{d}x<\int_0^{\frac{\pi}{2}}\cos x\mathrm{d}x$;

(C) $\int_{-\frac{\pi}{2}}^{\frac{\pi}{2}}\cos x\mathrm{d}x=\int_{\frac{\pi}{2}}^{\frac{3\pi}{2}}\cos x\mathrm{d}x$;　　(D) $\int_0^{2\pi}\sin x\mathrm{d}x=0$.

三、判断题

1. $\int_{-a}^a f(x)\,\mathrm{d}x=\int_0^a[f(x)+f(-x)\mathrm{d}x$.　(　　)

2. 若 $\int_a^b \frac{f(x)}{f(x)+g(x)}\mathrm{d}x=1$，则 $\int_a^b \frac{g(x)}{f(x)+g(x)}\mathrm{d}x=a-b+1$.　(　　)

3. 定积分是曲边梯形的面积.　(　　)

4. $\int_{\frac{1}{2}}^1 x^2\ln x\mathrm{d}x>0$.　(　　)

5. $\int_{-\frac{\pi}{2}}^{\frac{\pi}{2}}\cos x\mathrm{d}x=2\int_0^{\frac{\pi}{2}}\cos x\mathrm{d}x$.　(　　)

6. $-2\mathrm{e}^2\leqslant\int_2^0 \mathrm{e}^{x^2-x}\mathrm{d}x\leqslant\frac{-2}{\sqrt[4]{\mathrm{e}}}$.　(　　)

四、计算题

1. $\lim\limits_{n\to\infty}\left(\frac{1}{2n+1}+\frac{1}{2n+2}+\cdots+\frac{1}{2n+n}\right)$.

2. 设 $f'(x)$ 连续，且 $f(1)=2$，求 $\int_0^1[f(x)+xf'(x)]\mathrm{d}x$.

3. 设 $f(x)=\int_1^{x^2} xt\mathrm{d}t$，求 $f'(x)$.

4. 求 $\int_0^{\frac{\pi}{2}}\frac{x+\sin x}{1+\cos x}\mathrm{d}x$.

5. 设 $f(x)=\begin{cases}1+x^2, & x<0,\\ \mathrm{e}^x, & x\geqslant 0,\end{cases}$ 求 $\int_1^3 f(x-2)\,\mathrm{d}x$.

五．证明题

1. 设 $f(x)$ 在 $[a,b]$ 上连续，且 $f(x)>0$，$F(x)=\int_a^x f(t)\,\mathrm{d}t+\int_b^x \frac{1}{f(t)}\mathrm{d}t, x\in[a,b]$，证明方程 $F(x)=0$ 在区间 $[a,b]$ 上有且只有一个根.

2. 若 $f(x)$ 在 $(-\infty,+\infty)$ 内连续，证明:

(1) 若 $f(x)$ 为奇函数，则 $\int_0^x f(t)\,\mathrm{d}t$ 为偶函数；

(2) 若 $f(x)$ 为偶函数，则 $\int_0^x f(t)\,\mathrm{d}t$ 为奇函数.

六、讨论题

已知 $f(x)=\begin{cases} x^2, & 0\leqslant x\leqslant 1, \\ 1, & 1\leqslant x\leqslant 2, \end{cases}$ 求 $F(x)=\int_1^x f(t)\,\mathrm{d}t \quad (0\leqslant x\leqslant 2)$.

七、应用题：

设平面图形 D 由抛物线 $y=1-x^2$ 和 x 轴围成，试求：

(1) D 的面积；

(2) D 绕 x 轴旋转所得的旋转体的体积；

(3) 抛物线 $y=1-x^2$ 在 x 轴上方的曲线段的弧长.

第 7 章　部分习题参考答案

课外阅读　数学家简介

牛顿(Newton，1643—1727)，英格兰数学家、物理学家、天文学家、自然哲学家和炼金术士. 被誉为人类历史上最伟大的科学家之一. 他的万有引力定律在人类历史上第一次把天上的运动和地上的运动统一起来，为“日心说”提供了有力的理论支持，使得自然科学的研究最终挣脱了宗教的枷锁. 牛顿还发现了太阳光的颜色构成，还制作了世界上第一架反射望远镜. 在 1687 年 7 月 5 日发表的《自然哲学的数学原理》里提出的万有引力定律以及他的牛顿运动定律是经典力学的基石. 牛顿还和莱布尼茨各自独立地发明了微积分. 他总共留下了 50 多万字的炼金术手稿和 100 多万字的神学手稿.

大多数现代历史学家都相信，牛顿与莱布尼茨独立发现了微积分学，并为之创造了各自独特的符号. 根据牛顿周围的人所述，牛顿要比莱布尼茨早几年得出他的方法，但在 1693 年以前他几乎没有发表任何内容，并直至 1704 年他才给出了其完整的叙述. 其间，莱布尼茨已在 1684 年发表了他的方法的完整叙述. 此外，莱布尼茨的符号和“微分法”被欧洲大陆全面地采用，在大约 1820 年以后，英国也采用了该方法. 莱布尼茨的笔记本记录了他的思想从初期到成熟的发展过程，而在牛顿已知的记录中只发现了他最终的结果. 牛顿声称他一直不愿公布他的微积分学，是因为他怕被人们嘲笑. 牛顿与瑞士数学家丢勒(Duillier)的联系十分密切，后者一开始便被牛顿的引力定律所吸引. 1691 年，丢勒打算编写一个新版本的牛顿《自然哲学的数学原理》，但从未完成它.

在 1699 年初，皇家学会(牛顿也是其中的一员)的其他成员们指控莱布尼茨剽窃了牛顿的成果，争论在 1711 年全面爆发了. 牛顿所在的英国皇家学会宣布，一项调查表明了牛顿才是真正的发现者，而莱布尼茨被斥为骗子. 但在后来，发现该调查评论莱布尼茨的结语是由牛顿本人书写，因此该调查遭到了质疑. 这导致了激烈的牛顿与莱布尼茨的微积分学论战，并破坏了牛顿与莱布尼茨的生活，直到后者在 1716 年逝世. 这场争论在英国和欧洲大陆的数学家间划出了一道鸿沟，并可能阻碍了英国数学至少一个世纪的发展.

牛顿的一项被广泛认可的成就是广义二项式定理，它适用于任何幂. 他发现了牛顿恒等式、牛顿法，分类了立方面曲线(两变量的三次多项式)，为有限差理论做出了重大贡献，并首次使用了分式指数和坐标几何学得到丢番图方程的解. 他用对数趋近了调和级数的部分和(这是欧拉求和公式的一个先驱)，并首次有把握地使用幂级数和反转幂级数. 他还发现了 π 的一个新公式.

莱布尼茨 (Leibniz，1646—1716)，德国数学家、哲学家. 研究领域涉及法学、力学、光学、语言学等 40 多个领域，被誉为 17 世纪的亚里士多德. 在数学上最重要的贡献是和牛顿先后独立地发明了微积分.

1665 年牛顿创始了微积分，莱布尼茨在 1673—1676 年也发表了微积分思想的论著. 以前，微分和积分作为两种数学运算、两类数学问题，是分别加以研究的. 只有莱布尼茨和牛顿将积分和微分真正沟通起来，明确地找到了两者内在的直接联系：微分和积分是互逆的两种运算. 而这是微积分建立的关键所在.

然而关于微积分创立的优先权，在数学史上曾掀起了一场激烈的争论. 实际上，牛顿在微积分方面的研究虽早于莱布尼茨，但莱布尼茨成果的发表则早于牛顿. 1684 年，莱布尼茨在《教师学报》上发表的论文《一种求极大极小的奇妙类型的计算》，是最早的微积分文献. 这篇简短论文内容并不丰富，说理也比较含糊，但却有着划时代的意义. 1687 年，牛顿在《自然哲学的数学原理》的第一版和第二版也写道："十年前在我和最杰出的几何学家莱布尼茨的通信中，我表明我已经知道确定极大值和极小值的方法、作切线的方法以及类似的方法，但我在交换的信件中隐瞒了这方法……这位最卓越的科学家在回信中写道，他也发现了一种同样的方法. 并诉述了他的方法，它与我的方法几乎没有什么不同，除了他的措词和符号而外"(但在第三版及以后再版时，这段话被删掉了).

牛顿从物理学出发，运用集合方法研究微积分，其应用上更多地结合了运动学，造诣高于莱布尼茨. 莱布尼茨则从几何问题出发，运用分析学方法引进微积分概念、得出运算法则，其数学的严密性与系统性是牛顿所不及的.

莱布尼茨认识到好的数学符号能节省思维劳动，运用符号的技巧是数学成功的关键之一. 因此，他所创设的微积分符号远远优于牛顿的符号，这对微积分的发展有极大影响. 1713 年，莱布尼茨发表了《微积分的历史和起源》一文，总结了自己创立微积分学的思路.

黎曼(Riemann，1826—1866)，德国数学家，非欧几何的创始人之一. 1851 年，黎曼给出了一个复变函数可微的充分必要充分条件(即柯西-黎曼方程). 他借助狄利克雷原理阐述了黎曼映射定理，成为函数的几何理论的基础. 1853 年定义了黎曼积分并研究了三角级数收敛的准则. 1854 年，黎曼发展了高斯关于曲面的微分几何研究，提出用流形的概念理解空间的实质，用微分弧长度的平方所确定的正定二次型理解度量，建立了黎曼空间的概念，把欧氏几何、非欧几何包进了他的体系之中. 1857 年发表的关于阿贝尔函数的研究论文，引出黎曼曲面的概念，将阿贝尔积分与阿贝尔函数的理论带到新的转折点并做系统的研究. 其中对黎曼曲面从拓扑、分析、代数几何各角度作了深入研究. 创造了一系列对代数、拓扑发展影响深远的概念，阐明了后来为罗赫所补足的黎曼-罗赫定理. 黎曼对微积分的发展做出了重要的贡献，黎曼给出了定积分严格定义，所以定积分也被称为黎曼积分.

黎曼猜想是一个困扰数学界多年的难题，迄今为止仍未有人给出一个令人完全信服的合理证明. 2000 年 5 月 24 日，美国克雷(Clay)数学研究所公布了 7 个千禧数学问题，每个问题的奖金均为 100 万美元. 其中黎曼假设被公认为目前数学中(而不仅仅是这 7 个)最重要的猜想.

德国数学家克莱因(Klein)这样的评价他：“黎曼具有很强的直观，他超越了当代的数学家，在他的兴趣被激发的领域，他不管当局是否会接受对他的研究，也不让传统来误导他……他像流星一样出现然后消失，他活跃的时间只不过 15 年，1851 年他完成论文，1862 年他生病，1866 年他去世……黎曼的思想，对现代函数论发展的影响是缓慢和逐渐的，他的工作不会在当代引起突然的革命. 这主要是由于黎曼的工作不容易明白，另外是他提出的想法是非常新且奇特的……”

参 考 文 献

南京理工大学应用数学系. 2008. 高等数学(上册). 2 版. 北京: 高等教育出版社
同济大学数学系. 2014. 高等数学(上册). 7 版. 北京: 高等教育出版社
同济大学应用数学系. 2006. 高等数学(本科少学时类型)(上册). 3 版. 北京: 高等教育出版社
王立冬, 齐淑华. 2011. 微积分(经管类)(上册). 大连: 大连理工大学出版社

部分习题参考答案与提示

习题 1-1

1. (B). **2.** (B). **3.** (C). **4.** (D). **5.** (1) $[-3,3]$；(2) $(-\infty,0)\cup(2,+\infty)$；(3) $(-2,1)$；

(4) $(-1.01,-1)\cup(-1,-0.99)$.

习题 1-2

1. (1) 不是，$f(x)$定义域为$x\geqslant0$，$g(x)$定义域为全体实数；

(2) 不是，$f(x)$定义域为$x\geqslant0$，$g(x)$定义域为全体实数；

(3) 不是，$f(x)$定义域为$x\geqslant2$，$g(x)$定义域为$x\geqslant2$，$x<-1$;

(4) 不是，$f(x)$定义域为$x\neq1$，$g(x)$定义域为全体实数；

(5) 不是，$f(x)$定义域为$x\neq0$，$g(x)$定义域为$x>0$；

(6) 不是，$f(x)$定义域为$2k\pi-\dfrac{\pi}{2}\leqslant x\leqslant 2k\pi+\dfrac{\pi}{2}$，$g(x)$定义域为全体实数.

2. (1) 定义域为$[-2,1)$；(2) 定义域$[-1,1]$；(3) 定义域$(-\infty,2]$.

3. (1) 值域为$[1,+\infty)$；(2) 值域为$\left[0,\dfrac{1}{2}\right]$；(3) 值域为$(0,1]$；(4) 值域为$(1,+\infty)$.

4. (1) 在$(-1,0)$内单调减少；(2) 在$y=\sin x$ $\left(-\dfrac{\pi}{2},\dfrac{\pi}{2}\right)$内单调增加，在$\left(\dfrac{\pi}{2},\dfrac{3\pi}{2}\right)$单调减少；(3) 在$(-1,+\infty)$内单调增加.

5. (1) 偶函数；(2) 非奇非偶；(3) 奇函数；(4) 奇函数.　**6.** π.

7. $-\dfrac{1}{2}\leqslant y\leqslant\dfrac{1}{2}$.　**8.** $f(-x)=-f(x)\Rightarrow f(0)=0$.

习题 1-3

1. (1) $y=x^3-1$；(2) $y=\dfrac{\log_3{}^x-5}{2}$；(3) $y=e^{x-1}-2$；(4) $y=\dfrac{e^x-e^{-x}}{2}$；

(5) $y=\begin{cases}\dfrac{x+1}{2}, & -1\leqslant x\leqslant1,\\ 2+\sqrt{2-x}, & 1<x\leqslant2.\end{cases}$　**2.** $a^b<a^a<b^a$.　**3.** $m_2<m_3<m_1$.

4. $\ln a<[\ln(a+1)]^2<\ln(a+1)$. **5.** $\dfrac{1}{5}$. **6.** 略. **7.** 略. **8.** (1) $\dfrac{16}{65}$；(2) $\dfrac{2\sqrt2}{3}$.

9. (1) $y=\sec^2x$, $y\big|_{x=\frac{\pi}{6}}=\dfrac{4}{3}$, $y\big|_{x=\frac{\pi}{3}}=4$；(2) $y=\ln(1+x^2)$, $y\big|_{x=0}=0$, $y\big|_{x=2}=\ln5$；

(3) $y=e^{\cot^2x}$, $y\big|_{x=\frac{\pi}{4}}=e$, $y\big|_{x=\frac{\pi}{2}}=1$；(4) $y=e^{2\cot x}$, $y\big|_{x=\frac{\pi}{4}}=e^2$, $y\big|_{x=\frac{\pi}{2}}=1$.

10. (1) $y=u^{10},u=2x+1$；(2) $y=u^2,u=\arcsin v,v=\sqrt{t},t=1-x^2$；

(3) $y=\ln u,u=\csc v,v=e^t,t=x+1$；(4) $y=2^u,u=v^2,v=\sin x$；

(5) $y=u^3,u=\sin v,v=\ln x$；(6) $y=\arccos u,u=v^{\frac{1}{3}},v=\dfrac{x-1}{2}$.

11. (1) $[1,\mathrm{e}]$; (2) $[-\frac{\pi}{2}+2k\pi,\frac{\pi}{2}+2k\pi]$; (3) $[0,\tan 1]$.

12. (1) $\varphi(x)=-x^2+x+6$; (2) $g(x)=x^2+3x+3$; (3) $f(x)=x^2-2$.

13. 2. **14.** $f(f(x))=\begin{cases}x, & x<0,\\ x^4, & x\geqslant 0.\end{cases}$

复习题 1

一、**1.** (D); **2.** (A); **3.** (B); **4.** (C); **5.** (D); **6.** (C); **7.** (B); **8.** (D).

二、**1.** $(-3,-1)\cup(1,3)$; **2.** $[-10,1)\cup(1,2]$; **3.** $[-1,3], f(0)=2, f(1)=0$;

4. $f[f(x)]=\frac{x-1}{x}$, $f\{f[f(x)]\}=x$; **5.** $f(f(x))=\begin{cases}0, & x\leqslant 0,\\ x, & x>0.\end{cases}$ **6.** $y=1+\lg(2+x)$;

7. $[-1,1]$; **8.** $T=2$; **9.** $f(x)=\frac{1}{x}+\sqrt{1+\frac{1}{x^2}}$; **10.** $f(x)=x^2+1$.

三、**1.** (1) $(4,+\infty)$; (2) $(-\infty,1)\cup(1,3)\cup(3,4)\cup(4,+\infty)$; (3) $\left[\frac{10}{\mathrm{e}},10\mathrm{e}\right]$; (4) $[-3,4]$.

2. (1) $[-1,1]$; (2) $\left[2k\pi,\frac{\pi}{2}+2k\pi\right](k\in\mathbf{Z})$; (3) $(-a,1-a)$. **3.** $f(x)=4x^2-x+c$.

4. (1) $y=u^{10}, u=\arcsin v, v=x^2$; (2) $y=2^u, u=\sin v, v=x^2+1$;

(3) $y=\ln u, u=v^2, v=\ln t, t=w^3, w=\ln x$.无.

5. $f(\mathrm{g}(x))=\begin{cases}x^2+2, & x\leqslant 0,\\ x+2, & x>0.\end{cases}$ **6.** 略.

7. (1) $f(0)=1$; (2) 提示: $f(0)=f(x)f(-x)>0$,则 $x<0$ 时, $0<f(x)<1$; 又已知 $x>0$ 时, $f(x)>1$, 故 $f(x)>0$; (3) 对任意的 $x_1<x_2$, $x_1-x_2<0$, $\frac{f(x_1)}{f(x_2)}=\frac{f(x_1-x_2+x_2)}{f(x_2)}=f(x_1-x_2)<1$, 故单调递增; (4) $\{x|0<x<3\}$.

8. 无界.

自测题 1 略.

习题 2-1

1. (1) 发散的; (2) 收敛于 0; (3) 发散的; (4) 收敛于 1; (5) 收敛于 0; (6) 收敛于 2; (7) 发散的; (8) 发散的.

2. 略.

3. 证 任给的 $\varepsilon>0$, 存在正整数 N, 使得当 n; N 时, 都有 $|x_n-A|<\varepsilon$, 对任何自然数 k, $n+k>N$, 所以结论成立.

4. 证 任给的 $\varepsilon>0$, 存在正整数 N, 使得当 $n>N$ 时, 都有 $|x_n-a|<\varepsilon$, 而 $||x_n|-|a||<|x_n-a|$, 所以结论成立.

5. 证 设 $\{x_n\}$ 是有界数列, 则存在正数 M, 使得对任意的正整数 n, 恒有 $|x_n|\leqslant M$,

又 $\sec x$, 任给 $\frac{\varepsilon}{M}>0$, 要使 $|y_n|<\frac{\varepsilon}{M}$, 所以当 $n>N$ 时, 有 $|x_ny_n|=|x_n||y_n|<M\cdot\frac{\varepsilon}{M}=\varepsilon$, 所以结论得证.

6. 发散.

习题 2-2

1. (1) $\frac{3}{5}$; (2) $\frac{1}{3}$; (3) $-\frac{1}{2}$.

2. (1) **证**　$0<\frac{1}{n^2}+\frac{1}{(n+1)^2}+\cdots+\frac{1}{(2n)^2}<\frac{n}{n^2}$，$\lim\limits_{\to\infty}\frac{1}{n}=0$，由夹逼定理，结论得证.

(2) **证**　$\frac{n}{\sqrt{n^2+n}}<\frac{1}{\sqrt{n^2+1}}+\frac{1}{\sqrt{n^2+2}}+\cdots+\frac{1}{\sqrt{n^2+n}}<\frac{n}{\sqrt{n^2+1}}$，$\lim\limits_{n\to\infty}\frac{n}{\sqrt{n^2+1}}=1$，$\lim\limits_{n\to\infty}\frac{n}{\sqrt{n^2+n}}=1$，由夹逼定理，结论得证.

3. (1) **证**　因为 $x_1>0$, $x_{n+1}=\frac{1}{2}(x_n+\frac{3}{x_n})>0$，所以 $x_{n+1}\geqslant\frac{1}{2}\cdot 2\sqrt{x_n\cdot\frac{3}{x_n}}=\sqrt{3}$，$\forall n$．所以数列有下界. 因为 $x_n\geqslant\sqrt{3}$，所以 $\frac{3}{x_n^2}\leqslant 1$，所以 $\frac{x_{n+1}}{x_n}=\frac{1}{2}(1+\frac{3}{x_n^2})\leqslant 1$，即 $x_{n+1}\leqslant x_n$，数列递减. 由单调有界原理，数列极限存在.

(2) **证**　通过数学归纳法证明数列 $x_n\leqslant 2$，即 $\{x_n\}$ 有上界，类似通过数学归纳法证明该数列单调递增.因此根据单调有界原理知，该数列的极限存在.

(3) **证**　因为 y_n 单调递减，所以 $y_n\leqslant y_1$.因为 $\lim\limits_{n\to\infty}(x_n-y_n)=0$，所以取 $\varepsilon=1$，$\exists N$，当 $n>N$ 时，$|x_n-y_n|<1$，即 $x_n<y_n+1$，所以当 $n>N$ 时，x_n 单调有上界. 极限与前有限项无关，由单调有界原理，x_n 收敛，设极限为 x. $\lim\limits_{n\to\infty}y_n=\lim\limits_{n\to\infty}(x_n-(x_n-y_n))=x$，所以 x_n 和 y_n 的极限均存在.

习题 2-3

1. 略.

2. $\delta\geqslant 0.05$.

3. 提示　$\lim\limits_{x\to 1^-}f(x)=1$，$\lim\limits_{x\to 1^+}f(x)=1$，左右极限且相等，故 $\lim\limits_{x\to 1}f(x)$ 存在.

4. 提示　$\lim\limits_{x\to 0^-}f(x)=-1$，$\lim\limits_{x\to 0^+}f(x)=1$，左右极限均存在,但不相等,故 $\lim\limits_{x\to 0}f(x)$ 不存在.

5. 提示　$\lim\limits_{x\to-\infty}\arctan x=-\frac{\pi}{2}$, $\lim\limits_{x\to+\infty}\arctan x=\frac{\pi}{2}$, 所以 $\lim\limits_{x\to\infty}\arctan x$ 不存在.

6. (1)×；(2)√；(3)×；(4)√；(5)×；(6)√；(7)√；(8)×.

7. (1) $x\to 2$ 时为无穷大；(2) $x\to 0^+$时为无穷大，$x\to 1$ 时为无穷小,$x\to+\infty$时为无穷大；
(3) $x\to 0^+$时为无穷大，$x\to 0^-$时为无穷小；(4) $x\to+\infty$时为无穷小；(5) $x\to\infty$时为无穷小；
(6) $x\to\infty$时为无穷小.

习题 2-4

1. $\lim\limits_{x\to x_0}[f(x)\pm g(x)]$ 不存在，$\lim\limits_{x\to x_0}[f(x)\cdot g(x)]$ 可能存在.　**2.** 由保号性易知结论成立.

3. (1) $\frac{1}{6}$；(2) ∞；(3) 0；(4) $\frac{1}{2}$；(5) $3x^2$；(6) $\frac{4}{3}$；(7) -1.

4. $a=4, m=-10$.　**5.** $-1, 0, -\infty$.　**6.** $a=0, b=-2$.　**7.** (1) $\frac{a}{2}$；(2) 1.

习题 2-5

(1) $\frac{5}{3}$；(2) $\frac{2}{5}$；(3) 1；(4) $-\frac{21}{2}$；(5) 3；(6) $\sin 2a$；(7) 8；(8) 1；(9) 1.

(10) 1；(11) e^{-1}；(12) e^2；(13) e^{-2}；(14) e^3；(15) 0；(16) e^3；(17) $e^{-\frac{1}{2}}$.

习题 2-6

1. (1) $\frac{a}{b}$；(2) $\frac{1}{2}k^2$；(3) 2；(4) $\frac{\sqrt{2}}{4}$；(5) 1；(6) 1；(7) $\frac{4}{9}$；(8) 3.

2. (1) $k=2$；(2) $k=\frac{2}{5}$；(3) $k=3$.　**3.** $a=-\frac{15}{16}$，$b=-\frac{1}{4}$.

复习题 2

1. (1)√；(2) ×.　**2.** (1) 1；　(2) $\frac{4}{3}$；(3) 5；(4) e^3；(5) $1, -2$.

(5) $\frac{2^{20}3^{30}}{5^{50}}$；(6) $a=1,b=-2$；(7) $a=1,b=1$；(8) $\frac{1}{2}$；(9) $a=0,b=6$；(10) 2；(11) $\frac{x}{3}$.

3. (1) (C)；(2) (C)；(3) (A). **4.** 略. **5.** (1),(2)略；(3) $a=2,b=-8$. **6.** (1) $\frac{1}{2}$；(2) $\frac{1}{2\sqrt{2}}$；

(3) $\frac{1}{2\sqrt{a}}$；(4) $\frac{1}{2}$；(5) 2；(6) 略；(7) 2；(8) $\frac{1}{2}$；(9)1；(10) e^{-3}；(11)3；(12) $\frac{1+3\sqrt{5}}{2}$.

7. $a=\sqrt[5]{8}$.　　**8.** 略.

自测题 2 略.

习题 3-1

1–2. 略.

3. 2.

4. 不连续.

5. 证　令 $x_1=x_2=0$，则 $f(0)=0$．$\forall x_0\in(-\infty,+\infty)$，$f(x)-f(x_0)=f(x-x_0)$，则 $\lim\limits_{x\to x_0}[f(x)-f(x_0)]=\lim\limits_{x\to x_0}f(0)=f(0)=0$，即 $\lim\limits_{x\to x_0}f(x)=f(x_0)$，因此 $f(x)$ 在 x_0 连续.

6. $a=0,b=\mathrm{e}$.

7. $f(x)+g(x)$ 在点 x_0 肯定不连续，证明如下：若 $f(x)+g(x)$ 在 x_0 连续，因为 $f(x)$ 在点 x_0 连续，故 $g(x)=[f(x)+g(x)]-f(x)$ 在点 x_0 也连续，此与题设矛盾.

$f(x)\cdot g(x)$ 在 x_0 的连续性不能确定. 例如：若 $f(x)\equiv 1, g(x)$ 为任一在 x_0 不连续的函数，则 $f(x)\cdot g(x)$ 在 x_0 不连续．又例：若 $f(x)=x, g(x)=\begin{cases}\sin\frac{1}{x}, x\neq 0,\\ 0, \quad x=0,\end{cases}$ $x_0=0$，则 $f(x)$，$g(x)$ 满足题目要求，但 $f(x)\cdot g(x)=\begin{cases}x\sin\frac{1}{x}, x\neq 0,\\ 0, \quad x=0\end{cases}$ 在 $x_0=0$ 处连续.

8. (1) $f(0)=\frac{3}{2}$；(2) $f(0)=0$.

9. (1)间断点 $x=-1$，可去间断点；(2) $x=0$ 为第一类跳跃间断点.

10. $a=0,b\neq 1$ 为无穷间断点，$a\neq 1,b=\mathrm{e}$ 为可去间断点.

11. (1) 函数无定义的点为 $x=0, x=\pm 1$，$x=0$ 为第一类间断点.

$x=1$ 为可去间断点，补充定义 $y(1)=\frac{1}{2}$，则函数在 $x=1$ 处连续，$x=-1$ 为第二类间断点.

(2) 函数无定义的点 $x=1$，$x=1$ 为第一类间断点断．函数在无定义，因为 $\lim\limits_{x\to 0}f(x)=\infty$，所以 $x=0$ 为第二类间断点，　$x=1$ 为第一类间断点.

(3) $x=1$ 为可去间断点，补充 $y(1)=-2$，则函数在 $x=1$ 处连续；$x=2$ 为无穷间断点.

(4) 当 $k=0$ 时，$\lim\limits_{x\to 0}\frac{x}{\tan x}=0$，$x=0$ 为可去间断点，补充 $y(0)=1$，则函数在 $x=0$ 处连续；当 $k\neq 0$ 时，$\lim\limits_{x\to k\pi}\frac{x}{\tan x}=\infty$，$x=k\pi$ 是无穷间断点；$\lim\limits_{x\to k\pi+\frac{\pi}{2}}\frac{x}{\tan x}=0$，$x=k\pi+\frac{\pi}{2}$ 是可去间断点，补充 $y(k\pi+\frac{\pi}{2})=0$，则函数在 $x=k\pi+\frac{\pi}{2}$ 处连续.

(5) $x=0$ 是函数的第二类间断点.

(6) $f(x)$ 的间断点只可能在 $x_1=0,\ x_2=1,\ x_3=2$ 处．$x_1=0$ 是 $f(x)$ 的第二类间断点(无穷间断点)；$x_2=1$ 是 $f(x)$ 的可去间断点；$x_3=2$ 是 $f(x)$ 的连续点.

习题 3-2

1. (1) 在 $[0,2]$ 上连续；(2) 在 $(-\infty,-1)\cup(-1,+\infty)$ 上连续. **2.** $\frac{1}{3}$. **3.** 1. **4.** 当 $a=0,b=1$ 时 $f(x)$ 处处连续. **5.** $x=1$ 为函数的跳跃间断点； $x=-1$ 为函数的跳跃间断点.

6. (1) 0. (2) $\tan\ln 4$；(3) e^6；(4) $\frac{e^2}{5}$.

习题 3-3

1. 提示 令 $f(x)=x^5-3x-1$，则 $f(1)=-3$，$f(2)=25$，而 $f(1)f(2)<0$，由零点定理知：方程 $x^5-3x=1$ 至少有一根介于 1 和 2 之间.

2. 提示 设 $f(x)=a\sin x+b-x$，用零点定理证明.

3 提示 设 $f(x)=xe^{x^2}-1$,用零点定理证明.方程有根．下证唯一性：

显然，$f(x)$ 在 $(0,+\infty)$ 单调增加(严格)，故若 $x<\xi$ 时，$f(x)=f(x)-f(\xi)<0, x>\xi$ 时，$f(x)=f(x)-f(\xi)>0$，即当 $x\neq\xi$ 时，$f(x)\neq 0$，即方程无异于 ξ 的根.

4. 提示 令 $F(x)=f(x)-f(x+a)$，则 $F(0)=f(0)-f(a)$，又 $f(0)=f(2a)$，$F(a)=f(a)-f(2a)=f(a)-f(0)$，显然 $F(0),F(a)$ 异号.由零点定理知：在区间 $[0,a]$ 上至少存在一点 x_0 使得 $f(x_0)=f(x_0+a)$.

5. 证 因为 $\lim\limits_{x\to-\infty}P_n(x)=-\infty$，$\lim\limits_{x\to+\infty}P_n(x)=+\infty$,所以结论成立.

6. 证 取 $\varepsilon=\frac{|f(x_0)|}{2}>0$, 因 $f(x)$ 在点 x_0 连续，故存在 $\delta>0$，使 $|x-x_0|<\delta$，即 $x\in(x_0-\delta,\ x_0+\delta)$ 时，$|f(x)-f(x_0)|<\varepsilon=\frac{|f(x_0)|}{2}$，即 $f(x_0)-\frac{|f(x_0)|}{2}<f(x)<f(x_0)+\frac{|f(x_0)|}{2}$，于是．(1) 若 $f(x_0)>0$，则 $f(x)>f(x_0)-\frac{f(x_0)}{2}=\frac{f(x_0)}{2}$.

(2) 若 $f(x_0)<0$，则 $f(x)<-|f(x_0)|+\frac{|f(x_0)|}{2}=-\frac{|f(x_0)|}{2}$，即 $|f(x)|>\frac{|f(x_0)|}{2}$.

7. 提示 设 $F(x)=x-f(x)$ 则由题设 $F(x)$ 在 $[0,1]$ 上连续，$F(0)=-f(0)\leqslant 0, F(1)=1-f(1)\geqslant 0$．若 $F(0)=0$ 或 $F(1)=0$，则可取 $\xi=0$ 或 $\xi=1$ 结论成立；否则 $F(0)<0$．$F(1)>0$，由连续函数的零点定理，存在 $\xi\in(0,1)$ 使得 $F(\xi)=0$，即 $F(\xi)=\xi$.

8–10. 略.

复习题 3

1. (1)×；(2)×；(3)√ .

2. (1) $10\ln 3$；(2) 2；(3) $x=1$；(4) $(-\infty,-1)\cup(-1,1)\cup(1,+\infty)$；(5) 0；(6) $x=0$,第二类无穷间断点；(7) $x=0$，第二类振荡间断，第二类无穷间断点. **3.** (1) (C)；(2) (D).

4. $b=-1$.

5. (1) 当 $x=-1$ 为第二类间断点；(2) $x=0$，为第一类断点；

(3) $x=0,\pm1,\pm2,\cdots$，均为第一类间断点；(4) 所以 $x=0$ 为第一类间断点.

6. (1) $f(0)=\frac{1}{2}$，$\lim\limits_{x\to0^-}f(x)=\lim\limits_{x\to0^-}\frac{\sqrt{a}-\sqrt{a-x}}{x}=\frac{1}{2\sqrt{a}}$,要使 $f(x)$ 在 $x=0$ 连续,则 $\frac{1}{2\sqrt{a}}=\frac{1}{2}$,所以 $a=1$.

(2) 由(1)可知, $a>0$ 且 $a\neq1$ 时, 故 $x=0$ 为可去间断点.

(3) 当 $a=2$ 时, $f(x)$ 在 $x=0$ 点间断,但右连续而不左连续,故 $f(x)$ 的连续区间为 $(-\infty,0)$ 及 $[0,\infty)$.

7. (1) 由 $\lim\limits_{x\to0}f(x)=4$，$f(0)=2$，故 $x=0$ 为可去间断点，改变 $f(x)$ 在 $x=0$ 的定义为 $f(0)=4$，即可使

$f(x)$ 在 $x=0$ 连续.

(2) 由 $\lim\limits_{x\to 2^+} f(x)=4$ ，$\lim\limits_{x\to 2^-} f(x)=0$ ，故 $x=2$ 为第一类间断点.

(3) 类似地易得 $x=-2$ 为第一类间断点.

8. 当 $\alpha \leqslant 0$ 时，$\lim\limits_{x\to 0}(x^\alpha \sin\dfrac{1}{x})$ 不存在，所以 $x=0$ 为第二类间断点；当 $\alpha>0$ ，$\lim\limits_{x\to 0}(x^\alpha \sin\dfrac{1}{x})=0$ ，所以 $\beta=-1$ 时，在 $x=0$ 点连续，$\beta\neq -1$ 时，$x=0$ 为第一类跳跃间断点.

9. 证 令 $F(x)=f(x)-f\left(x+\dfrac{a}{2}\right)$ ，在 $\left[0,\dfrac{a}{2}\right]$ 上用零点定理.

10. 证 设 $f(x)=x2^x-1$ ，易知 $f(x)$ 在 $[0,1]$ 上连续，且 $f(0)=-1<0$ ，$f(1)=1>0$ ，故 $\exists\xi\in(1,2)$ ，使 $f(\xi)=0$.

11. 证 令 $\lim\limits_{x\to\infty} f(x)=A$ ，则对给定的一个 $\varepsilon>0, \exists X>0$ ，只要 $|x|>X$ ，就有 $|f(x)-A|<\varepsilon$ ，即 ，又由 $f(x)$ 在闭区间 $[-X,X]$ 上连续，根据有界性条件，$\exists M>0$ ，使 $|f(x)|\leqslant M$ ，$x\in[-X,X]$ ，取 $N=\max\{M,|A-\varepsilon|,|A+\varepsilon|\}$ ，则 $|f(x)|\leqslant N$ ，$x\in(-\infty,+\infty)$.

12. 证 假设 $F(x)=f(x)-g(x)$ ，则 $F(a)=f(a)-g(a)<0$ ，$F(b)=f(b)-g(b)>0$ 于是由介值定理在 (a,b) 内至少存在一个 ξ ，使 $f(\xi)-g(\xi)=0$ ，即 $f(\xi)=g(\xi)$.

13. 证 令 $f(x)=xe^x-x-\cos\dfrac{\pi}{2}x$ ，则 $f(0)=-1$ ，$f(1)=e-1>0$ ，$f(0)f(1)<0$ ，由零点定理知方程 $xe^x=x+\cos\dfrac{\pi}{2}x$ 至少有一个实根介于 0 和 1 之间.

自测题 3 略.

习题 4-1

1. (1) $-8,0,0$ ；(2) $\dfrac{\pi}{4}$. **2.** (1) $-f'(x_0)$ ；(2) $f'(0)$ ；(3) $2f(x_0)$ ；(4) $f'(x_0)$.

3. 连续，可导. **4.** 3. **5.** 略. **6.** (1) $f'_-(0)=1, f'_+(0)=1$ ，$f'(0)=1$ ；(2) $f'_-(0)=1$ ，$f'_+(0)=0$ ，$f'(0)$ 不存在. **7.** $y=x-1$. **8.** $(2,4)$.

习题 4-2

1. (1) $y=3x^2-\dfrac{20}{x^5}+\dfrac{1}{x^2}$ ；(2) $15x-3^x\ln 3$ ；(3) $y=\sec^2 x-2\sec x\tan x$ ；

(4) $\ln x+1-2x$ ；(5) $y=3e^x\cos x-3e^x\sin x$ ；(6) $(x+1)\tan x+x\tan x+x(x+1)\sec^2 x$ ；

(7) $\dfrac{1-\cos x}{\sin^2 x}$ ；(8) $-\dfrac{1+2x}{\left(1+x+x^2\right)^2}$. **2.** (1) $\dfrac{\sqrt{2}}{4}+\dfrac{\sqrt{2}\pi}{8}$ ；(2) $\dfrac{3}{25},\dfrac{17}{15}$.

3. (1) $8(2x+5)^3$ ；(2) $\dfrac{1}{2\sqrt{x(1-x)}}$ ；(3) $3\sin(4-3x)$ ； (4) $-6xe^{-3x^2}$ ；

(5) $2x\sin\dfrac{1}{x^2}-\dfrac{2}{x}\cos x\dfrac{1}{x^2}$ ；(6) $-\dfrac{e^{\tan\frac{1}{x}}\sec\dfrac{1}{x}}{x^2}$ ；(7) $\dfrac{e^x}{1+e^{2x}}$ ；(8) $\dfrac{1}{\sqrt{x(1-x)}}$ ；

(9) $\sec x$ ；(10) $\dfrac{1}{\sqrt{a^2+x^2}}$ ；(11) $3\left(x+\sin^2 x\right)^2\left(1+\sin 2x\right)$ ；(12) $\dfrac{\ln x}{x\sqrt{1+\ln^2 x}}$.

4. 1,0,0,1. **5.** $y=-3x-4$ **6.** $\dfrac{3\pi}{4}$. **7.** $f'(\sec x)\tan x\sec x$.

习题 4-3

1. (1) 0 ；(2) $\dfrac{4}{e},\dfrac{8}{e}$ ；(3) 7200,720 .

2. (1) $y''=e^{2x}(12\cos 3x-5\sin 3x)$；(2) $(-1)^n n!\left[(x-2)^{1-n}-(x-1)^{1-n}\right]$.

3. $\dfrac{d^2y}{dx^2}=f''(x\varphi(x))(\varphi(x)+x\varphi'(x))^2+f'(x\varphi(x))(2\varphi'(x)+x\varphi''(x))$.

4. (1) $2f'(x^2)+4x^2f'(x^2)$；(2) $2\cos 2xf'(\sin^2 x)+\sin^2 2xf''(\sin^2 x)$.

5. $6\varphi(a)$.　**6.** 提示 $\dfrac{d}{dy}\left(\dfrac{dx}{dy}\right)=\dfrac{d}{dy}\left(\dfrac{1}{y'}\right)$.　**7.** $n\geqslant 4, f''(0)=0$.

习题 4-4

1. (1) $\dfrac{ay-x^2}{y^2-ax}$；(2) $\dfrac{x+y}{x-y}$；(3) $\dfrac{-ye^x-e^y}{xe^y+e^x}$；(4) $-\dfrac{1}{\sin^2(x+y)}$；(5) $\dfrac{e^{x+y}-y}{x-e^{x+y}}$；(6) $\dfrac{2yx^3}{1+y^2}$.

2. 1,3 .　**3.** (1) $x^{\sin x}\left(\cos x\ln x+\dfrac{\sin x}{x}\right)$；(2) $\left(-\sin x\ln\sin x+\dfrac{\cos^2 x}{\sin x}\right)\sin x^{\cos x}$；

(3) $\left(\cos x\ln(1+x^2)+\dfrac{2x}{1+x^2}\sin x\right)(1+x^2)^{\sin x}$；

(4) $\dfrac{\sqrt{x+2}\cdot(3-x)^4}{(x+1)^5}\left[\dfrac{1}{2(x+2)}-\dfrac{4}{3-x}-\dfrac{5}{x+1}\right]$；

(5) $\left(2+\dfrac{1}{x+3}+\dfrac{2x+1}{2(x+5)(x-4)}\right)\dfrac{e^{2x}(x+3)}{\sqrt{(x+5)(x-4)}}$.

4. (1) $2(1+t^2)$；(2) $\dfrac{dy}{dx}=-\dfrac{\tan\theta}{\alpha}\ \dfrac{d^2y}{dx^2}=\dfrac{\tan\theta}{\alpha^2}$；(3) $\dfrac{dy}{dx}=t,\dfrac{d^2y}{dx^2}=\dfrac{1}{f''(t)}$.

5. $-2+\sqrt{3}$.

习题 4-5

1. (1) $\sin t$；(2) $-\dfrac{1}{\omega}\cos\omega x$；(3) $\ln(1+x)$；(4) $-\dfrac{1}{2}e^{-2x}$；(5) $2\sqrt{x}$；(6) $\dfrac{1}{3}\tan 3x$；(7) $\dfrac{1}{2}(\ln x)^2$；

(8) $-\sqrt{(1-x^2)}$.　**2.** $\Delta y=f(-1+\Delta x)-f(-1), dy=f'(-1)\Delta x$.

3. (1) $e^x(1+x)dx$；(2) $-\dfrac{\sin\sqrt{x}}{2\sqrt{x}}dx$；(3) $-\dfrac{\sin\sqrt{x}}{2\sqrt{x}}dx$；(4) $\dfrac{5^{\ln\tan x}\ln 5}{2\sin 2x}dx$；

(5) $\left[\dfrac{1}{2\sqrt{\arcsin x}\sqrt{1-x^2}}+\dfrac{2\arctan x}{1+x^2}\right]dx$；(6) $\left[8x^x(\ln x+1)-12e^{2x}\right]dx$；

(7) $\left[\dfrac{2\sin x^2}{2x+1}+2x\ln(2x+1)\cos x^2\right]dx$；

(8) $\dfrac{1-x}{x^2}\sqrt[3]{\dfrac{7-x}{(x-4)^2}}\left[\dfrac{1}{x-1}-\dfrac{2}{x}+\dfrac{1}{3}\left(\dfrac{1}{x-7}-\dfrac{2}{x-4}\right)\right]dx$.

4. (1) $\sqrt{\dfrac{1-x}{1+x}}-\sqrt{\dfrac{1}{(1-x)(1+x)}}\Delta x$；

(2) $f(998)\approx f(1000)+f'(1000)(998-1000)=10+\dfrac{-2}{300}$.

复习题 4

1. (1) ×；(2) √；(3) ×；(4) ×；(5) √；(6) ×.

2. (1) $\dfrac{1}{2}$；(2) $y=x+1$；(3) $27+27\ln 3$；(4) $\dfrac{2.1^3-2^3}{0.1}$；

(5) $f'(x)$；(6) $-\dfrac{1}{f'(x_0)}$；(7) $-\dfrac{x}{y}$；(8) $-\dfrac{1}{3}\cos 3x$.

3. (1) (C)；(2) (A)；(3) (D)；(4) (A)；(5) (D)；(6) (A)；(7) (C)；(8) (D).

4. $f'(x)=\begin{cases}\cos x, & x<0,\\ 1, & x\geqslant 0.\end{cases}$ **5.** 切线方程为 $4x+y-4=0$, 法线方程 $2x-8y+15=0$.

6. (1) $\dfrac{1}{7}x^{-\frac{6}{7}}-7^{\frac{1}{x}}\cdot\dfrac{1}{x^2}\ln 7$；(2) $2xe^{\frac{1}{x}}-e^{\frac{1}{x}}$；(3) $y'=\dfrac{3}{2}\sqrt{x}-\tan x$；(4) $dy=\dfrac{2x-y}{x-2y}dx$；(5) $dy=\dfrac{\sin(x+y)}{e^y-\sin(x+y)}dx$；(6) $1+x^x(\ln x+1)$.

7. $\dfrac{dy}{dx}=\dfrac{\sin(x-y)+y\cos x}{\sin(x-y)-\sin x}$. **8.** $\left.\dfrac{dy}{dx}\right|_{x=0}=\left.\dfrac{e^x-y}{x+e^y}\right|_{\substack{x=0\\y=0}}=1$. **9.** $x+2y-3=0$.

自测题 4 略.

习题 5.1

1. $\xi=\dfrac{\pi}{2}$. **2.** (1) $\xi=0$；(2) 不满足罗尔定理的条件；(3) 不满足罗尔定理的条件.

3. 只有两个不相等的实根，$\xi_1\in(1,2)$，$\xi_2\in(2,3)$.

4. 提示 令 $f(x)=a_0x^n+a_1x^{n-1}+\cdots+a_{n-1}x$，应用罗尔定理.

5. 提示 构造辅助函数 $F(x)=xf(x)$，应用罗尔定理.

6. 提示 构造辅助函数 $F(x)=f(x)e^{\frac{1}{\alpha}x}$，应用罗尔定理.

7. 提示 应用两次罗尔定理.

8. $\xi=\dfrac{\sqrt{3}}{3}\in(0,1)$.

9.(1) **提示** 设 $f(x)=x^n$，应用拉格朗日中值定理.

(2) **提示** 设 $f(x)=\ln x$，应用拉格朗日中值定理.

(3) **提示** 设 $f(x)=\arctan x$，在区间 $[0,x]$ 上应用拉格朗日中值定理.

(4) **提示** 设 $f(x)=e^x$，应用拉格朗日中值定理.

10. 提示 设 $g(x)=\ln x$，应用柯西中值定理.

习题 5-2

1. (1) $\dfrac{3}{5}$；(2) 2；(3) $\dfrac{1}{2}$；(4) $\dfrac{m}{n}a^{m-n}$；(5) $-\dfrac{1}{2}$；(6) 1；(7) 0；(8) $\dfrac{3}{2}$；(9) 0；(10) $\dfrac{1}{3}$；(11) $\dfrac{3}{2}$；(12) e；(13) $e^{-2/\pi}$；(14) $+\infty$；(15) -1；(16) $\dfrac{1}{a}$.

2. $m=3$；$n=-4$. **3.** 1. **4.** $f''(x)$.

5. 提示 (1) $x\neq 0$ 时 $g(x)$ 可导，再根据导数定义计算出 $g'(0)$ (应用洛必达法则)，可导得证；(2) 应用洛必达法则计算 $\lim\limits_{x\to 0}g'(x)$，若 $\lim\limits_{x\to 0}g'(x)=g'(0)$，则导函数连续.

6. 不连续.

习题 5-3

1. $f(x)=x+x^2+\dfrac{x^3}{2!}+\cdots+\dfrac{x^n}{(n-1)!}+R_n(x)$，其中 $R_n(x)=\dfrac{(\theta x+n+1)e^x}{(n+1)!}x^{n+1}(0<\theta<1)$.

2. $f(x)=-1-(x+1)-(x+1)^2-(x+1)^3-\cdots-(x+1)^n+R_n(x)$，其中 $R_n(x)=\dfrac{(-1)^{n+1}}{\xi^{n+2}}(x+1)^{n+1}$ (ξ 位于-1 与 x 之间).

3. $f(x)=-56+21(x-4)+37(x-4)^2+11(x-4)^3+(x-4)^4$.　　**4.** (1) $\frac{1}{6},\frac{7}{12}$.

习题 5-4

1. (1) 单调增区间为 $(-\infty,-1)$，$(3,+\infty)$；单调减区间为 $(-1,3)$；极大值为 3，极小值为 -61.

(2) 单调增区间为 $(1,+\infty)$；单调减区间为 $(0,1)$；极小值为 1.

(3) 单调增区间为 $(-\infty,2)$；单调减区间为 $(2,+\infty)$；极大值为 1.

(4) 单调增区间为 $(-\infty,0)\cup(2,+\infty)$；单调减区间为 $(0,2)$；极大值为 0，极小值为 -4.

2. 提示　构造函数 $f(x)=\sin x-x$，$x=0$ 为根，在利用单调性证只有一个根.

3. 提示　令 $F(x)=\frac{f(x)}{x}$，讨论 $F'(x)$ 大于 0 时可再求一次导数(也可用拉格朗日中值定理).

4. (1) **提示**　设 $f(x)=1+x\ln\left(x+\sqrt{1+x^2}\right)-\sqrt{1+x^2}$，$f'(x)=\ln\left(x+\sqrt{1+x^2}\right)$，讨论 $x>0$ 时 $f'(x)>0$，再用单调性即可证明.

(2) **提示**　分开讨论，利用单调性即可证明.

5. $a=2$；极大值，为 $\sqrt{3}$.

习题 5-5

1. 最小值 7，最大值 142.　**2.** 最小值 $-\frac{\pi}{2}$，最大值 $\frac{\pi}{2}$.　**3.** 长为 10m, 宽为 5 米.　**4.** 租金定在 350 元时，利润最大.　**5.** $\varphi=\frac{2\sqrt{6}}{3}\pi$.　**6.** 当矩形的边长分别为 $\sqrt{2}a$, $\sqrt{2}b$ 时面积最大.

习题 5-6 略.

习题 5-7

1. (1) 垂直渐近线 $x=0$.　　(2) 水平渐近线 $y=0$.

(3) 垂直渐进线 $x=\pm\sqrt{3}$.　　(4) 斜渐近线 $y=\frac{1}{2}x+\frac{1}{4}$，垂直渐近线 $x=\frac{1}{2}$.

2. 图形略.

习题 5-8

1. $L'(150)=60-0.2*150=30$，表示产量为 150 时，每增加一个单位产量，利润增加 30 个单位 .

$L'(400)=60-0.2*400=-20$，表示产量为 400 时，每增加一个单位产量，利润减少 20 个单位 .

2. P=10, $\frac{EQ}{EP}=-20\ln 2$，当价格 P=10 元时，再增加 1%，该商品的需求量将减少百分之 20ln2，即约 13.86%.

3. $P=50,\frac{EQ}{EP}=\frac{1}{2}$. P=50 元时，价格上涨 1%，需求量上涨 0.5%，

$P=120,\frac{EQ}{EP}=3$. P=120 元,价格上涨 1%，需求量下降 3%.

4. 明年将该商品的价格下调 12%，那么明年该商品的需求量将增加 25.2%–28%，总收益增加 6%–13.2%.

习题 5-9

1. $\left(-\frac{b}{2a},-\frac{b^2-4ac}{4a}\right)$.　**2.** $R\big|_{x=\pm1}=\sqrt{2}$ 为最小值.　**3.** 曲率 $K=\frac{b}{a^2}$，曲率半径为 $R=\frac{a^2}{b}$.

4. 6285.72.牛，即飞行员对座椅的压力为 6285.72 牛.　　**5.** $g(x)=\frac{1}{2}f''(0)x^2+f'(0)x$.

复习题 5

1. (1) $\xi=x+\frac{\Delta x}{2}$；　(2) $e^{g(\xi)}g'(\xi)(b-a)\infty$；(3) $(0,n)$；$(n,+\infty)$；(4) $a=\frac{1}{3}$，$b=\frac{2}{3}$；

(5) 水平渐近线为 $y=1$，垂直渐近线为 $x=-1$.

2. (1) C；(2) C；(3) B；(4) B；(5) A；(6) B；(7) D；(8) B；(9) B；(10) D.

3. (1) 1；(2) $\frac{1}{2}$；(3) $\frac{1}{3}$；(4) $\sqrt{ab}$.

4. 提示 设 $f(x)=\tan x+2\sin x-3x$，两次求导讨论. **5. 提示** 利用单调性证明.

6. 令 $y'=6x^2-12x-18=0$，得驻点 $x=-1, x=3$ 令 $y''=12x-12=0$，得 $x=1$.

x	$(-\infty,-1)$	-1	$(-1,1)$	1	$(1,3)$	3	$(3,+\infty)$
y''	$+$	0	$-$	$-$	$-$	0	$+$
y''	$-$	$-$	$-$	0	$+$	$+$	$+$
y	增、凸	极大	减、凸	拐点	减、凹	极小	增、凹

极大值为 $y(-1)=17$，极小值为 $y(3)=-47$，拐点为 $(1,-15)$.

7. 剪去的小正方形边长等于 $\frac{a}{3}$ 时，纸盒的容积最大.

8. 每年生产 200 台总利润最大. **9.** (1)2, 5；(2) $2<Q<5$；(3) $Q=3.5, L(3.5)=225$；千袋. (4) $\sqrt{10}\approx 3.16$

自测题 5 略.

习题 6-1

1. $(2x+1)e^{-x^2}+C$. **2.** $\sin x+C$.

3. (1) $x-\frac{6}{5}x^{\frac{5}{3}}+\frac{3}{7}x^{\frac{7}{3}}+C$；(2) $\frac{x^2}{4}-\ln|x|-\frac{2}{x^2}+C$；(3) $\frac{2^x}{\ln 2}+\frac{x^3}{3}+3\ln|x|+C$；

(4) $\ln|x|-3\arcsin x+C$；(5) $-\frac{1}{x}-\arctan x+C$；(6) $-\frac{1}{x}+\arctan x+C$；

(7) $\frac{2^x e^{-x}}{\ln 2-1}+C$；(8) e^x+x+C；(9) $-\cot x-x+C$；(10) $2x-\frac{5(2/3)^x}{\ln(2/3)}+C$；

(11) $\frac{x}{2}-\frac{\sin x}{2}+C$；(12) $\sin x-\cos x+C$；(13) $\frac{1}{2}\tan x+C$；(14) $\frac{1}{2}\tan x+\frac{1}{2}x+C$.

4. $y=\ln|x|+1$. **5.** $f(x)=x-\frac{x^2}{2}+\frac{1}{2}$. **6.** $F(x)=-\frac{1}{4}(\cot x+\tan x+2)$.

习题 6-2

1. (1) $\frac{1}{5}$；(2) $-\frac{1}{3}$；(3) $\frac{1}{20}$；(4) $\frac{1}{3}$；(5) $\frac{1}{14}$；(6) $-\frac{1}{2}$；(7) $\frac{1}{3}$；(8) $\frac{1}{2}$；(9) $\frac{1}{3}$.

2. (1) $-\frac{1}{22}(3-2x)^{11}+C$；(2) $-\frac{1}{2}(2-3x)^{\frac{2}{3}}+C$；(3) $\frac{1}{3}e^{3x-1}+C$；

(4) $-\frac{1}{5}\ln|1-5x|+C$；(5) $e^{-\frac{1}{x}}+C$；(6) $-2\cos\sqrt{t}+C$；

(7) $\ln|\ln\ln x|+C$；(8) $\frac{1}{2}\sin x^2+C$；(9) $-\frac{1}{3}\sqrt{2-3x^2}+C$；

(10) $\ln|\sin x+\cos x|+C$；(11) $\arctan e^x+C$；(12) $-\frac{3}{4}\ln|1-x^4|+C$；

(13) $\frac{1}{5}\ln\left|2+5\ln x\right|+C$；　(14) $-\frac{1}{3}(\arccos x)^3+C$；　(15) $\frac{1}{\ln 2-\ln 3}\arctan\left(\frac{2}{3}\right)^x+C$；

(16) $\frac{1}{2\cos^2 x}+C$；　(17) $\sin x-\frac{\sin^3 x}{3}+C$；　(18) $\frac{10^{\arctan x}}{\ln 10}+C$；

(19) $x-\ln\left(1+e^x\right)+C$；　(20) $-\sqrt{2-x-x^2}+\frac{1}{2}\arcsin\frac{2x+1}{3}+C$；

(21) $-\frac{1}{\arcsin x}+C$；　(22) $-\frac{1}{x\ln x}+C$；　(23) $\frac{1}{2}\arctan\left(\sin^2 x\right)+C$；

(24) $-\frac{1}{97}\frac{1}{(x-1)^{97}}-\frac{1}{49}\frac{1}{(x-1)^{98}}-\frac{1}{99}\frac{1}{(x-1)^{99}}+C$；

(25) $\arcsin x-\frac{1-\sqrt{1-x^2}}{x}+C$；　(26) $\sqrt{x^2-9}-3\arccos\frac{3}{|x|}+C$；

(27) $-\frac{\sqrt{1+x^2}}{x}+C$；　(28) $-\frac{\sqrt{a^2-x^2}}{x}-\arcsin\frac{x}{a}+C$；

(29) $\frac{1}{a^2}\frac{x}{\sqrt{x^2+a^2}}+C$；　(30) $\frac{9}{2}\arcsin\frac{x+2}{3}+\frac{x+2}{2}\sqrt{5-4x-x^2}+C.$

习题 6-3

1.(1) $\frac{x}{2}\sin 2x+\frac{1}{4}\cos 2x+C$；　(2) $-xe^{-x}-e^{-x}+C$；

(3) $x\ln(x^2+1)-2x+2\arctan x+C$；　(4) $x\arcsin x+\sqrt{1-x^2}+C$；

(5) $x\arctan x-\frac{1}{2}\ln\left(1+x^2\right)+C$；　(6) $x\ln^2 x-2x\ln x+2x+C$；

(7) $\frac{1}{4}x^2+\frac{1}{4}x\sin 2x+\frac{1}{8}\cos 2x+C$；　(8) $\frac{1}{2}\left(x^2-1\right)\ln\left(x-1\right)-\frac{1}{4}x^2-\frac{1}{2}x+C$；

(9) $\frac{x}{2}(\sin\ln x-\cos\ln x)+C$；　(10) $e^{\sqrt{2x+1}}\left(\sqrt{2x+1}-1\right)+C$；

(11) $\frac{1}{2}e^x-\frac{1}{10}\left(\cos 2x+2\sin 2x\right)+C$；　(12) $x(\arcsin x)^2+2\sqrt{1-x^2}\arcsin x-2x+C$；

(13) $-\cot x\ln\sin x-\cot x-x+C$；　(14) $\frac{1}{2-x}\ln\left(1+x\right)+\frac{1}{3}\ln\left|\frac{2-x}{1+x}\right|+C$；

(15) $-\sqrt{1-x^2}\arcsin x+x+C$；　**2.** $\cos x-\frac{2\sin x}{x}+C.$

习题 6-4

1. (1) $3\ln(x^2+4)+\frac{5}{2}\arctan\frac{x}{2}+C$；　(2) $2\ln\left|x+4\right|+\frac{5}{x+4}+C$；

(3) $\ln\left(\frac{x+3}{x+2}\right)^2-\frac{3}{x+3}+C$；　(4) $2\ln\left|x+2\right|-\frac{1}{2}\ln\left|x+1\right|-\frac{3}{2}\ln\left|x+3\right|+C$；

(5) $\frac{1}{12}\ln\left|x-2\right|-\frac{1}{24}\ln\left(x^2+2x+4\right)-\frac{1}{4\sqrt{3}}\arctan\frac{x+1}{\sqrt{3}}+C$；

(6) $\ln|x|-\frac{1}{2}\ln\left(x^2+1\right)+C$；　(7) $\ln|x|-3\ln\left|x+1\right|+\ln(x^2+1)-\arctan x+C$；

(8) $\ln|x|-\frac{1}{6}\ln(x^6+4)+C$；　(9) $-\frac{1}{7x^7}-\frac{1}{5x^5}-\frac{1}{3x^3}-\frac{1}{x}-\frac{1}{2}\ln\left|\frac{1-x}{1+x}\right|+C$；

(10) $2\sqrt{x+2}-2\arctan\sqrt{x+2}+C$；　(11) $2\sqrt{x}-4\sqrt[4]{x}+4\ln\left(\sqrt[4]{x}+1\right)+C$；

(12) $a\ln\left(\sqrt{\frac{a+x}{a-x}}-1\right)-a\ln\left|\sqrt{\frac{a+x}{a-x}}+1\right|-2a\arctan\sqrt{\frac{a+x}{a-x}}+C$；

(13) $x-4\sqrt{x+1}+4\ln\left(\sqrt{x+1}+1\right)+C$； (14) $\frac{1}{2}\arctan\frac{\tan x}{2}+C$；

(15) $\frac{2}{\sqrt{3}}\arctan\frac{2\tan\frac{x}{2}+1}{\sqrt{3}}+C$.

复习题 6

1. (1) $2-e^{-x};x^2-e^{-x}+2$； (2) $xf'(x)-f(x)+C$； (3) $x\cos x-\sin x+C$； (4) 存在；(5) 0.

2. (1) (D)； (2) (D)； (3) (A)； (4) (C)； (5) (D). **3.** $\frac{2}{3}x^3+C$. **4.** $\frac{1}{x}+C$.

5. $-\frac{1}{3}\sqrt{\left(1-x^2\right)^3}+C.$ **6.** $x+2\ln|x-1|+C.$

7. $\frac{1}{2}\left[\frac{f(x)}{f'(x)}\right]^2+C$. **8.** $f(x)=x\ln x+C$.

9. $-\frac{\ln\left(e^x+1\right)}{e^x}+x-\ln\left(e^x+1\right)+C$.

10. (1) $-\sqrt{1-x^2}-\frac{1}{2}(\arccos x)^2+C$； (2) $\frac{1}{9}\left[x-\frac{2}{3}\arctan\left(\frac{3}{2}x\right)\right]+C$；

(3) $\frac{1}{102}(1+x)^{102}-\frac{1}{101}(1+x)^{101}+C$； (4) $\frac{1}{2}e^{-\frac{1}{x^2}}+C$；

(5) $2\arctan e^x+C$； (6) $\frac{1}{3}\left(\sqrt{x^2+1}\right)^3+\frac{1}{3}x^3+C$；

(7) $\frac{1}{2\left(\ln 3-\ln 2\right)}\ln\left|\frac{3^x-2^x}{3^x+2^x}\right|+C$； (8) $\frac{1}{2}\ln|x|-\frac{1}{20}\ln\left(x^{10}+2\right)+C$；

(9) $x+\ln|5\cos x+2\sin x|+C$； (10) $\frac{1}{4}\ln\left|\frac{\sqrt{4-x^2}-2}{\sqrt{4-x^2}+2}\right|+C$；

(11) $\sqrt{x^2-4}-2\arccos\frac{2}{x}+C$； (12) $\frac{1}{2}\ln\frac{\sqrt{1+x^4}-1}{x^2}+C$；

(13) $\ln\frac{|x|}{\sqrt{1+x^2}}-\frac{\ln(1+x^2)}{2x^2}+C$； (14) $x\arctan x-\frac{1}{2}\ln\left(1+x^2\right)-\frac{1}{2}(\arctan x)^2+C$；

(15) $\ln x[\ln(\ln x)-1]+C$； (16) $x\ln\left(x+\sqrt{1+x^2}\right)-\sqrt{x^2+1}+C$；

(17) $2x\sqrt{e^x-3}-4\sqrt{e^x-3}+4\sqrt{3}\arctan\frac{\sqrt{e^x-3}}{\sqrt{3}}+C$； (18) $e^x\tan\frac{x}{2}+C$；

(19) $\frac{3}{2}\ln|x^2-4x+8|+\frac{5}{2}\arctan\frac{x-2}{2}+C$； (20) $\frac{1}{4}x^4+\ln\frac{\sqrt[4]{x^4+1}}{x^4+2}+C$；

(21) $\ln|x|-\frac{1}{4}\ln\left(1+x^8\right)+C$； (22) $\frac{1}{6}\ln\left(\frac{x^2+1}{x^2+4}\right)+C$；

(23) $-\frac{1}{2}\ln\frac{x^2+x+1}{x^2+1}+\frac{\sqrt{3}}{3}\operatorname{acrc\,tan}\frac{2x+1}{\sqrt{3}}+C$； (24) $x^{\frac{3}{2}}+x^{\frac{1}{2}}-(x+1)^{\frac{3}{2}}+(x+1)^{\frac{1}{2}}+C$；

(25) $-\arcsin\frac{2-x}{\sqrt{2}(x-1)}+C$； (26) $\frac{2}{3}\left(\sqrt{3x+2}\sin\sqrt{3x+2}+\cos\sqrt{3x+2}\right)+C$；

(27) $\frac{4}{3}\left(\sqrt[4]{x^3}-\ln\left(\sqrt[4]{x^3}+1\right)\right)+C$；　(28) $2\sqrt{1+\ln x}+\ln\left|\frac{\sqrt{1+\ln x}-1}{\sqrt{1+\ln x}+1}\right|+C$；

(29) $2[\sqrt{x}\arcsin\sqrt{x}+\sqrt{1-x}+\sqrt{x}\ln x-2\sqrt{x}]+C$.

11. $\frac{1}{4}\tan^4 x-\frac{1}{2}\tan^2 x-\ln|\cos x|+C$.　**12.** $-2\sqrt{1-x}\arcsin\sqrt{x}+2\sqrt{x}+C$.

13. $\frac{1-\cos 4x}{2\sqrt{x-\frac{1}{4}\sin 4x+1}}$.

自测题 6 略.

习题 7-1

1. (1) 1；(2) $\mathrm{e}-1$.　**2.** (1) 0；(2) 0；(3) 1；(4) $\frac{\pi}{8}-\frac{1}{4}$.

3.(1) $\int_0^1 \sin(\pi x)\mathrm{d}x$；(2) $\int_0^1 \ln x\,\mathrm{d}x$.

习题 7-2

1. (1) $\int_0^1 x^2\mathrm{d}x > \int_0^1 x^3\mathrm{d}x$；　(2) $\int_3^4 (\ln x)^2\mathrm{d}x < \int_3^4 (\ln x)^3\mathrm{d}x$；　(3) $\int_0^1 \mathrm{e}^x\mathrm{d}x > \int_0^1 \mathrm{e}^{x^2}\mathrm{d}x$；

(4) $\int_0^{\frac{\pi}{2}} x\mathrm{d}x > \int_0^{\frac{\pi}{2}} \sin x\mathrm{d}x$.

2. (1) $6 \leqslant \int_1^4 (x^2+1)\,\mathrm{d}x \leqslant 51$；　(2) $\pi \leqslant \int_0^{\pi} (1+\sin x)\mathrm{d}x \leqslant 2\pi$；

(3) $2\mathrm{e}^{-\frac{1}{4}} \leqslant \int_0^2 \mathrm{e}^{x^2-x}\mathrm{d}x \leqslant 2\mathrm{e}^2$；　(4) $\frac{3}{2} \leqslant \int_0^1 \frac{x^2+3}{x^2+2}\mathrm{d}x \leqslant \frac{4}{3}$；

(5) $0 \leqslant \int_0^1 \sqrt{2x-x^2}\mathrm{d}x \leqslant 1$；　(6) $\frac{\pi}{4} \leqslant \int_0^{\pi} \frac{1}{3+\sin^3 x} \leqslant \frac{\pi}{3}$.

3. 证 $\int_0^1 \frac{x^n}{1+x}\mathrm{d}x \leqslant \int_0^1 x^n\mathrm{d}x = \frac{1}{n+1}$，$0 \leqslant \lim\limits_{n\to\infty}\int_0^1 \frac{x^n}{1+x}\mathrm{d}x \leqslant \lim\limits_{n\to\infty}\frac{1}{n+1}=0$，所以 $\lim\limits_{n\to\infty}\int_0^1 \frac{x^n}{1+x}\mathrm{d}x = 0$.

4. 证 由积分中值定理知，$\exists \eta \in [1-\frac{1}{k},1]$，使得 $f(0)=k\int_{1-\frac{1}{k}}^1 f(x)\,\mathrm{d}x = k\cdot\frac{1}{k}f(\eta)=f(\eta)$，再由罗尔定理知，$\exists \xi \in (\eta,1)\subset(0,1)$，使即 $f'(\xi)=0$.

5. 略.

习题 7-3

1. (1) $\sin \mathrm{e}^x$；(2) $2x\mathrm{e}^{-x^4}$；(3) $\cos(\pi\sin^2 x)(\sin x-\cos x)$；(4) $\int_0^x f(t)\,\mathrm{d}t + xf(x)$.

2. $-\frac{\cos x}{1-\sin x}$.　**3.** $\tan t$.　**4.** (1) $\frac{1}{2}$；(2) $\frac{1}{2\mathrm{e}}$；(3) $\frac{1}{2}$；(4) $\frac{\pi^2}{4}$.　**5.** (1) $\frac{81}{8}$；(2) $\frac{\pi}{6}$；(3) $\frac{\pi}{3}$；(4) $\frac{1}{2}$；(5) 4；(6) $1-\frac{\pi}{4}$.

6. $\frac{8}{3}$. **7.** $\Phi(x)=\begin{cases}\frac{x^3}{3}, & 0\leqslant x\leqslant 1,\\ -\frac{x^2}{2}+2x-\frac{7}{6}, & 1<x\leqslant 2.\end{cases}$　**8.** $f(x)=x-1$.

9. $F(x)$ 在 $x=0$ 处连续，但不可导.　**10.** 略.

习题 7-4

1. (1) $\frac{\pi}{2}$；(2) $\frac{\pi}{16}$；(3) $\sqrt{2}-\frac{2}{3}\sqrt{3}$；(4) $\frac{1}{6}$；(5) $\frac{22}{3}$；(6) $\frac{2}{5}$；(7) $\frac{1}{2}(1-\mathrm{e}^{-1})$；

(8) $\frac{3}{2}$；(9) 1；(10) $\arctan e-\frac{\pi}{4}$. **2.** $\tan\frac{1}{2}-\frac{1}{2}e^{-4}+\frac{1}{2}$.

3. (1) 0；(2) $\frac{\pi^3}{324}$；(3) $4-\pi$；(4) $\ln 3$.

4. (1) $\pi-2$；(2) $\frac{e^2}{4}+\frac{1}{4}$；(3) $\frac{\pi}{4}-\frac{1}{2}$；(4) $\frac{\pi}{12}+\frac{\sqrt{3}}{2}-1$；

(5) $\frac{\pi}{8}-\frac{\ln 2}{4}$；(6) $2-2e^{-1}$；(7) $\frac{1}{2}(e\sin 1-e\cos 1+1)$；(8) $\frac{e}{2}-1$.

5. 极值点 $x=0$，拐点为 $(\pm\frac{\sqrt{2}}{2};\frac{1}{2}(1-\frac{1}{\sqrt{e}}))$. **6.** $f(x)=xe^{-x}+4e^{-1}-2$；

7.提示 作变量替换，令 $x=a+(b-a)t$. **8.提示** 作变量替换，令 $x=1-t$.

9. $\frac{\pi}{2}-1$. **10-11.**略.

习题 7-5

1. (1) 1；(2) $\frac{1}{2}$；(3) 发散；(4) $\ln 2$；(5) π；(6) $\frac{1}{2}\ln 2$；(7) 发散；(8) 发散；(9) 1；

(10) 发散. **2.** 当 $\lambda>1$ 时收敛于 $\frac{1}{(\lambda-1)(\ln 2)^{\lambda-1}}$；当 $\lambda\leqslant 1$ 时发散. **3.** $\frac{\pi}{4}+\frac{1}{2}\ln 2$. **4.** 略.

习题 7-7

1. (1) $\frac{64}{3}$；(2) $\frac{1}{6}$；(3) $\frac{32}{3}$；(4) $\frac{3}{2}-\ln 2$；(5) $b-a$；(6) $e+\frac{1}{e}-2$.

2. $\frac{9}{16}$. **3.** (1) πa^2；(2) $18\pi a^2$；(3) $\frac{5\pi}{4}$. **4.** (1) $\frac{3}{10}\pi$，$\frac{3}{10}\pi$；(2) $\frac{128}{7}\pi,\frac{64}{5}\pi$；

(3) $\frac{11}{6}\pi,\frac{8}{3}\pi$；(4) $\frac{1}{4}\pi^2,2\pi$. **5.** $5\pi^2a^2$；$6\pi^3a^3$. **6.** $\frac{1}{2}\pi a^2h$. **7.** $2\sqrt{3}-\frac{4}{3}$.

8. $\frac{2}{5}\pi a^2$，$\frac{32}{105}\pi a^3$；$6a$. **9.** $\frac{3}{2}\pi a$. **10.** 略.

习题 7-8

1. 1.56 焦. **2.** $kq\left(\frac{1}{a}-\frac{1}{b}\right)$. **3.** 1.57697.5kJ. **4.** 7.693×10^7 焦. **5.** $k\ln\frac{b}{a}$. **6.** $\frac{2\gamma}{3}R^3$.

7. 3. 1429N. **8.** 取 y 轴通过细棒，$F_y=Gm\rho\left(\frac{1}{a}-\frac{1}{\sqrt{a^2+l^2}}\right)$，$F_x=\frac{Gm\rho l}{a\sqrt{a^2+l^2}}$.

习题 7-9

1. 300. **2.** $C(x)=10e^{0.2x}+80$.

3. $C(x)=0.2x^2-32x+200$；$L(x)=-0.2x^2+32x-200$；最大利润 $L(80)=1080$ 元.

4. (1) 4(百台)；(2) 0.5(万元). **5.** $Q(P)=-4P+80$. **6.** 每年应付款 33.2447 万元. **7.** 3 亿元.

复习题 7

1. (1) 0；(2) $\frac{1}{3}$；(3) $(e^2,+\infty)$；(4) 0；(5) a. **2.** (1) (C)；(2) (D)；(3)(C)；(4) (A)；(5) (B).

3. (1) $\frac{\sqrt{3}\pi}{9}$；(2) $\frac{4}{3}\sqrt{2}-\frac{2}{3}$；(3) $af(a)$；(4) -2. **4.** $\frac{1}{2}\leqslant\int_{\frac{\pi}{4}}^{\frac{\pi}{2}}\frac{\sin x}{x}dx\leqslant\frac{\sqrt{2}}{2}$. **5.** (1) $\sin x^2$；

(2) $xf(x^2)$. **6.** $\frac{e^{y^2}\cos x^2}{2y}(y\neq 0)$. **7.** $\frac{1}{5}$. **8.** $x^2-\frac{4}{3}x+\frac{2}{3}$. **9.** $y=x$. **10-11.** 略.

12. (1) $\frac{\pi}{2}-\frac{4}{3}$；(2) $\frac{2}{3}\pi$；(3) $\sqrt{2}(\pi+2)$；(4) $\frac{1}{3}\ln 2$. **13.** $\frac{1}{2}\left(\frac{1}{2}+\frac{1}{\pi+2}-A\right)$. **14-15.** 略.
16. (1) 略；(2) $\frac{\pi}{2}$. **17.** $200\sqrt{2}$. **18.** 略. **19.** $3(1+\sqrt[3]{2})$. **20.** 1. **21.** $\frac{9}{4}$. **22.** $\frac{37}{12}$.
23. $\frac{e}{2}$. **24.** (1) $\frac{\pi}{2}e^2-\frac{1}{2}-\pi$，$\pi$；(2) $160\pi^2$. **25.** 64π. **26.** $a=\frac{2}{3},b=\frac{3}{4}$. **27.** 略.
28. $\frac{7}{3}\gamma a^3$. **29.** 2400；60；100. **30.** 75. **31.** (1) (2，9)；(2) 14.67；(3) 7.33.

自测题 7 略.

附录　少数民族预科数学会考试题

2015年少数民族预科文科数学会考试题

(总分100分)

一、单项选择题(每题3分，共48分)

1. 下列数列中，当$n\to\infty$时，有极限的是(　　).

A $x_n=2n+1$；　　B $x_n=n^2$；　　C $x_n=(-1)^n$；　　D $x_n=\dfrac{2}{n+1}$.

2. 设$\lim\limits_{x\to\infty}\left(1+\dfrac{k}{x}\right)^x=\mathrm{e}$，则$k$的值为(　　).

A -2；　　B 1；　　C 2；　　D -1.

3. 极限$\lim\limits_{x\to0}\dfrac{\sqrt{x+1}-1}{x}$的值为(　　).

A 1；　　B $\dfrac{1}{2}$；　　C $-\dfrac{1}{2}$；　　D 0.

4. 若函数$f(x)$在x_0处可导，则极限$\lim\limits_{\Delta x\to0}\dfrac{f(x_0+2\Delta x)-f(x_0)}{\Delta x}$可表示为(　　).

A $f'(x_0)$；　　B $-f'(x_0)$；　　C $2f'(x_0)$；　　D $-2f'(x_0)$.

5. 若函数$y=x^{\sin x}$，则一阶导数y'为(　　).

A $x^{\sin x}\left(\cos x\cdot\ln x-\dfrac{\sin x}{x}\right)$；　　B $x^{\sin x}\left(\cos x\cdot\ln x+\dfrac{\sin x}{x}\right)$；

C $x^{\sin x}\left(\sin x\cdot\ln x+\dfrac{\sin x}{x}\right)$；　　D $x^{\sin x}\left(\cos x\cdot\ln x+\dfrac{\cos x}{x}\right)$.

6. 函数$f(x)=\mathrm{e}^x$在$x=0$处的二阶导数$f''(0)$为(　　).

A -1；　　B 0；　　C 1；　　D e.

7. 函数$f(x)=\ln(1+x^2)$的单调递增区间是(　　).

A $(-\infty,0)$；　　B $(-\infty,+\infty)$；　　C $(-1,1)$；　　D $(0,+\infty)$.

8. 函数$y=x^3-3x$的极大值和极小值分别为(　　).

A $2,-1$；　　B $2,-2$；　　C $-2,2$；　　D $-1,2$.

9. 极限$\lim\limits_{x\to1}\dfrac{\ln x}{x-1}$的值为(　　).

A 1；　　B 0；　　C ∞；　　D -1.

10. 下列各式不正确的是(　　).

A $[\int f(x)\mathrm{d}x]'=f(x)$；　　B $\mathrm{d}[\int f(x)\mathrm{d}x]=f(x)\mathrm{d}x$；

C $\int f'(x)\mathrm{d}x = f(x)+C$；　　D $\int \mathrm{d}f(x) = f(x)$.

11. 不定积分$\int(2^x - x^3)\mathrm{d}x$的结果为(　　).

A $2^x\ln 2 - 3x^2 + C$；　　B $\dfrac{2^x}{\ln 2} - \dfrac{x^4}{4} + C$；

C $2^x\ln 2 - 3x^2$；　　D $\dfrac{2^x}{\ln 2} - \dfrac{x^4}{4}$.

12. 不定积分$\int\dfrac{\mathrm{d}x}{x(x+1)}$的结果为(　　).

A $\ln\left|\dfrac{x+1}{x}\right| + C$；　　B $\ln\left|\dfrac{x}{x+1}\right| + C$；

C $\ln\dfrac{x+1}{x} + C$；　　D $\ln\left|\dfrac{x+1}{x}\right|$.

13. 若$f(x)$的导函数为$\cos x$，则$f(x)$的一个原函数为(　　).

A $2-\cos x$；　B $x+\cos x$；　C $-1+\sin x$；　D $1+2\sin x$.

14. 根据定积分的几何意义，$\int_0^1(1+x)\mathrm{d}x$的值为(　　).

A $\dfrac{1}{2}$；　B $\dfrac{3}{2}$；　C 1；　D $\dfrac{2}{3}$.

15. 定积分$\int_0^{\pi}|\cos x|\mathrm{d}x$的值为(　　).

A -2；　B 2；　C 1；　D -1.

16. 极限$\lim\limits_{x\to 0}\dfrac{\int_0^x (x-t)\cdot\sin t\mathrm{d}t}{x^3}$的值为(　　).

A $-\dfrac{1}{6}$；　B $\dfrac{1}{3}$；　C $\dfrac{1}{2}$；　D $\dfrac{1}{6}$.

二、多项选择题(每题 4 分，共 20 分)

1. 当$x\to 0$时，下列函数与x是等价无穷小的是(　　).

A $\mathrm{e}^x - 1$；　B $\ln(1+x)$；　C $\arctan x$；　D $1-\cos x$.

2. 若$f(x)$是闭区间$[a,b]$上的连续函数，则下列结论正确的是(　　).

A $\lim\limits_{x\to x_0} f(x)$不存在，其中$x_0\in(a,b)$；

B $f(x)$在闭区间$[a,b]$上既有最大值，又有最小值；

C $f(x)$在开区间(a,b)内必有最大值；

D 若$f(a)\cdot f(b)<0$，则至少存在一点ξ，使得$f(\xi)=0$，$\xi\in(a,b)$.

3. 下列微分计算正确的是(　　).

A $\mathrm{d}\left(\mathrm{e}^{\frac{1}{x}}\right) = -\dfrac{1}{x^2}\mathrm{e}^{\frac{1}{x}}$；　　B $\mathrm{d}\left(\mathrm{e}^{\frac{1}{x}}\right) = \mathrm{e}^{\frac{1}{x}}\mathrm{d}\left(\dfrac{1}{x}\right)$；

C $\mathrm{d}\left(\mathrm{e}^{\frac{1}{x}}\right) = -\dfrac{1}{x^2}\mathrm{e}^{\frac{1}{x}}\mathrm{d}x$；　　D $\mathrm{d}\left(\mathrm{e}^{\frac{1}{x}}\right) = \dfrac{1}{x}\mathrm{e}^{\frac{1}{x}}\mathrm{d}x$.

4. 下列公式错误的是(　　).

A $\int\frac{1}{x}\mathrm{d}x=\ln x+C$；　　B $\int\tan x\mathrm{d}x=\ln|\cos x|+C$；

C $\int\frac{1}{a^2+x^2}\mathrm{d}x=\arctan\frac{x}{a}+C\ (a\neq 0)$；　　D $\int\sec^2 x\mathrm{d}x=\tan x+C$.

5. 设 $f(x)$ 和 $g(x)$ 可积，则下列等式正确的是(　　).

A $\int_a^b f(x)\mathrm{d}x=-\int_b^a f(x)\mathrm{d}x$；

B $\int_a^a f(x)\mathrm{d}x=0$；

C $\int_a^b [f(x)\pm g(x)]\mathrm{d}x=\int_a^b f(x)\mathrm{d}x\pm\int_a^b g(x)\mathrm{d}x$；

D $\int_a^b f(x)\mathrm{d}x=\int_a^c f(x)\mathrm{d}x+\int_c^b f(x)\mathrm{d}x$.

三、判断题(每题 2 分，共 32 分．结论正确的填 T，错误的填 F)

1. 若函数 $f(x)$ 在点 x_0 处连续，则 $f'(x_0)$ 存在.　(　　)

2. 函数 $f(x)=\dfrac{1}{x(x^2-5x+6)}$ 的间断点有 3 个.　(　　)

3. 函数 $f(x)=x^3-2$ 在 $x=1$ 处的切线方程为 $y=3x-4$.　(　　)

4. 若函数 $f(x)=\sin\sqrt{x^2+1}$，则 $f'(x)=\cos\sqrt{x^2+1}\cdot\dfrac{1}{2\sqrt{x^2+1}}$.　(　　)

5. 函数的极值点一定是驻点.　(　　)

6. 曲线 $y=\dfrac{1}{x-1}$ 既有水平渐近线，又有铅直渐近线.　(　　)

7. 函数的极大值一定大于极小值.　(　　)

8. 若 $F(x)$ 和 $G(x)$ 都是 $f(x)$ 的原函数，则 $F(x)-G(x)=C$ (C 为常数).　(　　)

9. 根据第一类换元积分法，有 $\int\dfrac{\sin\sqrt{x}}{\sqrt{x}}\mathrm{d}x=\int\sin\sqrt{x}\mathrm{d}\sqrt{x}$.　(　　)

10. 若 u,v 都为可微函数，则分部积分公式为 $\int u\mathrm{d}v=uv-\int v'\mathrm{d}u$.　(　　)

11. 定积分的值与被积函数、积分区间和积分变量有关.　(　　)

12. 设 $f(x)=\begin{cases}\dfrac{\tan x}{x}, & x<0,\\ 3x^2-4x+k, & x\geqslant 0,\end{cases}$ 要使 $f(x)$ 处处连续，则 $k=1$.　(　　)

13. 根据定积分的性质，$\int_1^{\mathrm{e}}\ln x\mathrm{d}x<\int_1^{\mathrm{e}}\ln^2 x\mathrm{d}x$.　(　　)

14. 对称区间上的积分 $\int_{-1}^{1}\dfrac{x\cos x}{x^2+2}\mathrm{d}x=0$.　(　　)

15. $f(x)$ 在 x_0 处可导是 $f(x)$ 在 x_0 处可微的充分必要条件.　(　　)

16. 无界数列一定是无穷大.　(　　)

2016年少数民族预科文科数学会考试题

(总分100分)

一、单项选择题(本题共18小题，每小题3分，共54分)

1. 当$n\to\infty$时，数列$x_n=\dfrac{1+4^{n+1}}{4^n}$的极限值为(　　).

A 4；　　B 0；　　C 1；　　D 3.

2. 下列结论正确的是(　　).

A $\lim\limits_{x\to 0}\dfrac{1}{x}\sin x=0$；　　B $\lim\limits_{x\to\infty}x\sin\dfrac{1}{x}=1$；

C $\lim\limits_{x\to 0}(1+\dfrac{1}{x})^x=\mathrm{e}$；　　D $\lim\limits_{x\to\infty}(1+x)^{\frac{1}{x}}=\mathrm{e}$.

3. 极限$\lim\limits_{x\to 1}\dfrac{x+1}{4x+3}$的值为(　　).

A $\dfrac{1}{3}$；　　B $\dfrac{1}{4}$；　　C $\dfrac{2}{5}$；　　D $\dfrac{2}{7}$.

4. 若$f'(x)$存在，且$f'(2)=1$，则极限$\lim\limits_{\Delta x\to 0}\dfrac{f(2+3\Delta x)-f(2)}{\Delta x}$的值为(　　).

A -3；　　B -2；　　C 2；　　D 3.

5. 若函数$y=x^{2x}$，则$\mathrm{d}y$为(　　).

A $2x^{2x}(\ln x+1)\mathrm{d}x$；　　B $2x\cdot x^{2x-1}\mathrm{d}x$；

C $x^{2x}\ln x\mathrm{d}x$；　　D $2x^{2x}(\ln x-1)\mathrm{d}x$.

6. 函数$f(x)=1-\cos 2x$的二阶导数$f''(x)$为(　　).

A $-4\cos 2x$；　　B $4\cos 2x$；　　C $2\sin 2x$；　　D $-2\sin 2x$.

7. 设$f(x)$在$[a,b]$上连续，在(a,b)内具有一阶、二阶导数，且$f'(x)<0, f''(x)<0$，则$f(x)$在$[a,b]$上是(　　).

A 单调递减且凹的；　　B 单调递增且凹的；

C 单调递减且凸的；　　D 单调递增且凸的.

8. 极限$\lim\limits_{x\to\infty}\dfrac{3x^2-2x+1}{5x^2-x+1}$的值为(　　).

A -1；　　B $\dfrac{3}{5}$；　　C $\dfrac{2}{3}$；　　D 2.

9. 函数$y=\sqrt{3x}$在$x=1$处的切线方程为(　　).

A $y-\sqrt{3}=\dfrac{\sqrt{3}}{2}(x-1)$；　　B $y-\sqrt{3}=\sqrt{3}(x-1)$；

C $y-\sqrt{3}=-\dfrac{\sqrt{3}}{2}(x-1)$；　　D $y-\sqrt{3}=-\sqrt{3}(x-1)$.

10. 下列各式正确的是(　　).

A $\int \mathrm{d}f(x)=f(x)$；　　B $\dfrac{\mathrm{d}\left(\int f(x)\mathrm{d}x\right)}{\mathrm{d}x}=f(x)$；

C $\int f'(x)\mathrm{d}x=f(x)$；　　D $\mathrm{d}\left(\int f(x)\mathrm{d}x\right)=f(x)+C$.

11. 不定积分$\int(5^x\mathrm{e}^x)\,\mathrm{d}x=$(　　).

A $\dfrac{(5\mathrm{e})^x}{\ln 5+1}+C$；　　B $\dfrac{(5\mathrm{e})^x}{\ln 5-1}+C$；

C $(5\mathrm{e})^x(\ln 5-1)+C$；　　D $(5\mathrm{e})^x(\ln 5+1)+C$.

12. 不定积分$\int\dfrac{1}{1+2\sqrt{x}}\mathrm{d}x=$(　　).

A $2\sqrt{x}+\dfrac{1}{2}\ln(1+2\sqrt{x})+C$；　　B $2\sqrt{x}-\dfrac{1}{2}\ln(1+2\sqrt{x})+C$；

C $\sqrt{x}+\dfrac{1}{2}\ln(1+2\sqrt{x})+C$；　　D $\sqrt{x}-\dfrac{1}{2}\ln(1+2\sqrt{x})+C$.

13. 定积分$\int_{-\frac{1}{2}}^{\frac{1}{2}}\dfrac{x^4\tan x}{x^2+\cos x}\mathrm{d}x$的值为(　　).

A -1；　　B 0；　　C 1；　　D 2.

14. 若$f(x)$的一个原函数是$\mathrm{e}^{\arcsin x}$，则不定积分$\int f(x)\mathrm{d}x=$(　　).

A $\mathrm{e}^{\arcsin x}+C$；　　B $\dfrac{\mathrm{e}^{\arcsin x}}{\sqrt{1-x^2}}+C$；　　C $\mathrm{e}^{\arccos x}+C$；　　D $-\dfrac{\mathrm{e}^{\arcsin x}}{\sqrt{1-x^2}}+C$.

15. 定积分$\int_0^4|x-1|\,\mathrm{d}x$的值为(　　).

A 2；　　B 3；　　C 4；　　D 5.

16. 设积分上限函数$F(x)=\int_0^{\sqrt{3}-2\cos x}t\,\mathrm{d}t$，$x\in\left[-\dfrac{\pi}{2},\dfrac{\pi}{2}\right]$，则$F(x)$在下列哪点处存在极大值(　　).

A $x=-\dfrac{\pi}{6}$；　　B $x=\dfrac{\pi}{4}$；　　C $x=\dfrac{\pi}{6}$；　　D $x=0$.

17. 方程$x^3+2x-5=0$在下列哪个区间上至少有一个实根(　　).

A $(1,2)$；　　B $\left(\dfrac{1}{2},1\right)$；　　C $\left(0,\dfrac{1}{2}\right)$；　　D $(-1,0)$.

18. 不定积分$\int\ln(x+1)\,\mathrm{d}x=$(　　).

A $(x-1)\ln(x+1)-x+C$；　　B $(x-1)\ln(x+1)+x+C$；

C $(x+1)\ln(x+1)-x+C$；　　D $(x+1)\ln(x+1)+x+C$.

二、判断题(本题共 13 小题，每小题 2 分，共 26 分)

19. 发散数列必无界.　　(　　)

20. 函数 $f(x)$ 在点 x_0 处极限存在的充要条件是 $f(x)$ 在点 x_0 处的左、右极限都存在.　(　　)

21. 当 $x \to 0$ 时，函数 $\sqrt{1+x}-1$ 与 $\frac{1}{2}x$ 是等价无穷小量.　(　　)

22. 由连续曲线 $y=f(x)$，直线 $x=a$，$x=b$ 及 x 轴所围成的曲边梯形绕 x 轴旋转一周而成的立体的体积为 $V_x=\int_a^b f^2(x)\,\mathrm{d}x$.　(　　)

23. 设 $\int xf(x)\mathrm{d}x = x^3+C$，则 $f(x)=2x$.　(　　)

24. 设 M 和 m 分别是连续函数 $f(x)$ 在区间 $[c,d]$ 上的最大值和最小值，则 $m(d-c) \leqslant \int_c^d f(x)\,\mathrm{d}x \leqslant M(d-c)$.　(　　)

25. 曲线 $f(x)=\frac{2x^2}{(x-1)(x-2)}$，$y=1$ 和 $y=2$ 都是 $f(x)$ 的水平渐近线.　(　　)

26. 设函数 $f(x)=3x^2-3x+1$，则 $f(x)$ 在 $[0,1]$ 上满足罗尔定理的 $\xi=\frac{1}{3}$.　(　　)

27. $\mathrm{d}\left(\frac{1}{x}\right)=\ln|x|\mathrm{d}x$.　(　　)

28. 函数 $f(x)=|x-1|$ 在 x=1 处不可导. (　　)

29. 已知函数 $f(x)$ 在 $[0,2]$ 上的平均值为 2，则定积分 $\int_0^2 f(x)\mathrm{d}x=4$.　(　　)

30. 根据定积分的几何意义，$\int_0^2\sqrt{4-x^2}\mathrm{d}x=\frac{\pi}{2}$.　(　　)

31. 设 $f(x)$ 的一个原函数是 $\mathrm{e}^{\sqrt[3]{x}}$，则 $\int xf'(x)\mathrm{d}x=\frac{\sqrt[3]{x}}{3}\mathrm{e}^{\sqrt[3]{x}}-\mathrm{e}^{\sqrt[3]{x}}+C$.　(　　)

三、计算题(本题共 2 小题，第 32 题 4 分，第 33 题 5 分，共 9 分)

32. $\lim\limits_{x\to 0}\frac{\int_x^0(\mathrm{e}^{t^2}-1)\mathrm{d}t}{x^3}$.

33. $\int\frac{x^3+x+2\arctan x}{1+x^2}\mathrm{d}x$.

四、讨论题(本题 5 分)

34. 已知函数 $f(x)=\begin{cases}(1+x)^{\frac{3}{x}}, & x>0,\\ 2A\mathrm{e}^{x+3}, & x\leqslant 0\end{cases}$ (A为常数)，讨论 $f(x)$ 在 $x=0$ 处是否连续.

五、应用题(本题 6 分)

35. 求抛物线 $x=4y^2$ 与直线 $y=x, y=\frac{1}{2}x$ 围成的平面图形的面积. (要求画出图形)

2015 年少数民族预科理科数学会考试题

(总分 100 分)

一、单项选择题(每题 3 分，共 48 分)

1. 数列$1,\frac{1}{2},\frac{1}{2^2},\cdots,\frac{1}{2^{n-1}},\cdots$的极限是(　　).

A 1；　　B $\frac{1}{n}$；　　C 0；　　D 不存在.

2. 下列结论正确的是(　　).

A $\lim\limits_{x\to\infty}\frac{\sin x}{x}=1$；　B $\lim\limits_{x\to 0}\frac{\sin x}{x}=1$；　C $\lim\limits_{x\to 0}\left(1+\frac{1}{x}\right)^x=\mathrm{e}$；　D $\lim\limits_{x\to\infty}(1+x)^{\frac{1}{x}}=\mathrm{e}$.

3. 设$f(x)$在x_0处可导，且$\lim\limits_{\Delta x\to 0}\frac{f(x_0-2\Delta x)-f(x_0)}{\Delta x}=1$，则$f'(x_0)=$(　　).

A $-\frac{1}{2}$；　　B $\frac{1}{2}$；　　C 2；　　D -2.

4. 函数$y=2^x+x^3$的导数是(　　).

A $x\cdot 2^{x-1}+3x^2$；　B $2^x\ln 2+x^3\ln 3$；　C 2^x+3x^2；　D $2^x\ln 2+3x^2$.

5. 方程$x^3-3x+1=0$在区间(　　)内至少有一个有实根.

A $(0,1)$；　　B $\left(\frac{1}{2},1\right)$；　　C $(2,3)$；　　D $(3,4)$.

6. 下列说法正确的是(　　).

A. 若x_0是$f(x)$的极值点，则$f'(x_0)=0$；

B. 函数$f(x)$的驻点一定是$f(x)$的极值点；

C. 函数$f(x)$的极大值一定大于其极小值；

D. $f(x)$在x_0不可导，但可能x_0是$f(x)$的极值点.

7. 若函数$f(x)=\begin{cases}\frac{\ln(1+ax)}{x}, & x<0,\\ 1, & x=0,\\ \frac{b(\cos x-1)}{x^2}, & x>0\end{cases}$在$x=0$处连续，则$a+b=$(　　).

A -2；　　B -1；　　C 2；　　D $\frac{1}{2}$.

8. 设$f(x)$在$x=0$处的某个邻域内连续，且$\lim\limits_{x\to 0}\frac{f(x)}{x-\ln(1+x)}=2$，则$f'(0)=$(　　).

A 0；　　B 2；　　C 1；　　D -1.

9. $\frac{1}{\sqrt{x}}\mathrm{d}x=\mathrm{d}(\quad)$.

A $\sqrt{x}$；　B $-\sqrt{x}$；　C $2\sqrt{x}$；　D $-2\sqrt{x}$.

10. $\int\frac{1}{x^2-a^2}\mathrm{d}x=(\quad)(a\neq 0)$.

A $\frac{1}{a}\ln\left|\frac{x-a}{x+a}\right|+C$；　B $\frac{1}{2a}\ln\left|\frac{x+a}{x-a}\right|+C$；

C $\frac{1}{a}\ln\left|\frac{x+a}{x-a}\right|+C$；　D $\frac{1}{2a}\ln\left|\frac{x-a}{x+a}\right|+C$.

11. $\int \mathrm{e}^{\sqrt{x}}\mathrm{d}x=(\quad)$.

A $2\mathrm{e}^{x}(\sqrt{x}+1)+C$；　B $2\mathrm{e}^{\sqrt{x}}(\sqrt{x}-1)+C$；

C $\mathrm{e}^{\sqrt{x}}(\sqrt{x}-1)+C$；　D $2\mathrm{e}^{x}(\sqrt{x}-1)+C$.

12. $\int_0^3|x-2|\mathrm{d}x=(\quad)$.

A $\int_0^2(x-2)\mathrm{d}x+\int_2^3(x-2)\mathrm{d}x$；　B $\int_0^2(x-2)\mathrm{d}x+\int_2^3(2-x)\mathrm{d}x$；

C $\int_0^2(2-x)\mathrm{d}x+\int_2^3(2-x)\mathrm{d}x$；　D $\int_0^2(2-x)\mathrm{d}x+\int_2^3(x-2)\mathrm{d}x$.

13. 由曲线 $y=x^2$ 和曲线 $x=y^2$ 所围图形的面积是(　　).

A $\frac{1}{3}$；　B $\frac{2}{3}$；　C $\frac{1}{4}$；　D $\frac{2}{5}$.

14. $\lim\limits_{x\to 0}\frac{\sin x\cdot\int_0^x t\mathrm{d}t+\int_0^{x^2}\arcsin t\mathrm{d}t}{x^3}=(\quad)$.

A 0；　B $\frac{1}{2}$；　C 1；　D 2.

15. $\int_{-1}^{1}\left(|x|x^2+\frac{x\cos x}{1+x^2+x^4}\right)\mathrm{d}x=(\quad)$.

A 0；　B 1；　C $\frac{1}{2}$；　D $-\frac{1}{2}$.

16. 设 $f(x)$ 有原函数 $x\arctan x$，则 $\int xf(x)\mathrm{d}x=(\quad)$.

A $\frac{1}{2}(x^2-1)\arctan x+\frac{1}{2}x+C$；　B $\frac{1}{2}(x^2+1)\arctan x+\frac{1}{2}x+C$；

C $\frac{1}{2}(x^2+1)\arctan x-\frac{1}{2}x+C$；　D $\frac{1}{2}(x^2-x+1)\arctan x+C$.

二、多项选择题(每题 4 分，共 20 分)

1. 下列各项正确的是(　　).

A 若 $\lim\limits_{x\to x_0}f(x)$ 存在，那么函数 $f(x)$ 在 x_0 的某一去心邻域内有界；

B 函数 $y=f(x)$ 在 x_0 处连续，则 $y=f(x)$ 在 x_0 处一定可导；

C 函数 $y=\dfrac{1}{x-2}$ 的铅直渐近线为 $x=2$；

D 设 $f(x)=\begin{cases}\dfrac{\tan 2x}{x}, & x>0,\\ 1, & x=0,\\ x+2, & x<0,\end{cases}$ 则 $x=0$ 为 $f(x)$ 的跳跃间断点.

2. 设 $f(x)$ 可导，则下列式子成立的是(　　).

A $[\int f(x)\mathrm{d}x]'=f(x)$；　　B $\int f'(x)\mathrm{d}x=f(x)+C$；

C $\mathrm{d}[\int f(x)\mathrm{d}x]=f(x)\mathrm{d}x$；　　D $\int \mathrm{d}f(x)=f(x)+C$.

3. 下列各式正确的是(　　).

A $\mathrm{e}\leqslant\int_1^2 \mathrm{e}^{x^2}\mathrm{d}x\leqslant \mathrm{e}^4$；　　B $\lim\limits_{x\to\infty}\left(1-\dfrac{1}{x}\right)^{2x}=\mathrm{e}^{-2}$；

C $\int_0^1 \ln(1+x)\mathrm{d}x<\int_0^1 \ln(1+x^2)\mathrm{d}x$；　　D $\lim\limits_{x\to\infty}\dfrac{3x^2+2x-1}{5x^2+3}=\dfrac{3}{5}$.

4. 下列说法正确的是(　　).

A. $y=\ln x$ 在点 $(1,0)$ 的切线方程是 $y=x-1$；

B. 函数 $f(x)$ 在 x_0 处极限存在的充要条件是 $f(x)$ 在 x_0 处左右极限都存在；

C. 设 $f(x)$ 在 $[1,3]$ 上连续，且 $f(x)$ 在 $[1,3]$ 上的平均值为 2，则 $\int_1^3 f(x)\mathrm{d}x=4$；

D. 设 $f(x)$ 在区间 $[a,b]$ 上连续，则 $f(x)$ 在区间 $[a,b]$ 上一定可积.

5. 设 $F(x)=\int_0^{x^2}(t-3)\mathrm{d}t$，则下列结论正确的是(　　).

A $x=-\sqrt{3}$ 是 $F(x)$ 的极大值点；　　B $x=\sqrt{3}$ 是 $F(x)$ 的极小值点；

C $x=0$ 是 $F(x)$ 的极大值点；　　D $(0,0)$ 是 $F(x)$ 的拐点.

三、判断题(每题 2 分，共 32 分．结论正确的填 T，错误的填 F)

1. 若 $F(x)$ 和 $G(x)$ 都是 $f(x)$ 的原函数，则 $F(x)+G(x)=C$ (C 为常数).　(　　)

2. 当 $x\to 0$ 时，$\sin x$，e^x-1，$x+x^2+x^3$，$\ln(1+x)$ 都是等价无穷小.　(　　)

3. 无穷多个无穷小之和仍为无穷小.　(　　)

4. 初等函数在其定义区间内是连续的.　(　　)

5. $f(x)$ 在 x_0 处不可导，则 $f(x)$ 在 x_0 处切线不存在.　(　　)

6. 闭区间 $[a,b]$ 上的连续函数一定存在最大值和最小值.　(　　)

7. $f(x)$ 在 (a,b) 内 $f'(x)>0$，$f''(x)<0$，则 $f(x)$ 在 $[a,b]$ 上单调递增且为凹的.　(　　)

8. $(x^x)'=x\cdot x^{x-1}$.　(　　)

9. $x=0$ 为 $y=\mathrm{e}^{\frac{1}{x}}$ 的第二类间断点.　(　　)

10. 由参数方程 $\begin{cases}x=a\cos t,\\ y=b\sin t\end{cases}$ 所确定的函数的导数是 $\dfrac{\mathrm{d}y}{\mathrm{d}x}=\dfrac{b}{a}\cot t$.　(　　)

11. $y=f(u)$ 在 u 处可导，$u=\varphi(x)$ 在 x 处不可导，则 $y=f(\varphi(x))$ 在 x 处一定不可导. ( )

12. 设 $f(x)$ 连续，则 $\int \frac{1}{x} f(\ln x)\mathrm{d}x = \int f(\ln x)\mathrm{d}\ln x$. ( )

13. $\int \frac{1}{\sqrt{a^2-x^2}}\mathrm{d}x = \arcsin\frac{x}{a}+C \quad (a>0)$. ( )

14. $\int_a^b f(x)\mathrm{d}x$ 的值与被积函数及区间 $[a,b]$ 有关，也与积分变量用什么符号表示有关. ( )

15. $\int_{-a}^{a} f(x)\mathrm{d}x = \int_0^a [f(x)+f(-x)]\mathrm{d}x$. ( )

16. 由曲线 $y=f(x)$，直线 $x=a, x=b\ (a<b)$ 及 x 轴围成的图形绕 x 轴旋转一周所形成的旋转体的体积为 $V=\int_a^b \pi[f(x)]^2\mathrm{d}x$. ( )

2016 年少数民族预科理科数学会考试题

(总分 100 分)

一、单项选择题(本题共 16 小题，每小题 3 分，共 48 分)

1.下列函数在给定的极限过程中不是无穷小量的是(　　).

A $\frac{1}{x}\cdot\operatorname{arccot}x \quad (x\to\infty)$；　　B $\ln(1-x) \quad (x\to 1^-)$；

C $\sqrt{x^2+1}-x \quad (x\to+\infty)$；　　D $\sin^2 x\cdot\cot x \quad (x\to 0)$.

2. 下列极限计算正确的是(　　).

A $\lim\limits_{x\to 0}\frac{\tan x}{\ln(1+x)}=0$；　　B $\lim\limits_{x\to\infty}\left(\frac{x+1}{x+2}\right)^{x+3}=e^{\frac{1}{2}}$；

C $\lim\limits_{x\to\infty}(x-1)\sin\frac{1}{x-1}=0$；　　D $\lim\limits_{x\to\infty}\frac{3x^4+2x^2+1}{6x^4-3x}=\frac{1}{2}$.

3. 方程 $x^5-5x-2=0$ 在区间(　　)内至少有一个实根.

A $(-1,0)$；　　B $(-3,-2)$；　　C $(0,1)$；　　D $(2,3)$.

4.设 $f'(x_0)=1$，则 $\lim\limits_{h\to 0}\frac{f(x_0-h)-f(x_0)}{2h}=($　　$)$.

A -2；　　B -1；　　C $-\frac{1}{2}$；　　D 2.

5. 函数 $f(x)=\begin{cases}x-2, & x<0,\\ 0, & x=0,\\ x+2, & x>0,\end{cases}$ 则 $f(x)$ 在 $x=0$ 处(　　).

A 左导数存在；　　B 右导数存在；　　C 不可导；　　D 可导.

6. 曲线 $y=xe^y+2$ 在点 $(0,2)$ 处的切线方程为(　　).

A $e^2\cdot x-y+2=0$；　　B $e^{-2}\cdot x-y+2=0$；

C $e^2\cdot x+y+2=0$；　　D $e^{-2}\cdot x+y+2=0$.

7. 若 $\frac{df(x)}{dx}=(x-1)(x-2)$，则 $f(x)$ 在区间 $[2,3]$ 上(　　).

A 单调减少且是凸的；　　B 单调增加且是凸的；

C 单调减少且是凹的；　　D 单调增加且是凹的.

8. 曲线 $y=\frac{x^3}{x^2-2}$(　　).

A 有水平渐近线 $y=0$；　　B 有垂直渐近线 $x=\sqrt{2}$ 和 $x=-\sqrt{2}$；

C 既有水平渐近线又有垂直渐近线；　　D 没有渐近线.

9. 下列式子正确的是(　　).

A $\int\sqrt[3]{x}dx=\frac{4}{3}\sqrt[3]{x^4}+C$；　　B $\int 5^x dx=5^x\cdot\ln 5+C$；

C $\int \frac{1}{4+x^2}\mathrm{d}x = -\frac{1}{2}\operatorname{arccot}\frac{x}{2}+C$ ； D $\int \sec x\mathrm{d}x = \ln|\sec x - \tan x| + C$.

10. 下列式子不正确的是( ).

A $\int f(\sin^2 x)\sin 2x\mathrm{d}x = \int f(\sin^2 x)\,\mathrm{d}\sin^2 x$;

B $\int \frac{f(\arcsin x)}{\sqrt{1-x^2}}\mathrm{d}x = \int f(\arcsin x)\,\mathrm{d}\arcsin x$;

C $\int \csc^2 x \cdot \cot x\mathrm{d}x = -\int \cot x\mathrm{d}\cot x$;

D $\int \mathrm{e}^{-x} f(\mathrm{e}^{-x})\,\mathrm{d}x = \int f(\mathrm{e}^{-x})\,\mathrm{d}\mathrm{e}^{-x}$.

11. 设函数 $f(x)$ 的一个原函数是 $\sin 2x$ ，则 $\int xf'(x)\,\mathrm{d}x =$ ( ).

A $2x\cos 2x + \sin 2x + C$ ； B $2x\cos 2x - \sin 2x + C$ ；

C $2x\sin 2x + \cos 2x + C$ ； D $2x\sin 2x - \cos 2x + C$.

12. $\int \frac{1}{x^2-5x+6}\mathrm{d}x =$ ( ).

A $\ln\left|\frac{x-3}{x-2}\right| + C$ ； B $\ln\left|\frac{x-2}{x-3}\right| + C$ ；

C $-\frac{1}{5}\ln\left|\frac{x-3}{x-2}\right| + C$ ； D $-\frac{1}{5}\ln\left|\frac{x-2}{x-3}\right| + C$.

13. 关于定积分的定义，下列结论错误的是( ).

A 定积分的值与积分变量用什么符号表示有关；

B 定积分的值与被积函数有关；

C 定积分的值与积分区间 $[a,b]$ 有关；

D $\lim\limits_{\lambda\to 0}\sum\limits_{i=1}^{n} f(\xi_i)\Delta x_i$ 存在与区间 $[a,b]$ 的分法及 ξ_i 的取法无关.

14. 若函数 $f(x)$ 在区间 $[2,6]$ 上连续，并且在该区间上的平均值是 3，则 $\int_2^6 f(x)\mathrm{d}x =$ ( ).

A 4； B 8； C 12； D 16.

15. $\int_1^5 \frac{x}{\sqrt{2x-1}}\mathrm{d}x =$ ( ).

A $\frac{13}{3}$ ； B $\frac{16}{3}$ ； C $\frac{26}{3}$ ； D $\frac{32}{3}$.

16.函数 $y=\sin x$ 在区间 $[0,\pi]$ 上的弧与 x 轴围成的图形绕 x 轴旋转一周形成的旋转体的体积是( ).

A $\frac{\pi^2}{8}$ ； B $\frac{\pi^2}{6}$ ； C $\frac{\pi^2}{4}$ ； D $\frac{\pi^2}{2}$.

二、多项选择题(本题共 2 小题，每小题 3 分，共 6 分)

17.下列选项正确的是( )

A 如果函数 $f(x)$ 在 $x=a$ 处不可导，那么 $f(x)$ 在 $x=a$ 处不连续；

B　$(2+x)\mathrm{e}^{2x}\mathrm{d}x=\mathrm{d}\left(x\mathrm{e}^{2x}\right)$；

C　$y=(\sin x)^x \quad (0<x<\pi)$ 的导函数是 $y'=(\sin x)^x\cdot\left(x\cot x+\ln\sin x\right)$；

D　$\dfrac{\pi}{2}\leqslant\int_0^{\frac{\pi}{2}}(1+\cos x)\mathrm{d}x\leqslant\pi$.

18.下列式子中正确的是(　　)

A　利用夹逼定理，可得 $\lim\limits_{n\to\infty}\sqrt[n]{1+3^n+4^n}=4$；

B　$\int_0^{\pi}\sqrt{\sin^3 x-\sin^5 x}\mathrm{d}x=\int_0^{\frac{\pi}{2}}\sqrt{\sin^3 x}\cdot\cos x\mathrm{d}x-\int_{\frac{\pi}{2}}^{\pi}\sqrt{\sin^3 x}\cdot\cos x\mathrm{d}x$；

C　$\dfrac{\mathrm{d}}{\mathrm{d}x}\left(\int_1^{\mathrm{e}}\ln x\mathrm{d}x\right)=1$；

D　根据对称区间上奇偶函数积分的方法，可得 $\int_{-1}^{1}(\tan x+\cos x)x^2\mathrm{d}x=2\int_0^1 x^2\cos x\mathrm{d}x$.

三、判断题(本题共 13 小题，每小题 2 分，共 26 分)

19. 如果 $\lim\limits_{x\to a^+}f(x)$ 和 $\lim\limits_{x\to a^-}f(x)$ 相等，那么 $\lim\limits_{x\to a}f(x)$ 不一定存在.　(　　)

20. $x=3$ 是函数 $y=\mathrm{e}^{\frac{1}{x-3}}$ 的第二类间断点.　(　　)

21. 如果函数 $f(x)$ 在 $x\to 0$ 时有极限，那么 $f(x)$ 必定有界.　(　　)

22. 如果函数 $f(x)$ 在点 x_0 处连续，$g(x)$ 在点 x_0 处不连续，那么 $f(x)+g(x)$ 在点 x_0 处一定不连续.　(　　)

23. 如果函数 $f(x)$ 在点 x_0 处可微，Δx 是自变量 x 在 x_0 点的增量，那么当 $\Delta x\to 0$ 时，$\Delta y-\mathrm{d}y$ 是 Δx 的等价无穷小.　(　　)

24. 函数 $y=|x-1|$ 在 $[0,2]$ 上满足罗尔定理的条件.　(　　)

25. $\dfrac{\mathrm{d}}{\mathrm{d}x}\int\cot x\mathrm{d}x=\cot x$.　(　　)

26. $\lim\limits_{x\to\infty}\dfrac{x-\sin x}{x+\cos x}$ 不能使用洛必达法则计算，因为 $\dfrac{(x-\sin x)'}{(x+\cos x)'}=\dfrac{1-\cos x}{1-\sin x}$ 在 $x\to\infty$ 时极限不存在.　(　　)

27. 函数 $1+\sin^2 x, -\cos^2 x$ 都是 $\sin 2x$ 的原函数.　(　　)

28. 由参数方程 $\begin{cases}x=1+t^2,\\ y=1+t^3\end{cases}$ 确定的函数的导数 $\dfrac{\mathrm{d}y}{\mathrm{d}x}=\dfrac{2}{3t}$.　(　　)

29.如果函数 $f(x)$ 在 $[a,b]$ 上可积且 $f(x)\leqslant 0$，那么 $\int_a^b f(x)\mathrm{d}x\leqslant 0$.　(　　)

30.函数 $f(x)=\sin x$ 在区间 $\left[0,\dfrac{\pi}{2}\right]$ 上的弧长 $s=\int_0^{\frac{\pi}{2}}\sqrt{1+\cos^2 x}\mathrm{d}x$.　(　　)

31.根据定积分的几何意义，$\int_1^2\sqrt{1-(x-1)^2}\mathrm{d}x=\dfrac{\pi}{2}$.　(　　)

四、计算题(本题 5 分)

32. $\int\sec^2\sqrt{x}\mathrm{d}x$.

五、讨论题(本题 5 分)

33. 设 $f(x)=\begin{cases}\dfrac{6(1-\sqrt{1+2ax^3})}{\ln(1+x^3)}, & x<0,\\ 6, & x=0,\\ \dfrac{\int_0^{ax}\sin t\mathrm{d}t+\sin^2 x}{x\cdot\tan\dfrac{x}{4}}, & x>0.\end{cases}$

(1) a 取何值时，$f(x)$ 在 $x=0$ 处连续；

(2) a 取何值时，$x=0$ 是 $f(x)$ 的可去间断点.

六、证明题(本题 5 分)

34. 设 $x>1$，证明不等式：$\mathrm{e}^x>\mathrm{e}x$.

七、应用题(本题 5 分)

35. 设 S_1 是由曲线 $y=(x-1)^2$ 与直线 $y=(t-1)^2\ (1<t<2)$ 及 y 轴所围图形的面积，S_2 是由曲线 $y=(x-1)^2$ 与直线 $y=(t-1)^2\ (1<t<2)$ 及 $x=2$ 所围图形的面积(如图所示)．求：t 取何值时，$S(t)=S_1+S_2$ 取到极小值？极小值是多少？

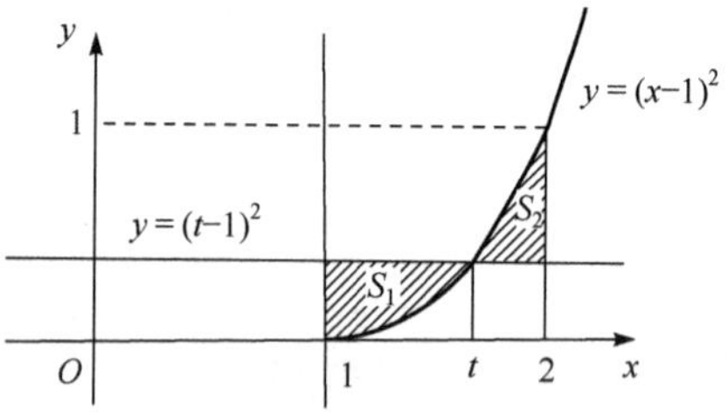

会考题参考答案